新工科·普通高等教育机电类系列教材

工程图学与CAD基础教程

第2版

主　编　穆浩志
副主编　王巨涛　薛亚红　王晓菲
参　编　张淑梅　盖　青　辛　英
　　　　徐　艳　薛立军
主　审　董国耀

机械工业出版社

本书根据教育部高等学校工程图学课程教学指导分委员会制定的《高等学校工程图学课程教学基本要求》及《技术制图》《机械制图》和《机械工程 CAD 制图规则》等国家标准，以“学生中心，产出导向”的教学理念和实践教学过程中教与学两个方面的意见与建议为主要依据，围绕工程制图教育的工程概念，结合现代成图技术重塑了教材内容，将可视化信息技术融入教材，在2014年版本的基础上修订而成。

本书内容包括绪论，工程制图基本知识与技能，投影法及点、直线、平面的投影，几何作图与二维构形设计，基本立体投影及几何体构形方法，几何体截切相贯的构形及投影，组合形体的构形及表达，轴测图，机件的常用表达方法，零件图，标准件与常用件，装配图，利用 CAD 软件绘制工程图，以及附录等。

本书与《工程图学与 CAD 基础教程习题集》（第2版）配套使用。本书保持了基本理论叙述详尽、联系工程实践紧密的特色，内容通俗易懂、简明扼要，可作为普通高等院校非机械类专业少学时“工程制图”课程教材，也可作为高等职业院校及成人高等教育的制图课程教材，还可供工程技术人员参考。

图书在版编目（CIP）数据

工程图学与 CAD 基础教程/穆浩志主编．—2版．—北京：机械工业出版社，2022.8（2025.1重印）

新工科·普通高等教育机电类系列教材

ISBN 978-7-111-71107-0

Ⅰ.①工…　Ⅱ.①穆…　Ⅲ.①工程制图-AutoCAD软件-高等学校-教材　Ⅳ.①TB237

中国版本图书馆 CIP 数据核字（2022）第114718号

机械工业出版社（北京市百万庄大街22号　邮政编码100037）

策划编辑：王勇哲　　　　责任编辑：王勇哲

责任校对：张　征　贾立萍　封面设计：王　旭

责任印制：邓　博

北京盛通数码印刷有限公司印刷

2025年1月第2版第5次印刷

184mm×260mm·16.75印张·410千字

标准书号：ISBN 978-7-111-71107-0

定价：53.00元

电话服务　　　　　　　　　网络服务

客服电话：010-88361066　机　工　官　网：www.cmpbook.com

010-88379833　机　工　官　博：weibo.com/cmp1952

010-68326294　金　书　网：www.golden-book.com

机工教育服务网：www.cmpedu.com

第2版前言

党的二十大报告指出：我们要坚持教育优先发展、科技自立自强、人才引领驱动，加快建设教育强国、科技强国、人才强国，坚持为党育人、为国育才，全面提高人才自主培养质量，着力造就拔尖创新人才，聚天下英才而用之。本书第 1 版自 2014 年出版后，已经过多年教学实践。本次修订本着以“学生中心，产出导向”的教学理念和实践教学过程中“教”与“学”两个方面的意见与建议为主要依据，围绕工程制图教育的工程概念，结合现代成图技术重塑了教材内容，将可视化信息技术融入教材，以期改变读者的学习习惯和方法。

本书保持了基本理论叙述详尽、联系工程实践紧密的特色，对工程图学投影理论、几何体构形方法、零件图、装配图和利用 CAD 绘制工程图等内容进行了删减、调整和补充，并在章节内容中设置了二维码教学视频，对立体图形设置了虚拟仿真模型的配套资源，使本书更有利于“教”与“学”。本书采用了现行《技术制图》《机械制图》和《机械工程 CAD 制图规则》等国家标准。为配合教材的使用，同时修订了《工程图学与 CAD 基础教程习题集》与教材一同出版。

本书内容包括理论基础（投影法及点、直线、平面的投影，几何作图与二维构形设计，基本立体投影及几何体构形方法，几何体截切相贯的构形及投影，组合形体的构形及表达，轴测图，机件的常用表达方法）、专业绘图基础（零件图、标准件与常用件、装配图）、利用 CAD 软件绘制工程图及附录。本书可作为普通高等院校、高等职业院校及成人教育的工程制图课程教材。

本书由穆浩志任主编，王巨涛、薛亚红、王晓菲任副主编。参加编写的有穆浩志（第 1、12、13 章和第 10 章的 10.1～10.4 节）、张淑梅（第 2 章）、盖青、辛英（第 3 章）、王晓菲（第 4、5 章）、徐艳（第 6 章）、薛立军（第 7、8 章）、王巨涛（第 9 章和第 10 章的 10.5～10.6 节）、薛亚红（第 11 章、附录）。

北京理工大学董国耀教授认真审阅了本书，并提出了许多宝贵意见和建议，在此表示衷心的感谢。

本书在编写过程中，参考了部分文献（见书后参考文献），在此向文献作者致以诚挚的谢意。

由于编者水平有限，书中难免有欠妥之处，恳请读者批评、指正。

编　者

第1版前言

本书是根据教育部高等学校工程图学教学指导委员会制定的《高等学校工程图学课程教学基本要求》及《技术制图》《机械制图》《机械工程　CAD 制图规则》等国家标准，并结合多年教学经验编写而成的。

在编写过程中，本着以厚基础、强实践、注重形象思维与创造性思维相融合的能力培养为指导思想，编写过程中力求以构形思维为主线，使图学知识与计算机三维造型方法相融合，强化创新意识和创新能力的培养，强化教材内容的针对性、实用性，知识体系结构模块化，使教材体系与人才培养相呼应。为配合教材的使用，同时编写了《工程图学与 CAD 基础教程习题集》，与教材一同出版。

本书内容包括工程图学基础、专业绘图基础、CAD 基础三大部分。工程图学基础部分包括投影理论基础（画法几何的点、线、面、体的投影）和制图基础（构形方法基础、表达技术基础、绘图能力基础、工程规范基础）。专业绘图基础部分包括零件图、标准件与常用件、装配图。CAD 基础部分包括 AutoCAD 绘图基础、AutoCAD 绘制工程图与三维实体造型。

本书的特点与创新：

1. 注重创新能力培养

在介绍知识的过程中有意识地强化对科学思维和创新能力的培养。并以构形思维为主线，使图学知识与计算机三维造型方法相融合，以启发学生，使其逐步学会科学的思维方法，增强创新能力。在章节编排上：

1）二维图形的构形及绘制独立成章，方便读者学习理解计算机绘图中用以边界、面域概念构建三维实体，在方法上激发学生的创新思维能力。

2）把传统的立体、相贯立体、组合体的形成与计算机几何构形的概念相结合，有助于学生理解工程形体与投影图之间的关系，也有利于学生对计算机三维造型方法的学习和创新。

2. 注重工程实际能力的培养

本书所选图例尽量结合工程实际与专业要求，对零件图、装配图均以实际零件和部件画出，并配有立体图，学生可以结合教材，通过观察实际零、部件理解所学知识。全书全部采用中华人民共和国最新颁布的《技术制图》与《机械制图》国家标准，满足目前社会的需求。

3. 注重用 CAD 绘制工程图样方法的介绍

本书选用 AutoCAD 2012 版本作为教学内容，侧重介绍软件菜单的操作方法，这样读者不管遇到哪个版本的 AutoCAD 均会使用。在内容编写上重点介绍使用 CAD 绘制工程图样的方法，通过 AutoCAD 绘制机械工程图样、三维立体造型以及由三维立体生成二维投影图的方法的介绍，提升读者空间逻辑思维能力和想象力，锻炼计算机绘图的技巧。此外，运行 AutoCAD 2012 版本的计算机内存仅需 2GB 即可，降低了 CAD 教学的硬件成本。

本书可作为高等院校工科本科、高等职业教育、成人高等教育的机械类、近机械类各专业的教学用书，也可供工科其他专业使用和工程技术人员参考。

本书由穆浩志任主编，柴富俊、张淑梅、柳丹任副主编。参加编写的有穆浩志（第 1、14 章）、董培蓓（第 2、3 章）、柳丹（第 4、10 章）、王晓菲（第 5、13 章）、徐艳（第 6 章）、柴富俊（第 7、11 章）、张淑梅（第 8、9 章）、盖青（第 12 章）。

北京理工大学董国耀教授认真审阅了本书，并提出了许多宝贵意见和建议，在此表示衷心的感谢。

本书在编写过程中参考了部分文献（见书后参考文献），在此向文献作者致以诚挚的谢意。

本书获天津理工大学教材建设基金项目资助（2013 年）。

由于编者水平有限，书中难免有欠妥之处，恳请读者批评、指正。

编　者

目录

第1章

绪　论

本章学习目标

理解掌握工程图学学科的研究对象、性质任务和学习方法。掌握本课程的学习目标。

工程图学是研究工程图样表达与技术交流的一门学科，主要研究绘制、阅读工程图样的基本理论和方法。

根据投影原理、标准或有关规定，表示工程对象并有必要的技术说明的图称为“图样”，即工程图样。工程图样可以表达构思和设计要求，是指导生产、装配、检验、维修等必需的重要技术资料。工程图样可以用二维图形表达，也可以用三维图形表达；可以用手工绘制，也可以由计算机生成。

工程图样是人们在生产实践活动中表达与交流设计思想的重要工具，是交流的主要形式之一，是社会发展的产物，如同人类的语言一样随着社会的发展而发展。

我国应用工程图样的历史悠久，在春秋时代的《周礼·考工记》这部著作中，就记载了规矩、绳墨、悬锤等绘图、测量工具的使用情况。1997 年，在河北省平山县西灵山下发掘的战国中山王墓中，发现了一块错金银铜板兆域图，并附有尺寸和文字说明，这是我国迄今为止发现的唯一一张古代王陵平面设计图，图的比例尺约为 1∶500，该图是典型的用于工程实际的单面正投影图。

随着社会生产的不断发展，1798 年法国著名的几何学者加斯帕·蒙日的《画法几何学》获准发表，给正投影打下了坚实、系统的理论基础，使单面正投影图过渡到多面正投影图，并在工程技术上得到了广泛的应用。德国学者舒莱伯、俄国的谢瓦斯齐亚诺夫（画法几何的创始人）、古尔久莫夫等学者对画法几何学的研究与教学也都做出了贡献。我国清代数学家年希尧所著的《视学》一书中，也论述了两面正投影的内容。19 世纪至 20 世纪前半叶，在多面正投影图方面，图示法和图解法得到充实和发展。

我国工程图学界华中理工大学赵学田教授所总结的“长对正、高平齐、宽相等”这一通俗、简洁的三视图的投影规律，已成为工程界技术人员绘图、读图普遍运用的规律，并在各种工程制图教材中引用，使工程图学知识易学、易懂。

计算机技术的出现，促进了图形学的发展与应用，如计算机图形学及以计算机图形学为基础的计算机辅助设计（CAD）技术等成图技术，推动了各个领域的技术设计革命，其发展和应用水平已成为衡量一个国家科学技术现代化和工业现代化水平的重要标志之一。在机械、电子、航空航天、电气、信息、农业、土木建筑、化工、运输、气象工程等领域，CAD 技术引发的技术革命产生了深远的影响。

为什么说工程图样是工程界的技术语言？这是因为要实现工程与产品信息的技术交流，仅通过文字与语言的表达是远远不够的，许多问题也难于表达清楚。图 1-1 所示为用工程图样表达的齿轮泵泵盖零件，因为工程图样是按投影理论和方法将形和数完美结合的，所以在这张工程图样中，用一组图形并加注尺寸的方法准确、完整地表达了齿轮泵泵盖零件的形状和大小，解决了用语言和文字难以表达清楚的形、数问题，同时又借助文字弥补了用图难以表达的内容。可以看出，工程图样具有**直观性、形象性、简洁性、准确性、通用性**的特点。

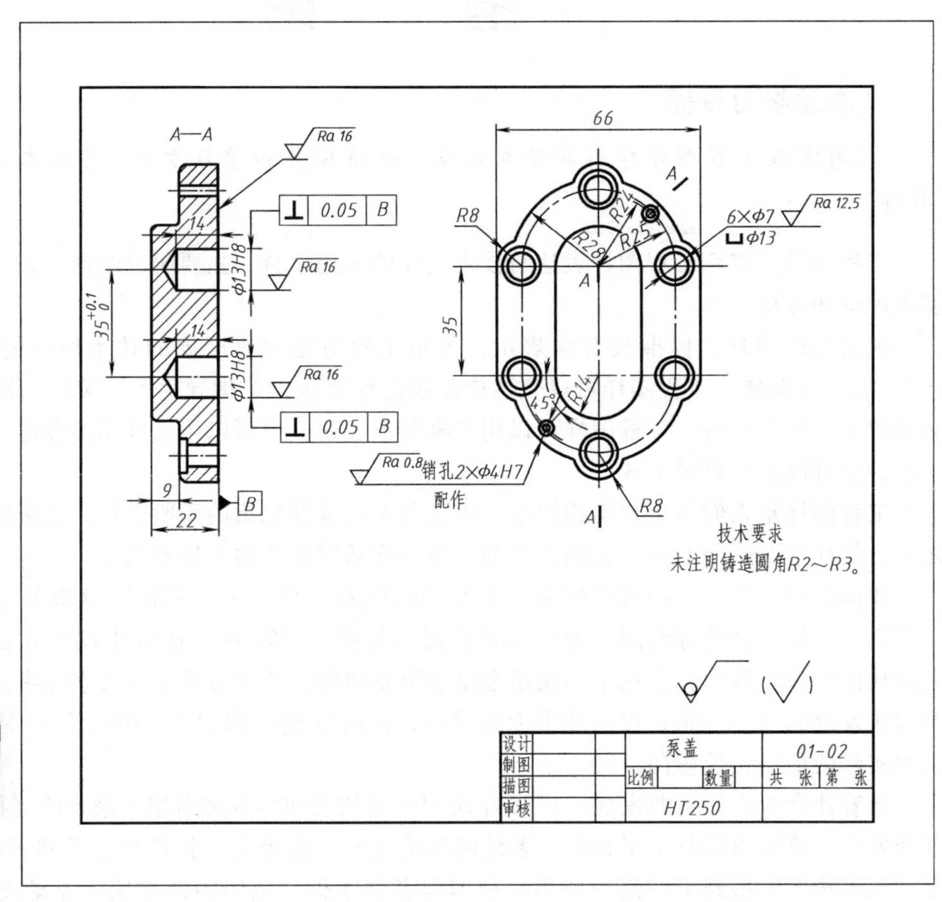

a)　　　　b)

图 1-1　齿轮泵泵盖

工程制图课程的主要特征体现在以下几个方面。

基础性：作为工程图形技术基础课程之一的工程制图，是工程技术人员和科技工作者学习和掌握工程图形技术、培养创新思维的基础。

交叉性：是几何学、投影理论、工程基础知识、基本规范及现代绘图技术多学科相结合的产物。

工程性：是一门与工程中的形体构成、分析及表达紧密相连的课程。

实用性：是一门理论与工程实践联系密切的课程。

方法性：是培养空间逻辑思维能力和空间分析能力的课程，它为工程图样表达和视觉想象力的培养提供了一种方法。

通用性：是工程界跨地域、跨行业的通用语言。工程图形作为工程与产品信息的载体，早已成为工程界表达与交流的技术语言。

工程图学学科理论严谨，实践性强，与工程实践联系密切，所以对培养空间思维想象能力和空间分析能力、掌握科学思维方法、绘制和阅读工程图样具有重要作用。

作为工程图形技术基础课程之一的工程图学课程以工程图学学科为支撑，是工程技术人员和科技工作者学习和掌握工程图形技术、培养创新思维的基础，是高等院校理工科专业必修的技术基础课，也是后续专业课程学习和实践的平台。

1. 本课程的内容、任务

本课程的内容与作用见表1-1。

表1-1 工程图学课程的内容与作用

内 容			作 用
工程图学基础	投影理论基础	投影法，点、直线、平面的投影	培养空间想象能力和空间逻辑思维能力
		立体的投影	具备利用投影图表达物体的内外形状和大小的绘图能力，以及根据投影图想象空间物体内外形状的读图能力、创新构形设计能力
	构形方法基础	立体的截切、相贯、组合体构形	
	工程制图基础	机件表达技术、绘图技能、工程规范	了解掌握工程制图的基础知识和基本规定，培养制图的操作技能和工程规范
专业绘图基础	零件图、标准件、齿轮、弹簧和装配图		培养工程技术人员绘制和识读机械图样的基本能力和查阅有关的国家标准的能力；培养工程意识和标准化的意识
CAD基础	利用CAD软件绘制机械工程图样的方法与技能		学会使用绘图软件绘制工程图样
	立体、组合立体的三维实体建模方法		初步具备利用计算机进行三维建模设计的技能

总之，本课程的任务在于：

1）培养使用投影的方法用二维平面图形表达三维空间形状的能力。

2）培养对空间形体的形象思维能力。

3）培养创造性构形设计能力。

4）培养使用绘图软件绘制工程图样及进行三维实体建模设计的能力。

5）培养仪器绘制、徒手绘画和识读专业图样的能力。

6）培养工程意识，贯彻、执行国家标准的意识。

2. 本课程的学习方法

1）在学习过程中，既要注重基本概念和基本规律的掌握，又要注重实践，多观察、思考、研讨自己身边的所见产品，借助模型、轴测图、实物等增加生产实践知识和表象积累，培养和发展空间想象能力和思维能力。将物体和图样相结合，由浅入深，通过由空间到平面、由平面到空间的反复读、画、想的实践进行学习，同时要及时、认真地完成习题和作业。

2）通过典型的 CAD 软件学习，掌握用计算机绘制二维图形和三维实体建模的基本方法和技能。

3）在正确使用绘图工具和仪器的同时，应注重徒手绘图能力的培养。

4）在绘图过程中，培养工程和生产责任意识。图样是工程施工、产品生产的依据，关乎产品质量与生命安全，因此，遵守并执行《技术制图》和《机械制图》等国家标准及有关技术标准，要仔细认真、一丝不苟，必须认识国家标准的权威性和法制性，树立遵守国家标准的意识，才能绘制和看懂符合标准的图样，掌握工程界的语言。

第2章

工程制图基本知识与技能

本章学习目标

掌握国家标准《技术制图》和《机械制图》中的有关基本规定、绘图工具使用方法和技巧；掌握徒手绘图的基本技能。建立标准化意识，形成严谨规范的绘图习惯。

2.1 国家标准《技术制图》和《机械制图》中的基本规定

工程图样作为工程领域的一种通用语言，是产品设计、制造、安装和检测等现代生产必不可少的重要技术资料，是工程技术人员表达设计思想、进行国内外信息技术交流的工具。因此，必须遵守统一规范，这个统一规范就是相关的国家标准。标准是随着科学技术的发展和经济建设的需要而发展变化的，由国家标准化主管机构依据国际标准组织的标准，制定并颁布的统一标准称为国家标准，简称国标。其代号为“GB”（“GB/T”为推荐性国标），字母后面的两组数字，分别表示标准顺序号和标准批准的年份。例如，“GB/T 4458.4—2003《机械制图　尺寸注法》即表示机械制图标准的顺序号为4458.4，代表尺寸注法部分，2003表示批准发布年份为2003年。

本节就国家标准中的《技术制图》和《机械制图》中关于图纸幅面和格式、标题栏、比例、字体、图线、尺寸标注等的有关规定作简要介绍，其他标准将在后面有关章节中叙述。

2.1.1 图纸幅面和格式（摘自 GB/T 14689—2008）

1. 图纸幅面尺寸和代号

绘制图样时，应优先采用表2-1中规定的基本幅面。各号图纸基本幅面的关系如图2-1所示。它们之间的关系是沿某一号幅面的长边对折，即为下一号幅面的大小。必要时允许选用规定的加长幅面，这些幅面的尺寸由基本幅面的短边成整数倍增加后得出。表2-1中幅面尺寸的意义见表2-2。

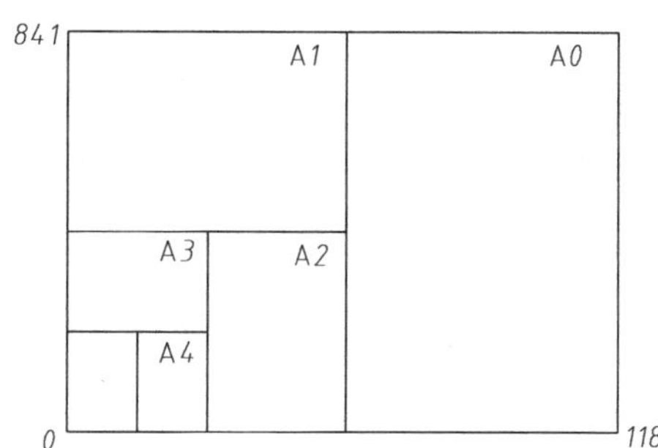

图2-1　各号图纸基本幅面的关系

表 2-1　图纸基本幅面尺寸

<table>
<tr><th colspan="2">幅面代号</th><th>A0</th><th>A1</th><th>A2</th><th>A3</th><th>A4</th></tr>
<tr><td colspan="2">尺寸 B×L</td><td>841×1189</td><td>594×841</td><td>420×594</td><td>297×420</td><td>210×297</td></tr>
<tr><td rowspan="3">周边尺寸</td><td>a</td><td colspan="5">25</td></tr>
<tr><td>c</td><td colspan="3">10</td><td colspan="2">5</td></tr>
<tr><td>e</td><td colspan="2">20</td><td colspan="3">10</td></tr>
</table>

2. 图框格式与标题栏的方位

图框是图纸上限定绘图区域的线框。在图纸上必须用粗实线画出图框，图样画在图框内部；标题栏应位于图纸的右下角，见表 2-2。注意：同一产品的图样只能采用一种格式。

表 2-2　图框格式与标题栏的方位

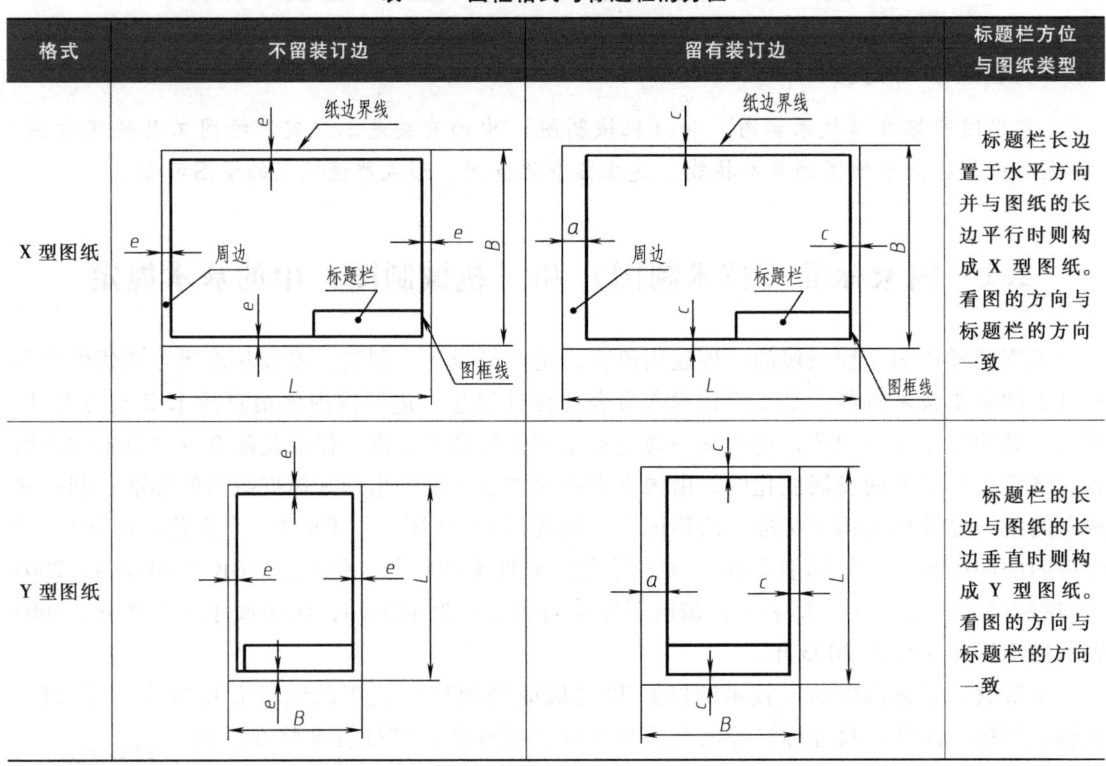

格式	不留装订边	留有装订边	标题栏方位与图纸类型
X 型图纸			标题栏长边置于水平方向并与图纸的长边平行时则构成 X 型图纸。看图的方向与标题栏的方向一致
Y 型图纸			标题栏的长边与图纸的长边垂直时则构成 Y 型图纸。看图的方向与标题栏的方向一致

2.1.2　标题栏（摘自 GB/T 10609.1—2008）

标题栏反映了一张图样的综合信息，是图样的一个重要组成部分。国家标准对标题栏的内容、格式与尺寸作了规定，如图 2-2 所示。作业中的标题栏根据国家标准进行了简化，零件图的标题栏推荐采用如图 2-3 所示的格式与尺寸，装配图的标题栏及明细栏推荐采用如图 2-4 所示的格式与尺寸。

2.1.3　比例（摘自 GB/T 14690—1993）

1. 比例

图样中图形与实物相应要素的线性尺寸之比称为比例。比值为 1 的比例为原值比例，即

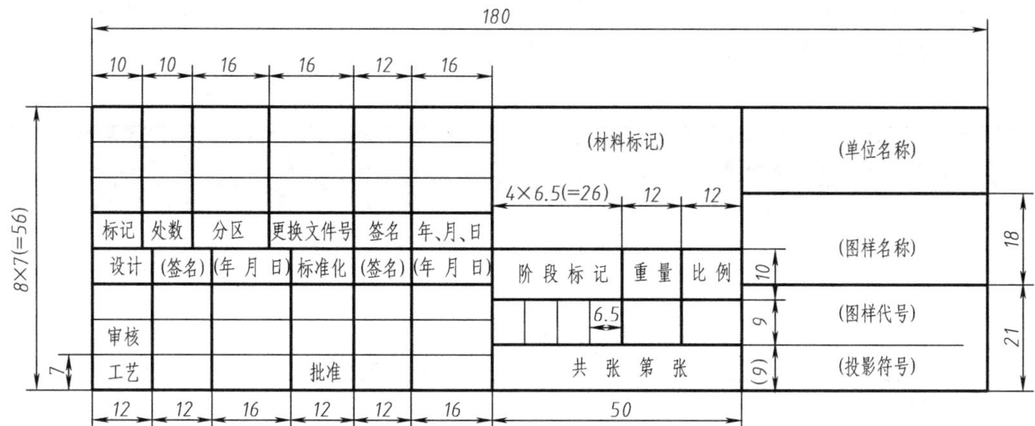

图 2-2　标准规定的标题栏尺寸与格式

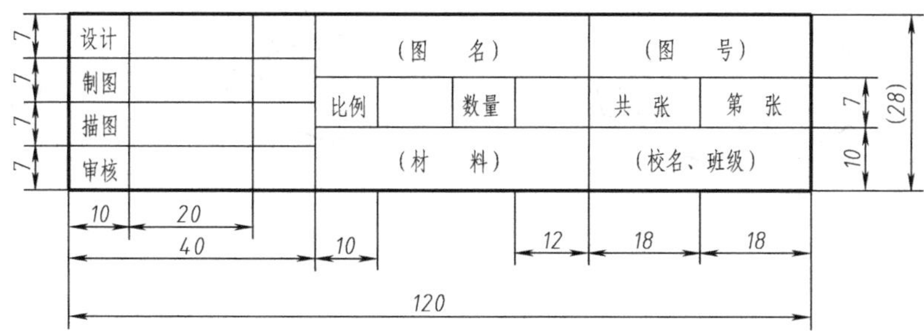

图 2-3　作业中零件图所用标题栏的格式与尺寸

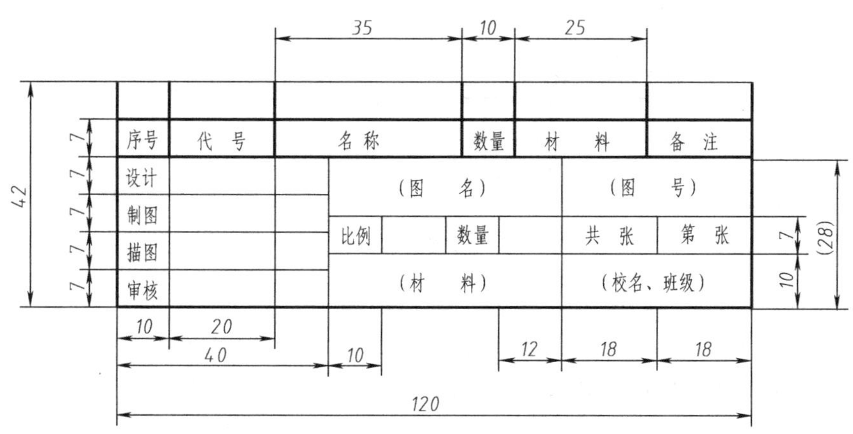

图 2-4　作业中装配图所用标题栏及明细栏的格式与尺寸

1∶1；比值>1 的比例为放大比例，如 2∶1；比值<1 的比例为缩小比例，如 1∶2。

2. 比例的种类及系列

GB/T 14690—1993《技术制图　比例》规定了比例的种类及系列，见表 2-3。

设计中需按比例绘制图样时，应在表 2-3 规定的系列中选取适当的比例。最好选用原值比例；根据机件的大小和复杂程度也可以选取放大或缩小的比例。无论放大或缩小，标注尺寸时必须标注机件的实际尺寸，如图 2-5 所示。同一机件的各个视图应采用相同的比例，当机件某部位上有较小或较复杂的结构需要用不同的比例绘制时，则必须另行标注，如图 2-6 所示，图中的比例 2：1 是指该局部放大图与实物之比。

表 2-3　比例的种类及系列

种类	比例							
	优先选取			允许选取				
原值比例	1：1							
放大比例	5：1	2：1		4：1			2.5：1	
	5×10^n：1	2×10^n：1	1×10^n：1	4×10^n：1			2.5×10^n：1	
缩小比例	1：2	1：5	1：10	1：1.5	1：2.5	1：3	1：4	1：6
	1：2×10^n	1：5×10^n	1：1×10^n	1：1.5×10^n	1：2.5×10^n	1：3×10^n	1：4×10^n	1：6×10^n

注：n 为正整数。

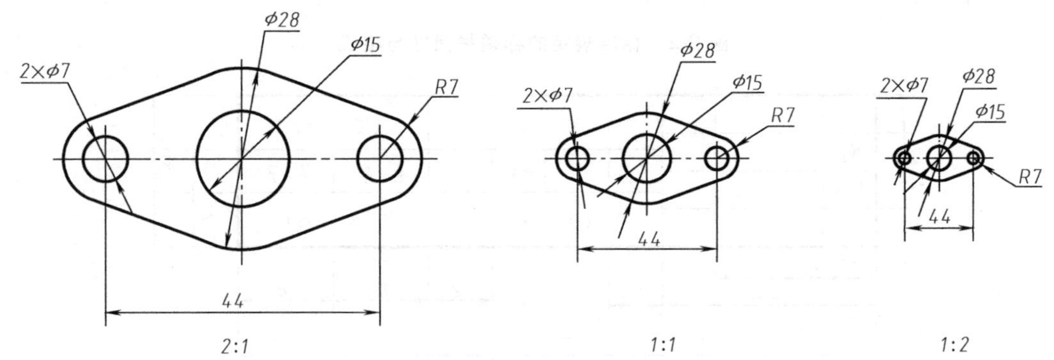

图 2-5　用不同比例画出的图形

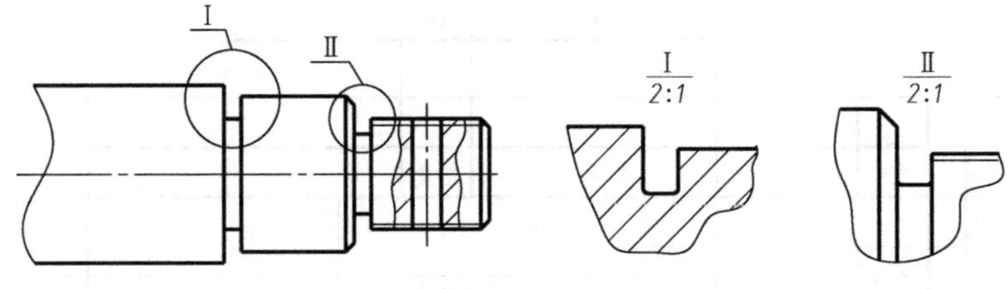

图 2-6　比例的另行标注

3. 比例的标注方法

比例的符号应以“：”表示。比例的表示方法如 1：1、1：500、20：1 等。比例一般应注写在标题栏中的比例栏内。必要时可在视图名称的下方或右侧标注比例，如：

$$\frac{\text{I}}{2:1}\qquad\frac{A}{1:100}\qquad\frac{B\text{—}B}{2.5:1}\qquad \underline{\text{平面图}}\,1:10$$

2.1.4　字体（摘自 GB/T 14691—1993）

字体是指图样中汉字、字母和数字的书写形式，图样中书写的字体必须做到字体工整、笔画清楚、间隔均匀、排列整齐，如图 2-7 所示。字体的号数，即字体的高度用 h 表示，字体的公称尺寸系列为：1.8mm、2.5mm、3.5mm、5mm、7mm、10mm、14mm、20mm。如需要书写更大的字，其字体高度应按$\sqrt{2}$的比率递增。

1. 汉字

汉字应写成长仿宋体字，并应采用中华人民共和国国务院正式公布推行的《汉字简化方案》中规定的简化字。汉字的字高不应小于 3. 5mm。其字宽一般为 $h/\sqrt{2}$。长仿宋体汉字示例如图 2-7 所示。

10号字　字体工整　笔画清楚　间隔均匀　排列整齐

7号字　横平竖直注意起落结构均匀填满方格

5号字　技术制图机械电子汽车航空船舶土木建筑矿山井坑港口纺织服装

3.5号字　螺纹齿轮端子接线飞行指导驾驶舱位挖填施工引水通风闸阀坝棉麻化纤

图 2-7　长仿宋体汉字示例

长仿宋字的书写要领是：横平竖直、注意起落、结构均匀、填满字格。

2. 字母及数字

字母及数字有直体和斜体、A 型和 B 型之分。斜体字字头向右倾斜，与水平基准线成 75°；A 型字体的笔画宽度为字高（h）的十四分之一；B 型字体的笔画宽度为字高（h）的十分之一。常用字母和数字的字型结构示例如下。

A 型拉丁字母大写斜体示例：

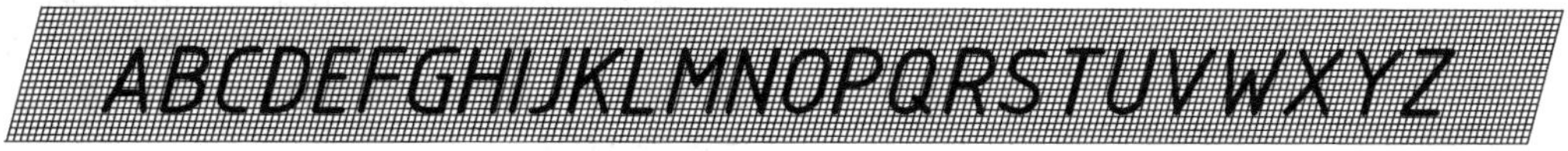

ABCDEFGHIJKLMNOPQRSTUVWXYZ

A 型拉丁字母小写斜体示例：

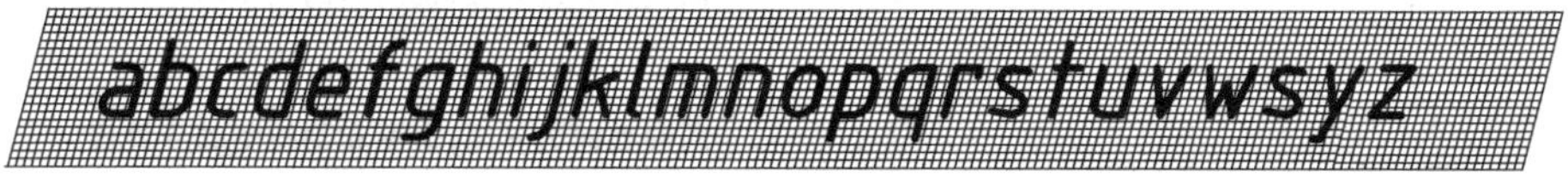

abcdefghijklmnopqrstuvwsyz

A 型斜体数字示例：

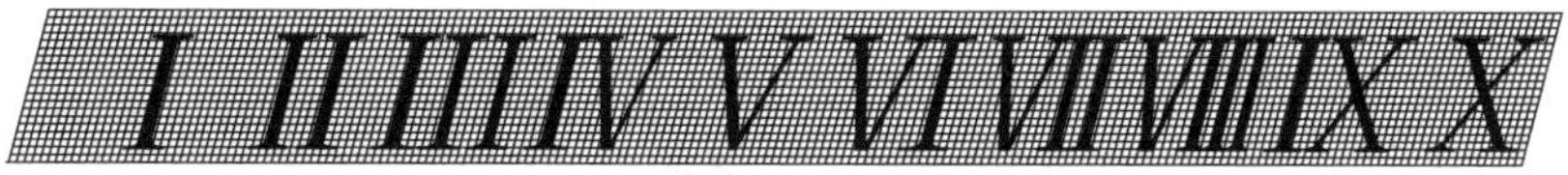

I II III IV V VI VII VIII IX X

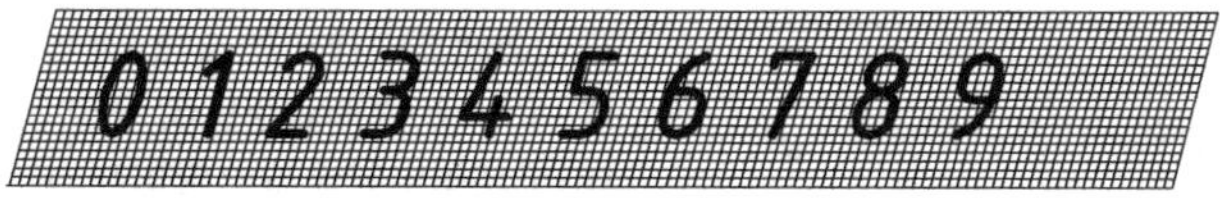

0 1 2 3 4 5 6 7 8 9

A 型斜体小写希腊字母示例：

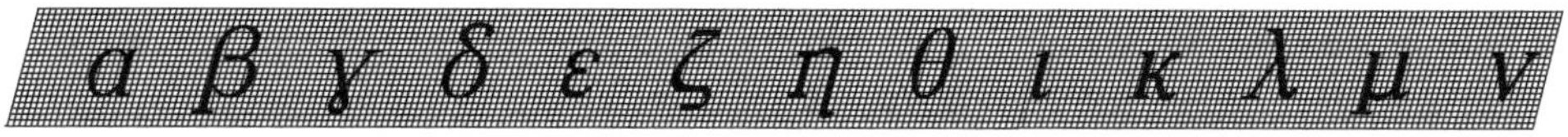

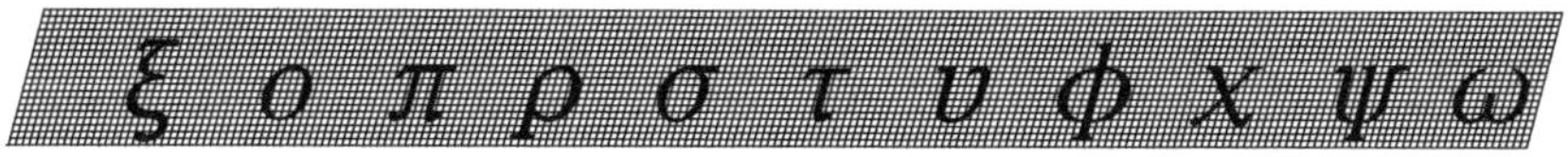

$\alpha\ \beta\ \gamma\ \delta\ \varepsilon\ \zeta\ \eta\ \theta\ \iota\ \kappa\ \lambda\ \mu\ \nu$

$\xi\ o\ \pi\ \rho\ \sigma\ \tau\ \upsilon\ \phi\ \chi\ \psi\ \omega$

3. 综合应用规定

用作分数、指数、极限偏差、注脚等的字母及数字，一般应采用小一号的字体。综合应用示例如下：

$$10\mathrm{Js}(\pm 0.003) \quad \mathrm{M}24\text{-}6\mathrm{h} \quad \phi 25\frac{\mathrm{H}6}{\mathrm{m}5} \quad \frac{\mathrm{II}}{2:1} \quad \frac{A\curvearrowleft}{5:1}$$

2.1.5 图线（摘自 GB/T 4457.4—2002）

1. 图线及应用

图线是指起点和终点间以任何方式连接的一种几何图形，形状可以是直线或曲线、连续线或不连续线。机械图样中常用的图线名称、线型及应用见表 2-4。各种线型在图样上的应用如图 2-8 所示。

表 2-4　图线名称、线型及应用

代码 NO.	线型及名称	线型宽度	一般应用
01.2	粗实线	d=0.5~2mm	可见棱边线；可见轮廓线；相贯线、螺纹牙顶线；螺纹长度终止线；齿顶圆（线）；表格图、流程图中的主要表示线；模样分型线；剖切符号用线
01.1	细实线	d/2	过渡线；尺寸线；尺寸界线；剖面线；指引线和基准线；重合断面的轮廓线；短中心线；螺纹牙底线；尺寸线的起止线；表示平面的对角线；零件形成前的弯折线；范围线及分界线；重复要素表示线（如齿轮的齿根线）；锥形结构的基面位置线；叠片结构位置线（如变压器叠钢片）；辅助线；不连续同一表面连线；成规律分布的相同要素连线；投影线；网格线
01.1	波浪线	d/2	断裂处的边界线；视图和剖视图的分界线
01.1	双折线	d/2	断裂处的边界线；视图和剖视图的分界线
02.1	细虚线	d/2	不可见棱边线；不可见轮廓线
04.1	细点画线	d/2	轴线；对称中心线；分度圆（线）；孔系分布的中心线；剖切线
05.1	细双点画线	d/2	相邻辅助零件的轮廓线；可动零件的极限位置的轮廓线；重心线；成形前轮廓线；剖切面前的结构轮廓线；轨迹线；毛坯图中制成品的轮廓线；特定区域线；工艺用结构的轮廓线；延伸公差带的表示线；中断线

注：1. 表中粗、细线的宽度比例为 2∶1。
2. 代码中的前两位数字表示基本线形，最后一位数字表示线宽种类，其中“1”表示细，“2”表示粗。
3. 波浪线和双折线，在同一张图样中一般采用一种。

所有线型的宽度（d）系列为：0.13、0.18、0.25、0.35、0.5、0.7、1、1.4、2（单位均为 mm）。一般粗实线宜在 0.5~2mm 之间选取，应尽量保证在图样中不采用宽度小于 0.18mm 的图线。

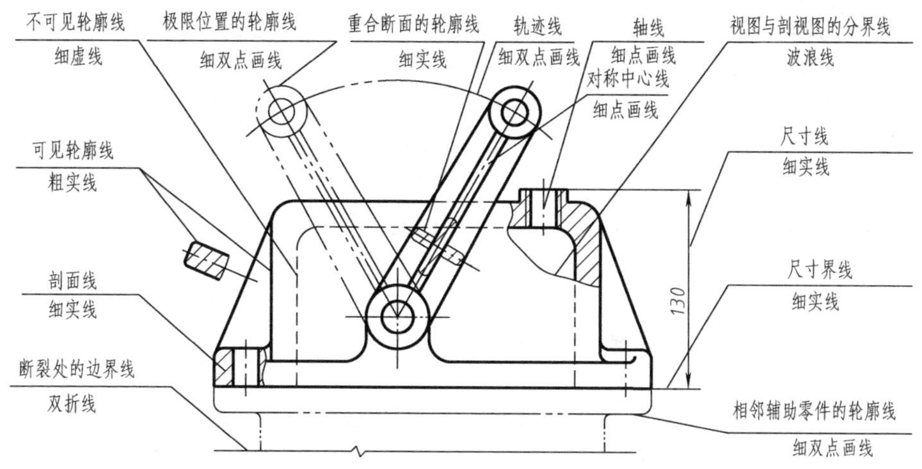

图 2-8 图线应用举例

2. 图线画法

1）在同一图样中，同类图线的宽度应一致。虚线、点画线、双点画线的线段长度和间隔应各自大致相等。一般在图样中应保持图线的均匀一致，如图 2-9 所示。

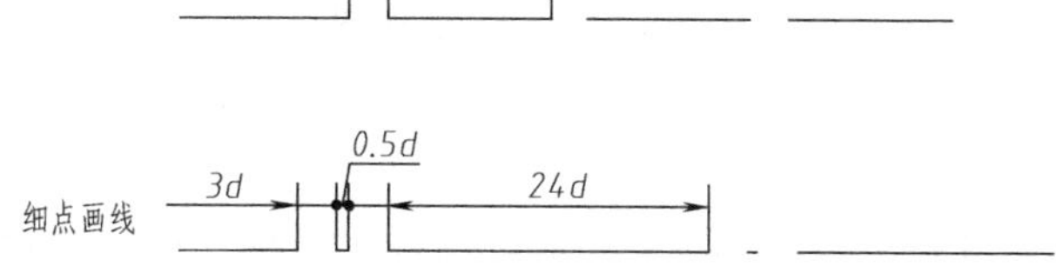

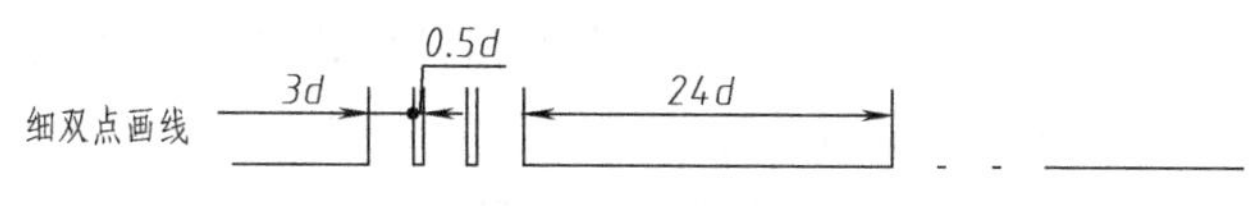

图 2-9 图线规格

2）两条平行线（包括剖面线）之间的距离应不小于粗实线的两倍宽度，其最小距离不得小于 0.7mm。

3）绘制点画线的要求是：以画为始尾，以画相交，而不是点或间隔处，且超出图形轮廓 2~5mm。在较小的图形上绘制点画线或双点画线有困难时，可用细实线代替，如图 2-10 所示。

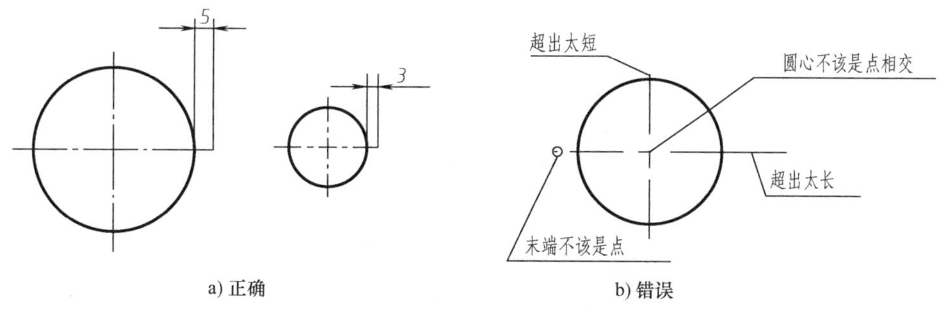

图 2-10 中心线的画法

4）当某些图线重合时，应按粗实线、虚线、点画线的顺序，只画前面的一种图线。

5）当图线相交时，应以画线相交，不留空隙；当虚线是粗实线的延长线时，衔接处要留出空隙，如图 2-11 所示。

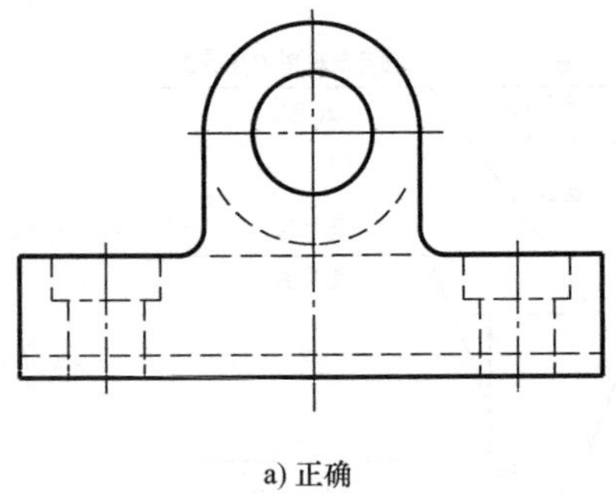

a) 正确

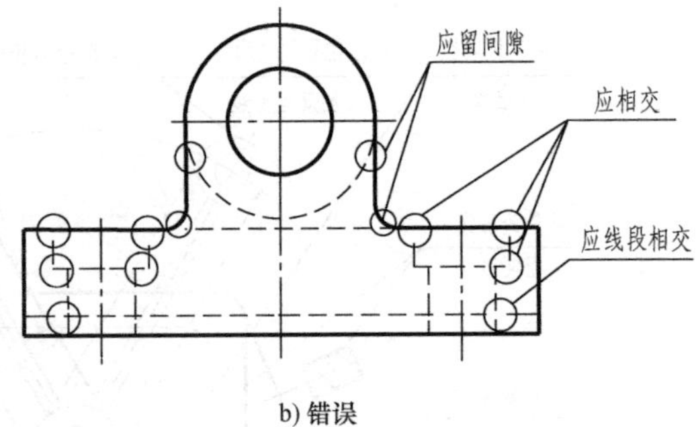

b) 错误

图 2-11　图线相交和衔接画法

2.1.6　尺寸注法（摘自 GB/T 4458.4—2003）

图形只能表达机件的形状，而机件的大小还必须通过标注尺寸才能确定。标注尺寸是工程图样中的重要内容，必须认真细致、一丝不苟。尺寸有遗漏或错误，会给生产带来困难和损失。

本节仅介绍国家标准《机械制图　尺寸注法》（GB/T 4458.4—2003）中有关如何正确标注尺寸的若干规定。有些内容将在后面的有关章节中讲述，其他的有关内容可查阅国家标准。

1. 基本规定

1）机件的真实大小应以图样上所标注的尺寸数值为依据，与绘图比例、图形大小及绘图的准确度无关。

2）图样中（包括技术要求和其他说明）的尺寸，以毫米为单位时，不需注明单位符号（或名称）。如采用其他单位，则应注明相应的单位符号。

3）图样中所注尺寸是该图样所示机件的最后完工尺寸，否则应另加说明。机件的每一个尺寸，一般只标注一次，并应标注在反映该结构最清晰的图形上。

2. 尺寸的组成及标注

一个完整的尺寸，应包含尺寸界线、尺寸线、尺寸线终端、尺寸数字四个尺寸要素，如图 2-12 所示。

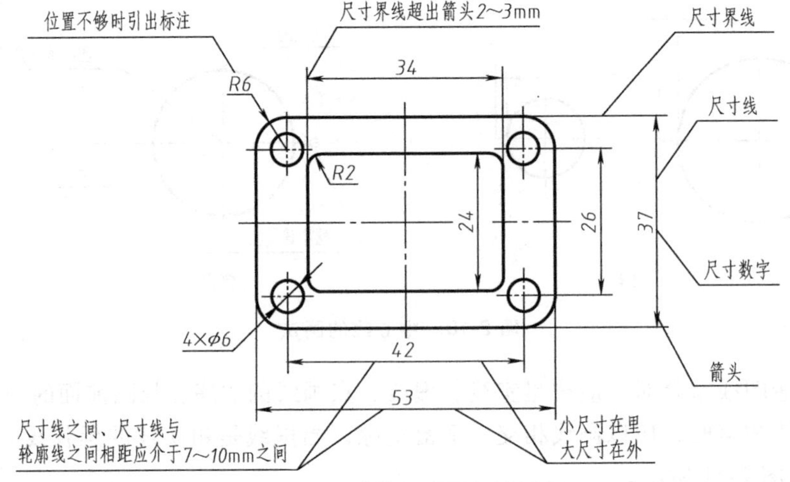

图 2-12　尺寸的组成及标注示例

(1) 尺寸界线　尺寸界线表示尺寸范围，用细实线绘制，一般与尺寸线垂直，必要时才允许倾斜，由图形的轮廓线、轴线或对称中心线处引出，应超出尺寸线终端2~3mm。也可利用轮廓线、轴线或对称中心线作为尺寸界线。

(2) 尺寸线　尺寸线表示所标注尺寸的方向，必须用细实线单独画出，不能用其他图线代替，也不得与其他图线重合或画在其延长线上；尺寸线应与所标注的线段平行，相同方向的各尺寸线的间距要均匀，间隔应介于7~10mm之间，以便注写尺寸数字和有关符号；尽量避免尺寸线之间或尺寸线和尺寸界线相交；相互平行的尺寸，小尺寸应在里即靠近图形，大尺寸应在外即依次等距离地平行外移。

(3) 尺寸线终端　尺寸线终端的结构有箭头和斜杠两种形式，如图2-13所示。机械图样中一般用箭头表示，箭头尖端必须与尺寸界线接触，不得超出也不得离开，习惯画法箭头长度≈2.5d。

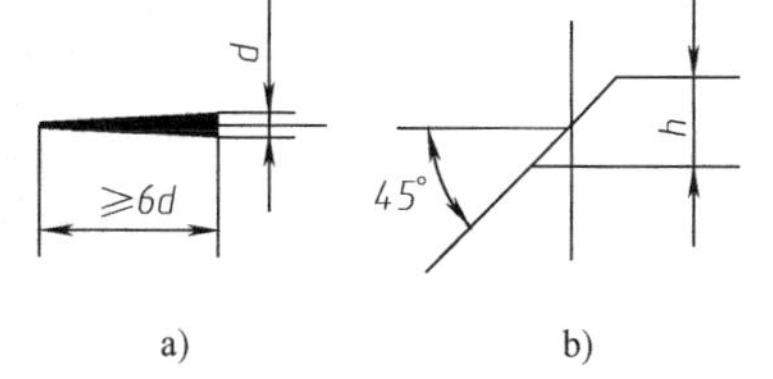

图2-13　箭头和细斜线的画法

(4) 尺寸数字　线性尺寸的数字一般注写在尺寸线上方，也允许注写在尺寸线的中断处。同一图样内尺寸数字的字号大小应一致，位置不够可引出标注。

线性尺寸数字的方向，应按图2-14a所示的方向注写，当尺寸线呈铅垂方向时，尺寸数字在尺寸线左侧，字头朝左，其余方向时，字头有朝上趋势，并尽可能避免在30°范围内标注尺寸，当无法避免时可按图2-14b所示的形式标注。

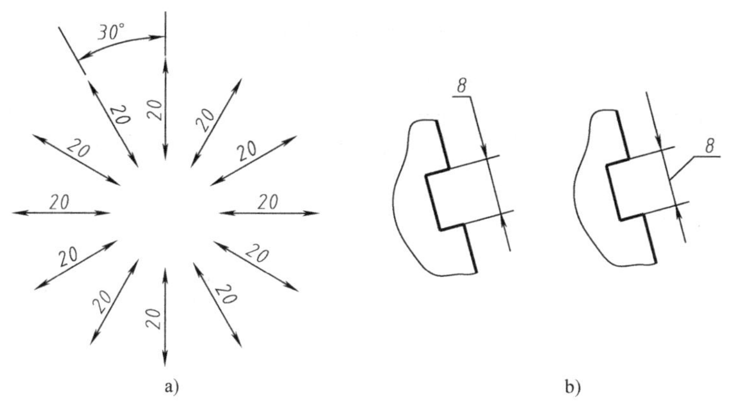

图2-14　尺寸数字的注写方向

尺寸数字不可被任何图线所通过。当尺寸数字不可避免被图线通过时，图线必须断开，如图2-15所示。

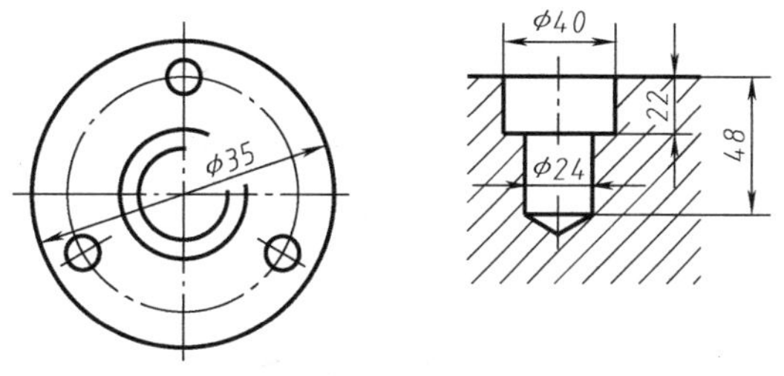

图2-15　图线通过尺寸数字时的处理方法

尺寸数字前面的符号用来区分不同类型的尺寸。如ϕ表示直径、R表示半径。国家标准中还规定了表示特定意义的符号和缩写词，见表2-5。标注尺寸用符号的比例画法如图2-16所示。

3. 尺寸注法示例

国家标准中规定的部分常见图形尺寸注法示例见表2-6。

表 2-5　表示特定意义的符号和缩写词

名称	符号或缩写词	名称	符号或缩写词	名称	符号或缩写词
直径	ϕ	均布	EQS	埋头孔	⌵
半径	R	45°倒角	C	弧长	⌒
球直径	$S\phi$	正方形	□	展开长	
球半径	SR	深度	↧	斜度	∠
厚度	t	沉孔或锪平	⌴	锥度	◁

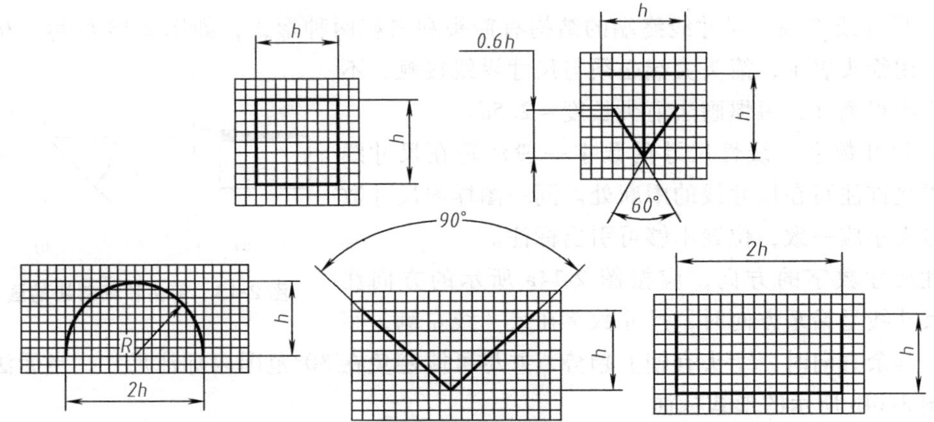

图 2-16　标注尺寸用符号的比例画法（线宽为 $h/10$）

表 2-6　尺寸注法示例

类型	注法示例	注法说明
角度尺寸注法	60°　a) 60°　60°　30°　75°　45°　90°　b)	标注角度尺寸时，尺寸界线应沿径向引出，尺寸线画成圆弧，圆心是角的顶点；尺寸数字一律水平书写，即字头永远朝上，一般注在尺寸线的中断处；角度尺寸必须注明单位
圆的直径、圆弧半径尺寸注法	ϕ23　ϕ15　ϕ25 R7　ϕ7　14　R2	标注圆的直径时，应在尺寸数字前加注符号"ϕ"；标注圆弧半径时，应在尺寸数字前加注符号"R"。圆的直径和圆弧半径的尺寸线与圆弧接触的终端应画成箭头 当圆弧的弧度>180°时，应在尺寸数字前加注符号"ϕ"；当圆弧弧度≤180°时，应在尺寸数字前加注符号"R" 标注半径尺寸时，必须标注在投影为圆弧实形的图形上，且尺寸线应通过圆心

（续）

类型	注法示例	注法说明
同一个图形中，多个尺寸相同的孔的注法	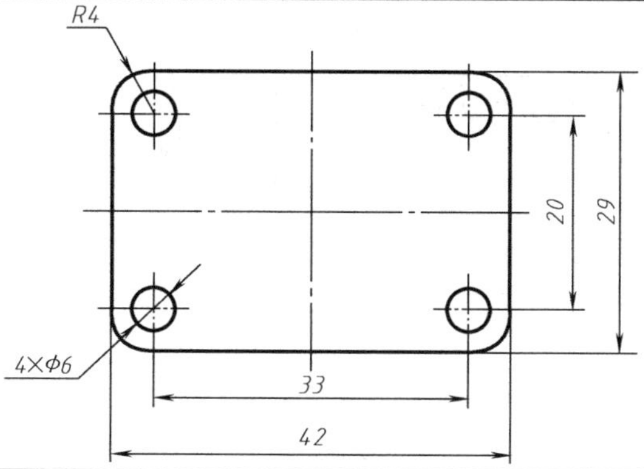	在同一个图形中，对于尺寸相同的孔，可以在一个孔上注出其尺寸，并在其尺寸数字前加注“相同个数×”
圆弧半径过大，在图纸范围内无法按常规标出其圆心位置时的注法	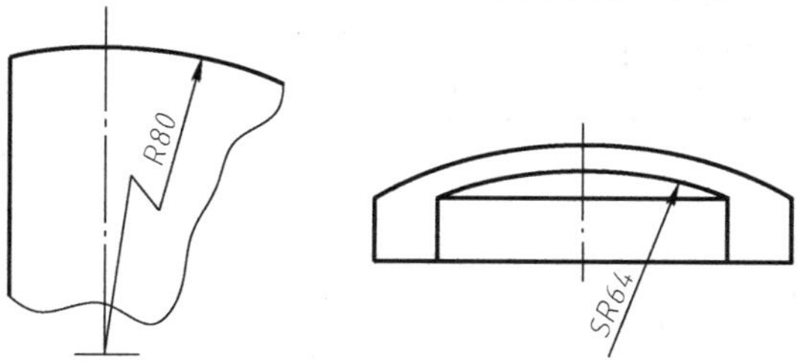 a)　b)	当圆弧的半径过大或在图纸范围内无法按常规标出其圆心位置时，或不需要标出其圆心位置时，可按图示形式标注
球面直径或半径注法	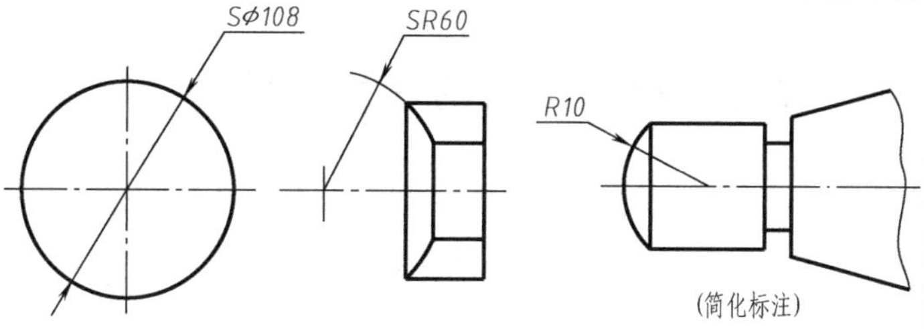 (简化标注) a)　b)　c)	在尺寸数字前分别加注符号“Sϕ”或“SR”。对于轴、螺杆、铆钉以及手柄等的端部，在不致引起误解的情况下可省略符号“S”
小尺寸的注法	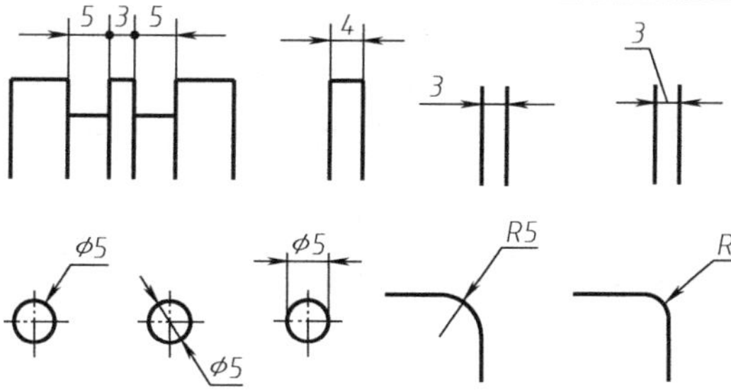	在没有足够的位置画箭头或注写数字时，箭头可画在外面，尺寸数字也可采用旁注或引出标注；当中间的小间隔尺寸没有足够的位置画箭头时，允许用圆点或斜线代替箭头
弦长和弧长的尺寸注法	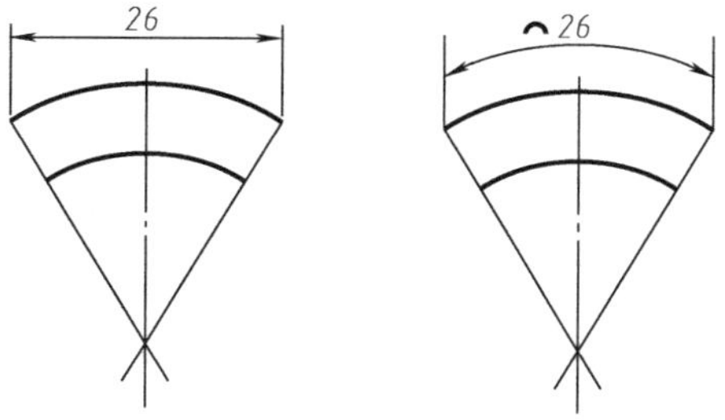	标注弦长和弧长的尺寸时，尺寸界线应平行于弦的垂直平分线。标注弧长尺寸时，尺寸线用圆弧线，并应在尺寸数字左方加注符号“⌒”

（续）

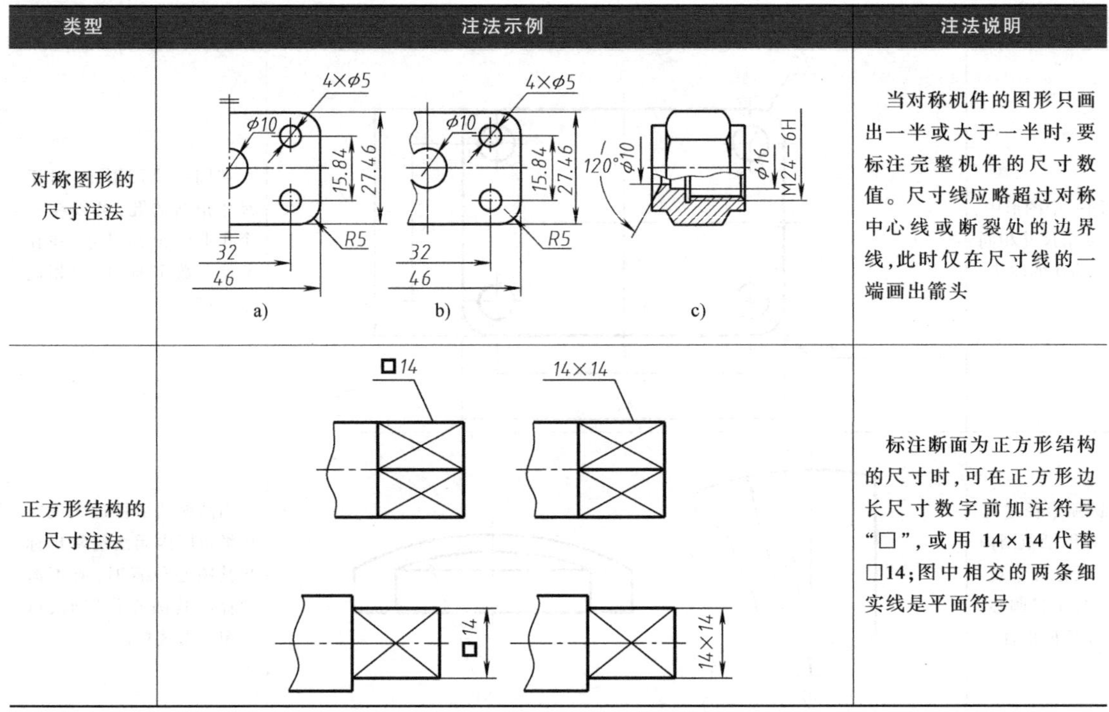

类型	注法示例	注法说明
对称图形的尺寸注法	a)　b)　c)	当对称机件的图形只画出一半或大于一半时，要标注完整机件的尺寸数值。尺寸线应略超过对称中心线或断裂处的边界线，此时仅在尺寸线的一端画出箭头
正方形结构的尺寸注法		标注断面为正方形结构的尺寸时，可在正方形边长尺寸数字前加注符号“□”，或用 14×14 代替□14；图中相交的两条细实线是平面符号

2.2　绘图工具的使用方法

使用绘图工具绘制图形通常称为尺规绘图，是工程技术人员必备的基本绘图技能。正确使用绘图工具是保证绘图质量、提高绘图速度的重要因素。

2.2.1　绘图铅笔

绘图铅笔是绘图过程中的重要工具，其铅芯软硬用字母“B”和“H”表示。B 前的数值越大，表示铅芯越软；H 前的数值越大，表示铅芯越硬。HB 表示铅芯软硬适中。绘图时，应根据不同用途，按表 2-7 选用适当的铅笔及铅芯，并将其削磨成一定的形状。

表 2-7　铅笔及铅芯的选用

	用途	软硬代号	削磨形状	示意图
铅笔	画细线	2H 或 H	圆锥	
	写字	HB 或 B	钝圆锥	
	画粗线	B 或 2B	截面为矩形的四棱柱，铅芯的宽度 = d（线宽）	d

（续）

	用途	软硬代号	削磨形状	示意图
圆规用铅芯	画细线	H 或 HB	楔形	
	画粗线	2B 或 3B	正四棱柱	

2.2.2 绘图仪器

1. 圆规

圆规的钢针有两种不同的针尖。画圆时用带台肩的一端，并把它插入图板中，钢针应调整到比铅芯稍长一些，如图 2-17 所示。画圆时应根据圆的直径不同，尽力使钢针和铅芯插腿垂直纸面，一般按顺时针方向旋转，用力要均匀，如图 2-18 所示。在需画特大的圆或圆弧时，可接加长杆。画小圆可用弹簧圆规。当用钢针接腿替换铅芯接腿时，圆规可作分规用。

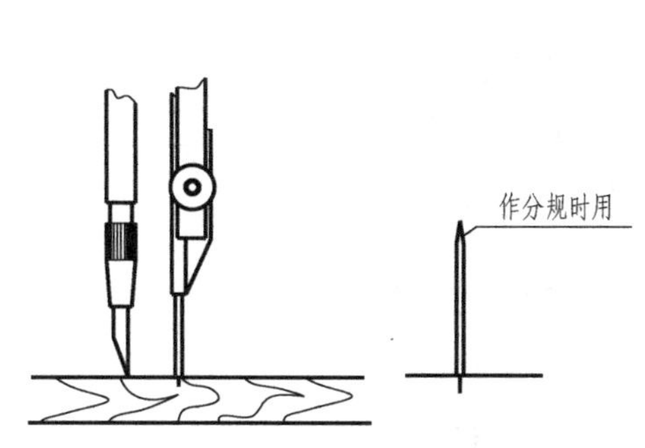

图 2-17　圆规钢针、铅芯及其位置

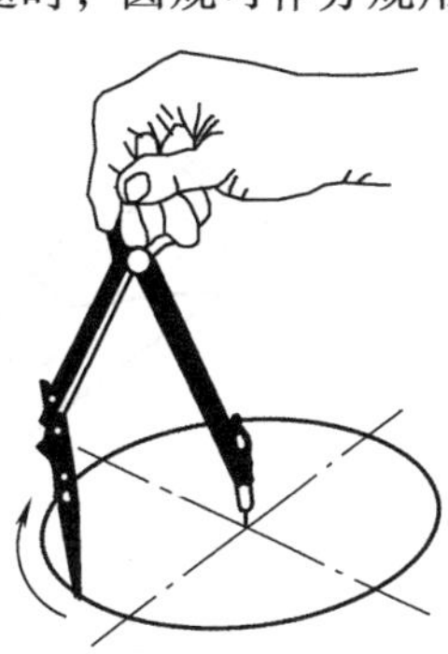

图 2-18　画圆时的手势

2. 分规

分规用来截取线段、等分线段和量取尺寸，如图 2-19 所示。先用分规在三棱尺上量取所需尺寸，如图 2-19a 所示，然后再量到图纸上去，如图 2-19b 所示。图 2-20 所示为用分规截取若干等份线段的作图方法。

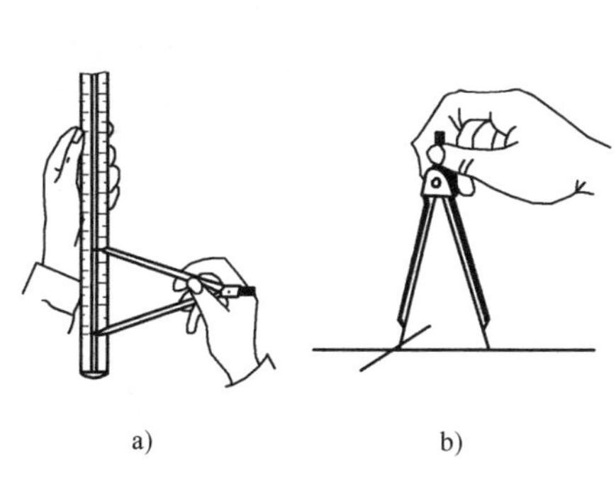

图 2-19　分规的用法

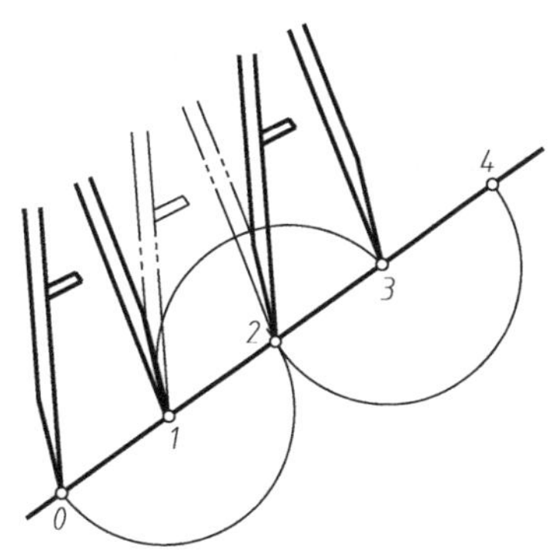

图 2-20　等分线段

3. 三角板

一副三角板有两块，一块是 45°三角板，另一块是 30°和 60°三角板。三角板和丁字尺配合使用，可画垂直线和 30°、45°、60°以及 $n\times15°$ 的各种斜线，如图 2-21 所示。此外，利用一副三角板，还可以画出已知直线的平行线或垂直线，如图 2-22 所示。

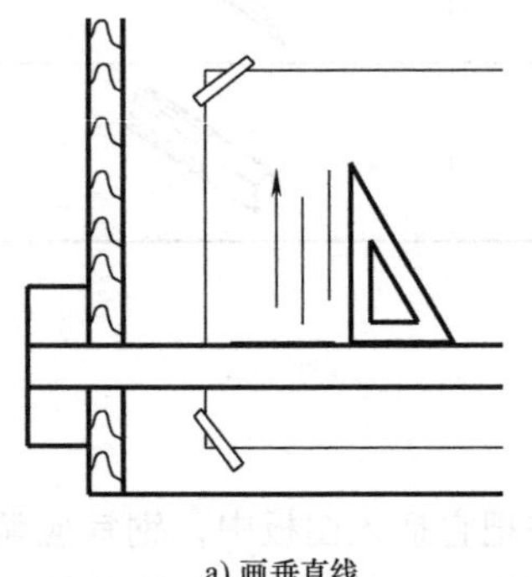

a) 画垂直线

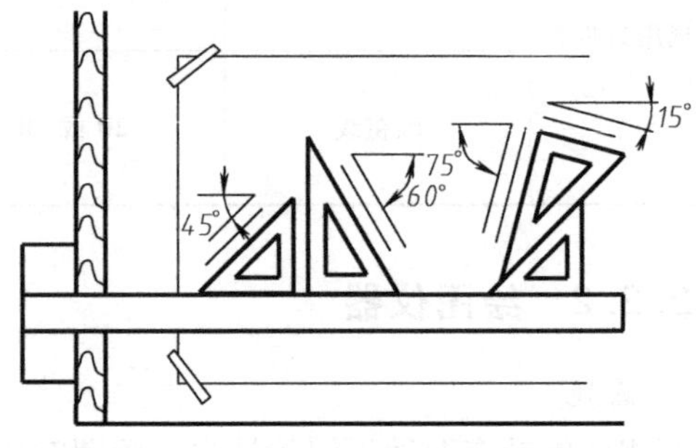

b) 画15°倍数的斜线

图 2-21　三角板与丁字尺配合使用画线

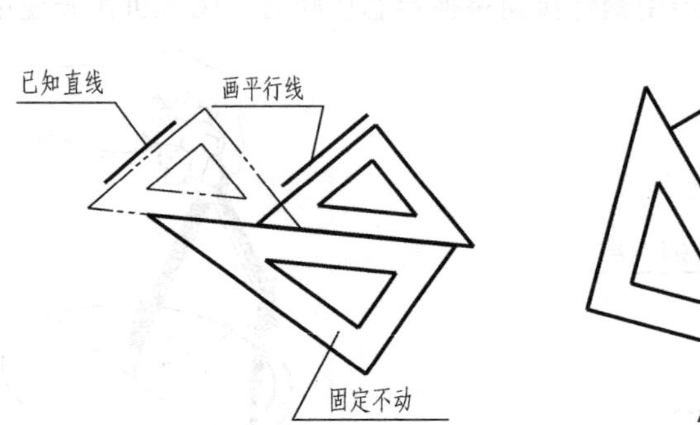

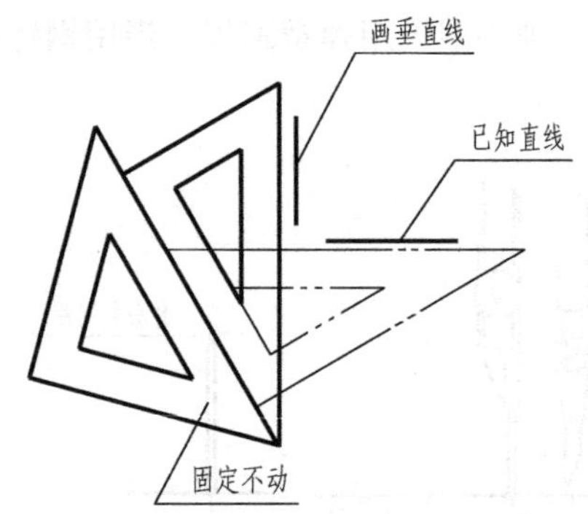

图 2-22　用一副三角板画已知直线的平行线或垂直线

4. 曲线板

曲线板是用来光滑连接非圆曲线上诸点时使用的工具，其使用方法如图 2-23 所示。使用方法：首先找曲线上与曲线板连续四个点贴合最好的轮廓，画线时只连前三个点，然后再连续贴合后面未连线的四个点，仍然连前三个点，这样中间有一段前后重复贴合两次，如此依次逐段描绘，以便使整条曲线光滑。

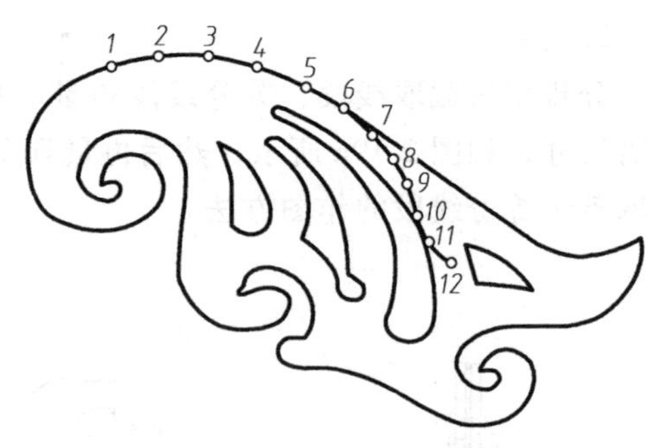

图 2-23　用曲线板画曲线

5. 图板

图板的板面应平整，工作边应平直。绘图时将图纸用胶带纸固定在图板的适当位置上，如图 2-24 所示。

6. 丁字尺

丁字尺由尺头和尺身两部分组成，尺身带有刻度，便于画线时直接度量。使用时，必须将尺头靠紧图板左侧的工作边，上下移动丁字尺，并利用尺身的工作边画出水平线，如图 2-25 所示。

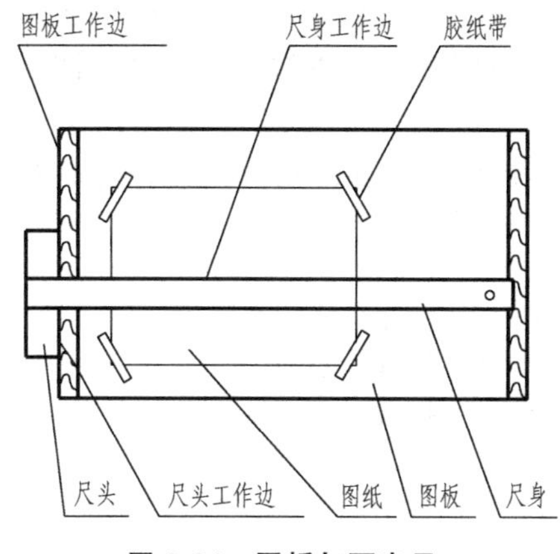

图 2-24　图板与丁字尺

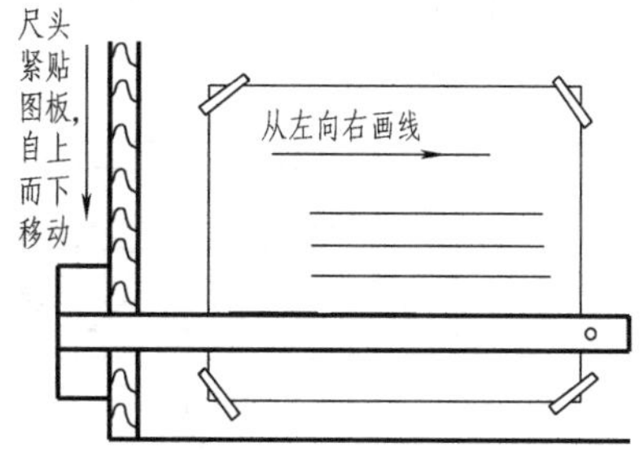

图 2-25　图板与丁字尺配合画水平线

2.3　徒手草图

草图是不借助仪器，仅用铅笔以徒手、目测的方法绘制的图样。由于绘制草图迅速简便，所以草图有很大的实用价值，常用于创意设计、测绘机件和技术交流中。

草图不要求按照国家标准规定的比例绘制，但要求正确目测实物形状及大小，基本上把握住形体各部分间的比例关系。判断形体间比例要从整体到局部，再由局部返回整体，相互比较。如一个物体的长、宽、高之比为 4∶3∶2，画此物体时，就要保持物体自身的这种比例。

草图不是潦草的图，除比例一项外，其余必须遵守国家标准规定，要求做到图线清晰，粗细分明、字体工整等。

为便于控制尺寸大小，经常在网格纸上画徒手草图，网格纸不要求固定在图板上，为了作图方便可任意转动和移动。草图的绘制方法如下。

（1）直线的画法　水平直线应自左向右，铅垂线应自上而下画出，眼视终点，小指压住纸面，手腕随线移动。画水平线和铅垂线时，要充分利用坐标纸的方格线，画 45°斜线时，应利用方格的对角线方向，如图 2-26 所示。

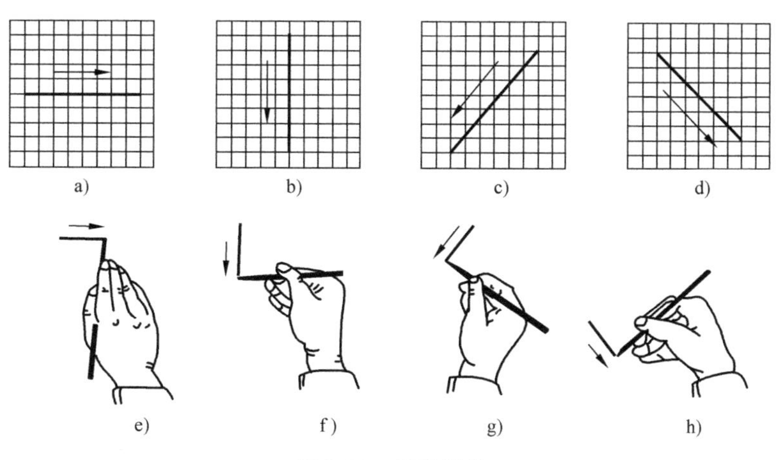

图 2-26　草图画线

（2）圆的画法　画小圆时可按半径目测，在中心线上定出四点，然后徒手连线，如图 2-27a 所示。画直径较大的圆时，则可过圆心画几条不同方向的直线，按半径目测出一些点再徒手画成圆，如图 2-27b 所示。

画圆角、椭圆等曲线时，同样用目测法定出曲线上的若干点，光滑连接即可。图 2-28 所示为一草图示例。

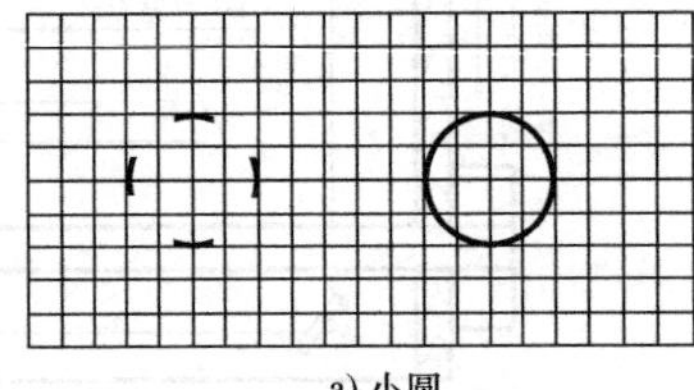
a) 小圆

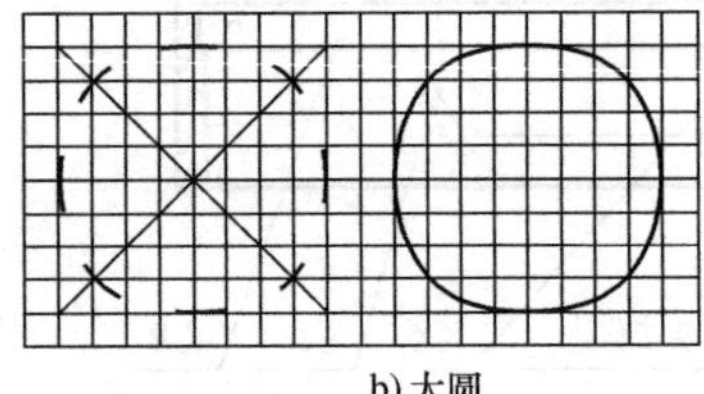
b) 大圆

图 2-27　草图圆的画法

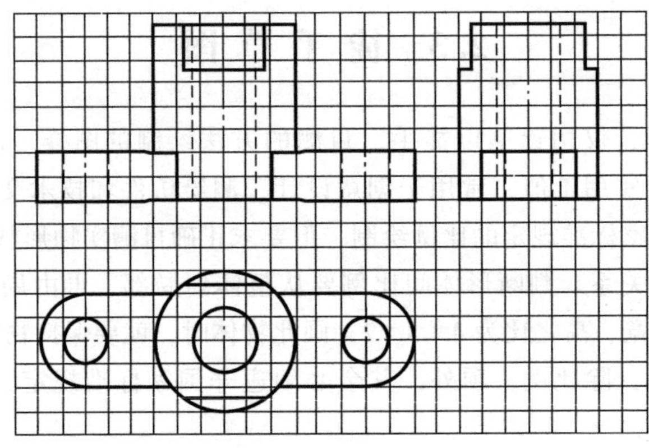

图 2-28　草图示例

第3章

投影法及点、直线、平面的投影

本章学习目标

正投影理论中，点、线、面是构成空间物体的基本几何元素。研究这些基本几何元素的投影特性和画图方法是正确设计和绘制工程图样的基础。通过对本章的学习，应掌握投影理论的基本概念和性质；熟练掌握点、直线、平面的正投影特性和作图方法；熟练掌握基本几何元素空间各种位置关系的投影特性和作图方法。

3.1 投影法与平行投影特性

1. 投影法基本知识

在日常生活中，物体在光线照射下，在墙壁或地面上会出现它的影子，这就是常见的投影现象。投影法就是根据这一自然现象经过科学抽象总结出来的。国家标准在投影法术语中规定：投射线通过物体，向选定的平面投射，并在该面上得到图形的方法，称为投影法。所有投射线的起源点，称为投射中心。发自投射中心且通过被表示物体上各点的直线称为投射线。在投影法中得到投影的面称为投影面。根据投影法所得到的图形称为投影图。

如图3-1所示，P 为一平面，S 为平面外一定点，AB 为空间一直线段。连接 SA、SB 与平面 P 分别交于两点 a、b。其中定点 S 称为投射中心，直线 SA、SB 称为投射线，平面 P 称为投影面，线段 ab 称为空间直线段 AB 在平面 P 上的投影。

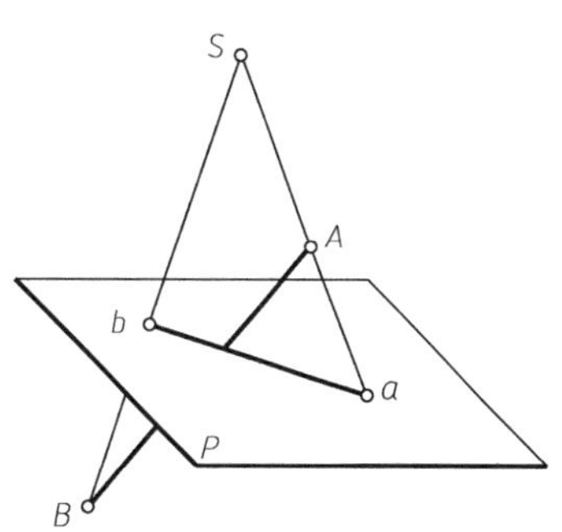

图3-1 投影图

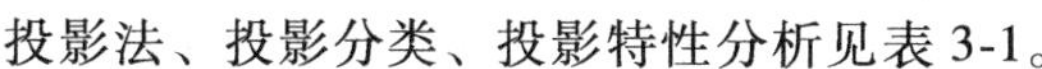

投影法、投影分类、投影特性分析见表3-1。

2. 平行投影特性

（1）实形性 当直线或平面与投影平面 P 平行时，则它们在该投影平面上的投影反映线段的实长或平面图形的实形，这种投影特性称为实形性。如图3-2所示，直线 AB//面 P，则 $ab=AB$；$\triangle ABC$//面 P，则 $\triangle abc \cong \triangle ABC$。

（2）积聚性 当直线或平面与投射方向 S 平行时，则它们在投影平面 P 上的投影分别积聚为点或直线。这种投影特性称为积聚性。如图3-3所示，AB//S，则 ab 积聚为一点；

表 3-1　投影法、投影分类、投影特性分析

投影法及概念			投影	示例	投影特性分析
中心投影法		投射线汇交于一点的投影法称为中心投影法	单面中心投影和透视投影	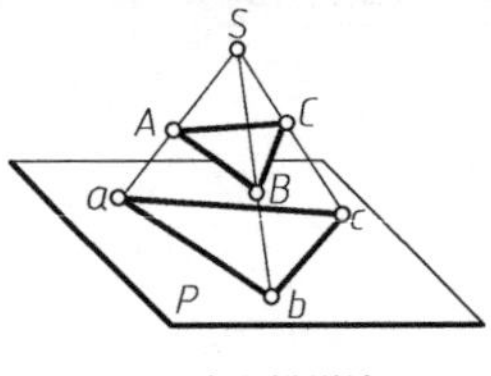 中心投影法 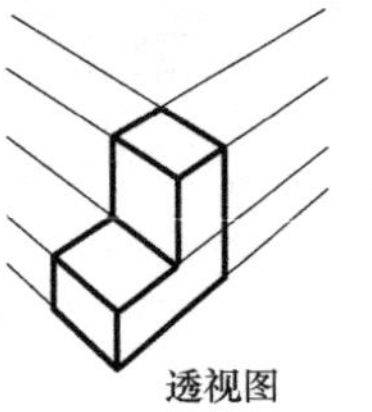　透视图	过投射中心 S 与 $\triangle ABC$ 各顶点连直线 SA、SB、SC，并将它们延长交于投影面 P，得到三点 a、b、c。连接 a、b、c，所得 $\triangle abc$ 就是空间 $\triangle ABC$ 在投影面 P 上的投影。中心投影法得到的投影大小与物体相对投影面所处位置的远近有关，因此投影不能反映物体表面的真实形状和大小，但图形具有立体感，直观性强，常用于透视图
平行投影法（投射线相互平行的投影法）	斜投影法	投射线（投射方向 S）与投影面 P 相倾斜的平行投影法	斜轴测投影	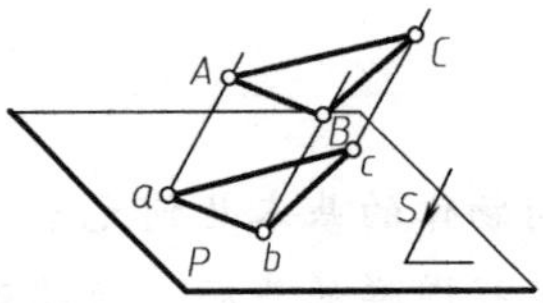 斜投影法 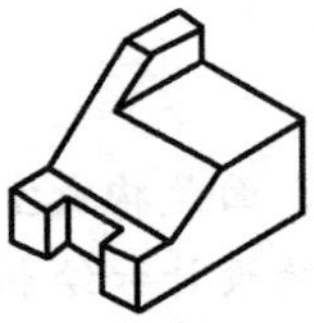　斜二轴测图	当投射中心 S 沿某一不平行于投影面的方向移至无穷远处时，投射线被视为互相平行
	正投影法	投射线（投射方向 S）与投影面 P 相垂直的平行投影法	多面正投影	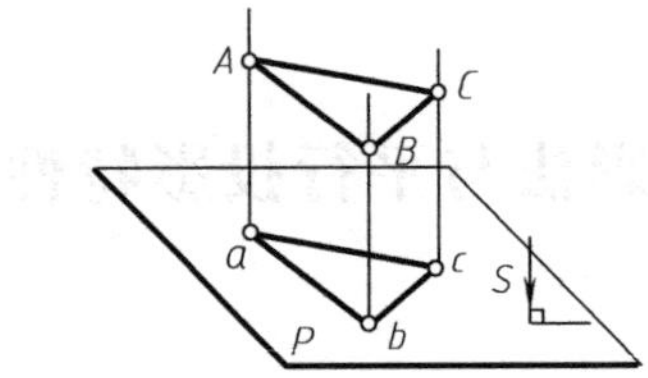 正投影法 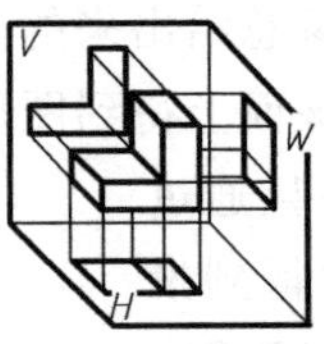 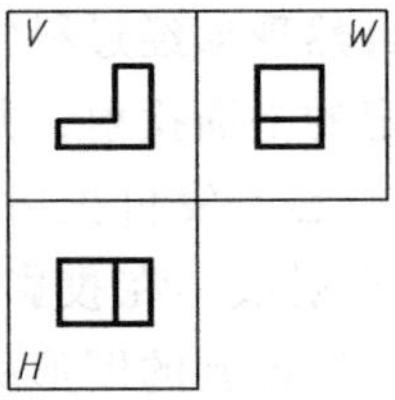　正投影图	多面正投影：首先物体在互相垂直的两个或多个投影面上得到正投影，然后将这些投影面旋转展开到同一图面上，使该物体的各面正投影图有规则地配置并相互之间形成对应关系，这样的图形称为多面正投影或多面正投影图
			单面正投影	 正等轴测图 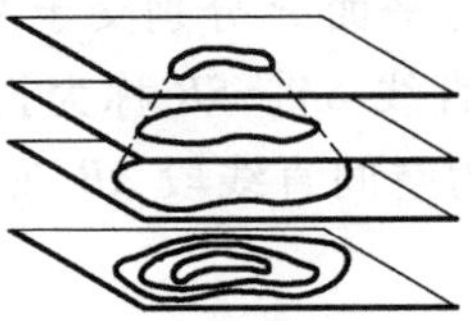　标高投影	当投射线垂直于轴测投影面 P 且平面 P 与物体上的三个直角坐标轴的夹角相等时，三个轴向伸缩系数相等（$p_1=q_1=r_1$），这时在平面 P 上得到的投影为该物体的正等轴测图（见第 8 章 轴测图）

$\triangle ABC//S$，则 $\triangle ABC$ 积聚为直线。

（3）类似性　直线或平面图形不平行于投影面和投射方向时，直线或平面与投影平面 P 既不平行也不垂直，此时，直线在该投影平面上的投影不等于原线段实长；平面在该投影平面上的投影不反映空间平面图形的实际大小，这种投影特性称为类似性，如图 3-4 所示。

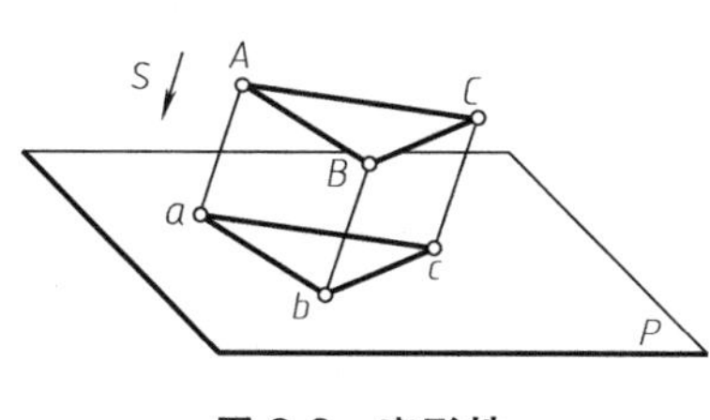

图 3-2　实形性

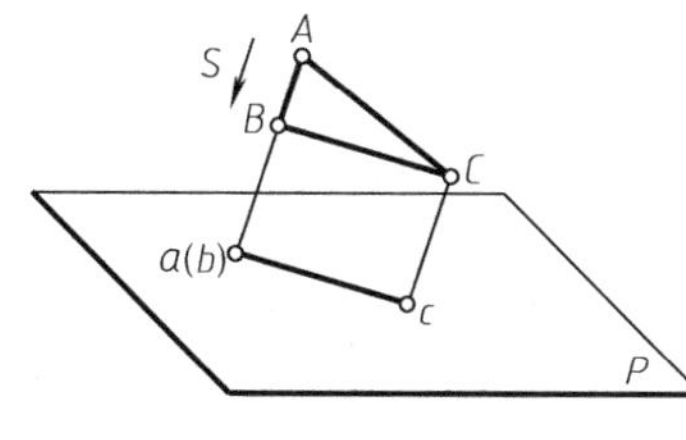

图 3-3　积聚性

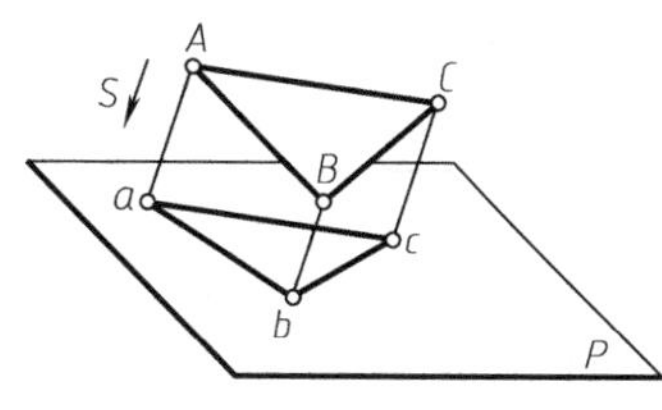

图 3-4　类似性

3.2　点的投影

如图 3-5a 所示，过空间点 A 向 H 面作投射线（垂线），与 H 面的交点 a 即为空间点 A 在 H 面上的投影（空间点用大写字母表示，投影点用相应的小写字母表示）。由图 3-5b 可以看出，A、B、C 三点是同一条投射线上的点，其在 H 面上的投影重合为一点 a（b）（c）。显然，若已知投影 a、b、c，则不能唯一确定点 A、B、C 的空间位置。

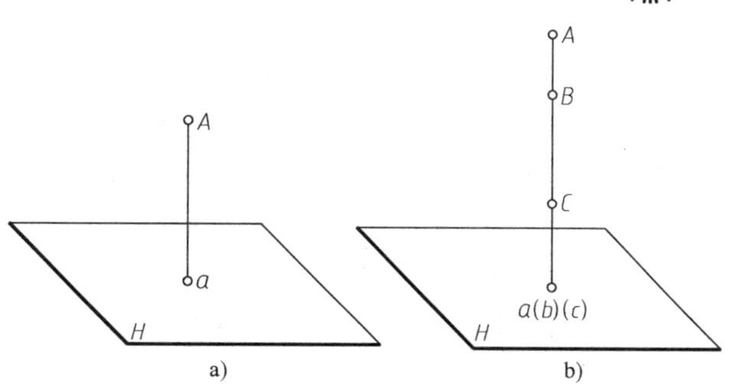

图 3-5　点在一个投影面上的投影

3.2.1　点在三投影面体系中的投影

1. 三投影面体系的建立

如图 3-6a 所示，三投影面体系是由水平投影面 H（简称水平面或 H 面）、正立投影面 V（简称正面或 V 面），侧立投影面 W（简称侧面或 W 面）构成的。H、V 和 W 三个投影面两两垂直相交，得到的三条交线称为投影轴。其中 H 面与 V 面的交线为 X 轴；H 面与 W 面的交线为 Y 轴；V 面与 W 面的交线为 Z 轴。由于 H、V 和 W 面互相垂直，所以 X、Y 和 Z 轴也互相垂直，且交于一点，该点称为投影系原点 O。

2. 点在三投影面体系中的投影

如图 3-6a 所示，空间点 A 处于 V 面、H 面和 W 面的三投影面体系中，点 A 在 V 面上的投影为 a'，在 H 面上的投影为 a，在 W 面上的投影为 a''。空间三面投影的展平方法为：V 面不动，H 面绕 X 轴向下旋转 90°与 V 面重合；W 面绕 Z 轴向右旋转 90°与 V 面重合，如图 3-6b 所示。不画投影面边框线，即得到点的三面投影图，如图 3-6c 所示。

3. 点的三面投影与直角坐标的关系

如图 3-6a 所示，三投影面体系相当于空间坐标系，其中 H、V 和 W 投影面相当于三个坐标面，投影轴相当于坐标轴，投影体系原点相当于坐标系原点。并规定 X 轴由原点 O 向左为正向；Y 轴由原点 O 向前为正向；Z 轴由原点 O 向上为正向。所以点 A 到三投影面的距离反映该点的 x、y、z 坐标，即：

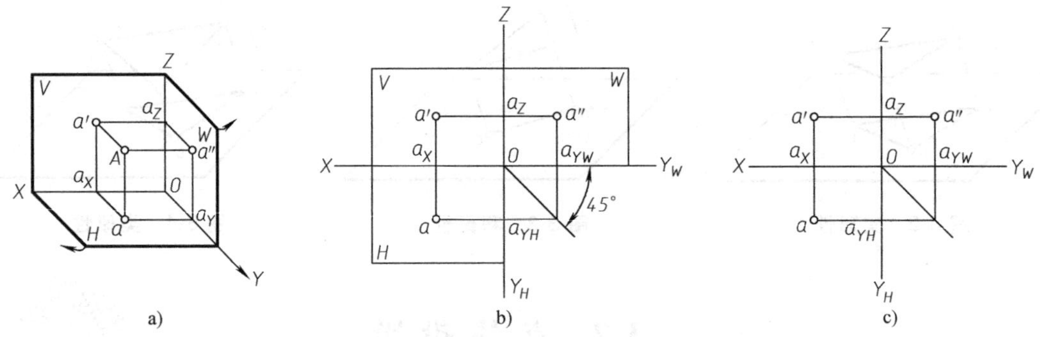

图 3-6　点的三面投影

1）点 A 到 W 面距离反映该点的 x 坐标，且 $Aa''=aa_Y=a'a_Z=a_XO=x$。

2）点 A 到 V 面距离反映该点的 y 坐标，且 $Aa'=aa_X=a''a_Z=a_YO=y$。

3）点 A 到 H 面距离反映该点的 z 坐标，且 $Aa=a'a_X=a''a_Y=a_ZO=z$。

点的位置可由其坐标（x、y、z）唯一地确定，其投影与坐标的关系为：

1）点 A 的水平投影 a 由 x、y 两坐标确定。

2）点 A 的正面投影 a'由 x、z 两坐标确定。

3）点 A 的侧面投影 a''由 y、z 两坐标确定。

总之，根据点的坐标（x，y，z），可在投影图上确定该点的三个投影，由点的投影图可得到该点的三个坐标。其中点的任一投影均反映该点的两个坐标；任意两个投影均反映该点的三个坐标，即能确定该点在空间的位置。

4. 点在三投影面体系中的投影规律

1）点的正面投影与水平投影的连线垂直于 X 轴，该两投影均反映此点的 x 坐标。

2）点的正面投影与侧面投影的连线垂直于 Z 轴，该两投影均反映此点的 z 坐标。

3）点的水平投影到 X 轴的距离等于该点的侧面投影到 Z 轴的距离，该两投影均反映此点的 y 坐标。

【例 3-1】　已知空间点 A（12，10，16）、点 B（10，12，0）、点 C（0，0，14），试作点的三面投影图。

分析：点 A 的三个坐标均为正值，点 A 的三个投影分别在三个投影面内；点 B 的 z 坐标等于零，即点 B 到 H 面的距离等于零，故点 B 在 H 面内；点 C 的三个坐标中，$x=0$，$y=0$，即点 C 到 W 面和 V 面的距离都等于零，故点 C 在 Z 轴上。根据点 A 的坐标和投影规律，先画出点 A 的三面投影图，如图 3-7a 所示。

作图步骤：

1）在 OX 轴上自 O 向左量 12mm，确定 a_X。

2）过 a_X 作 OX 轴垂线，沿着 Y 轴方向自 a_X 向下量取 10mm 得 a，再沿 OZ

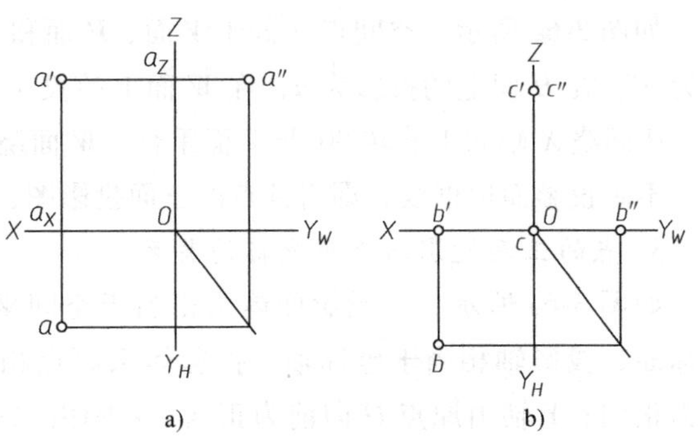

图 3-7　已知点的坐标求作点的三面投影

轴方向自 a_X 向上量取 16mm 得 a'。

3）按照点的投影规律作出 a''，即完成点 A 的三面投影。

用同样的方法可作出两点 B、C 的三面投影图，如图 3-7b 所示。

通过上例可以看出：

① 点的三个坐标都不等于零时，点的三个投影分别在三个投影面内。

② 点的一个坐标等于零时，点在某投影面内，点的该投影与空间点重合，另两个投影在投影轴上。

③ 点的两个坐标等于零时，点在某投影轴上，点的两个投影与空间点重合，另一个投影在原点。

④ 点的三个坐标等于零时，点位于原点，点的三个投影都与空间点重合，即都在原点。

【例 3-2】 已知点 A 的正面投影 a'和水平投影 a，如图 3-8a 所示，求作该点的侧面投影 a''。

作图步骤：由点的投影规律可知，$a'a'' \perp OZ$，$a''a_Z = aa_X$，故过 a'作直线垂直于 OZ 轴，交 OZ 轴于 a_Z，在 $a'a_Z$ 的延长线上量取 $a''a_Z = aa_X$，如图 3-8b 所示，也可以利用 45°斜线作图，如图 3-8c 所示。

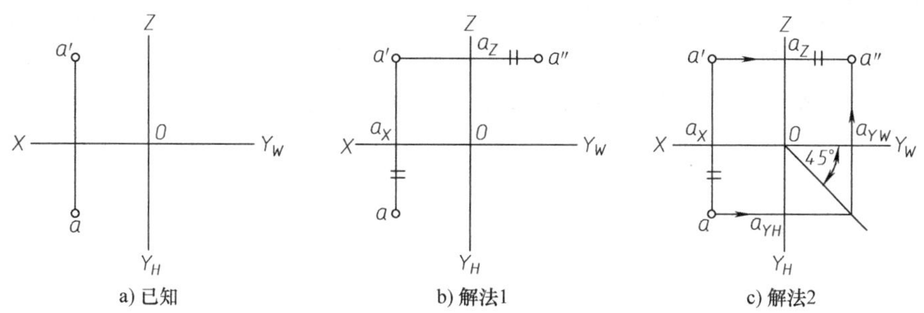

图 3-8 已知点的两个投影求点的第三个投影

3.2.2 两点的相对位置及重影点

1. 两点的相对位置

空间两点的相对位置是指以某点为基准，空间两点的左右、前后和上下位置关系。通过比较两点的相应坐标值的大小或同面投影的相对位置即可判定两点的空间相对位置。

图 3-9 中有两个点 A（x_A，y_A，z_A）、B（x_B、y_B、z_B），由于 a'在 b'左方（或 a 在 b 的左方），即 $x_A>x_B$，所以点 A 在点 B 的左方；由于 a 在 b 的前方（或 a''在 b''的前方），即 $y_A>y_B$，所以点 A 在点 B 的前方；由于 a'在 b'的下方（或 a''在 b''的下方），即 $z_A<z_B$，所以点 A 在点 B 的下方。由此可知，点 A 在点 B 之左、之前和之下。

由两点的坐标值判定两点的相对位置的方法如下：

1）比较两点的 x 值大小，判定两点的左右位置，x 值大的点在左，小的在右。

2）比较两点的 y 值大小，判定两点的前后位置，y 值大的点在前，小的在后。

3）比较两点的 z 值大小，判定两点的上下位置，z 值大的点在上，小的在下。

同样，由两点的同面投影相对位置可直接判定两点间的相对位置。点的正面投影或水平投影均能反映该点的 x 坐标，所以由两点的正面投影或水平投影的左右位置可直接判定两点

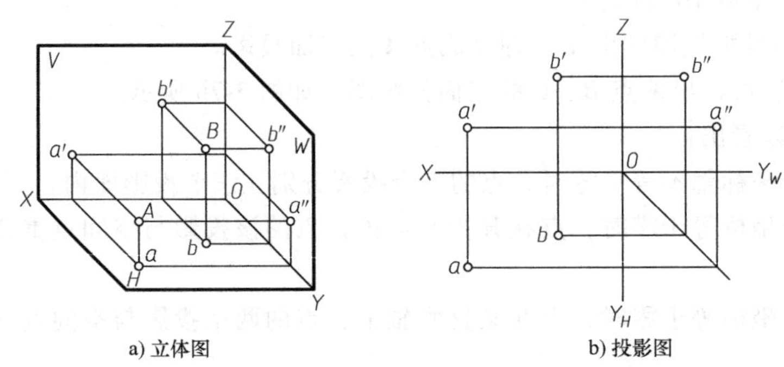

a) 立体图　b) 投影图

图 3-9　两点间的相对位置

间的左右位置。点的水平投影或侧面投影均能反映该点的 y 坐标，所以由两点的水平投影或侧面投影的前后位置可直接判定两点间的前后位置。点的正面投影或侧面投影均能反映该点的 z 坐标，所以由两点的正面投影或侧面投影的上下位置可直接判定两点间的上下位置。

2. 重影点及其可见性

当空间两点位于某一投影面的同一条投射线上时，则两点在该投影面上的投影重合为一点，称这两点为对该投影面的重影点。显然，两点在某投影面上的投影重合时，它们必有两对相等的坐标。如图 3-10 所示，点 A 和点 C 在 X 和 Z 方向的坐标值相同，点 A 在点 C 的正前方，故 A、C 两的正面投影重合。这种同面投影重合的空间点称为该投影面的重影点。

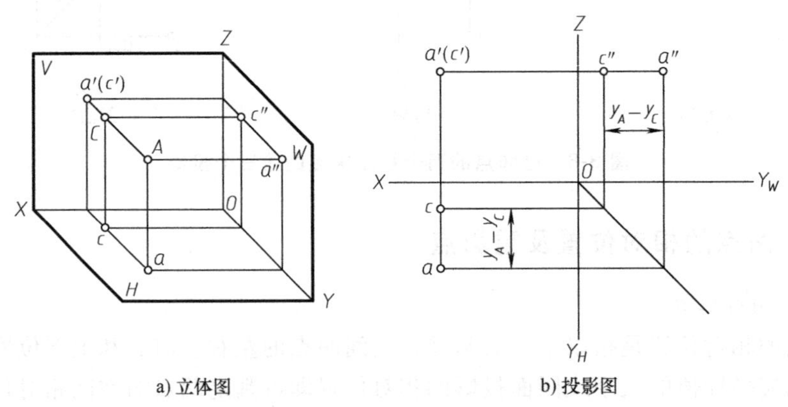

a) 立体图　b) 投影图

图 3-10　重影点及其可见性

同理，若一点在另一点的正下方或正上方，此时两点的水平投影重影。若一点在另一点的正右方或正左方，则两点的侧面投影重影。对于重影点的可见性判别应该是前遮后、上遮下、左遮右。如图 3-10 所示，在正面投射方向点 A 遮住点 C，a'可见，c'不可见。不可见投影点要加上括号，如（c'）。

3.3　直线的投影

由正投影法的基本投影特性可知：一般情况下直线的投影仍为直线，用粗实线绘制，特殊情况下积聚为一点，当直线与投影面平行时，投影反应实长，如图 3-11 所示。

在投影图中，各几何元素在同一投影面上的投影称为同面投影。要确定直线的投影，只要找出直线段上两端点的投影，并将两端点的同面投影连接起来即得直线在该投影面上的投影。

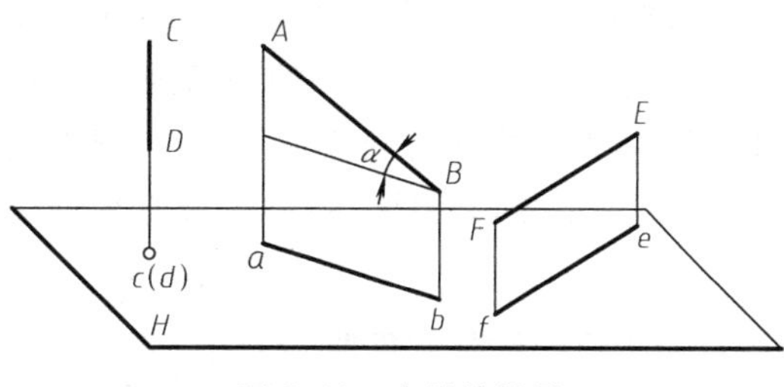

图 3-11　直线的投影

3.3.1　各种位置直线的投影特性

根据直线在三面投影体系中的位置可将直线分为三类：一般位置直线、投影面平行线和投影面垂直线，通常把投影面平行线和投影面垂直线称为特殊位置直线。

1. 一般位置直线

如图 3-12 所示，一般位置直线是指对三个投影面都倾斜的直线，直线对 *H*、*V*、*W* 三个投影面的倾角分别用 α、β、γ 表示。一般位置直线在各投影面的投影都是变短的、倾斜于投影轴的直线段，投影与投影轴的夹角不反映直线对投影面的倾角。三个投影既不反映实长也没有积聚性，直线段 *AB* 的实长与投影的关系如下：

$$ab=AB\cos\alpha;\quad a'b'=AB\cos\beta;\quad a''b''=AB\cos\gamma$$

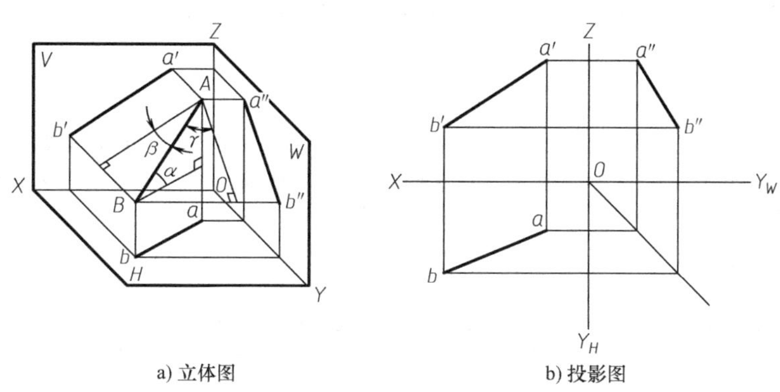

a) 立体图　　b) 投影图

图 3-12　一般位置直线的投影

一般位置直线的投影特性可归纳为三点：

1）一般位置直线的三个投影对三个投影轴既不垂直也不平行。

2）一般位置直线的任何一个投影均小于该直线的实长。

3）一般位置直线的任何一个投影与投影轴的夹角，均不反映空间直线与投影面间的倾角。

2. 投影面平行线

投影面平行线是指仅平行于某一个投影面的直线。这类直线有三种，见表 3-2。

以水平线为例，分析其投影特性如下：

1）由于水平线 $AB /\!/ H$，所以水平投影 *ab* 反映该线段的实长，即 $ab=AB$。

2）正面投影 $a'b'$平行于 *OX* 轴，侧面投影 $a''b''$平行于 OY_W 轴。

3）AB 倾斜于 V 面和 W 面，所以 $a'b'$ 和 $a''b''$ 均小于实长 AB。

4）水平投影 ab 与 OX 轴的夹角为 β（即直线 AB 与 V 面的倾角），ab 与 OZ 轴的夹角为 γ（即直线 AB 与 W 面的倾角），而 α（即直线 AB 与 H 面的倾角）为 0°。同样，正平线和侧平线也有类似的投影特性，各种投影面平行线的投影特性及其图例见表 3-2。

表 3-2　投影面平行线的投影特性及其图例

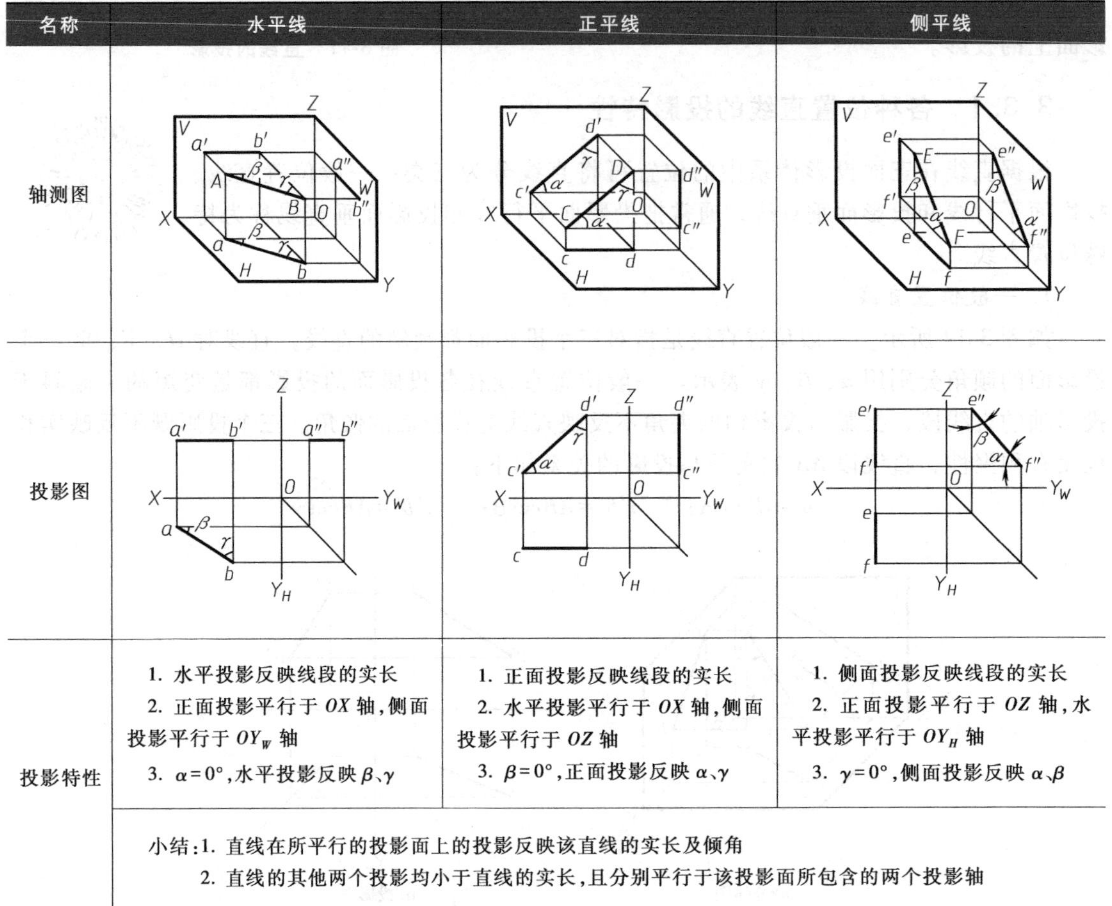

名称	水平线	正平线	侧平线
轴测图			
投影图			
投影特性	1. 水平投影反映线段的实长 2. 正面投影平行于 OX 轴，侧面投影平行于 OY_W 轴 3. $\alpha=0°$，水平投影反映 β、γ	1. 正面投影反映线段的实长 2. 水平投影平行于 OX 轴，侧面投影平行于 OZ 轴 3. $\beta=0°$，正面投影反映 α、γ	1. 侧面投影反映线段的实长 2. 正面投影平行于 OZ 轴，水平投影平行于 OY_H 轴 3. $\gamma=0°$，侧面投影反映 α、β
	小结：1. 直线在所平行的投影面上的投影反映该直线的实长及倾角 2. 直线的其他两个投影均小于直线的实长，且分别平行于该投影面所包含的两个投影轴		

读图时，凡遇到一个投影是平行于投影轴的直线，而另一个投影是倾斜的直线时，它就是倾斜投影所在投影面的平行线。

3. *投影面垂直线*

投影面垂直线是指垂直于某一个投影面的直线。这类直线有三种，见表 3-3。

以铅垂线为例，分析其投影特性如下：

1）由于 $AB \perp H$，所以其水平投影 ab 具有积聚性，积聚为一点。

2）正面投影 $a'b'$ 垂直于 OX 轴；侧面投影 $a''b''$ 垂直于 OY_W 轴。

3）正面投影 $a'b'$ 和侧面投影 $a''b''$ 均反映实长，即 $a'b'=a''b''=AB$。

4）由于 $AB \perp H$，所以 $\alpha=90°$，又由于 $AB /\!/ V$ 面，$AB /\!/ W$ 面，所以 β、γ 均为 0°。

同样，正垂线和侧垂线也有类似的投影特性，各种投影面垂直线的投影特性及其图例见表 3-3。

表 3-3　投影面垂直线的投影特性及其图例

名称	铅垂线	正垂线	侧垂线
轴测图	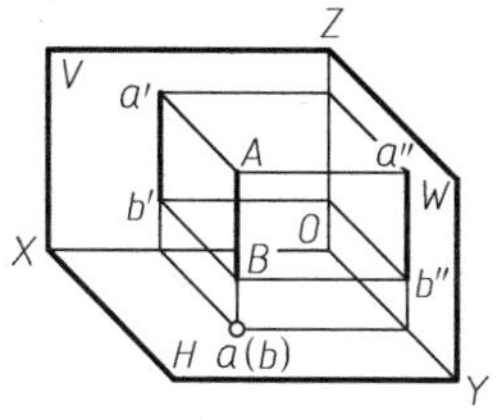	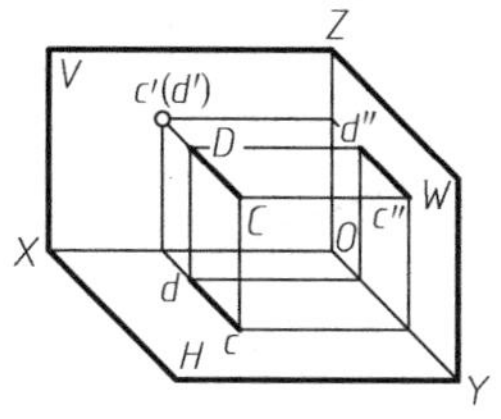	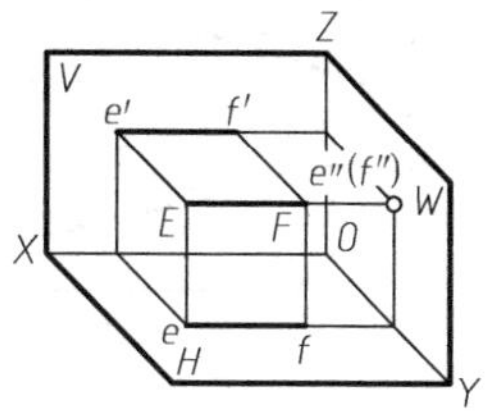
投影图	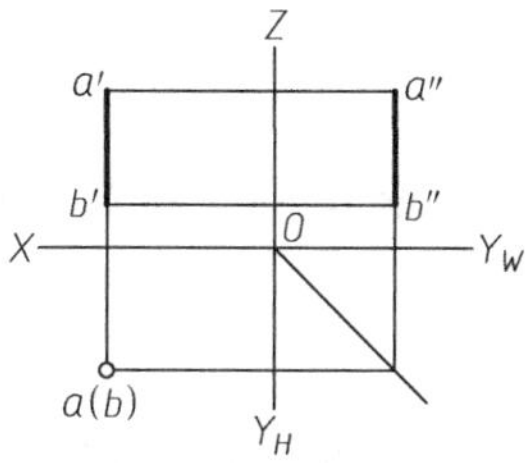	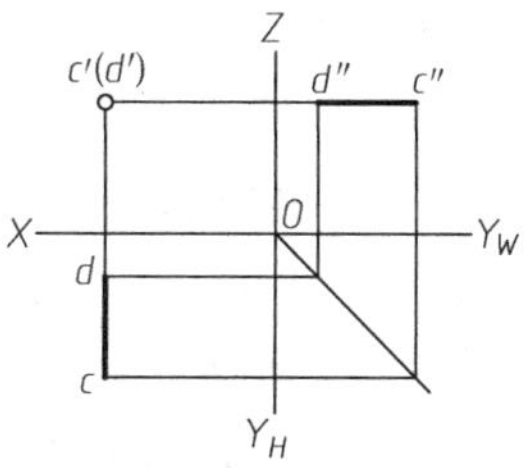	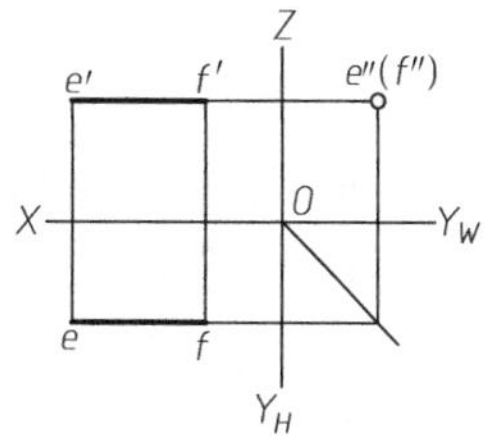
投影特性	1. 水平投影积聚成为一点 2. 正面投影和侧面投影均反映线段实长，且分别垂直于 OX、OY_W 轴 3. $\alpha=90°$，β、γ 均为 0°	1. 正面投影积聚成为一点 2. 水平投影和侧面投影均反映线段实长，且分别垂直于 OX、OZ 轴 3. $\beta=90°$，α、γ 均为 0°	1. 侧面投影积聚成为一点 2. 水平和正面投影均反映线段实长，且分别垂直于 OY_H、OZ 轴 3. $\gamma=90°$，α、β 均为 0°
	小结：1. 直线在所垂直的投影面上的投影积聚成点 2. 直线的其他两个投影均垂直于相应的投影轴，且反映线段实长		

读图时，凡遇到一个投影积聚为一点的直线时，它一定是该投影面的垂直线。

3.3.2　点与直线的相对位置

点与直线的相对位置有两种情况，即点在直线上和点不在直线上。

1. 点在直线上

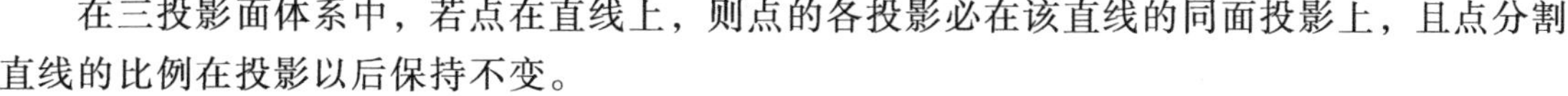

在三投影面体系中，若点在直线上，则点的各投影必在该直线的同面投影上，且点分割直线的比例在投影以后保持不变。

如图 3-13 所示，点 K 在直线 AB 上，则点 K 的水平投影 k 在 ab 上，正面投影 k' 在 $a'b'$ 上，且 $AK:KB=ak:kb=a'k':k'b'$。反之，若点的各投影分别在直线的同面投影上，且分割线段的各投影长度之比相等，则该点在此直线上，这即为定比分割法。

2. 点不在直线上

若点不在直线上，则点的各投影不符合点在直线上的投影特性。反之，点的各投影不符合点在直线上的投影特性，则该点不在直线上。一般情况下，根据两面投影即可判定点是否在直线上，但仅知投影面平行线的两个与投影轴平行的投影时，则需用定比分割法或用三面投影来判定。

【例 3-3】 已知直线 AB 的两面投影 ab 和 $a'b'$，如图 3-14 所示，试在该线上取点 K，使 $AK:KB=1:2$。

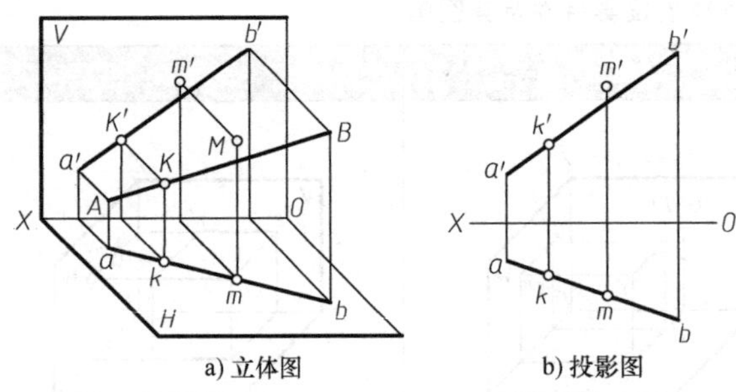

a) 立体图　　b) 投影图

图 3-13 点与直线的相对位置

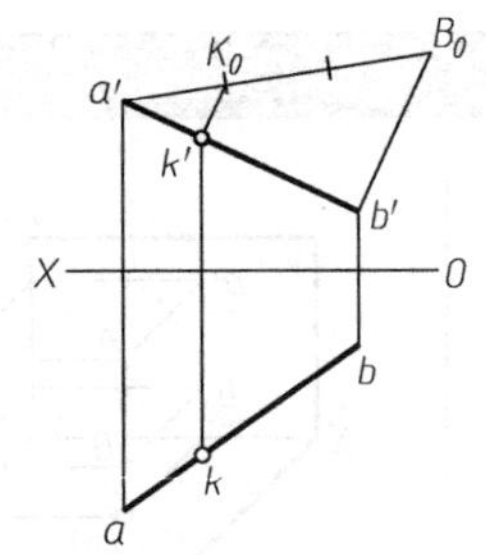

图 3-14 在直线上求定比分点

分析：点 K 在直线 AB 上，则有 $AK:KB=a'k':k'b'=ak:kb=1:2$。

作图步骤：

1）过 a' 作任一斜线 $a'B_0$。取任意单位长度，在该线上截取 $a'K_0:K_0B_0=1:2$，连接 $b'B_0$。再过 K_0 作线 $K_0k'//B_0b'$，交 $a'b'$ 于 k'。

2）过 k' 作 OX 轴的垂线交 ab 于 k，则 k'、k 即为所求。

【例 3-4】 已知在侧平线 AB 上点 K 的正面投影 k' 和空间点 M 的两面投影 m、m'，如图 3-15 所示。试作点 K 的水平投影 k，并判断点 M 是否在直线 AB 上。

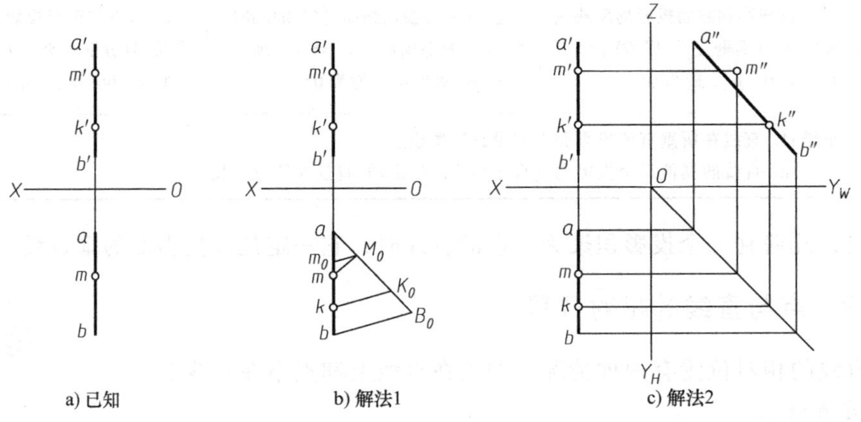

a) 已知　　b) 解法1　　c) 解法2

图 3-15 判断点与直线的相对位置

分析：由于点 K 在直线 AB 上，利用定比分割法，根据点 K 的正面投影 k' 求出点 K 的水平投影 k。

作图步骤：

1）如图 3-15b 所示，过点 a 画任一斜线 aB_0，且截取 $aK_0=a'k'$、$K_0B_0=k'b'$，连接 B_0b。

2）过点 K_0 作线 $K_0k//B_0b$，且交 ab 于点 k，则点 k 即为所求。

也可如图 3-15c 所示，作侧面投影 $a''b''$，根据点的投影规律，由点 k' 作图得点 k''，再由点 k'、点 k'' 作图得点 k 即为所求。

3）如图 3-15b 所示，过点 a 取 $aM_0=a'm'$，由于连线 M_0m 不平行于 B_0b，判定 M 不在线段 AB 上。也可过 M_0 作 $M_0m_0//B_0b$，若点 M 在 AB 上，其水平投影应位于点 m_0 处。

也可如图 3-15c 所示，由 m 和 m' 作图得 m''，由于 m'' 不在 $a''b''$ 上，故而判定点 M 不在直线 AB 上。

3.3.3　两直线的相对位置

空间两直线的相对位置有三种情况：平行、相交和交叉。由于相交两直线或平行两直线在同一平面上，因此又称共面直线，而交叉两直线不在同一平面，故又称异面直线。

1. 平行两直线

平行两直线的投影特性为：

1）平行两直线的同面投影互相平行。反之，若两直线在同一投影面上的投影都相互平行，则该空间两直线一定平行。

2）平行两线段之比等于其投影之比。

如图 3-16 所示，若空间两直线相互平行，则两直线的同面投影也相互平行，即若 $AB\parallel CD$，则 $ab\parallel cd$、$a'b'\parallel c'd'$。如果从投影图上判别两条一般位置直线是否平行，只要看它们的两个同面投影是否平行即可。如果两直线为投影面平行线时，通常要看第三个同面投影。如图 3-17 所示，AB、CD 是两条侧平线，它们的正面投影及水平投影均相互平行，即 $a'b'\parallel c'd'$、$ab\parallel cd$，但它们的侧面投影并不平行，因此，AB、CD 两直线的空间位置并不平行。请读者思考，还有其他判定方法吗？

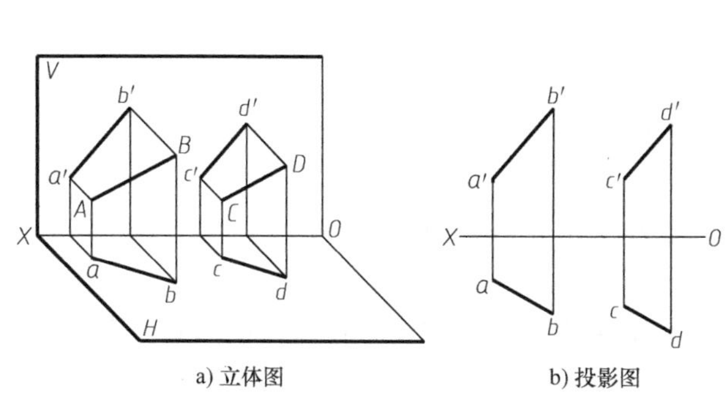

a) 立体图　　b) 投影图

图 3-16　平行两直线

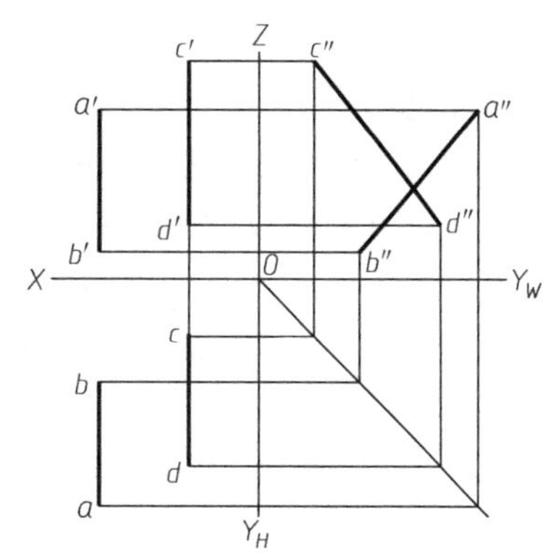

图 3-17　两直线不平行

2. 相交两直线

空间相交两直线的交点是两直线的共有点，所以，若空间两直线相交，则它们在投影图上的同面投影也分别相交，且交点的投影符合点的投影规律。

如图 3-18a 所示，两直线 AB、CD 交于点 K，点 K 是两直线的共有点，所以 ab 与 cd 交于 k，$a'b'$ 与 $c'd'$ 交于 k'，kk' 连线必垂直于 OX 轴，如图 3-18b 所示。

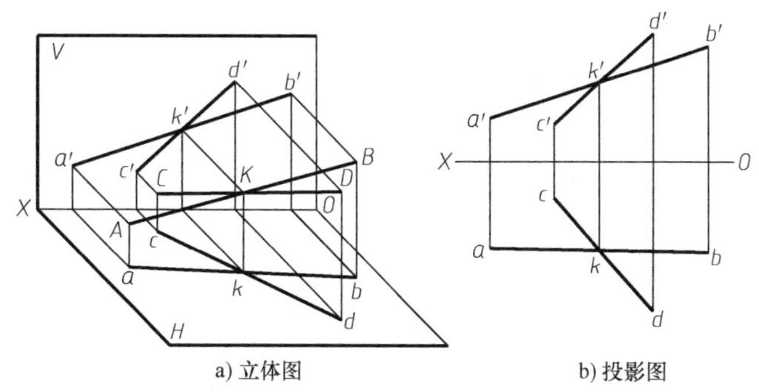

a) 立体图　　b) 投影图

图 3-18　相交的两直线

如图 3-19 所示，如果两直线中有一直线为投影面平行线，则要看同面投影的交点是否符合点在直线上的定比关系；或是看在其所平行的投影面上的两直线投影是否相交，且交点是否符合点的投影规律。

【例 3-5】 如图 3-20a 所示，已知相交两直线 *AB*、*CD* 的水平投影 *ab*、*cd* 及直线 *CD* 和点 *A* 的正面投影 *c′d′*和 *a′*，求直线 *AB* 的正面投影 *a′b′*。

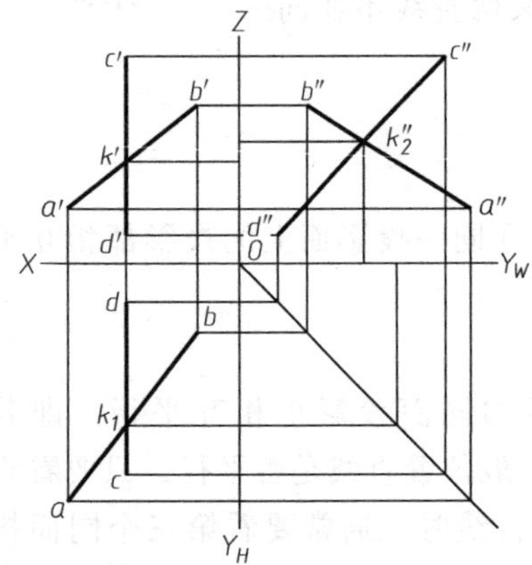

图 3-19　两直线不相交

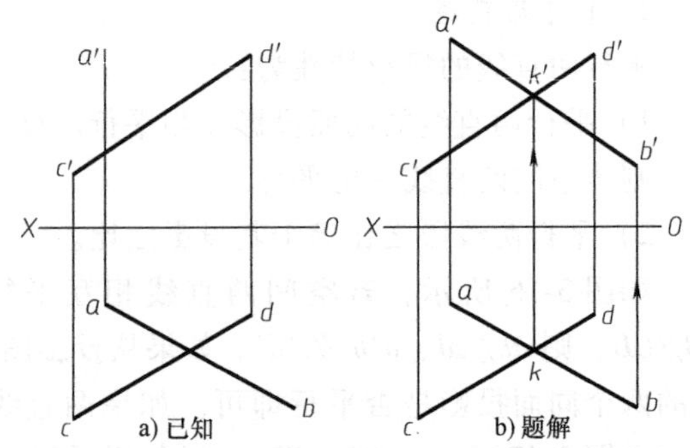

a) 已知　　b) 题解

图 3-20　补全与直线相交另一直线的投影

分析：利用相交两直线的投影特性，可求出交点 *K* 的两投影 *k*、*k′*；再运用点线从属原理即可得 *a′b′*。

作图步骤：

1）两直线的水平投影 *ab* 与 *cd* 相交于点 *k*，即交点 *K* 的水平投影。

2）过点 *k* 作 *OX* 轴的垂线，求得 *c′d′*上的点 *k′*。

3）连接点 *a′*和点 *k′*并将其延长。

4）再过 *b* 作 *OX* 轴垂直线与 *a′k′*延长线相交于 *b′*，*a′b′*即为所求。

3. 交叉两直线

如图 3-21 所示，空间既不平行又不相交的两直线称为交叉两直线（或称异面直线）。在投影图上，既不符合两直线平行，又不符合两直线相交投影特性的两直线即为交叉两直线。交叉两直线的某一同面投影可能会有平行的情况，但该两直线的另一同面投影是不平行的。如图 3-22、图 3-17 所示的 *AB*、*CD* 均属两交叉直线。

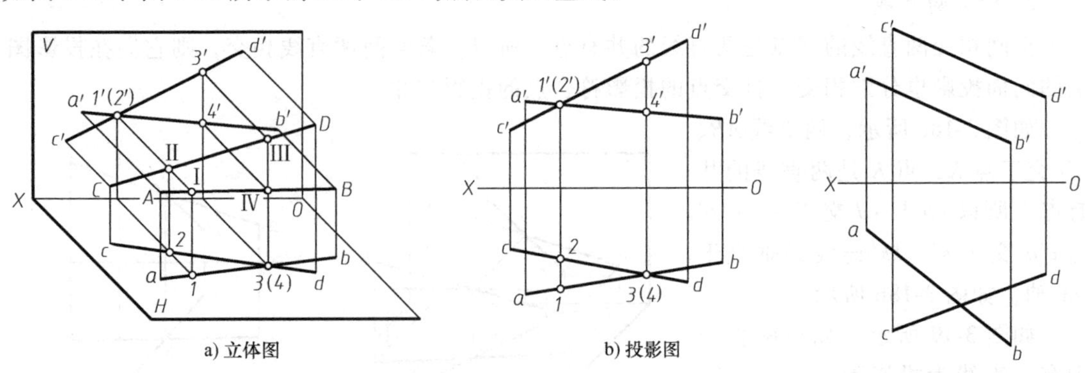

a) 立体图　　b) 投影图

图 3-21　交叉两直线

图 3-22　交叉两直线的投影

交叉两直线在空间不相交，其同面投影的交点是两直线在该投影面的重影点。如图 3-21 所示，分别位于直线 *AB* 上的点Ⅰ和直线 *CD* 上的点Ⅱ的正面投影 1′和 2′重合，所以点Ⅰ和

Ⅱ为对 V 面的重影点，利用该重影点的不同坐标值 $y_{Ⅰ}$ 和 $y_{Ⅱ}$ 确定其可见性。由于 $y_{Ⅰ} > y_{Ⅱ}$，所以，点Ⅰ的 1′遮住了点Ⅱ的 2′，这时 1′为可见，2′为不可见，需加注括号。

同理，若水平面投影有重影点需要判别其可见性，只要比较两重影点的 z 坐标，显然 $z_{Ⅲ} > z_{Ⅳ}$，对于 H 面来讲，z 坐标大的点在上，上面的点遮住下面的点，所以，点 3 可见，点 4 不可见，不可见加注括号。

3.4 平面的投影

3.4.1 平面的表示方法

一般情况下平面可以用以下几种方法表示：不在同一直线上的三点，如图 3-23a 所示；一直线及线外一点，如图 3-23b 所示；两条相交直线，如图 3-23c 所示；两条平行直线，如图 3-23d 所示；任意的平面图形，如图 3-23e 所示。

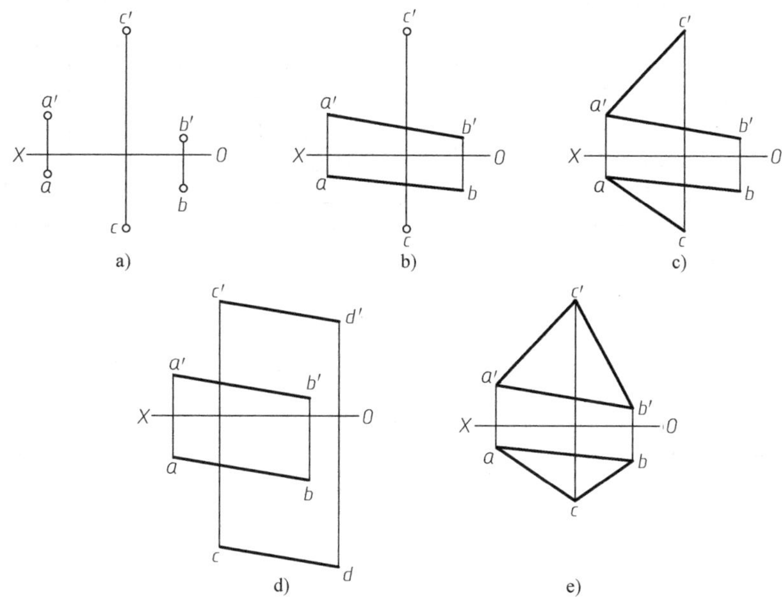

图 3-23 平面的表示法

3.4.2 各种位置平面的投影特性

按平面在投影体系中的相对位置不同，可将其分为三类：一般位置平面、投影面平行面和投影面垂直面。投影面平行面和投影面垂直面又称为特殊位置平面。

1. 一般位置平面

对三个投影面都倾斜的平面称为一般位置平面。如图 3-24 所示，一般位置平面的三面投影均为类似形。

2. 投影面平行面

仅平行于一个投影面的平面称为投影面平行面。平行于 H 面的平面称为水平面，平行于 V 面的平面称为正平面，平行于 W 面的平面称为侧平面。投影面平行面的投影特性见表 3-4。

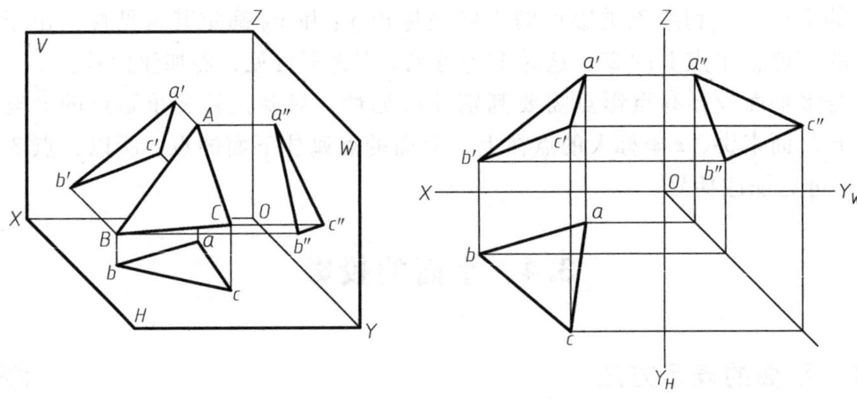

图 3-24　一般位置平面投影特性

表 3-4　投影面平行面的投影特性

名称	水平面	正平面	侧平面
轴测图			
投影图			
投影特性	1. 水平投影反映平面的实形 2. 正面投影积聚成为一条直线且平行于 OX 轴 3. 侧面投影积聚成为一条直线且平行于 OY_W 轴	1. 正面投影反映平面的实形 2. 水平投影积聚成为一条直线且平行于 OX 轴 3. 侧面投影积聚成为一条直线且平行于 OZ 轴	1. 侧面投影反映平面的实形 2. 正面投影积聚成为一条直线且平行于 OZ 轴 3. 水平投影积聚成为一条直线且平行于 OY_H 轴
	小结:1. 平面在所平行的投影面上的投影反映该平面图形的实形 2. 平面的其他两个投影均积聚为直线,且平行于相应的投影轴		

3. 投影面垂直面

只垂直于某一投影面，而对另两个投影面倾斜的平面称为投影面垂直面。只垂直于 H 面的平面称为铅垂面，只垂直于 V 面的平面称为正垂面，只垂直于 W 面的平面称为侧垂面。投影面垂直面的投影特性见表 3-5。

表 3-5　投影面垂直面的投影特性

名称	铅垂面	正垂面	侧垂面
轴测图	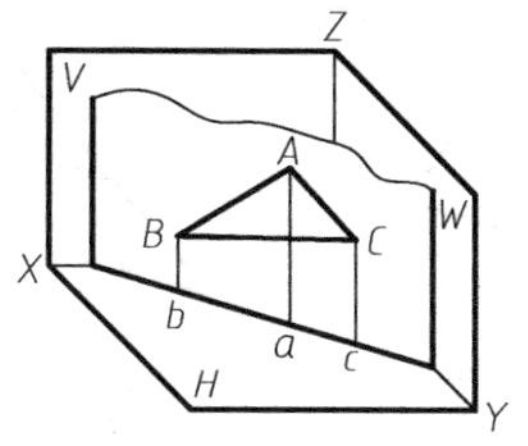	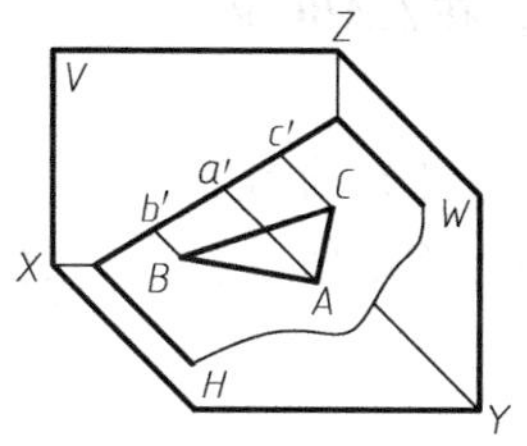	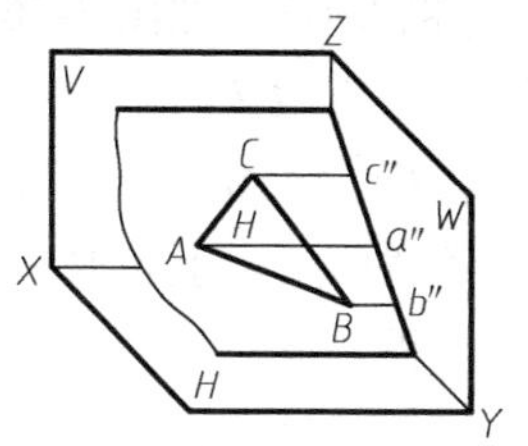
投影图	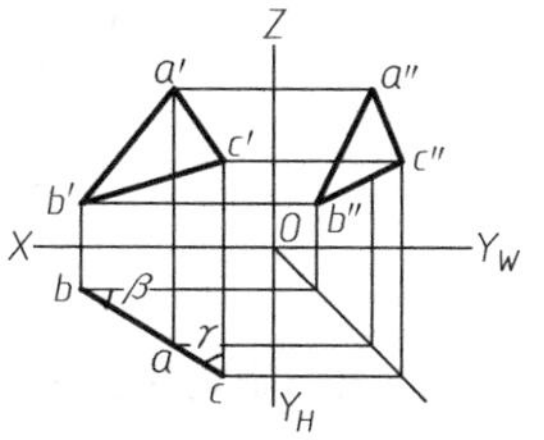	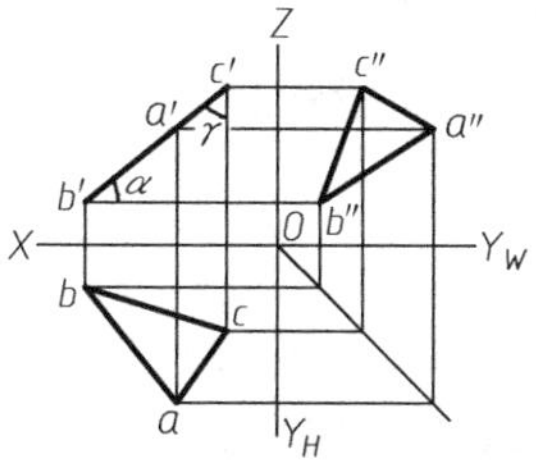	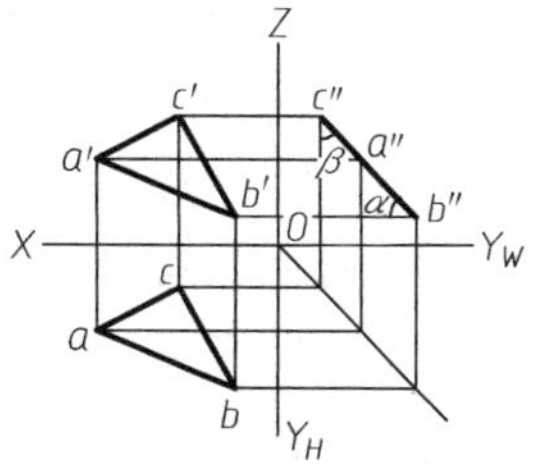
投影特性	1. 水平投影积聚成为一条直线且倾斜于投影轴 2. 水平投影与 OX、OY_H 轴的夹角反映 β 角和 γ 角 3. 正面投影和侧面投影均为平面图形的类似形 4. 水平迹线与水平积聚投影重合	1. 正面投影积聚成为一条直线且倾斜于投影轴 2. 正面投影与 OX、OZ 轴的夹角反映 α 角和 γ 角 3. 水平投影和侧面投影均为平面图形的类似形 4. 正面迹线与正面积聚投影重合	1. 侧面投影积聚成为一条直线且倾斜于投影轴 2. 侧面投影与 OY_W、OZ 轴的夹角反映 α 角和 β 角 3. 水平投影和正面投影均为平面图形的类似形 4. 侧面迹线与侧面积聚投影重合
	小结：1. 平面在所垂直的投影面上的投影积聚成倾斜于投影轴的直线，且反映该平面对其他两个投影面的倾角 2. 平面的其他两个投影均为缩小了的类似形		

3.4.3　平面内取直线和点

1. 平面内取直线

如图 3-25 所示，直线在平面内的几何条件是：直线通过平面内的两点；直线通过平面

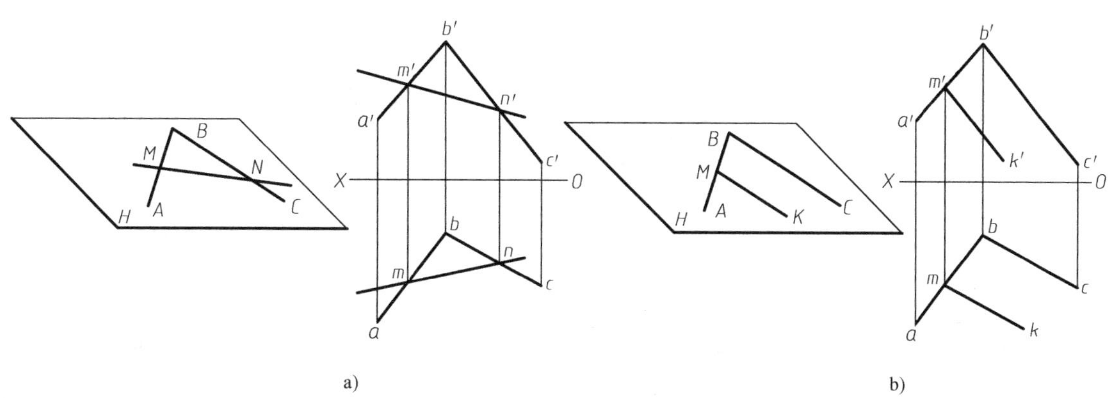

图 3-25　直线在平面内的条件

内的一点，且平行于平面内的一条已知直线。因此，在平面内作直线，一般是在平面内先取两已知点，然后连线；或者是在平面内取一已知点作平面内某已知直线的平行线。

【例 3-6】 如图 3-26 所示，在△*ABC* 内任取一条直线 *EF*。

分析：△*ABC* 内三条边均为已知直线，可在任意两条边上各取一点，然后连线即可。

作图步骤：

1）在 *AB* 边上作点 *E* 的两面投影。

2）在 *BC* 边上作点 *F* 的两面投影。

3）分别连接点 *E* 和点 *F* 的同面投影即为所求（本例有无穷解）。

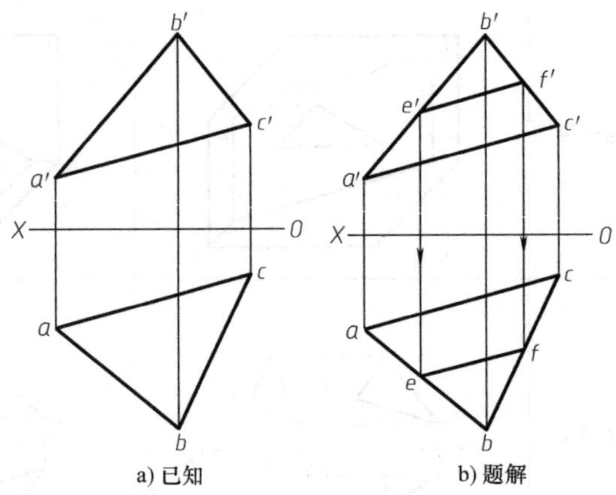

图 3-26　在平面内作直线

2. 平面内取点

如图 3-27 所示，点在平面上的几何条件是：点在平面上的一已知直线上。因此，平面上取点时，一般是在平面内先作辅助直线，然后再在直线上取点。

【例 3-7】 如图 3-28 所示，已知△*ABC* 内的一点 *K* 的水平投影 *k*，求其正面投影 *k′*。

分析：点 *K* 是平面内的点，所以与平面内任意一点的连线均在平面内。因此，连接点 *A* 和点 *K* 的水平投影可以得到平面内直线 *AD* 的投影，点 *K* 的正面投影则一定在直线 *AD* 的正面投影上。

作图步骤：

1）连接 *ak* 并延长交 *bc* 于 *d*。

2）求点 *D* 的正面投影 *d′*，并连接 *a′d′*。

3）过点 *k* 作 *OX* 轴的垂线，与 *a′d′* 交于 *k′*，*k′* 即为所求。

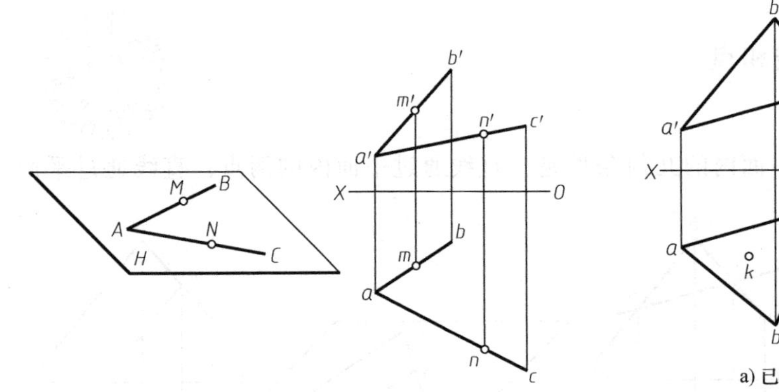

图 3-27　点在平面内的几何条件

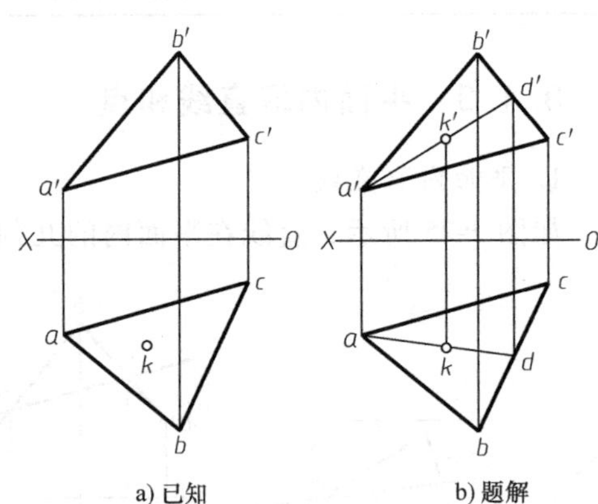

图 3-28　求平面内点的投影

【例 3-8】 如图 3-29a 所示，判别点 *M*、*N* 是否在△*ABC* 内。

分析：若点在平面上，则点必定在平面的一直线上。由图可知，点 *M* 和点 *N* 均不在平面△*ABC* 的已知直线上，所以需过点 *M* 和点 *N* 在平面△*ABC* 内作辅助直线来判断。

作图步骤（图 3-29b、c）：

解法 1：

1）连 $a'm'$ 并延长与 $b'c'$ 交于 $1'$。

2）过 $1'$ 作 OX 轴垂线得 1，连接 $a1$。

3）由于 m 不通过 $a1$，即空间点 M 不在 AⅠ上，所以判断点 M 不在平面△ABC 上。

同理，作直线 CⅡ，判断点 N 在平面△ABC 上。

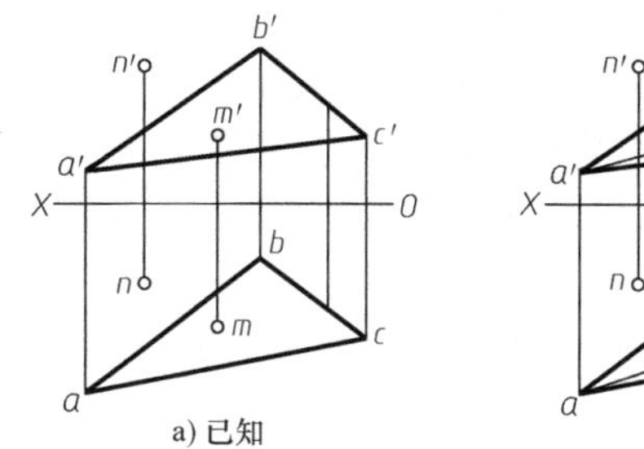

a) 已知

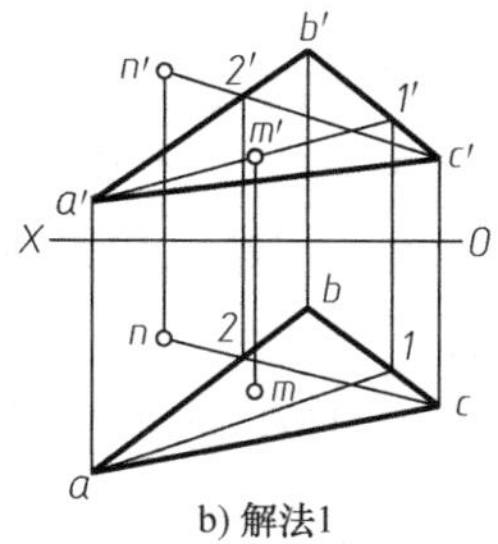

b) 解法1

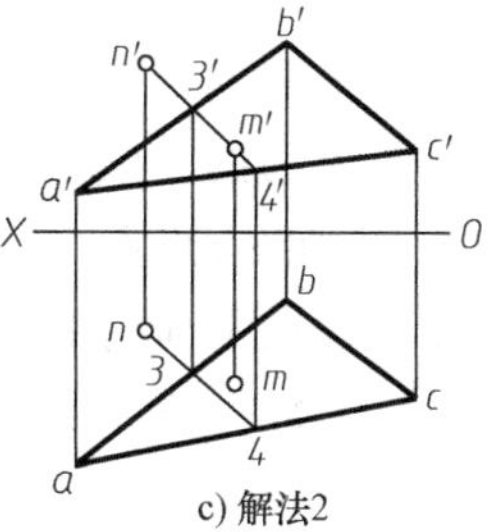

c) 解法2

图 3-29　判别点是否在平面内

解法 2：

1）连接 $m'n'$ 并延长与△$a'b'c'$ 的 $a'b'$ 和 $a'c'$ 边分别交于 $3'$ 和 $4'$。

2）过 $3'$ 和 $4'$ 作 OX 轴垂线，与 ab 和 ac 交于 3 和 4。

3）由于 n 在 34 的延长线上，而 m 不在 34 的延长线上，故而判定空间点 N 在平面△ABC 上，空间点 M 不在平面△ABC 上。

【例 3-9】 如图 3-30a 所示，已知平面 $ABCD$ 的水平投影 $abcd$ 和 AB、BC 两边的正面投影 $a'b'$、$b'c'$，完成该平面的正面投影。

分析：平面 $ABCD$ 的四个顶点均在同一平面上。由已知三个顶点 A、B、C 的两面投影可确定平面△ABC，点 D 必在该平面上。所以根据已知 d，由面上取点的方法求得 d' 后，再依次连线即为所求。可以选取不同的辅助线，得到以下两种解法。

作图步骤（图 3-30b、c）：

解法 1：

1）四边形 $ABCD$ 的两对角线 AB、BC 交于点Ⅰ，连对角线的同面投影可得 1、$1'$，如图 3-30b 所示。

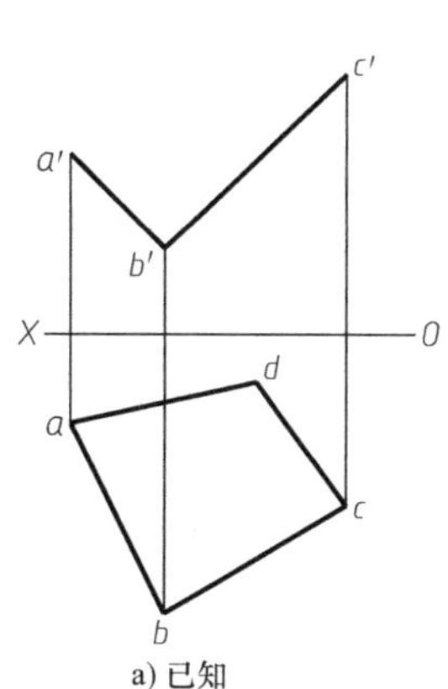

a) 已知

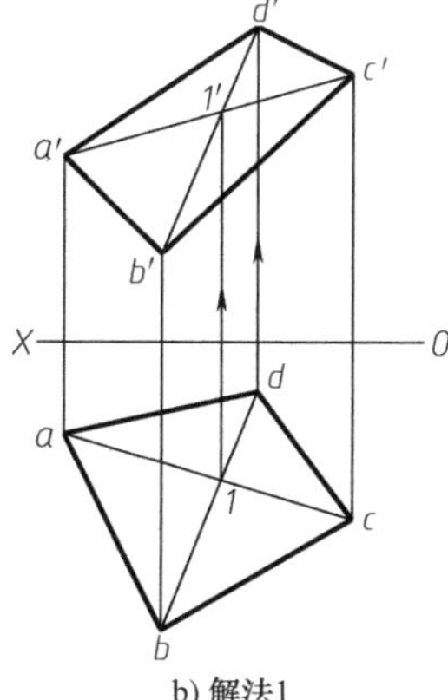

b) 解法1

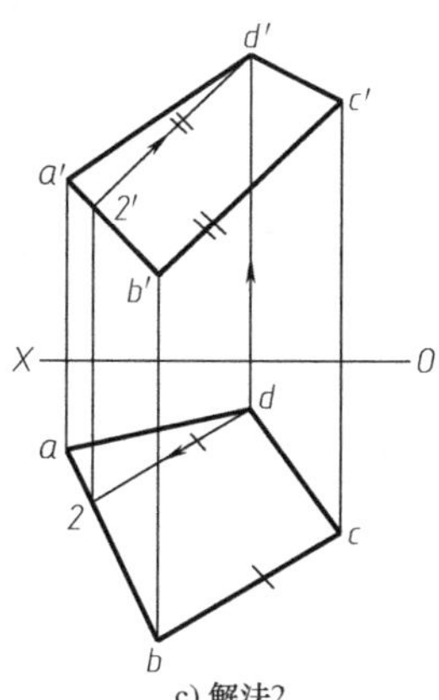

c) 解法2

图 3-30　补全平面的投影

2）过 d 作直线 $dd' \perp OX$，并与 $b'1'$延长线交于 d'，连 $a'd'c'$即为所求。

解法 2：

1）如图 3-30c 所示，过 d 作直线 $d2 /\!/ bc$，并与 ab 交于 2。由于点Ⅱ在 AB 上，可得 $2'$。

2）过 $2'$作直线 $2'd' /\!/ b'c'$，并与过 d 作 OX 的垂线交于 d'，连 $a'd'c'$即为所求。

3.4.4　平面内的投影面平行线

平面内的投影面平行线有三种，在平面内且平行于 H 面的直线是平面内的水平线，在平面内且平行于 V 面的直线是平面内的正平线，在平面内且平行于 W 面的直线是平面内的侧平线。求平面内的投影面平行线的作图依据是：所求直线既要符合投影面平行线的投影特性，又要符合直线在平面内的几何条件。

【例 3-10】　如图 3-31a 所示，在 $\triangle ABC$ 内作一条直线 EF，使 $EF /\!/ H$ 面，且距 H 面 15mm。

分析：所求直线为水平线，水平线的正面投影平行于 OX 轴，且反映直线到 H 面的距离。因此，在正面投影上作距离 OX 轴为 15mm 的平行线，该直线与平面的正面投影任意两边的交点的连线即为所求水平线的正面投影。然后再按照面内求作直线的方法即可得到该水平线的水平投影。

作图步骤（图 3-31b）：

1）在正面投影上作距离 OX 轴为 15mm 的水平线，交 $a'b'$于 e'，交 $b'c'$于 f'，连接 $e'f'$即为所求水平线的正面投影。

2）求出 AB 边和 BC 边上的点 E、F 的水平投影 e 和 f。

3）连接 ef 即为所求水平线的水平投影。

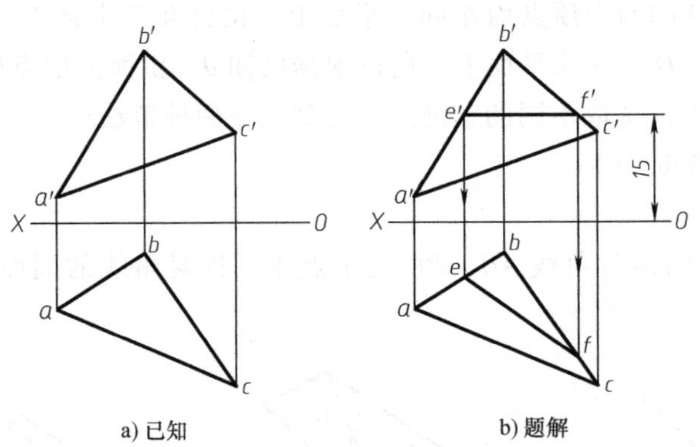

图 3-31　在平面内求作直线

第 4 章

几何作图与二维构形设计

本章学习目标

掌握几何作图方法；了解二维图形构形方法，掌握平面构形设计方法和技巧。培养空间想象能力和创新思维意识，为学习掌握 AutoCAD、Pro/ENGINEER 和 UG 等软件应用，构建三维实体创造条件。

4.1 几何图形的作图方法

根据平面图形的几何条件绘制的图形，称为几何作图。虽然机件的轮廓形状各不相同，但大都由基本几何图形组成。因此，熟练掌握基本几何图形的作图方法，有利于提升构形思维能力。

4.1.1 斜度与锥度

1. 斜度

如图 4-1 所示，一直线（或一平面）相对于另一直线（或另一平面）的倾斜程度，称为斜度。斜度大小用它们之间夹角的正切值表示。斜度通常还以直角三角形的两个直角边的比值来表示，并转化为 1∶n 的形式，直线 CD 相对于直线 AB 的斜度 $=(T-t):l=T:L=\tan\alpha=1:L/T$。

（1）斜度符号及其标注　如图 4-2 所示，斜度符号的线宽为字高 h 的 1/10，其字高 h 与尺寸数字同高。标注时符号的方向应与所画的斜度方向一致。

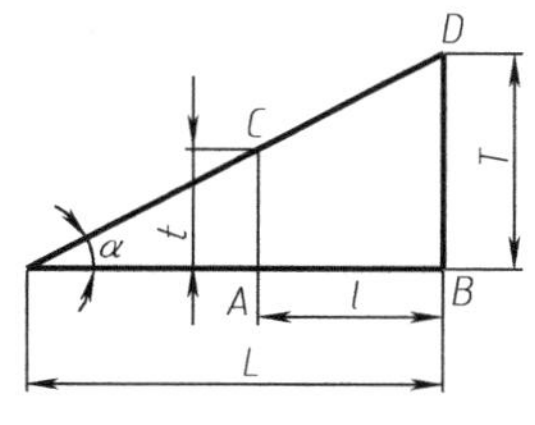

图 4-1　斜度的概念

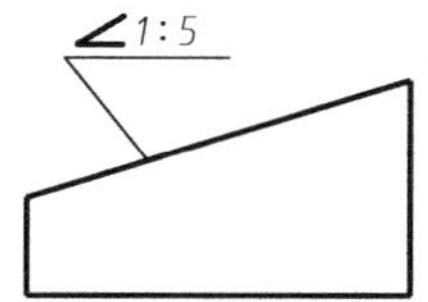

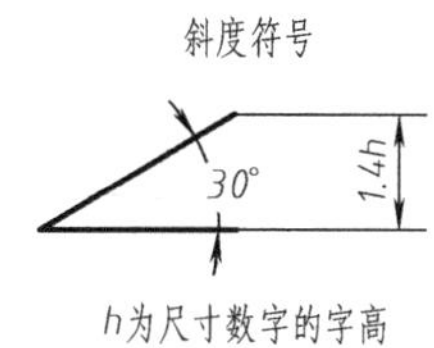

图 4-2　斜度的符号和标注

（2）斜度的画法　斜度的画法及作图步骤如图 4-3 所示。按图 4-3a 所示的尺寸绘制斜度为 1∶5 的图形。首先作两条相互垂直的直线段 *AB* 和 *BC*，长度分别为 50mm 和 10mm，连接点 *A* 和点 *C*，则斜线 *AC* 的斜度即为 1∶5。作长度为 30mm 的直线段 *BD*，如图 4-3b 所示。再过点 *D*，作与 *AC* 平行的直线，从点 *B* 起截取水平长度为 60mm 的线段即可，最终得到的结果如图 4-3c 所示。

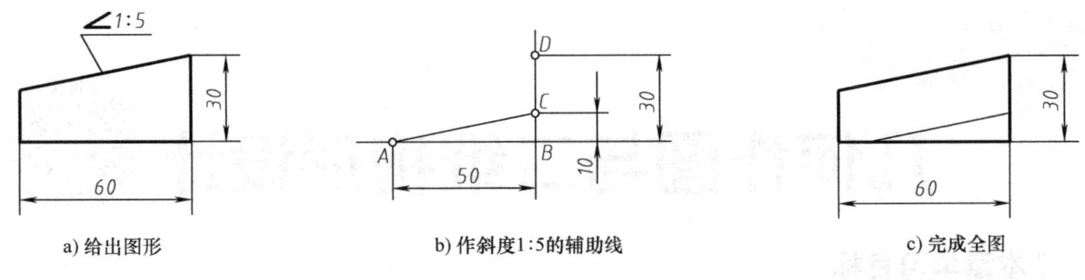

图 4-3　斜度的画法及作图步骤

2. 锥度

正圆锥底圆直径与圆锥高度之比或者正圆锥台的两个底圆直径之差与其高度之比，称为锥度。正圆锥（台）的锥度$=D/L=(D-d)/l=2\tan\alpha$，α 为半锥角，如图 4-4 所示。锥度的绘制可转化为斜度的绘制，锥度是斜度的两倍，如锥度为 1∶5，则斜度为 1∶10。

（1）锥度符号及其标注　锥度符号的线宽为字高 *h* 的 1/10，其字高 *h* 与尺寸数字同高，锥度的大小也是以 1∶*n* 的形式表示。标注时应注意：符号的方向应与所画的锥度方向一致，如图 4-5 所示。

（2）锥度的画法　根据锥度与斜度的关系，按斜度的画法作图。锥度的画法及作图步骤如图 4-6 所示。

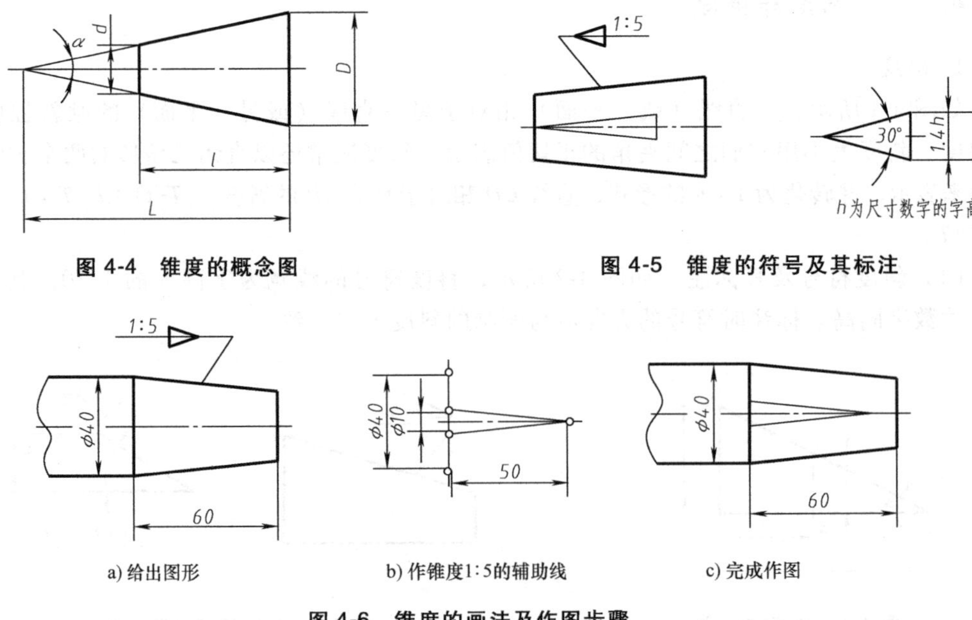

图 4-4　锥度的概念图

图 4-5　锥度的符号及其标注

图 4-6　锥度的画法及作图步骤

4.1.2 圆内接正六边形的画法

如图 4-7 所示，圆内接正六边形的几何作图方法有两种，作图步骤分别如下。

（1）方法一　如图 4-7a 所示，以点 O 为圆心，以 AD 为直径作圆。再分别以点 A、D 为圆心，以圆 O 的半径为半径画圆弧，分别交于点 B、点 F、点 C 和点 E。依次连接 A、B、C、D、E 和 F，即得正六边形。

（2）方法二　如图 4-7b 所示，以点 O 为圆心，以 AD 为直径作圆。水平放置丁字尺，将 30°-60°三角板中较短的直角边与丁字尺贴合。水平移动三角板，当三角板斜边与直径 AD 分别相交于点 A 和点 D 时，分别得到三角板斜边与圆的另外两个交点，点 B 和点 E。再过点 B 和点 E 分别作水平线，与圆分别相交于点 C 和点 F。依次连接点 A、B、C、D、E 和 F，即得到正六边形。

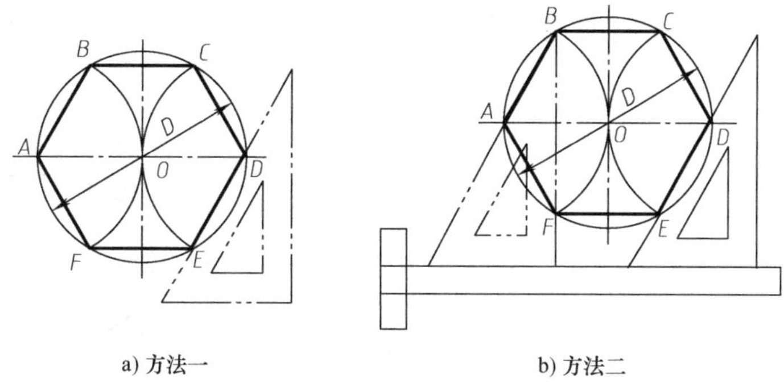

a) 方法一　　b) 方法二

图 4-7　圆内接正六边形的几何作图

4.1.3 圆内接正五边形的画法

如图 4-8 所示，圆内接正五边形的作图步骤如下：

1）二等分 OB，得中点 M，如图 4-8a 所示。

2）在 AB 上截取 $MP=MC$，得点 P，如图 4-8b 所示。

3）以 CP 为边长，等分圆周得 E、F、G、K 等分点，依次连接各点，即得正五边形，如图 4-8c 所示。

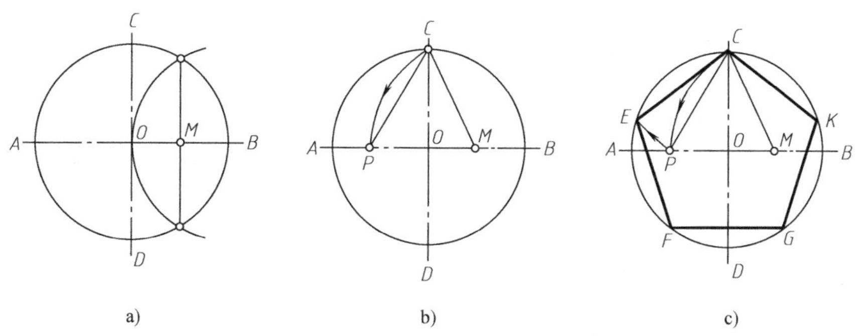

a)　　b)　　c)

图 4-8　圆内接正五边形的作图步骤

4.1.4　椭圆的画法

椭圆是一种常见的圆锥曲线，是机件中常见的形状之一。椭圆的画法很多，在此只介绍基于圆弧连接几何原理的四心圆弧近似画法。

如图 4-9 所示，四心圆弧近似画法是通过依次连接代替椭圆的四段圆弧而得到该椭圆的近似图形的，这四段圆弧具有四个圆心，故得名四心圆弧近似画法。利用四心圆弧近似画法画椭圆的作图步骤如下：

1）连接长、短轴的端点 A 和 C，取 $CE_1=CE=OA-OC$，如图 4-9a 所示。

2）作 AE_1 的中垂线与两轴分别交于 1 和 2 两点，分别取两点 1、2 关于轴线 CD 和 AB 的对称点 3、4 两点，将点 2 和点 1、点 2 和点 3、点 4 和点 1、点 4 和点 3 分别连接并延长，如图 4-9b 所示。

3）分别以点 1、2、3、4 为圆心，直线段 $1A$、$2C$、$3B$、$4D$ 为半径作圆弧，这四段圆弧就近似地连接成椭圆，圆弧间的连接点为四段圆弧与步骤 2 中延长线的交点 K、N、N_1、K_1，如图 4-9c 所示。

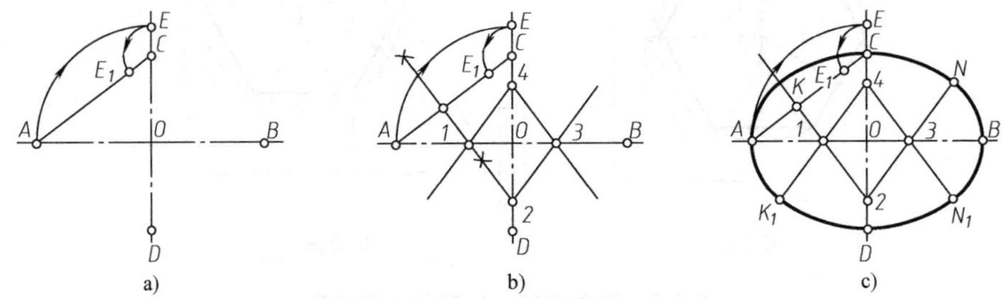

图 4-9　椭圆的四心圆弧近似画法

4.2　二维图形的构形方法

二维图形是创建其他几何体的基础。二维图形的构形方法有很多，本节只介绍典型的布尔运算构形、子图形组合构形和几何交切构形的方法，见表 4-1。

表 4-1　典型二维图形构形方法及理论分析

构形方法	示例	理论分析
布尔运算构形	A　B　a)　A∪B　b)　A∩B　c)　B/A　A/B　d)	布尔运算不仅可以很好地处理逻辑问题，而且可以很好地处理二维图形，甚至三维图形。该方法已成为主要的二维图形构形方法之一，也是实现计算机辅助设计的基本手段之一 布尔运算构形是指对平面上的图形进行几何运算以得到新的图形。这种集合运算是以图形为元素的集合运算，包括两个图形的交、并、差运算。图 a 所示是两个图形，图 b 所示是并运算结果，图 c 所示是交运算结果，图 d 所示是差运算结果

（续）

构形方法		示例	理论分析
子图形组合构形	阵列构形	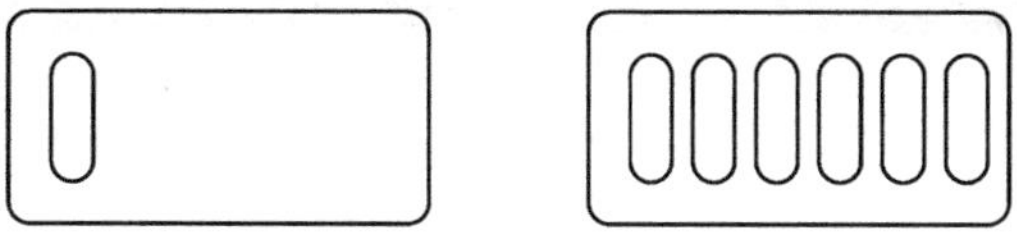 a) 矩形阵列 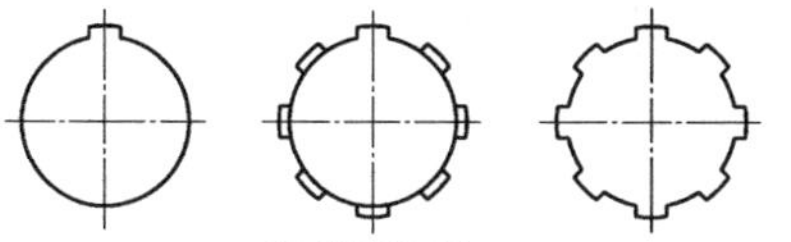 b) 环形阵列	将基本二维图形作为子图形，按照实际需求，将子图形以不同的方式进行排列组合，即可构成一个新的二维图形 图 a 所示是以图内长圆形为子图形，在图形内作矩形阵列，排列成一行六列后构建的图形 图 b 所示是以结构要素花键齿为子图形，以图中所画圆的圆心为环形阵列中心，作 360°的环形阵列后构造的图形。整理后得花键的平面投影图样
	镜像构形	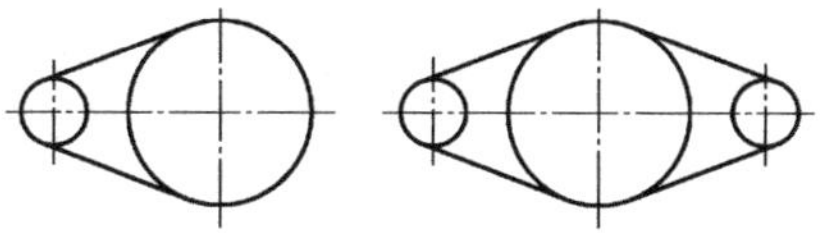	子图形的形状及大小不变，以指定的线为对称线，构建所需的二维图形。如图所示，以大圆的垂直中心线为镜像线（即对称线），作与其对称的图形
几何交切构形		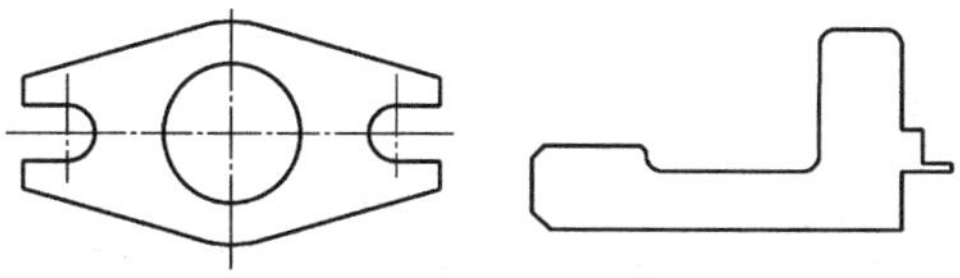	由直线、圆弧连接构成的无规则的二维图形，无法用布尔运算构形，也很难采用子图形组合的方式构形。对于这些二维图形，可采用圆弧连接的方法构建图形。如图所示的卡盘构形和法兰接头面域图形

4.2.1 圆弧连接

用已知半径的圆弧光滑连接两已知线段，称为圆弧连接。在绘制工程图样时，经常会遇到用圆弧来光滑连接已知直线或圆弧的情况，这种光滑过渡实际上是平面几何中的相切。为了保证相切，在作图时就必须准确地作出连接圆弧的圆心和切点。几种常用圆弧连接形式的作图方法与步骤见表 4-2。

表 4-2 常用圆弧连接形式的作图方法与步骤

连接形式	方法与步骤			
	已知条件	求圆心 O	求切点	完成圆弧连接
圆弧与两条已知直线连接	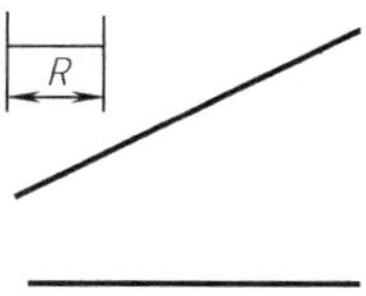	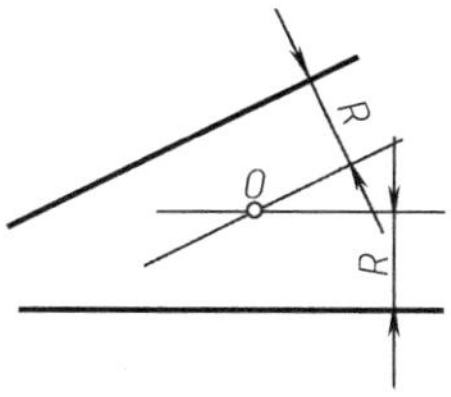	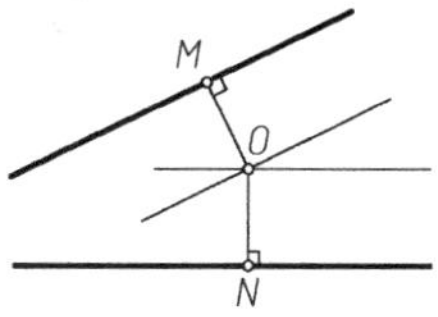	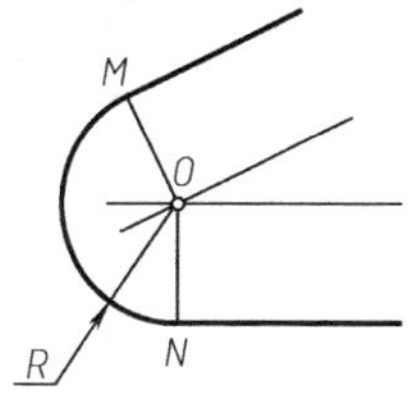
	已知两直线以及连接圆弧的半径 R	作与已知两直线分别相距为 R 的平行线，交点 O 即为连接圆弧的圆心	从圆心 O 分别向两直线作垂线，垂足 M 点和 N 点即为切点	以 O 为圆心、R 为半径，在两切点 M 和 N 之间画圆弧，$\overset{\frown}{MN}$ 即为所求圆弧

（续）

连接形式	方法与步骤			
	已知条件	求圆心 O	求切点	完成圆弧连接
圆弧与两已知圆弧外连接	R, O_1, O_2	$R_{21}=10+15$, $R_{11}=5+15$, O, O_1, O_2	O, M, N, O_1, O_2	O, M, N, O_1, O_2
	已知两圆的圆心分别为点 O_1 和点 O_2，其半径分别为 $R_1=5$ 和 $R_2=10$，用半径为 $R=15$ 的圆弧外连接两圆	以 O_1 为圆心，$R_{11}=R_1+R=20$ 为半径画弧，以 O_2 为圆心，$R_{21}=R_2+R=25$ 为半径画弧，两圆弧的交点 O 即为连接弧的圆心	连接点 O 和 O_1、点 O 和 O_2，分别交两圆于点 M 和 N，点 M 和 N 即为切点	以 O 为圆心、$R=15$ 为半径画弧 $\widehat{MN}$，$\widehat{MN}$ 即为所求连接弧
圆弧与两已知圆弧内连接	R, O_1, O_2	$R_{11}=30-5$, $R_{21}=30-10$, O, O_1, O_2	O, O_1, O_2, M, N	O, O_1, O_2, M, N
	已知两圆的圆心分别为点 O_1 和点 O_2，半径分别为 $R_1=5$ 和 $R_2=10$，用半径为 $R=30$ 的圆弧内连接两圆	以 O_1 为圆心、$R_{11}=R-R_1=25$ 为半径画弧，以 O_2 为圆心、$R_{21}=R-R_2=20$ 为半径画弧，两弧的交点 O 即为连接弧的圆心	连接点 O 和 O_1、点 O 和 O_2，延长交两圆于点 M 和 N，点 M 和 N 即为切点	以 O 为圆心，以 $R=30$ 为半径画弧 $\widehat{MN}$，$\widehat{MN}$ 即为所求连接弧
圆弧与已知圆弧、直线连接	O_1, R	$R_2=R_1+R$, O_1, O, R_1, R, L_2, L_1	O_1, M, O, L_2, L_1, N	O_1, M, O, L_2, L_1, N
	用半径为 R 的圆弧连接已知圆心为 O_1、半径为 R_1 的圆弧和直线 L_1	作直线 L_1 的平行线 L_2，两平行线之间的距离为 R；以 O_1 为圆心，$R+R_1$ 为半径画圆弧，直线 L_2 与圆弧的交点 O 即为连接弧的圆心	从点 O 向直线 L_1 作垂线得垂足 N，直线连接点 O 和点 O_1，与已知圆相交于点 M，点 M 和点 N 即为切点	以点 O 为圆心，R 为半径作圆弧 $\widehat{MN}$，$\widehat{MN}$ 即为所求的连接弧

4.2.2 平面图形的分析与作图步骤

1. 平面图形的尺寸分析

平面图形的尺寸分析，主要是分析图中尺寸的基准以及各尺寸的作用，平面图形有水平及铅垂两个方向的尺寸基准，即 *X* 方向和 *Y* 方向的尺寸基准。对于对称图形，取图形中的对称中心线、较大圆的中心线、较长的直线作为基准线；对于非对称图形，基准线一般取较长的粗实线或细点画线。

如图 4-10 所示的手柄平面图，水平对称轴线作为 *Y* 方向的尺寸基准，以距左端 15mm 的铅垂线作为 *X* 方向的尺寸基准。

平面图形中所注尺寸，按其作用可分为以下两类：

（1）定形尺寸　确定平面图形上几何元素形状和大小的尺寸。例如，直线的长短、圆或圆弧的直（半）径大小、角度大小等，如图 4-10 中的 15、ϕ5、ϕ20、*R*12、*R*15 等尺寸。

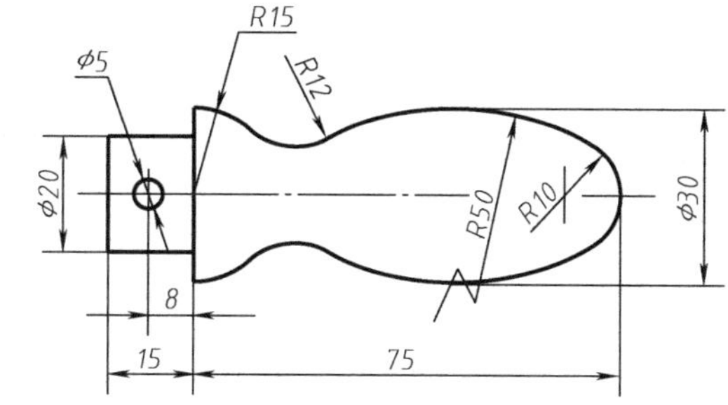

图 4-10　手柄平面图

（2）定位尺寸　确定平面图形上几何元素相对位置的尺寸。由于平面图形是由许多不同或相同的几何元素构成的，因此，除了有确定每一个几何元素的形状和大小的定形尺寸外，还需要有能反映几何元素间相互位置的尺寸。如图 4-10 中的 8、75 等尺寸。圆 ϕ5 的 *X* 方向的定位尺寸为 8，其圆心在 *Y* 方向基准线上，因此，*Y* 方向定位尺寸为零，不标注。圆弧 *R*10 的 *X* 方向的定位尺寸为 75，*Y* 方向的定位尺寸为零，也不标注。图中的其他定位尺寸，读者可自行分析。

2. 平面图形的图线分析

平面图形中主要有线段、圆或圆弧，以圆弧为例，平面图形中的圆弧分为三类：

（1）已知弧　定位尺寸和定形尺寸全部标注的弧，即圆弧的半径（直径）尺寸以及圆心的位置尺寸（两个方向的定位尺寸）均已知的圆弧称为已知弧，如图 4-10 中的 ϕ5、*R*15、*R*10。

（2）中间弧　有定形尺寸和不完全定位尺寸的弧，即圆弧的半径（直径）尺寸以及圆心的一个方向的定位尺寸已知的圆弧称为中间弧。中间弧必须根据与相邻已知线段的连接关系才能画出，如图 4-10 中的 *R*50。

（3）连接弧　有定形尺寸，而无定位尺寸的弧，即圆弧的半径（直径）尺寸已知，而圆心的两个定位尺寸均没有给出的圆弧称为连接弧。连接弧的圆心位置，需利用与其两端相切的几何关系才能定出。如图 4-10 中的 *R*12，必须利用圆弧 *R*50 及 *R*15 外切的几何关系才能画出。

3. 平面图形的作图步骤

绘制平面图形时，应根据图形中所给的各种尺寸，确定作图步骤。对于圆弧连接图形，应按已知弧、中间弧、连接弧的顺序依次画出各段圆弧。以图 4-10 所示的手柄图形为例，其作图步骤如下：

1）如图 4-11a 所示，确定基准线。画基准线 A、B，作距离 A 为 8、15、75 并垂直于 B 的直线。

2）如图 4-11b 所示，绘制已知弧和线段。画已知弧 $R15$、$R10$ 及圆 $\phi5$，再画左端矩形。

3）绘制中间弧和线段。如图 4-11c 所示，按所给尺寸及相切条件求出中间弧 $R50$ 的圆心 O_1、O_2 及切点 1、2，画出两段 $R50$ 的中间弧。

如图 4-11d 所示，按所给尺寸及外切几何条件，求出连接弧 $R12$ 的圆心 O_3、O_4 及切点 3、4、5、6，画出两段连接弧，完成手柄底稿。

4）如图 4-11e 所示，加深整理，完成底稿的校核、描深图线等工作。

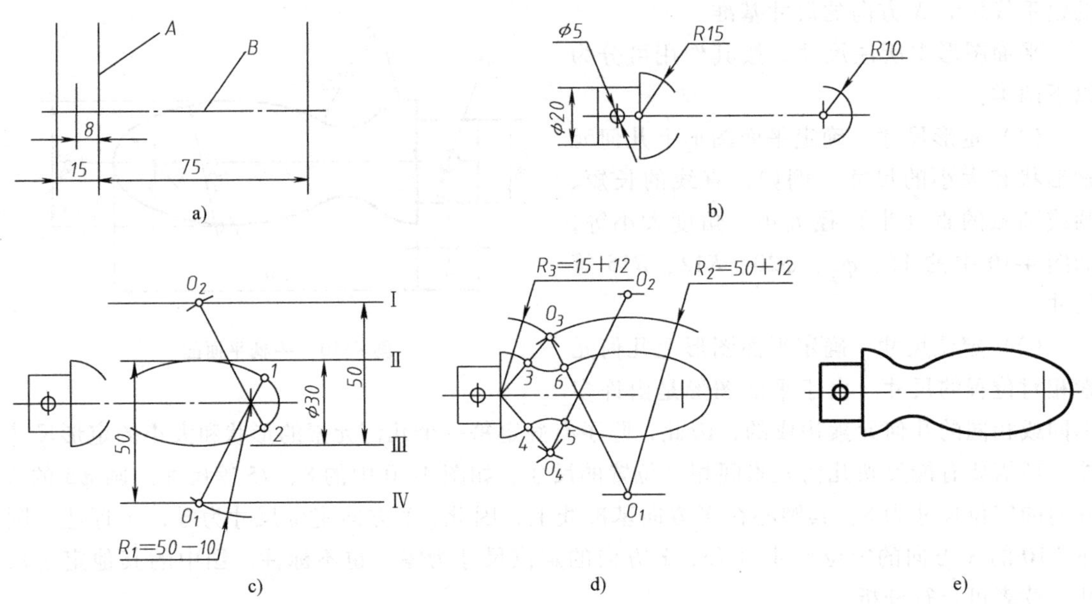

图 4-11　手柄的作图步骤

4.2.3　平面图形尺寸注法示例

常见平面图形的尺寸注法如图 4-12 所示。

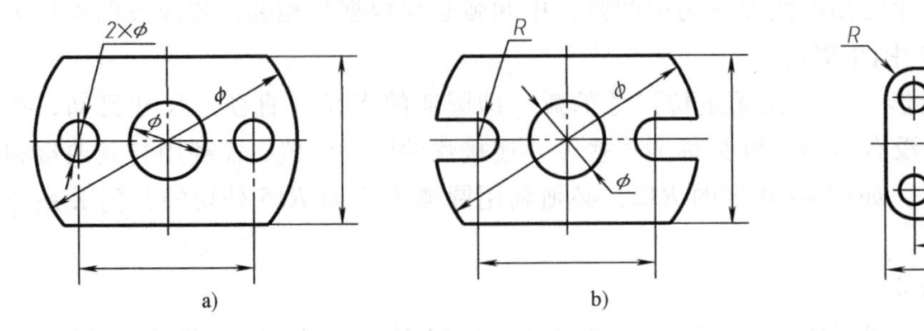

图 4-12　常见平面图形的尺寸注法

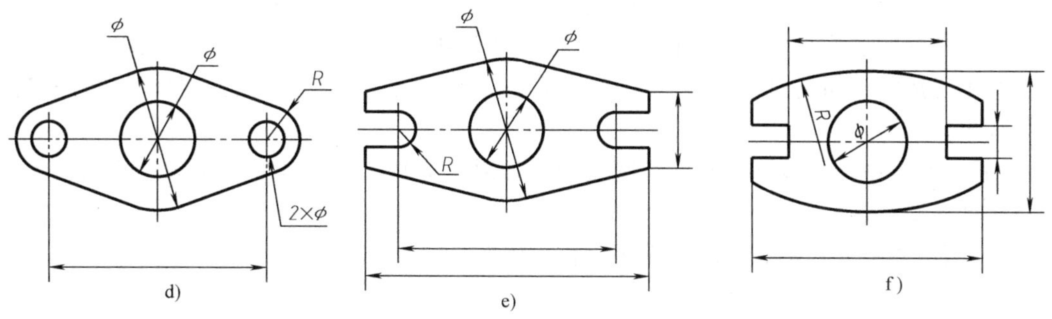

图 4-12　常见平面图形的尺寸注法（续）

4.2.4　绘图方法与技能

1. 绘图前的准备工作

首先准备好画图用的工具、仪器。把铅笔按线型要求削好（建议粗实线用 B 或 2B，按线宽将铅笔截面削成矩形；虚线用 H 或 2H，字体用 HB，按虚线和字体笔宽削成锥状或圆头；细实线用 2H 或 H，按细线宽度削成尖锥状或铲状），圆规铅芯比铅笔软一号。然后用软布把图板、丁字尺和三角板擦净，最后把手洗净。

2. 固定图纸

按图样的大小选择图纸幅面。先用橡皮检查图纸的正反面（易起毛的是反面），然后把图纸铺在图板左方，下方留出放丁字尺的地方，并用丁字尺比一比图纸的水平边是否放正。放正后，用胶带纸将图纸固定，用一张洁净的纸盖在上面，只把要画图的地方露出来。

3. 画底稿

画底稿线只要大致清晰，不可太粗太深。点画线和虚线尽量能区分出来。作图线则更应轻画。

1）根据幅面画出图框和标题栏。

2）布局，确定各图形在图框中的位置。图框与图形、图形与图形之间应留出间隔。图形的布局通常是在水平或铅垂方向上使图框与图形的间隔为全部间隔的 30%，两图形之间间隔为 40%，这种布局方法简称 3 ∶ 4 ∶ 3 布局法，图形在图纸中的布局如图 4-13 所示。

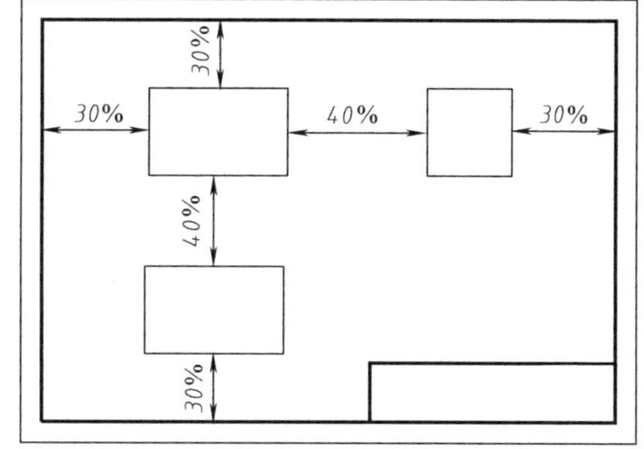

图 4-13　图形在图纸中的布局

3）画图形的底稿。底稿应从轴线、中心线或主要轮廓线开始，以便度量尺寸。为提高绘图速度和质量，在作图过程中，对图形间相同尺寸一次量出或一次画出，避免时常调换工具。

4. 描深图线

描深图线时按不同的线型选择不同的铅笔（粗实线使用 B 或 2B 铅笔）。描深过程中要保持笔端的粗细一致。修磨过的铅笔在使用前要试描，以核对图线宽度是否合适。描深时用力要均匀，描错或描坏的图线，用擦图片来控制擦去的范围，然后用橡皮顺纸纹擦。

注意：描深的步骤与画底稿不同，应先将尺寸标出，再描深细实线（有些细实线要一次画出，不再描深，如剖面线、尺寸线等），后描深粗实线。各种线型还应按以下顺序将图线成批描出。

1）描深所有圆及圆弧（当有几个圆弧相连接时，应从第一个开始，按顺序描深，才能保证相切处光滑连接）。

2）从图的左上方开始顺次向下描深所有的水平线。

3）再以同样顺序描深垂直线。

4）描深所有的斜线。

5. 填写标题栏

将标题栏的全部内容填写清楚。

6. 校核全图

如核对无误，应在标题栏中“制图”一格内签上制图者的姓名及日期，然后取下图纸。

一张画好的图样，线型应正确，线条应粗细分明，且作图准确、图面整洁、字体工整。图 4-14 所示为绘制仪器作图的方法和步骤。

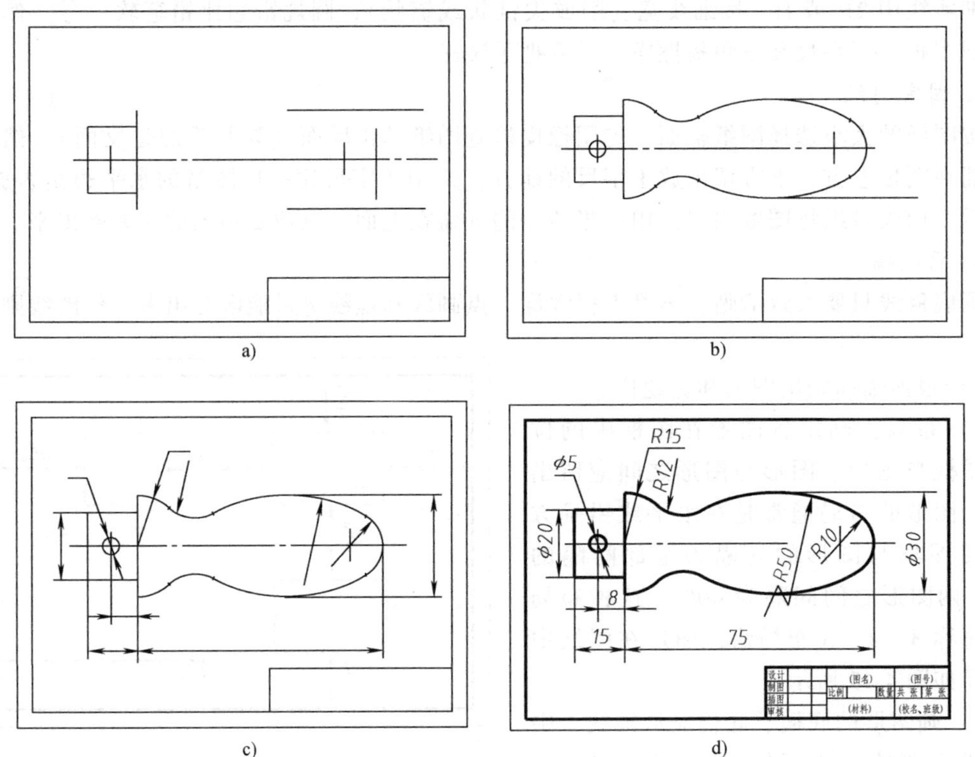

图 4-14　绘制仪器作图的方法与步骤

第5章

基本立体投影及几何体构形方法

本章学习目标

熟练掌握基本立体三面投影及表面取点的方法。了解几何体的构形方法。

任何机械零件，不论其结构形状多么复杂，一般都可看成是由一些基本立体根据一定的功能、形状等要求组合而成的。

5.1 基本立体的三面投影

基本立体一般分为平面立体和曲面立体。平面立体表面均为平面，如棱柱体、棱锥体等。曲面立体表面由平面和曲面组成，如圆柱体、圆锥体等；或其表面均为曲面，如圆球体、圆环体。

基本立体的投影就是将其表面特征（平面、曲面）用投影表达出来。然后，根据可见性判断哪些图线可见，哪些图线不可见，可见的图线画成粗实线，不可见的图线画成细虚线。对称面的投影用细点画线绘制。

基本立体在三面投影体系中的摆放原则和投射方向的选择原则是：

1）使基本立体在三面投影体系中放得平稳，并使其尽可能多的表面平行或垂直于投影面，以便得到反映实形的投影并使投影简单易画。

2）以最能反映基本立体的主要形状特征的投射方向为正面投影的投射方向。

从图5-1a可以看出，在三面投影体系中，立体分别向三个投影面投射所得到的投影称为立体的三面投影，如图5-1b所示。

由于立体对投影面距离的大小并不影响其表达，所以，在绘制其投影图时，投影轴可省略不画。但是各点的投影必须符合投影规律，三面投影之间按投射方向配置。正面投影反映物体上下、左右的位置关系，表示物体的长度和高度；水平投影反映物体左右、前后的位置关系，表示物体的长度和宽度；侧面投影反映物体的上下、前后的位置关系，表示物体的高度和宽度，如图5-2所示。

三面投影之间的投影规律为：正面投影与水平投影之间——长对正；正面投影与侧面投影之间——高平齐；水平投影与侧面投影之间——宽相等。

画立体的三面投影时，一定要分清立体的前后方向，在水平投影和侧面投影中，以远离

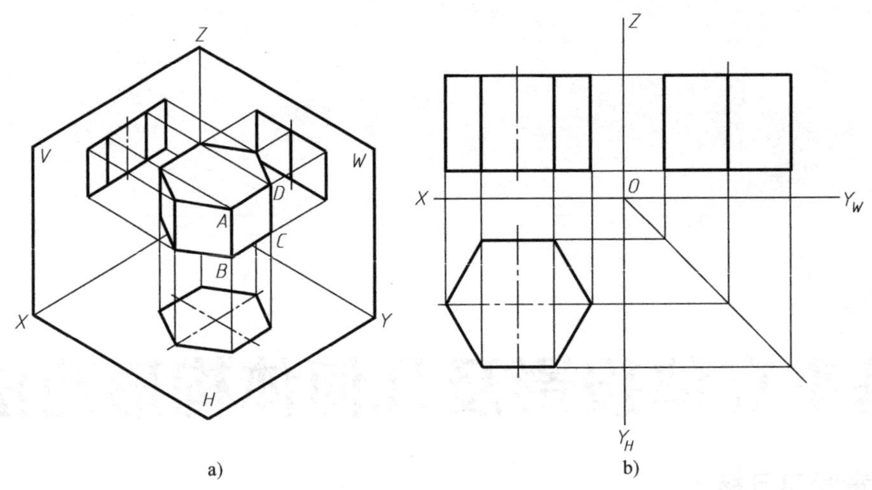

图 5-1 立体的三面投影

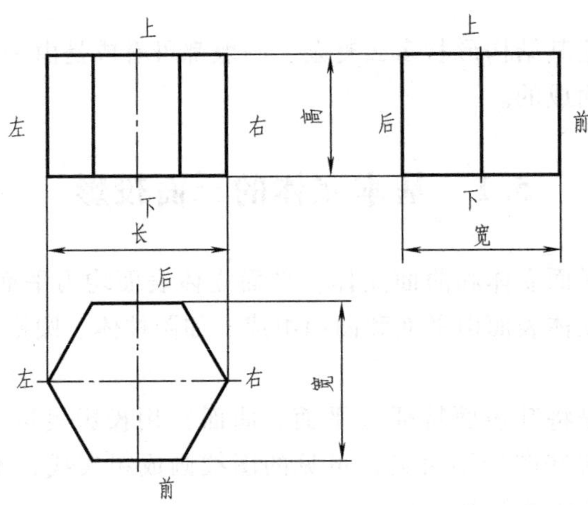

图 5-2 三面投影之间的对应关系

正面投影的方向为物体的前面。

5.2 平面立体的投影及表面取点

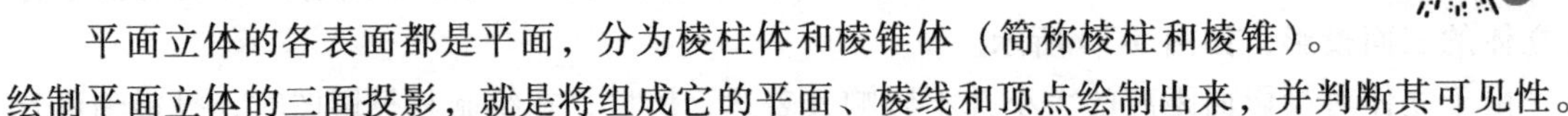

平面立体的各表面都是平面，分为棱柱体和棱锥体（简称棱柱和棱锥）。绘制平面立体的三面投影，就是将组成它的平面、棱线和顶点绘制出来，并判断其可见性。

5.2.1 棱柱的投影及表面取点

棱线相互平行的平面立体称为棱柱。与棱线垂直的两个互相平行的面称为棱柱的底面和顶面，其余各面称为棱面，两个棱面的公共边称为棱线；底面和顶面的边可称为底边，它是底（顶）面和棱面的交线。根据棱线的多少，棱柱分为三棱柱、四棱柱、…、n 棱柱等。

1. 正六棱柱的三面投影

如图 5-1a 所示，正六棱柱的表面包括六个棱面、顶面和底面。它的六条棱线互相平行，且垂直于顶面和底面。顶面和底面均为正六边形，各棱面均为矩形，且两两对应平行。

为了便于画图，将正六棱柱的顶面和底面放置成水平面，其水平投影反映实形，正面投影和侧面投影分别积聚为直线；棱面中的前、后两面为正平面，其正面投影反映实形，水平投影和侧面投影分别积聚为直线；其余四个棱面均为铅垂面，其水平投影积聚为直线，其他投影为类似的四边形；六条棱线均为铅垂线，水平投影分别积聚成点，并落在正六边形的六个角点上，正面投影和侧面投影均为反映实长的直线段。

作图时先用细点画线绘制出对称面的投影，其次画出六棱柱的水平投影——正六边形，再按照投影规律和它的高度画出其正面投影和侧面投影，如图5-3所示。

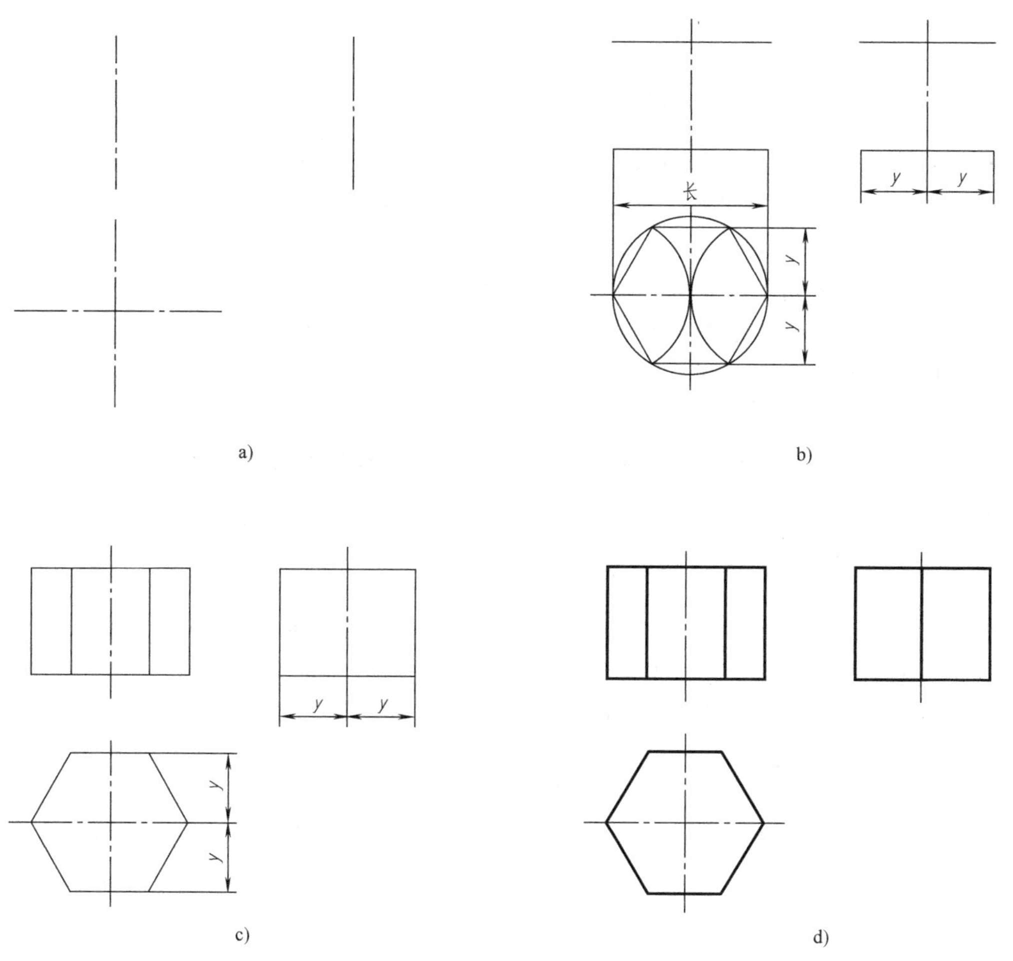

图5-3 正六棱柱三面投影绘制过程

2. 正六棱柱的表面取点

正六棱柱的各表面都是特殊位置平面，其表面取点可利用平面积聚性原理作图求解。判断点的投影可见性原则为：若点所在面的投影可见，则点的投影也可见；若点所在面的投影积聚为直线，通常点的投影也视为可见，但有重影点时应判断可见性。

【例5-1】 如图5-4所示，已知正六棱柱表面上点 M、点 N 和点 K 的正面投影 m'、n' 和 k'，点 P 的水平投影 p，分别求出其另外两个投影，并判断可见性。

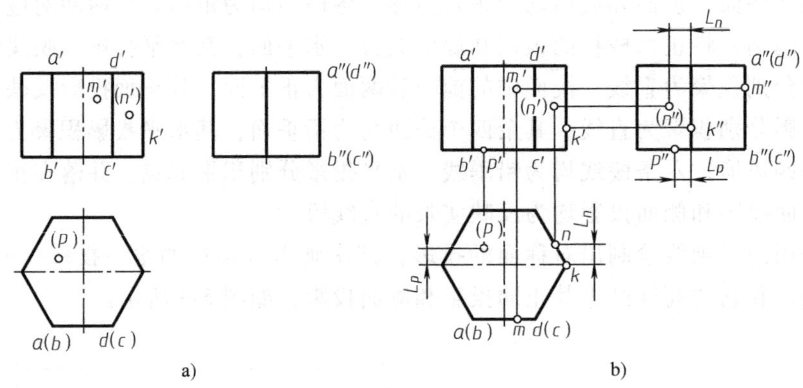

图 5-4　正六棱柱的表面取点

分析：由于 m'可见，故点 M 在棱面 $ABCD$ 上，此面为正平面，其水平投影和侧面投影有积聚性，m 和 m''必在其有积聚性的投影 ad（c）（b）和 $a''b''$（c''）（d''）上。所以，按照投影规律由 m'可求得 m 和 m''，且 m 和 m''可见。

同理，由于 n'是不可见的，所以点 N 在右后棱面上，此面为铅垂面，水平投影有积聚性，n 必在其水平投影所积聚成的直线上。按照投影规律由（n'）可求得 n，再根据（n'）和 n 求得其侧面投影。由于点 N 在右后棱面上，所以其侧面投影不可见，为（n''）。另外，由 k'可知，点 K 位于最右边的棱线上，根据点线从属性可求得其水平投影和侧面投影。由于 p 不可见，所以点 P 位于底面上，此面为水平面，正面投影和侧面投影都有积聚性，所以，由 p 可求得 p'和 p''。

5.2.2　棱锥的投影及表面取点

棱线汇交于一点的平面几何体称为棱锥。棱锥的表面是若干棱面和底面，各棱线相交的点称为锥顶。根据棱线的多少，棱锥可分为三棱锥、四棱锥、…、n 棱锥等。当棱锥的底面为正多边形且锥顶在底面上的垂足是底面中心时，称为正棱锥。

1. 正三棱锥的三面投影

图 5-5a 所示为一正三棱锥，它的表面有底面 ABC 和三个棱面 SAB、SBC、SAC。将其放在三投影面体系中，使其底面 ABC 为水平面，棱面 SAC 为侧垂面，底面三角形中的 AB、BC 边为水平线，CA 边为侧垂线，棱线 SA、SC 为一般位置直线，SB 为侧平线。因此底面 ABC 的水平投影反映实形，其正面和侧面投影均积聚成一直线；后棱面 SAC 在侧面投影上积聚成直线，其他两投影为类似形；棱面 SAB 和 SBC 为一般位置平面，所以其三面投影既没有积聚性，也不反映实形，为三角形的类似形。

作图时先画底面 ABC 反映实形的水平投影——正三角形，如图 5-5b 所示，再按照投影规律画出底面 ABC 有积聚性的正面投影和侧面投影。根据正三棱锥的高度确定点 S 的正面投影，点 S 的水平投影在正三角形 abc 的重心上，再根据投影规律确定其侧面投影，完成正三棱锥的三面投影，如图 5-5c 所示。

2. 正三棱锥的表面取点

在棱锥表面上取点的方法有两种，两种方法都基于点、线、面的从属性。

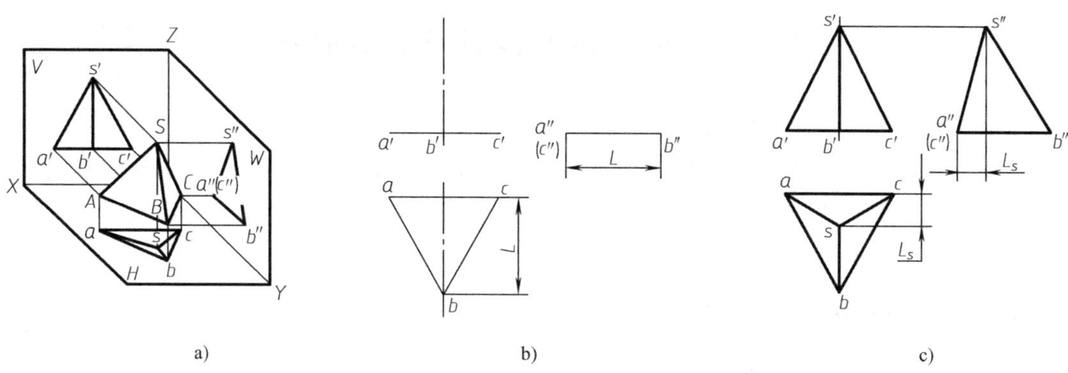

a) b) c)

图 5-5 正三棱锥的空间分析及三面投影作图过程

1）过平面上的两点作直线，则此直线在平面上，而直线上的点必在平面上。

2）过平面上的一点作平面上一已知直线的平行线，则此平行线在平面上，其上的点必在平面上。

【例 5-2】 如图 5-6b 所示，已知正三棱锥表面上点 M 的正面投影 m'，点 N 的水平投影 n，分别求其另外两个投影。

分析：因为 m'可见，所以点 M 位于棱面 SAB 上，而棱面 SAB 为一般位置平面，因而必须利用辅助直线求解。

解法 1：过平面上的两点作辅助直线，即连接 s'、m'并延长交 $a'b'$于 $1'$，并求出 $s1$。根据点线从属性，m 在 $s1$ 上，由 m'可求得 m，再根据投影规律求得 m''，如图 5-6b 所示。

解法 2：过平面上的一点作平面上一已知直线的平行线，即过 m'作 $2'3'/\!/a'b'$，$23/\!/ab$，同理可求得 m 和 m''，如图 5-6c 所示。

点 N 位于棱面 SAC 上，SAC 为侧垂面，侧面投影 $s''a''c''$具有积聚性，故 n''必在 $s''a''c''$直线上，由 n 和 n''可求得 n'，如图 5-6c 所示。

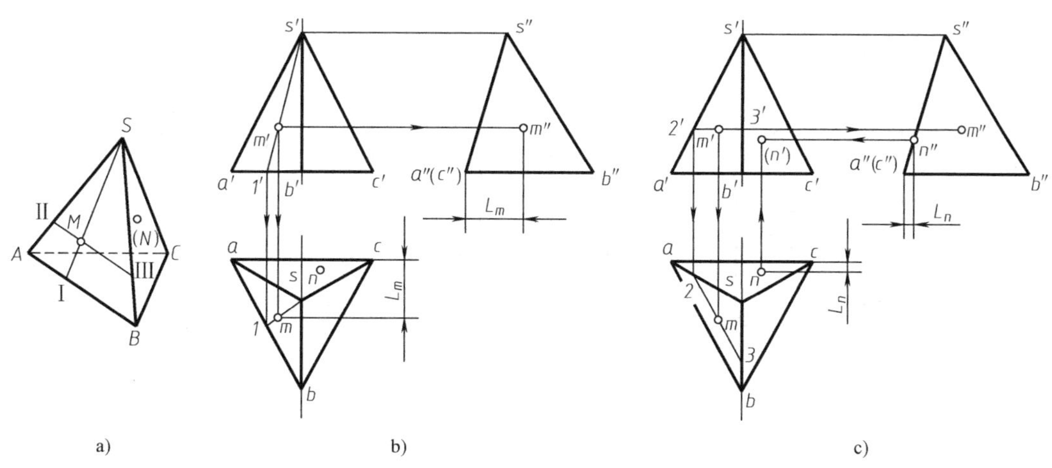

a) b) c)

图 5-6 正三棱锥表面取点

判断可见性：因为棱面 SAB 的水平投影和侧面投影均可见，故点 m 和 m''也可见。棱面 SAC 的正面投影不可见，故点 n'也不可见。

5.3　曲面立体的投影及表面取点

曲面立体的表面由曲面或曲面和平面组成，工程中常见的曲面立体是回转体，是由回转面或回转面与平面所围成的曲面立体，如圆柱体、圆锥体、圆球体和圆环体等。绘制这些曲面立体的投影，就是把组成它的回转面或平面和回转面绘制出来，并判别其可见性。

5.3.1　圆柱体的投影及表面取点

矩形面以一边为轴线旋转一周形成圆柱体。在旋转过程中，轴线对边形成圆柱面，该边称为母线，其任一位置称为素线；与轴线垂直的两边形成两底面。

1. 圆柱体的三面投影

如图 5-7a 所示的圆柱体，在三投影面体系中，其轴线垂直于 H 面，则上、下底面为水平面，其水平投影为圆并反映实形，正面和侧面投影积聚为直线段，长度等于圆柱的直径；圆柱面上的每一条素线均为铅垂线，水平投影均积聚为点，因此圆柱面的水平投影积聚为圆，且与上、下底面圆的水平投影重合。即水平投影中，圆周上任何一点都是圆柱面上各素线的水平投影，同时圆又是上、下底面圆的水平投影。

圆柱面的正面投影和侧面投影只画出决定其投影范围的外形轮廓线，即圆柱面在该投射方向上可见部分和不可见部分的分界线的投影。圆柱可见部分和不可见部分的分界线又称为投射方向上的转向线，对于不同的投影面而言有不同的转向线。圆柱面对 V 面的转向线为最左、最右素线 AA_1 和 BB_1，即在正面投影中，以素线 AA_1 和 BB_1 为界，前半圆柱面可见，后半圆柱面不可见；圆柱面对 W 面的转向线为最前、最后素线 CC_1 和 DD_1，即在侧面投影中，以素线 CC_1 和 DD_1 为界，左半圆柱面可见，右半圆柱面不可见。由此可判断圆柱面上点、线的可见性。

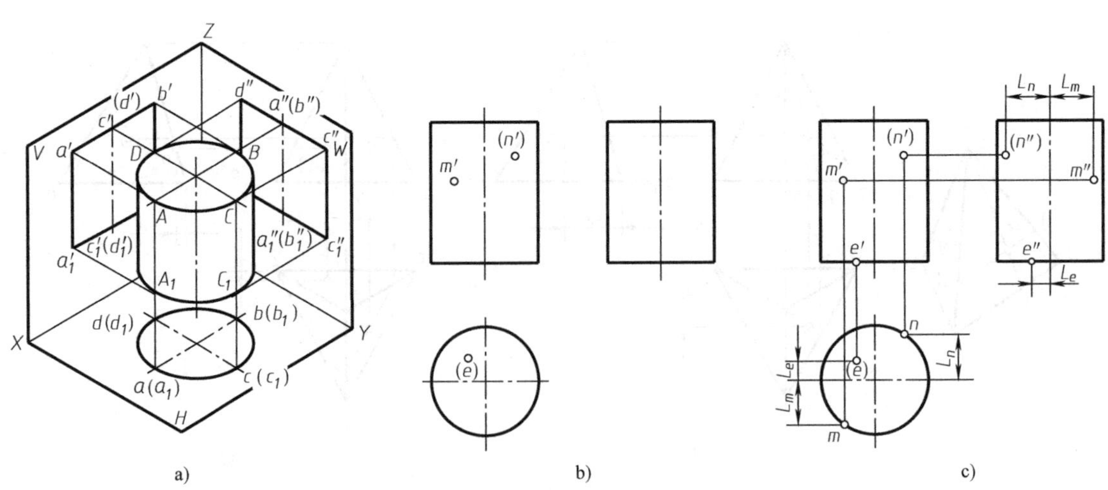

图 5-7　圆柱体的投影及其表面取点

如图 5-7b 所示，作图时用细点画线画出轴线的投影及投影圆的对称中心线，然后绘制上、下底面的三面投影。先画出反映实形的水平投影圆，再画有积聚性的正面投影和侧面投影。

注意：转向线 AA_1 和 BB_1 的正面投影 $a'a_1'$和 $b'b_1'$是圆柱面正面投影的外形轮廓线。AA_1 和 BB_1 均为铅垂线，其侧面投影 $a''a_1''$和 $b''b_1''$与轴线的侧面投影重合，不处于投影的轮廓位置，不必画出；转向线 CC_1 和 DD_1 的侧面投影 $c''c_1''$和 $d''d_1''$是圆柱面侧面投影的外形轮廓线，正面投影 $c'c_1'$和 $d'd_1'$与轴线的正面投影重合，不处于投影的轮廓位置，不必画出。圆柱体的正面和侧面投影为两个大小相同的矩形，水平投影为圆。

2. 圆柱体的表面取点

在圆柱体轴线所垂直的投影面上，圆柱面上所有点、线的投影均积聚在圆周上。圆柱体表面取点时，对于圆柱面上的点的投影，可利用圆柱面投影的积聚性作图；对位于圆柱面转向线上点的投影，可直接利用点线从属关系求出。

【例 5-3】 如图 5-7b 所示，已知圆柱表面上点 M、N 的正面投影 m'、n'，点 E 的水平投影 e，分别求其另外两个投影。

分析：由于点 M 的正面投影 m'可见，且位于轴线左侧，所以点 M 位于左、前半圆柱面上。根据圆柱面的水平投影有积聚性的特点，按长对正的投影规律可直接求出点 m，再由 m'和 m 可求得 m''。同理，由于点 N 的正面投影 n'不可见，且位于轴线右侧，所以点 N 位于右、后半圆柱面上。用同样的方法可先求出 n，再由 n'和 n 求得 n''。

由点 E 的水平投影 e 可知，点 E 在圆柱底面上，底面为水平面，其正面和侧面投影有积聚性，所以 e'和 e''必定在底面的正面和侧面投影所积聚的直线段上，先求出 e'，再由 e'和 e 求得 e''。

可见性的判断：因点 M 位于左、前半圆柱面上，则 m''可见。同理，可分析出点 N、点 E 的位置和可见性，其作图过程如图 5-7c 所示。

5.3.2 圆锥体的投影及表面取点

直角三角形以一条直角边为轴旋转 360°形成圆锥体。直角三角形的斜边称为母线，其旋转一周形成圆锥面。旋转过程中，母线的任一位置称为素线。直角三角形的另一条直角边旋转一周形成底面。

1. 圆锥体的三面投影

图 5-8a 所示为一正圆锥，其轴线为铅垂线，底面为水平面，水平投影反映圆的实形，正面投影和侧面投影均积聚为直线段，长度等于圆的直径；圆锥面的水平投影也落在圆的水平投影内，水平投影可见，底面圆的水平投影不可见；回转面对 V 面的转向线为最左、最右素线 SA、SB，以 SA、SB 为界，在正面投影中前半圆锥面可见，后半圆锥面不可见；回转面对 W 面的转向线为最前、最后素线 SC、SD，以 SC、SD 为界，在侧面投影中左半圆锥面可见，右半圆锥面不可见。由此可判断圆锥面上点、线的可见性。

如图 5-8b 所示，作图时，首先用细点画线画出轴线的投影及投影圆的对称中心线，再画出反映底面实形的水平投影圆，其正面投影和侧面投影所积聚成的直线段，长度等于底圆直径，最后绘制锥顶 S 的投影，完成三面投影。$s'a'$和 $s'b'$为圆锥面正面投影的轮廓线，其侧面投影和水平投影与细点画线重合，均不处于投影的轮廓位置，不必画出；$s''c''$和 $s''d''$为圆锥面侧面投影的轮廓线，其正面投影和水平投影也与细点画线重合，且都不处于投影的轮廓位置，所以也不画出。圆锥体的三面投影为两个大小相同的等腰三角形和一个圆。

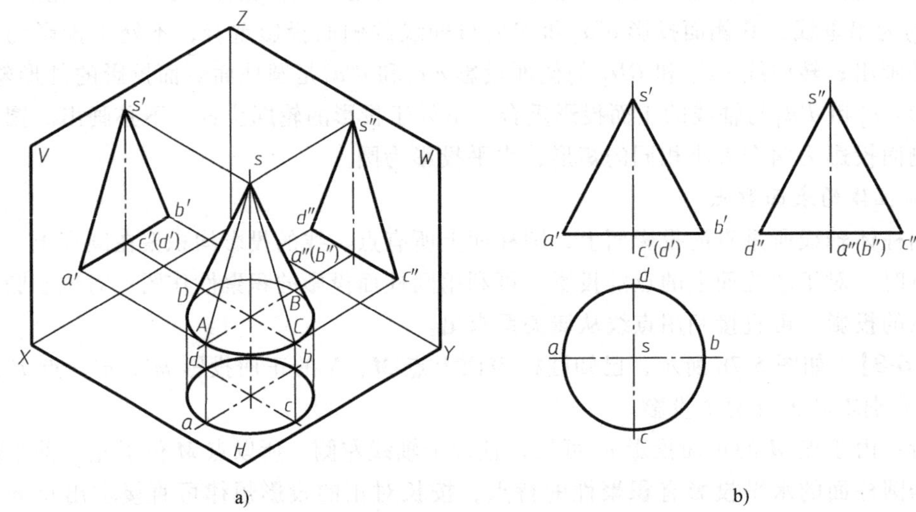

a)　　　　b)

图 5-8　圆锥体的空间分析及其三面投影

2. 圆锥体的表面取点

圆锥体的三面投影均无积聚性，且圆锥面上的点在轴线所垂直的投影面上的投影都落在圆的范围内，这一点与圆柱面的投影不同。所以，除位于转向轮廓线上的点可直接利用点线从属关系求出，位于圆锥底面上的点可利用底面的积聚性求出外，其余均需采用辅助线的方法求解。辅助线必须是简单易画的直线或圆，圆锥表面上取辅助线的方法有两种：

1）辅助素线法，即过锥顶作辅助素线，其三面投影均为直线。

2）辅助纬圆法，即作平行于底圆的辅助圆，其三面投影或为圆或为直线。

【例 5-4】 如图 5-9a 所示，已知圆锥表面上点 *M* 的正面投影 *m*′，求其另外两个投影。

解法 1：辅助素线法，即过锥顶 *S* 和点 *M* 作一辅助素线 *S* Ⅰ，如图 5-9a 中的立体图所示。

点 *M* 的正面投影 *m*′不可见，所以点 *M* 位于后半圆锥面上，连 *s*′、*m*′并延长交底面圆于 1′，然后求出其水平投影 *s*1。根据点线的从属关系，按投影规律由 *m*′可求得 *m* 和 *m*″。

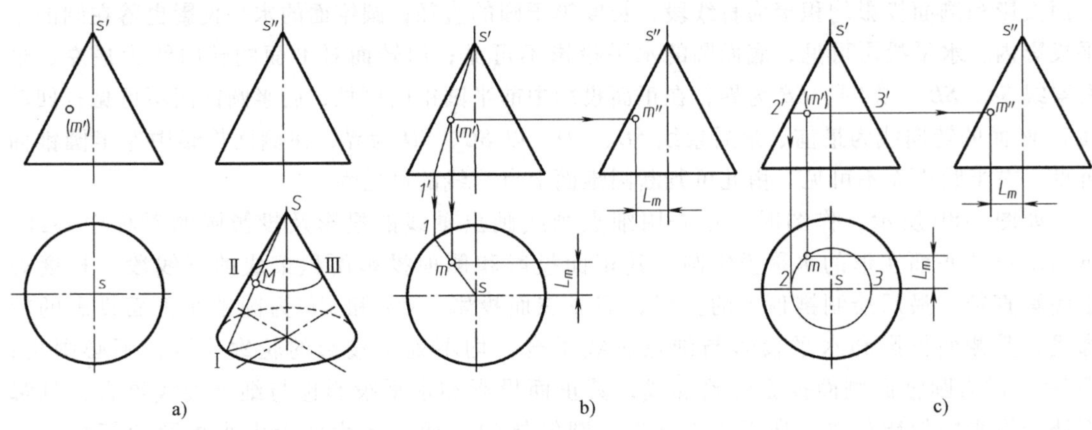

a)　　　　b)　　　　c)

图 5-9　圆锥体表面取点的作图过程

可见性的判断：由于点 M 在左半圆锥面上，故 m'' 可见；按此例圆锥摆放的位置，圆锥表面上所有的点在水平投影上均可见，所以点 m 也可见。作图过程如图 5-9b 所示。

解法 2：辅助纬圆法，即过点 M 作一平行于圆锥底面的水平辅助圆，如图 5-9a 中的立体图所示。

水平辅助圆的正面投影为过 m' 且平行于底圆的直线 $2'3'$，其水平投影为直径等于 $2'3'$ 的圆，m 必在此圆上。由 m' 求出 m，再由 m 和 m' 求得 m''。作图过程如图 5-9c 所示。

5.3.3 圆球体的投影及表面取点

圆球是半圆面以直径为轴旋转 360°所形成的。如图 5-10a 所示，圆球表面是单一的球面。

1. 圆球体的三面投影

如图 5-10a 所示，无论如何放置，圆球体的三面投影均为圆，且直径与圆球体直径大小相等，这些圆分别为该球面的三个投射方向的转向轮廓线的投影。其中，正面投影为球面对 V 面转向轮廓线的投影，即平行于 V 面的最大正平圆 A 的投影，以 A 圆为界，在正面投影中前半球面可见，后半球面不可见；水平投影为球面对 H 面转向轮廓线的投影，即平行于 H 面的最大水平圆 B 的投影，以 B 圆为界，在水平投影中上半球面可见，下半球面不可见；同理，侧面投影为球面对 W 面转向轮廓线的投影，即平行于 W 面的最大侧平圆 C 的投影，以 C 圆为界，在侧面投影中，左半球面可见，右半球面不可见。由此可判断圆球面上点、线的可见性。

如图 5-10b 所示，作图时，先用细点画线画出对称中心线，以确定球心的三个投影，再画出三个与圆球直径相等的圆。

注意：正平圆 A 的水平投影和侧面投影均与对称中心线（细点画线）重合，故其投影不画出。同理，水平圆 B 的正面投影和侧面投影以及侧平圆 C 的正面投影和水平投影也不画出。

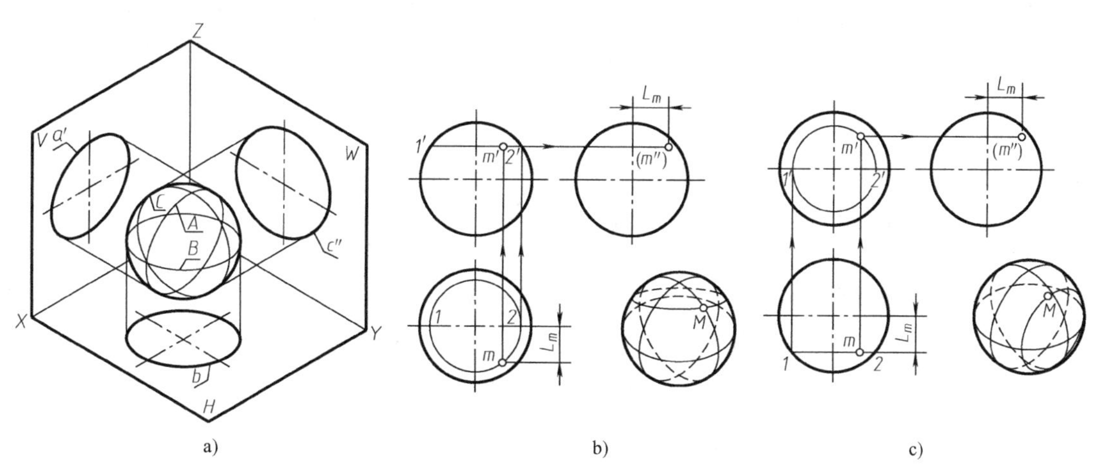

图 5-10　圆球体的投影及表面取点

2. 圆球体的表面取点

由于圆球体的三面投影均无积聚性，所以，对于球面上的一般位置点，必须利用辅助线法求解。圆球面上没有直线，因此，在圆球面上只能作辅助圆。为了保证辅助圆的投影为圆或直线，只能作正平、水平、侧平三个方向的辅助圆。先求辅助线的投影，再求辅助线上点的投影。对于球面转向轮廓线上的点，则可以利用点线从属性来求其另外两个投影。

【例 5-5】 如图 5-10b 所示，已知圆球体表面上点 M 的水平投影 m，求其另外两个投影。

分析：点 M 的水平投影 m 可见，则点 M 位于上半球面。

过点 M 作一辅助水平圆，其水平投影为以线段 12 为直径的圆，且过点 m，正面投影为直线 $1'2'$，m'必在该直线上，由 m 求得 m'，再由 m 和 m'作出 m''。

可见性的判断：因点 M 位于球的右前方，故 m'可见，m''不可见，应为（m''）。

另外，也可过点 M 作一侧平圆或正平圆求解。如图 5-10c 所示，过点 M 作一辅助正平圆，其水平投影为直线 12 且过 m 点，正面投影为直径等于 $1'2'$长度的圆，m'必在该圆周上，由 m 求得 m'，再求出（m''）。

5.4 几何体的构形方法

用来描述产品的形状、尺寸大小、位置与结构关系等几何信息的模型称为几何模型。实体造型技术也称为 3D 几何造型技术，人们在三维线框模型和曲面造型研究的基础上，提出了实体造型的理论。

把长方体、圆柱体、球体、圆环等基本几何体作为基本立体，通过立体之间的交、并、差运算，构造所需要的三维实体，这种方法称为实体造型法。目前常用的几何实体造型的方法主要有边界表示法（B-rep）、构造实体几何法（CSG）和扫描法。

5.4.1 边界表示法

边界表示法是一种以物体的边界表面为基础，定义和描述几何形体的方法。它用点、边、面、环以及它们之间相互的邻接关系定义三维实体，形体表面、边界线、交线等都显式给出。物体的边界通常是指物体的外表面，是有限个单元面的并集，如图 5-11 所示。

图 5-11　实体的边界表示

5.4.2 构造实体几何法

构造实体几何法是一种用简单几何形体构造复杂实体的造型方法。简单几何形体称为体素。其基本思想是：先定义一些常用体素，然后用集合运算（并、交、差）把体素修改成复杂形状的形体。常用的造型体素有长方体、圆柱体、球体、圆锥、圆环、楔、棱锥体等。实体的构造是体素间进行集合运算的过程。

图 5-12 所示的圆柱开槽立体是长方体和圆柱体的差集，图 5-13 所示的立体为两立体的并集，图 5-14 所示的立体为两立体的交集。

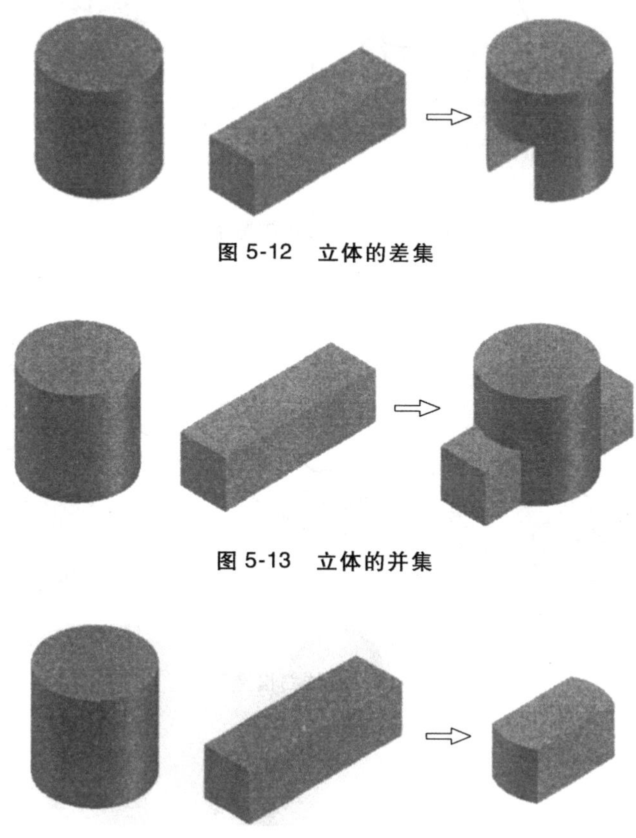

图 5-12　立体的差集

图 5-13　立体的并集

图 5-14　立体的交集

5.4.3　扫描法

一个平面图形沿一条轨迹运动所扫描出的空间是一个三维实体，这种构造实体的方法称为扫描法。常用的扫描方法有平移扫描法和旋转扫描法。

1. 平移扫描法

平移扫描的运动轨迹通常是一条直线。如果扫描用的是一个平面图形，则该平面图形就是待构造实体的一个断面，再指定平移的方向和距离就能生成三维实体，故平移扫描只能构造具有相同断面形状的实体，如图 5-15 所示。

2. 旋转扫描法

当一个平面图形绕着与其共面的轴旋转一定角度时，即扫描出一个实体。旋转扫描只能构造具有轴对称特性的实体。图 5-16 所示为以 *AB* 为旋转轴，用旋转扫描法构造实体的例子。

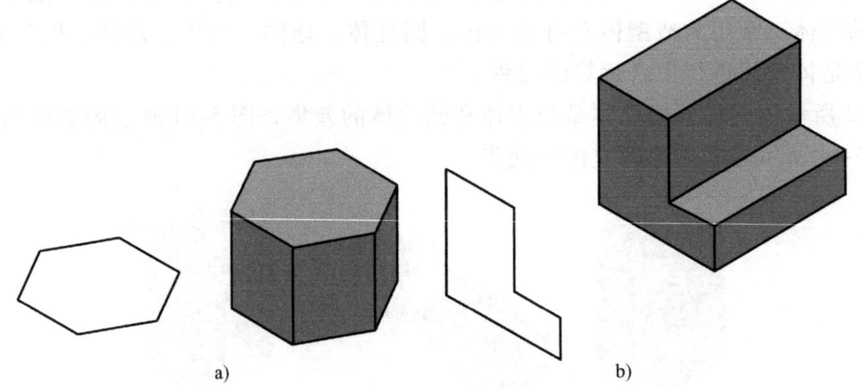

图 5-15　平移扫描造型

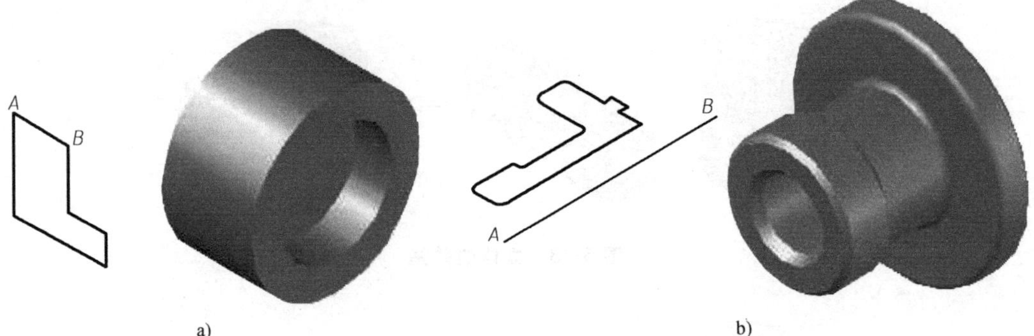

图 5-16　旋转扫描造型

第6章

几何体截切相贯的构形及投影

本章学习目标

熟练掌握平面截切基本立体生成截交线的形状、投影特点及其作图方法；掌握基本立体相交时生成相贯线的形状、投影特点及其作图方法。会运用几何体截切和相贯的性质、作图方法完成几何体构形及表达。

截交线、相贯线是形体组合时生成的，应属于组合体的内容。为了循序渐进地学习，将常见的平面截切基本立体、基本立体相贯单独成章讲授。

6.1　几何体截切构形的基本概念

在实际生产中，许多机器零件是由几何体被一个或数个平面截去一部分而形成的，这种情况称作几何体的截切。几何体被截切时，与几何体相交的平面称为截平面，该几何体称为截切体。截平面与几何体表面产生的交线称为截交线，截交线所围成的平面图形称为截断面。如图6-1所示，截断面会成为被截切后基本几何体的一个表面，截交线就是该表面的边界轮廓线。

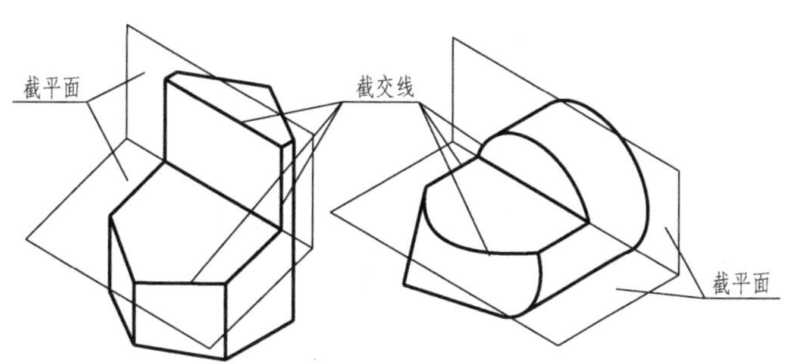

图6-1　平面截切几何体

1. 截交线的性质

（1）公有性　截交线既在截平面上，又在几何体表面上，因此截交线是截平面与几何体表面的公有线，截交线上的点是截平面与几何体表面的公有点。

（2）平面封闭性　由于几何体具有一定的大小和范围，截交线又是截平面与几何体表面的公有线，因此，截交线一般都是由直线、曲线或直线和曲线所围成的封闭的平面图形。

（3）形式多样性　截交线的形式取决于几何体表面的形状和截平面与几何体的相对位置。

2. 求截交线的方法与步骤

求截交线作图要依据截交线的性质，截交线具有公有性，所以求截交线的方法可归结为立体表面取点的方法。其作图步骤为：

1）进行截交线的空间及投影的形状分析，找出截交线的已知投影。

2）作图：求出截平面与立体表面的一系列公有点，判断可见性，依次连接成截交线的同面投影，并加深立体的轮廓线到与截交线的交点处，完成全图。

6.2　平面几何体的截切构形及投影

求平面与平面几何体的截交线，关键是找到平面与几何体棱线和底边的交点或平面与几何体棱面的交线，然后将其同面投影依次连接即为所求。具体有两种方法：

（1）棱线法　求各棱线与截平面的交点。当平面与平面几何体的各棱线均相交时，截交线的顶点即为截平面与棱线的交点。

（2）棱面法　求各棱面与截平面的交线。当平面与平面几何体的棱线不相交时，需逐步求出截平面与棱面、截平面与截平面交线的投影。

6.2.1　棱线法

【例 6-1】　如图 6-2a 所示，求正六棱柱被侧垂面 P 截切后的投影。

分析：如图 6-2a 所示，单一截平面 P 与正六棱柱的各个棱线均相交，其截交线在截平面 P 内，为六边形，六边形的六个顶点 A、B、C、D、E、F 为截平面 P 与正六棱柱的六条棱线的交点。又因为截平面为侧垂面，所以，截交线的侧面投影积聚为直线，为已知投影；其水平投影以及各棱线的水平投影积聚成的点，均落在正六边形的六个角点上，也为已知投影，且其水平投影和正面投影具有类似性，均为六边形。

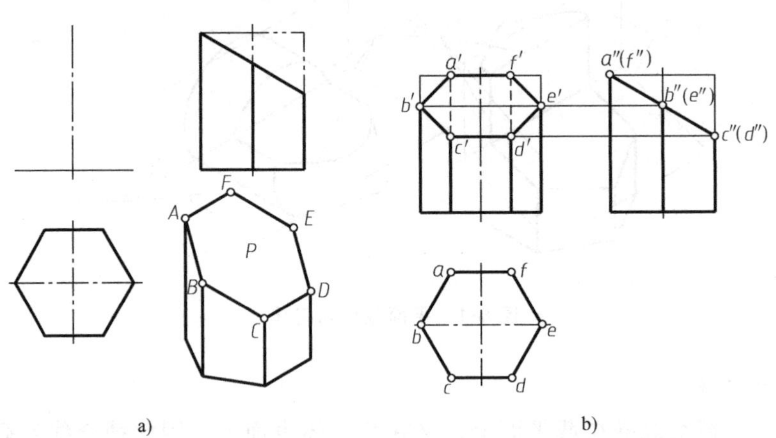

图 6-2　正六棱柱被单一平面截切后的投影作图过程

作图过程如图 6-2b 所示，其步骤为：

1）用作图线画出正六棱柱截切前完整的正面投影。

2）标出截交线 $ABCDEF$ 的侧面投影 $a''b''c''$（d''）（e''）（f''）和水平投影 $abcdef$。

3）按照点、线的从属关系和投影规律求出各点的正面投影 a'、b'、c'、d'、e'、f'。

4）连线并判断可见性：a'、b'、c'、d'、e'、f'均可见，所以连成粗实线。

5）整理轮廓线：将各棱线的正面投影加深到与截交线正面投影的交点 a'、b'、c'、d'、e'、f'处，由于 b'、c'、d'、e'所在的棱线均可见，所以画成粗实线。a'、f'所在的棱线不可见，应画成细虚线，其中与粗实线重合部分应按粗实线画出。b'、e'所在的棱线及棱柱顶面被截去部分不应画出其投影，但为便于看图，可用细双点画线表示它们的假想投影。底面加深成粗实线。

6.2.2 棱面法

【例 6-2】 如图 6-3a 所示，求正六棱柱被正垂面 P 和侧平面 Q 截切后的投影。

分析：如图 6-3a 所示，正六棱柱被正垂面 P 和侧平面 Q 截切，与平面 P 的交线为Ⅲ Ⅳ Ⅵ Ⅷ Ⅸ Ⅶ Ⅴ，与平面 Q 的交线为Ⅰ Ⅱ Ⅳ Ⅲ，P 和 Q 的交线为Ⅲ Ⅳ。其中截平面 P 只与五条棱线相交，所得交点为点Ⅴ、Ⅵ、Ⅶ、Ⅷ、Ⅸ，其投影可以用棱线法求出。截平面 Q 与棱柱各棱线均不相交，与两棱面的交线为Ⅰ Ⅲ、Ⅱ Ⅳ，与上底面的交线为Ⅰ Ⅱ，因此点Ⅰ、Ⅱ、Ⅲ、Ⅳ的投影需用棱面法求出。

由于截交线Ⅲ Ⅳ Ⅵ Ⅷ Ⅸ Ⅶ Ⅴ既属于正垂面 P，又属于正六棱柱的棱面，故其正面投影积聚成直线，水平投影积聚在正六棱柱棱面的水平投影上，为已知投影；侧面投影和水平投影具有类似性，均为七边形。截交线Ⅰ Ⅱ Ⅳ Ⅲ属于侧平面 Q，故其正面投影和水平投影积聚成直线，侧面投影为反映实形的矩形。P 和 Q 的交线Ⅲ Ⅳ为正垂线，正面投影积聚成点。

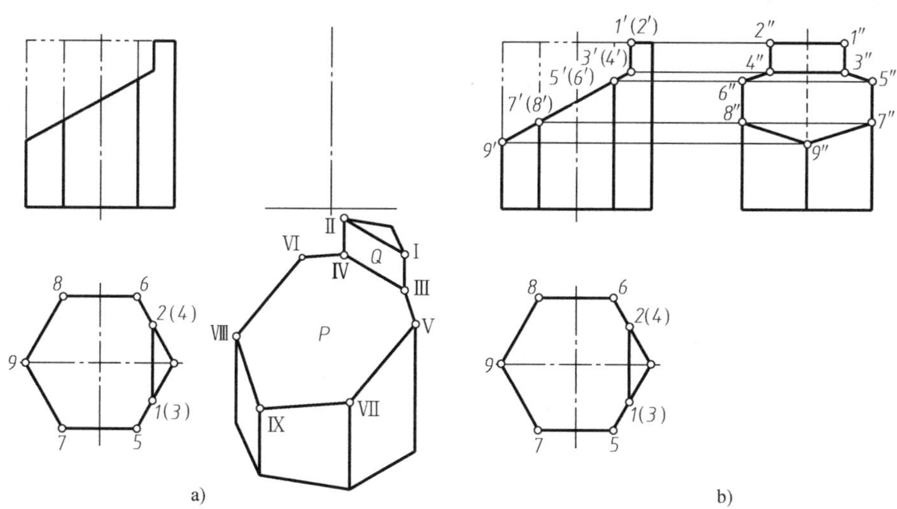

图 6-3 正六棱柱被两个平面截切后的投影作图过程

作图过程如图 6-3b 所示，其步骤为：

1）用作图线画出正六棱柱截切前完整的侧面投影。

2）在正面投影中标出截交线上各点的投影 1′、（2′）、3′、（4′）、5′、（6′）、7′、

(8′)、9′。

3）由正六棱柱的积聚性，求出各点的水平投影 1、2、(3)、(4)、5、6、7、8、9，再求出各点的侧面投影 1″、2″、3″、4″、5″、6″、7″、8″、9″。

4）截交线的三面投影均可见，用粗实线将各点的同面投影依次连接起来。

5）画出 *P* 和 *Q* 的交线ⅢⅣ的三面投影。

6）整理轮廓线：将各条棱线的侧面投影加深到与截交线的交点处。最右边的棱线没有被截切，但在侧面投影中不可见，所以其侧面投影应画成细虚线，其中与粗实线重合部分应按粗实线画出。底面的正面投影加深成粗实线。

6.3 曲面立体的截切构形及投影

6.3.1 圆柱体的截切构形

求平面截切圆柱体时所产生的截交线的投影，首先要分析截平面与圆柱轴线的相对位置，以及截交线的空间形状，然后再利用圆柱面投影的积聚性求截交线的投影。

1. 平面截切圆柱体的基本形式

平面与圆柱体相交，根据截平面与圆柱轴线的相对位置不同，其截交线有三种基本形式：矩形、圆和椭圆，见表 6-1。

表 6-1 平面截切圆柱体的基本形式

截平面位置	平行于圆柱轴线	垂直于圆柱轴线	倾斜于圆柱轴线
立体图			
截交线形状	平行于圆柱轴线的矩形（与圆柱面的交线为两直素线）	垂直于圆柱轴线的圆	椭圆
投影图			

【例 6-3】 如图 6-4a 所示，求正垂面 *P* 截切圆柱的侧面投影。

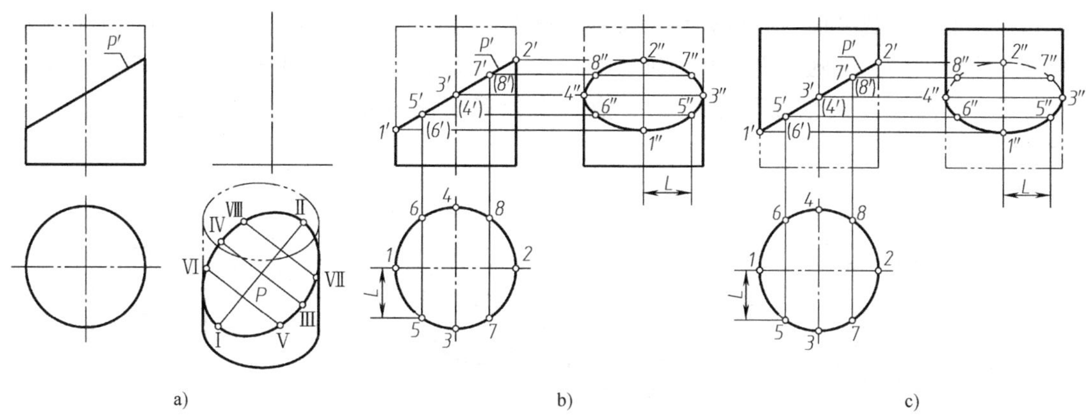

图 6-4 平面斜截圆柱体的投影作图过程

分析：如图 6-4a 所示，圆柱轴线为铅垂线，截平面 P 倾斜于圆柱轴线，故截交线为椭圆，其长轴为Ⅰ Ⅱ，短轴为Ⅲ Ⅳ。因截平面 P 为正垂面，故截交线的正面投影积聚在 p'上；又因为圆柱轴线垂直于水平面，其水平投影积聚成圆，而截交线又是圆柱表面上的线，所以，截交线的水平投影也重合在此圆上；截交线的侧面投影为不反映实形的椭圆，可根据投影规律和圆柱面上取点的方法求出。

截交线上的特殊点包括确定其范围的极限点，即最高、最低、最前、最后、最左、最右各点以及圆柱体转向线上的点（对投影面的可见与不可见的分界点），截交线为椭圆时还需求出其长短轴的端点。点Ⅰ、Ⅱ、Ⅲ、Ⅳ即为特殊点，其中，Ⅰ、Ⅱ为最低点（最左点）和最高点（最右点），同时也是椭圆长轴的端点；Ⅲ、Ⅳ为最前、最后的点，也是椭圆短轴的端点，它们分别位于圆柱面的最左、最右、最前和最后素线上。若要光滑地将椭圆画出，还需在特殊点之间选取一般位置点，为便于作图，一般取前后左右对称位置的点，所以选取点Ⅴ、Ⅵ、Ⅶ、Ⅷ。

作图过程如图 6-4b 所示，其步骤为：

1）画出截切前圆柱的侧面投影。

2）求截交线上特殊点的投影。在已知的正面投影和水平投影上标明特殊点的投影 1′、2′、3′、(4′) 和 1、2、3、4，然后再求出其侧面投影 1″、2″、3″、4″，它们确定了椭圆投影的范围。

3）求适量一般位置点的投影。选取一般位置点的正面投影和水平投影为 5′、(6′)、7′、(8′) 和 5、6、7、8，按投影规律求得侧面投影 5″、6″、7″、8″。

4）判别可见性，光滑连线。椭圆上所有点的侧面投影均可见，按照水平投影上各点的顺序，用粗实线光滑连接 1″、5″、3″、7″、2″、8″、4″、6″、1″各点，即为所求截交线的侧面投影。

5）整理轮廓线，将轮廓线加深到与截交线的交点处，即 3″、4″处，轮廓线的上部分被截掉，不应画出。

当图 6-4a 中的圆柱被截去右下部分时，成为如图 6-4c 所示的情况。此时，截交线的空间形状和投影的形状没有任何变化，但侧面投影的可见性发生了变化。以 3″、4″为分界点，3″5″1″6″4″可见，应连成粗实线，3″7″2″8″4″不可见，应连成细虚线。

如上所述，当截平面倾斜于圆柱的轴线时，截交线为椭圆，椭圆长轴与短轴的交点落在圆柱的轴线上。当截平面与圆柱轴线相交的角度发生变化时，其侧面投影上椭圆的形状也随之变化，即长轴的长度随截平面相对轴线的倾角不同而变化。当角度为45°时，椭圆的侧面投影为圆，其圆心为截平面与轴线的交点，直径等于圆柱的直径。此变化规律如图6-5所示。

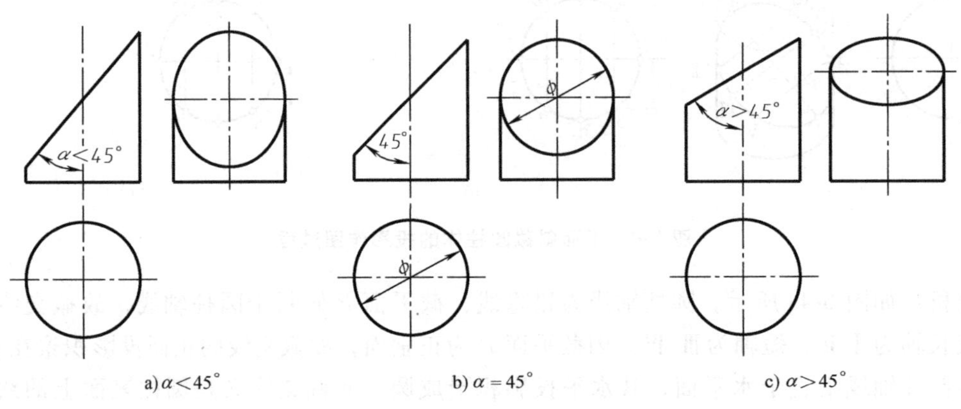

图6-5 截平面倾斜角度对截交线的影响

2. 多个平面截切圆柱

多个平面截切同一圆柱，可以看成是基本截切形式的组合。画图前，先分析各截平面与圆柱轴线的相对位置，弄清截交线的形状，然后分别画出截交线的投影。对于位置对称的截平面，截交线的形状、方向完全相同的，可以仅研究其一侧截交线的投影，另一侧按对称画出即可。

【例6-4】 如图6-6a所示，求圆柱开槽后的侧面投影。

分析：圆柱上的切口、开槽和穿孔是机械零件上常见的结构。如图6-6a所示，圆柱上

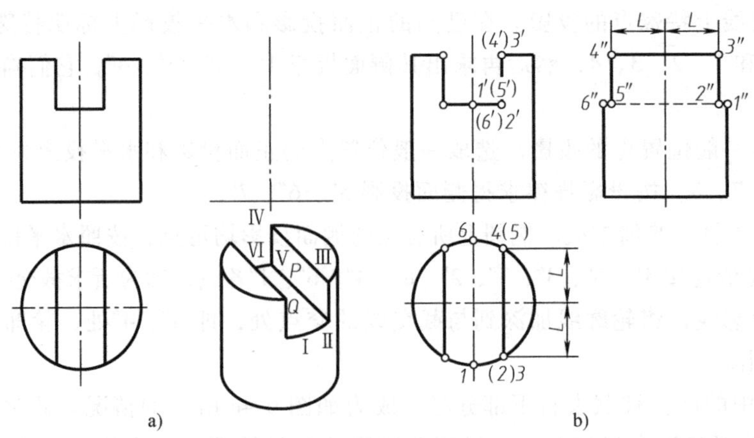

图6-6 求开槽圆柱侧面投影的作图过程

端开一通槽，其是由两个平行于圆柱轴线的侧平面和一个垂直于圆柱轴线的水平面截切而成，圆柱开槽后前后左右对称。由于两侧平面左右对称，所以只研究其一侧截交线的投影，另一侧按对称画出即可。

右边的侧平面 P 与圆柱面的交线为两条铅直素线上的一段Ⅱ Ⅲ和Ⅳ Ⅴ，与圆柱顶面的交线为正垂线Ⅲ Ⅳ；水平面 Q 与圆柱面的交线是前后对称的两段圆弧；截平面 P 和 Q 的交线为正垂线Ⅱ Ⅴ。因为三个截平面的正面投影均有积聚性，所以截交线的正面投影积聚成三条直线，正垂线Ⅲ Ⅳ和Ⅱ Ⅴ的正面投影积聚成点；又因为圆柱面的水平投影有积聚性，Ⅱ Ⅲ、Ⅳ Ⅴ和两段圆弧的水平投影也积聚在圆周上，正垂线Ⅲ Ⅳ和Ⅱ Ⅴ的水平投影反映实长。由这两个投影即可求出截交线的侧面投影。

作图过程如图 6-6b 所示，其步骤为：

1）根据投影关系，画出截切前圆柱的侧面投影。

2）在正面投影上标出特殊点的投影 1′、2′、3′、(4′)、(5′)、(6′)。

3）按投影关系从水平投影的圆上找出对应点 1、(2)、3、4、(5)、6。

4）根据各点的正面投影和水平投影求出其侧面投影 1″、2″、3″、4″、5″、6″。判断可见性并按顺序连线，1″2″3″4″5″6″可见，连接成粗实线。

5）求两截平面交线Ⅱ Ⅴ的投影。Ⅱ Ⅴ的正面投影积聚成点；水平投影与 3 4 重合；侧面投影 2″5″应连接成细虚线。

6）整理轮廓线。加深轮廓线到与截交线的交点处，即 1″和 6″点处，最前和最后素线在 1″和 6″点以上的部分被截掉。圆柱顶面在两侧平面之间的部分被截掉，所以其侧面投影中被截掉部分不画出，只画出 3″、4″之间的部分。

7）圆柱左边被截切部分的侧面投影与右边重合。

3. 圆柱截切构形的其他形式

在圆柱上切槽、打孔是机械零件上常见的结构，应熟练掌握其投影的画法。图 6-7 所示为空心圆柱开槽后的投影，截平面不仅与空心圆柱的外表面产生交线，同时又与空心圆柱的内表面产生交线。画图时对内外圆柱表面的交线要分开求，求得的内表面交线均不可见，应画成细虚线。内外圆柱面最前和最后素线在 2″、4″、6″、8″点以上的部分被截掉，不应有线；两截平面在中空处均被切断成两部分，被切去部分在投影中不应画出，即 4″和 8″之间应断开；空心圆柱顶面在两侧平面之间的部分被截掉，所以其正面投影中被截掉部分不画出，侧面投影中被截掉部分也不画出，只画出 1″、3″之间的部分；圆柱左边被截切部分与右边对称。

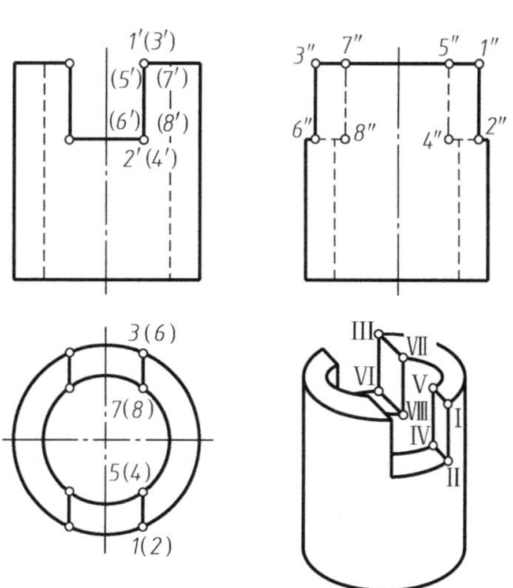

图 6-7 开槽空心圆柱的投影

与此类似的还有实心圆柱和空心圆柱切台的情况，如图 6-8 所示，请读者自行分析。

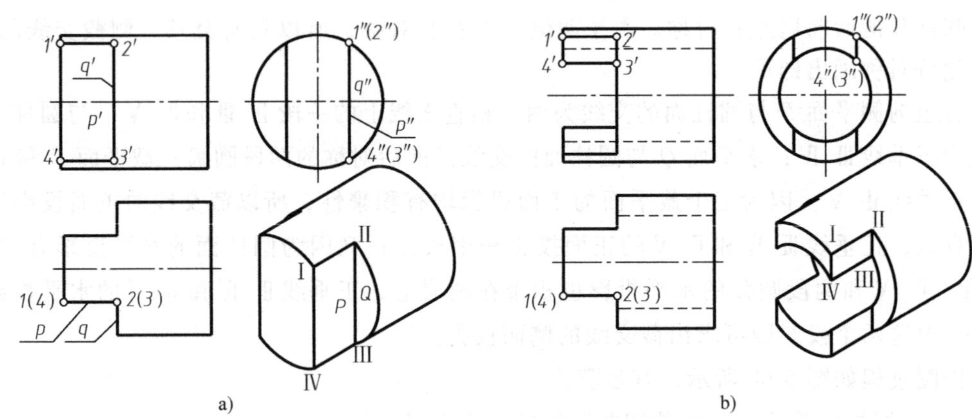

图 6-8　实心圆柱和空心圆柱切台后的投影

6.3.2　圆锥体的截切构形

1. 平面截切圆锥体的基本形式

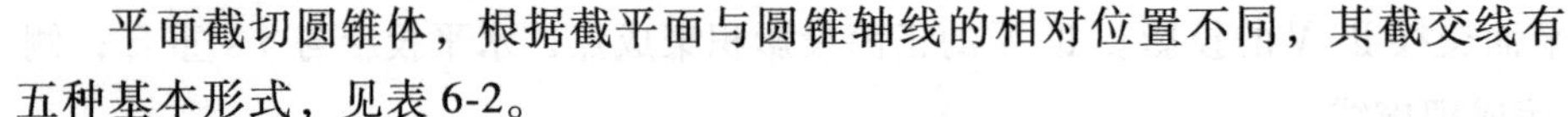

平面截切圆锥体，根据截平面与圆锥轴线的相对位置不同，其截交线有五种基本形式，见表 6-2。

表 6-2　平面截切圆锥体的基本形式

截平面位置	过锥顶	与轴线垂直 $\theta=90°$	与两条素线平行 $0°\leqslant\theta<\alpha$	与所有素线相交 $\alpha<\theta<90°$	与一条素线平行 $\theta=\alpha$
立体图					
截交线形状	过锥顶的等腰三角形	圆	双曲线和直线段	椭圆	抛物线和直线段
投影图					

2. 被截切圆锥体的投影

求平面截切圆锥体所产生的截交线时，如果截交线为直线，则只需要求其两个端点，连成直线即可；如果截交线为椭圆、抛物线或双曲线，则需要用辅助纬圆法或辅助素线法来求截平面与圆锥面的交点，求出适当数量点的投影，再将各点同面投影依次连成光滑曲线。

【例 6-5】 如图 6-9a 所示，求平行于圆锥轴线的侧平面截切圆锥的侧面投影。

分析：截平面平行于圆锥轴线，即 $\theta=0°$，截交线为双曲线加直线段。因为截平面为侧平面，所以其正面投影和水平投影都有积聚性，侧面投影反映实形。作图时先求出特殊点的各投影，再求适量一般位置点的投影。

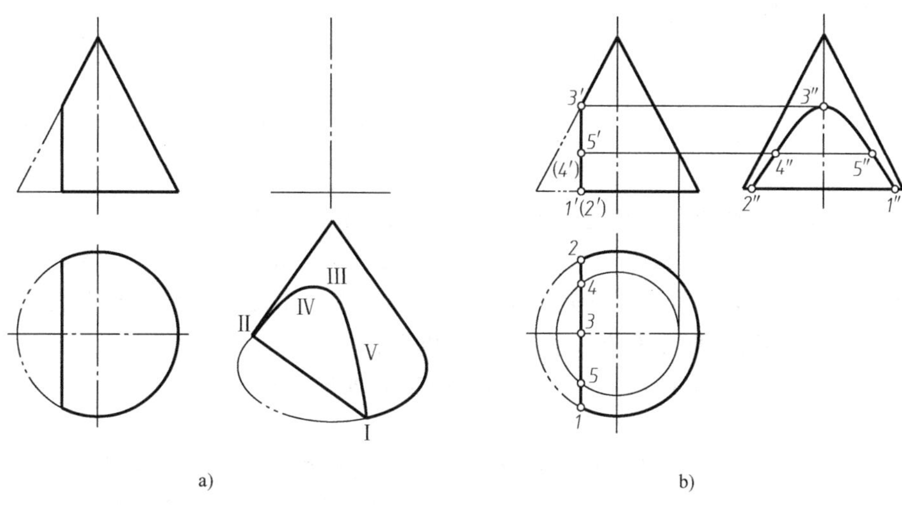

图 6-9 平行于圆锥轴线的侧平面截切圆锥的投影作图过程

作图过程如图 6-9b 所示，其步骤为：

1） 画出截切前圆锥的侧面投影。

2） 求截交线上特殊点的投影。双曲线的最高点Ⅲ在圆锥最左素线上，最低点Ⅰ、Ⅱ在圆锥底面圆周上。利用投影规律可直接求出其水平投影和侧面投影。

3） 求截交线上一般位置点的投影。选取一般位置点Ⅳ、Ⅴ，利用圆锥表面取点的方法求出其水平投影和侧面投影。

4） 判别可见性，光滑连线。双曲线的侧面投影可见，按 1″、5″、3″、4″、2″的顺序将其侧面投影光滑连接成双曲线，并画成粗实线。

5） 整理轮廓线。圆锥侧面投影的轮廓线没有被切到，应完整画出。

【例 6-6】 如图 6-10a 所示，求圆锥被倾斜于圆锥轴线的正垂面截切后的侧面投影。

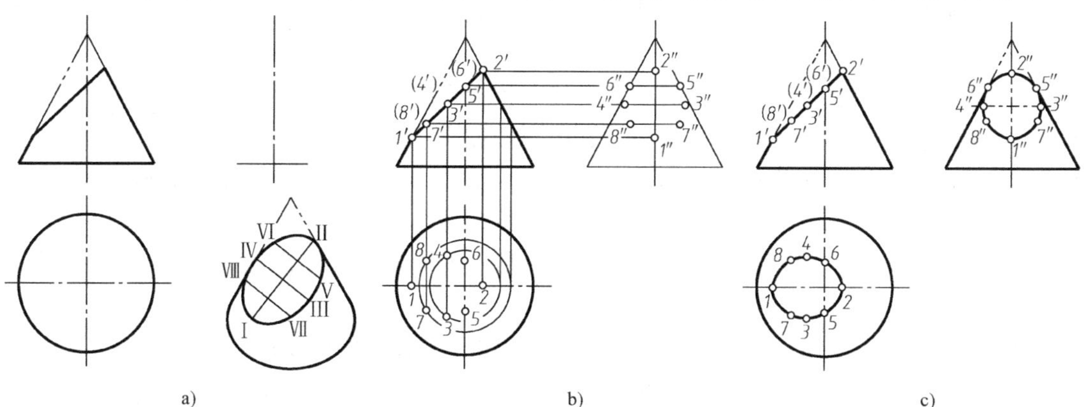

图 6-10 倾斜于轴线的截平面截切圆锥的投影作图过程

分析：正垂面倾斜于圆锥轴线，且 $\theta>\alpha$，截交线为椭圆，其长轴是ⅠⅡ，短轴是Ⅲ Ⅳ。截交线的正面投影有积聚性，故利用积聚性可找到截交线的正面投影；水平投影和侧面投影仍为椭圆，但不反映实形。

作图过程如图 6-10b、c 所示，其步骤为：

1）画出截切前圆锥的侧面投影。

2）求截交线上特殊点的投影。

① 求转向轮廓线上点的投影。点Ⅰ、Ⅱ和Ⅴ、Ⅵ分别是圆锥最左、最右和最前、最后素线上的点，其正面投影为 1′、2′、5′、（6′），利用点线从属对应关系，直接求出 1、2、1″、2″、5″、6″、5、6。

② 求椭圆长、短轴端点及确定其极限范围点的投影。点Ⅰ、Ⅱ是椭圆长轴的端点，同时又是椭圆最左、最右点和最低、最高点。点Ⅰ、Ⅱ的各投影均已求出；椭圆的长轴ⅠⅡ与短轴Ⅲ Ⅳ互相垂直平分，Ⅲ、Ⅳ又是椭圆最前、最后点。由此可求出短轴端点的正面投影 3′、(4′)，利用圆锥表面取点的方法求出 3、4 和 3″、4″。

3）求截交线上一般位置点的投影。利用圆锥表面取点的方法求适当数量的一般位置点，如图中的点 Ⅶ、Ⅷ。

4）判别可见性，光滑连线。椭圆的水平投影和侧面投影均可见，分别按 1、7、3、5、2、6、4、8、1 和 1″、7″、3″、5″、2″、6″、4″、8″、1″的顺序将其水平投影和侧面投影光滑连接成椭圆，并画成粗实线。注意 5″、6″是椭圆与锥面轮廓线的切点。

5）整理轮廓线。侧面投影的轮廓线加深到与截交线的交点 5″、6″处，5″、6″以上被截掉部分不加深，用细双点画线表示。

6.3.3　圆球体的截切构形

平面截切圆球，不论截平面位置如何，其截交线都是圆；圆的直径随截平面距球心的距离不同而改变：当截平面通过球心时，截交线圆的直径最大，等于球的直径；截平面距球心越远，截交线圆的直径越小。当截平面相对于投影面的位置不同时，截交线圆的投影可能是圆、直线段或椭圆。

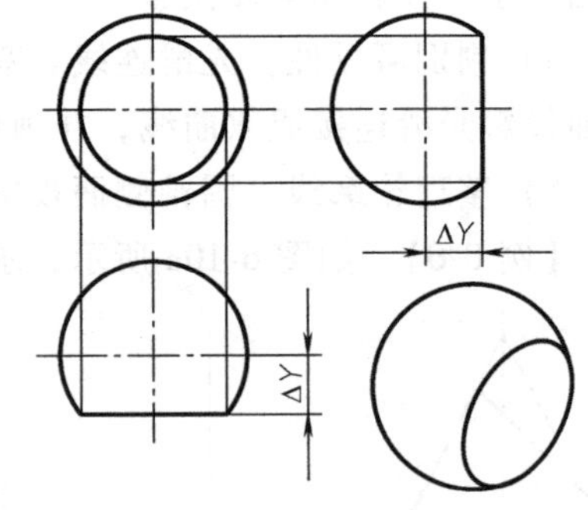

图 6-11　正平面截切圆球的投影

如图 6-11 所示，用正平面截切圆球时，截交线的正面投影反映圆的实形，水平投影和侧面投影都是直线段，长度等于截交线圆的直径。

当截平面为某一投影面垂直面时，截交线在该投影面上的投影积聚为倾斜于轴线的直线段，长度等于截交线圆的直径，另两面投影为椭圆。当截平面处于一般位置时，则截交线的三面投影均为椭圆。作图时应按圆球体表面上取点的方法，将特殊点和适当数量的一般点的同面投影依次光滑连接，并判别其可见性。

【例 6-7】 如图 6-12a 所示，补全半球切槽的水平投影和侧面投影。

分析：半球被两个侧平面和一个水平面截切，前后和左右均对称，其与球面交线的空间形状均为圆弧。水平面与半球的交线为水平圆弧Ⅰ Ⅶ Ⅳ和Ⅱ Ⅷ Ⅵ，其水平投影反映实形，

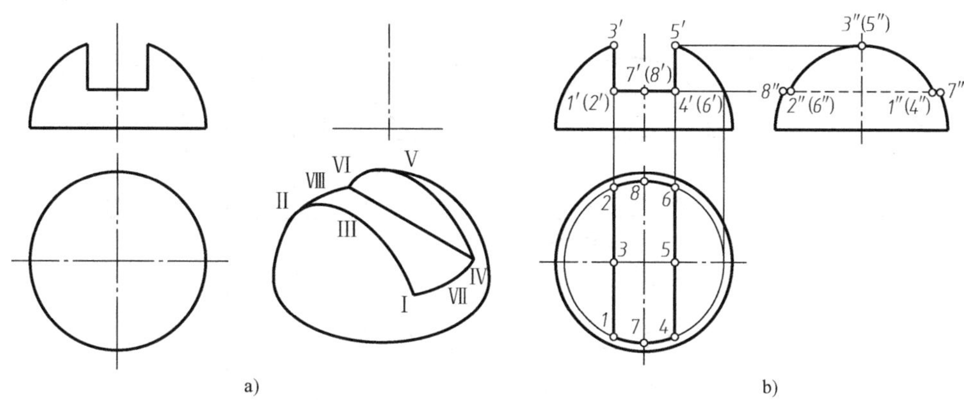

图 6-12 开槽半球的投影作图过程

正面投影和侧面投影为直线段；两侧平面与半球的交线为侧平圆弧 Ⅰ Ⅲ Ⅱ和Ⅳ Ⅴ Ⅵ，其侧面投影反映实形，正面投影和水平投影为直线段。三个截平面的交线为两条正垂线 Ⅰ Ⅱ和Ⅳ Ⅵ，正面投影积聚成点，水平投影和侧面投影为反映实长的直线段。

作图过程如图 6-12b 所示，其步骤为：

1）画出半球被截切前的侧面投影。

2）在正面投影上标出 1′、(2′)、3′、4′、5′、(6′)、7′、(8′) 各点。

3）求水平面与半球交线的投影。交线的水平投影是圆弧 1 7 4 和圆弧 2 8 6，其半径可由正面投影上 7′（8′）至轮廓线的距离得到；侧面投影是直线 1″7″（4″）和 2″8″（6″）。

4）求侧平面与半球交线的投影。交线的侧面投影是圆弧 1″3″2″［(4″)（5″）（6″）与 1″3″2″重合］，其半径可由 3′至半球底面的距离得到；水平投影是直线 1 2 和 4 6。

5）求截平面之间交线的投影。交线的水平投影 1 2、4 6 两直线已求出，连接 1″2″［(4″)（6″）与其重合］即为侧面投影，且不可见，画成细虚线。

6）整理轮廓线。开槽后没有影响水平投影的轮廓线，故水平投影的轮廓线应正常画出；侧面投影的轮廓线加深到与截交线的交点 7″、8″处，7″、8″以上的部分轮廓线被切去，不应再画出。

6.3.4 组合回转体的截切

组合回转体是由一些基本回转体组合而成的。当平面与组合回转体相交时，若求其截交线的投影，首先应分析它由哪些基本回转体组成，并在投影图中找出它们的分界线。再根据截平面与各个基本回转体的相对位置确定各段截交线的形状及结合部位的连接形式，截交线的分界点就在各个基本回转体的分界线上。然后分析截交线的投影特性，并将各段截交线分别求出，依次连接，围成封闭的平面图形，即可求出截交线的投影。

【例 6-8】 如图 6-13a 所示，已知被截切组合回转体的正面投影和侧面投影，求其水平投影。

分析：该组合回转体由两个同轴回转体组成，包括圆锥和圆柱，且圆锥底圆的直径与圆柱的直径相等。该组合回转体被水平面 P 和正垂面 Q 截切，且水平面 P 平行于圆锥和圆柱的轴线，正垂面 Q 倾斜于圆柱的轴线。因此，水平面 P 与圆锥面的交线是双曲线Ⅱ Ⅰ Ⅲ，与圆柱面的交线是与其轴线平行的两条素线Ⅱ Ⅳ、Ⅲ Ⅴ。各面投影中，双曲线Ⅱ Ⅰ Ⅲ与

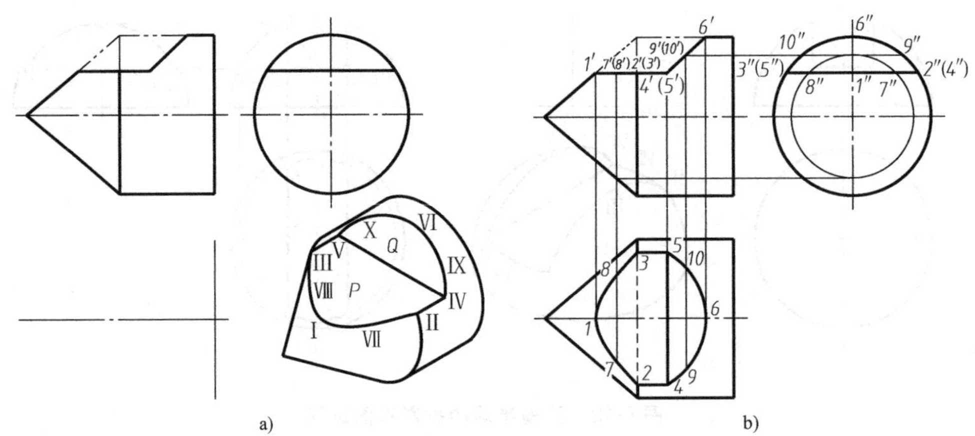

图 6-13　被截切组合回转体的投影作图过程

直线Ⅱ Ⅳ、Ⅲ Ⅴ的分界点在圆锥与圆柱的分界线上。截平面 P 的正面、侧面投影均积聚成直线，水平投影反映实形。双曲线Ⅱ Ⅰ Ⅲ的正面、侧面投影均为直线，水平投影反映实形；直线Ⅱ Ⅳ、Ⅲ Ⅴ的正面投影和水平投影均反映实长，侧面投影均积聚成点，分别落在圆柱面的侧面投影所积聚成的圆周上。正垂面 Q 与圆柱面的交线为椭圆弧Ⅳ Ⅵ Ⅴ，其正面投影为直线，侧面投影在圆柱面的侧面投影所积聚成的圆周上，水平投影为部分椭圆弧。截平面 P 和 Q 均垂直于正面，所以其交线为正垂线Ⅳ Ⅴ，正面投影积聚成点，水平投影和侧面投影为反映实长的直线段。

作图过程如图 6-13b 所示，其步骤为：

1）画出组合回转体被截切前的水平投影。

2）求截交线上特殊点的投影。在正面投影上标出 1′、2′、（3）′、4′、（5′）、6′各点。利用积聚性和表面取点的方法求出其侧面投影 1″、2″、3″、（4″）、（5″）、6″和水平投影 1、2、3、4、5、6。

3）求截交线上一般位置点的投影。根据连线的需要，确定双曲线上两个一般位置点 7′、（8′），利用辅助圆法求出其侧面投影 7″、8″和水平投影 7、8。确定椭圆弧两个一般位置点 9′、（10′），利用积聚性求出其侧面投影 9″、10″和水平投影 9、10。

4）求截平面 P 和 Q 的交线Ⅳ Ⅴ的水平投影 45。

5）判别可见性，光滑连线。截交线、截平面交线的水平投影均可见，画成粗实线。

6）整理轮廓线。水平投影中，圆锥和圆柱的轮廓都不受影响，画成粗实线；圆锥和圆柱交线圆的水平投影为直线，但以圆柱的最前、最后素线为界，2、3 至圆柱最前、最后素线之间的一段可见，应画成粗实线，交线圆位于下半个圆柱面上的部分不可见，应画成细虚线，其中，部分细虚线与粗实线重合，故 2、3 之间为细虚线。

【例 6-9】　如图 6-14a 所示，补全吊环的水平投影和侧面投影。

分析：吊环由同轴且直径相等的半球与圆柱光滑相切组成。在其左右对称的两侧各用侧平面 P 和水平面 Q 截切，上方有轴线垂直于侧面的通孔。因此，只需研究左侧的投影，另一侧按对称画出。侧平面 P 截切半球面的交线是半圆Ⅰ Ⅱ Ⅲ，其正面投影、水平投影均为

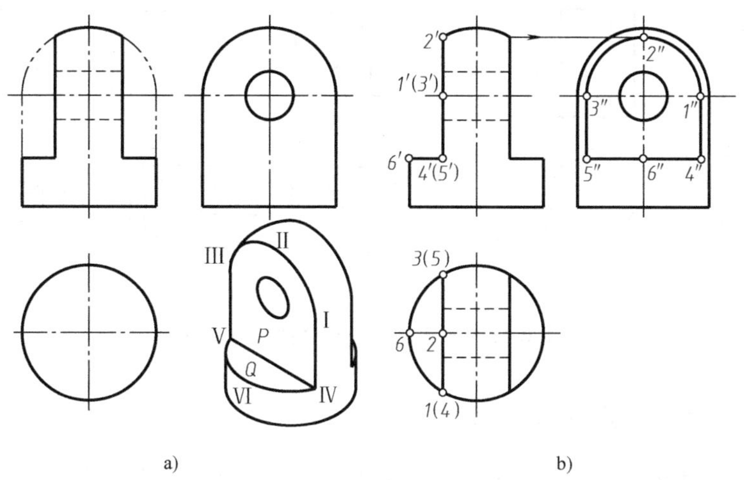

a)　　b)

图 6-14　补全吊环的水平投影和侧面投影

直线，侧面投影反映实形；侧平面 P 截切圆柱面的交线是与其轴线平行的直线Ⅰ Ⅳ和Ⅲ Ⅴ，其正面、侧面投影均反映实长，水平投影积聚成点，落在圆柱面的水平投影所积聚成的圆周上；两段交线的分界点落在半球与圆柱投影的圆弧上，分别为点Ⅰ和Ⅲ，两段交线形成一个倒 U 形；水平面 Q 截切圆柱面的交线是圆弧Ⅳ Ⅵ Ⅴ，其正面、侧面投影均为直线，水平投影反映实形；两个截平面间的交线是正垂线Ⅳ Ⅴ，其正面投影积聚成点，水平投影和侧面投影均为反映实长的直线段。

作图过程如图 6-14b 所示，其步骤为：

1）在正面投影上标出 1′、2′、(3′)、4′、(5′)、6′各点。根据截交线的正面投影直接作出其水平投影，并画出孔的投影，由于孔的水平投影不可见，故画成细虚线。

2）在侧面投影中，作出直线 1″4″、3″5″和半圆 1″2″3″，且直线与半圆相切于 1″、3″；圆弧Ⅳ Ⅴ Ⅵ的侧面投影为一直线。左、右两侧截交线的侧面投影重合。孔的侧面投影积聚成圆，并且可见，故画成粗实线。

3）求截平面交线Ⅳ Ⅴ的投影。Ⅳ Ⅴ的三面投影均已求出。

4）判别可见性，整理图线。截交线的三面投影均可见，画成粗实线；圆柱和半球的侧面投影轮廓线都不受影响，所以画成粗实线。

6.3.5　基本几何体的尺寸标注

图 6-15 所示为常见的平面基本几何体的尺寸标注。平面基本几何体一般应标注它的长、宽、高三个方向的定形尺寸。值得注意的是，并不是每一个几何体都必须注出三个方向的尺寸，图 6-15b 所示为正六棱柱，俯视图中的对角尺寸和对边尺寸只需标注一个，就可以确定六边形的形状，一般标注对边尺寸，便于测量，对角尺寸为制造工艺的参考尺寸，参考尺寸应加括号。图 6-15c 中的三棱锥除了注出长、宽、高三个方向的定形尺寸外，还需注出锥顶的定位尺寸。

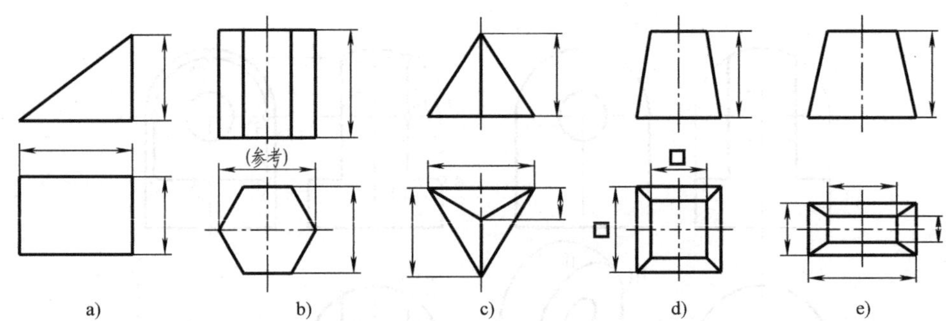

图 6-15　平面基本几何体的尺寸标注

6.3.6　截切几何体的尺寸标注

标注被截切几何体的尺寸时，除注出完整基本几何体的定形尺寸外，还应注出截平面的定位尺寸，当几何体的大小和截平面的位置确定以后，截交线自然形成，所以不应标注截交线的形状尺寸。

定位尺寸应从尺寸基准出发进行标注。几何体的尺寸基准一般选择对称面、回转轴线、底面、端面。图 6-16 所示为常见被截切几何体的尺寸标注，图中的尺寸 *A*、*B* 为定位尺寸。

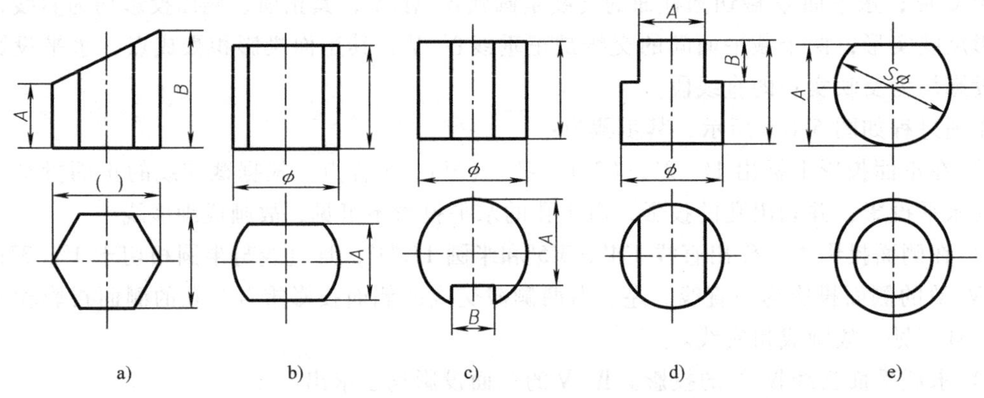

图 6-16　常见被截切几何体的尺寸标注

从图 6-16 中可以看出，当几何体被投影面平行面截切时，必须注出一个定位尺寸；当几何体被投影面的垂直面截切时，必须注出两个定位尺寸。

6.4　相贯几何体的投影

在机械零件上常出现几何体与几何体相交的情况。研究相交几何体的投影和作图方法是完成零件形状表达的重要基础。而研究相交几何体表面交线的性质及求其投影的方法与步骤是解决相交几何体投影问题的关键。

6.4.1 基本概念

几何体与几何体相交称为相贯，相贯时两几何体表面产生的交线称为相贯线，参与相贯的几何体称为相贯体，如图6-17所示。相贯线也是两几何体表面的公有线、分界线。

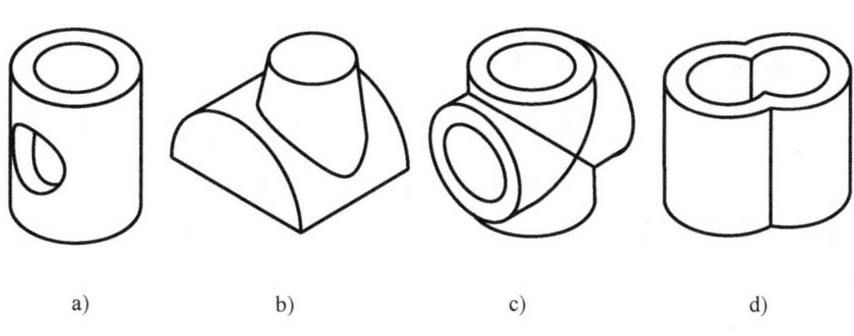

a)　　b)　　c)　　d)

图6-17　相贯几何体实例

1. 相贯的基本形式

按照几何体的类型不同，几何体相贯有三种情况：平面几何体与平面几何体相贯；平面几何体与曲面几何体相贯；曲面几何体与曲面几何体相贯。

由于平面几何体是由平面组成的，故平面几何体相交可归结为求两平面的交线问题，或求棱线与平面的交点问题；平面几何体与回转体相交可归结为求平面与回转体的相交问题。

本节主要讨论两回转体相贯。按照回转体轴线之间的关系，几何体相贯有以下三种情况。

1）正交：轴线垂直相交。

2）斜交：轴线倾斜相交。

3）偏交：轴线交叉（含垂直与倾斜）。

2. 相贯线的性质

（1）表面性　相贯线位于两相贯几何体的表面，是两几何体表面的分界线。

（2）公有性　相贯线是相贯两几何体表面的公有线，相贯线上的点是两几何体表面的公有点。

（3）封闭性　由于几何体具有一定的大小和范围，所以相贯线一般是封闭的空间线框，如图6-17a、b所示，特殊情况为平面曲线或直线，如图6-17c、d所示。

（4）形状多样性　相贯线的形状随两相交几何体的形状、大小和相对位置的变化而变化。

3. 求相贯线的方法

求相贯线的投影，实际上就是求适当数量公有点的投影，然后根据可见性，将各点的同面投影按顺序连接起来。常见求相贯线上点的投影的方法有：积聚性法、辅助平面法和辅助球面法，本节主要介绍前两种。

4. 求相贯几何体投影的作图过程

1）空间及投影的形状分析，找出相贯线的已知投影，确定求相贯线投影的方法。

2）用细实线作出两几何体的三面投影，轮廓线在相交处断开。

3）求相贯线的投影。若相贯线的投影是直线，则连接其两端点的同面投影；若相贯线的投影是圆，则确定其圆心和半径，用圆规作图；若相贯线的投影是二次曲线，则求出相贯几何体表面的一系列公有点。首先作出相贯线上的一些特殊点，以确定相贯线的范围和变化趋势，其次求出适量的一般位置点，确定相贯线的形状。

4）判断可见性并连线，整理轮廓线。用粗实线和细虚线分别表示可见部分和不可见部分。

6.4.2　利用积聚性法求相贯线

当相贯几何体中有一个是轴线垂直于某一投影面的圆柱时，圆柱面在这一投影面上的投影就有积聚性，相贯线在该投影面上的投影即为已知。利用该已知投影，按照曲面几何体表面取点的方法，求出相贯线的另外两个投影。通常把这种方法称为表面取点法或称为利用积聚性法求相贯线的投影。

1. 圆柱与圆柱相贯

【例 6-10】　求图 6-18a 中两正交圆柱相贯线的投影。

分析：如图 6-18a 所示，两圆柱直径不等，且轴线正交，其相贯线是空间封闭曲线，且前后上下对称。横放圆柱的轴线是侧垂线，圆柱面的侧面投影积聚成圆，因此相贯线的侧面投影也重合在这个圆上。直立圆柱的轴线是铅垂线，该圆柱面的水平投影积聚成圆，因此相贯线的水平投影也一定在这个圆上，且在两圆柱水平投影的重叠区域内的一段圆弧上。因此，相贯线的侧面投影和水平投影已知，只需求出相贯线的正面投影。

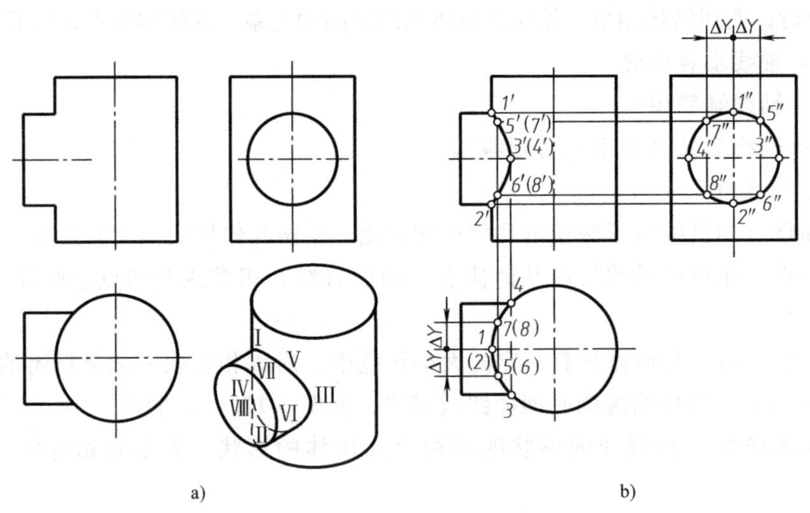

图 6-18　两正交圆柱相贯线的投影作图过程

作图过程如图 6-18b 所示，其步骤为：

1）求相贯线上特殊点的投影。在相贯线的侧面投影上标出转向线上的点Ⅰ、Ⅱ、Ⅲ、Ⅳ的侧面投影 1″、2″、3″、4″，找出水平投影上相应的点 1、(2)、3、4，由 1″、2″、3″、4″和 1、(2)、3、4 作出其正面投影 1′、2′、3′、(4′)。可以看出，Ⅰ、Ⅱ既是直立圆柱最左素线上的点，又是横圆柱最上、最下素线上的点，Ⅲ、Ⅳ是横圆柱最前、最后素线上的点，因此，Ⅰ、Ⅱ既是相贯线上的最高点和最低点，又是相贯线上的最左点。Ⅲ、Ⅳ既是相贯线上的最前点和最后点，又是相贯线上的最右点。

2）求相贯线上一般位置点的投影。为了连线准确，在相贯线的侧面投影上作出前后对称的四个点Ⅴ、Ⅵ、Ⅶ、Ⅷ的侧面投影 5″、6″、7″、8″，根据点的投影规律作出水平投影 5、(6)、7、(8)，继而求出正面投影 5′、6′、(7′)、(8′)。

3）判别可见性，光滑连线。相贯线的正面投影中，Ⅰ、Ⅴ、Ⅲ、Ⅵ、Ⅱ位于两圆柱的可见表面上，则前半段相贯线的投影 1′5′3′6′2′可见，应光滑连接成粗实线；而后半段相贯线的投影 1′（7′）（4′）（8′）2′不可见，且重合在前半段相贯线的可见投影上。应注意，直立圆柱的轮廓线在 1′、2′之间断开，不应画出。

由于两圆柱相贯时，相贯线的形状和位置取决于它们直径的大小和两轴线的相对位置，所以当两圆柱正交时，由直径变化而引起的相贯线的变化趋势见表 6-3。

表 6-3　正交两圆柱相贯线的变化趋势

两圆柱直径对比	直径不等		直径相等
	直立圆柱直径大于水平圆柱直径	直立圆柱直径小于水平圆柱直径	
立体图	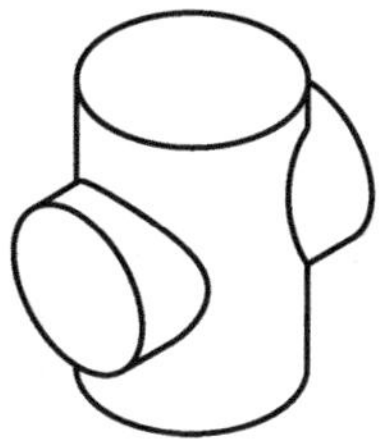	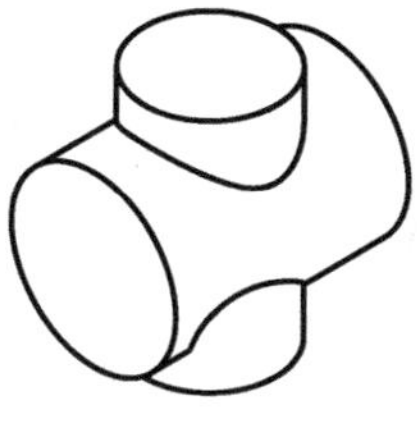	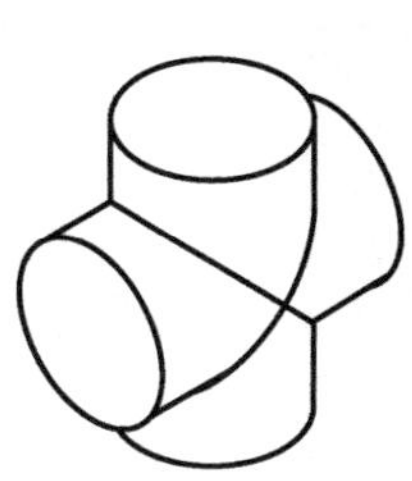
相贯线的形状	左右两条空间曲线	上下两条空间曲线	两条平面曲线——椭圆
投影图	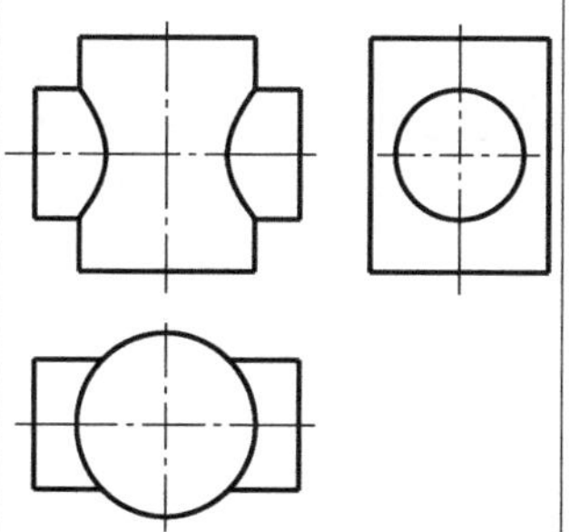	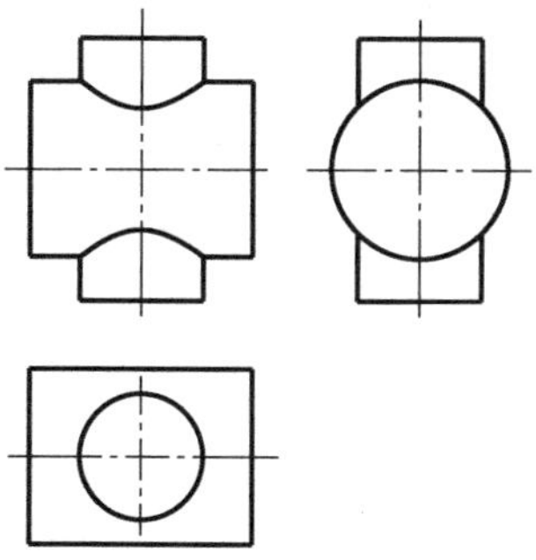	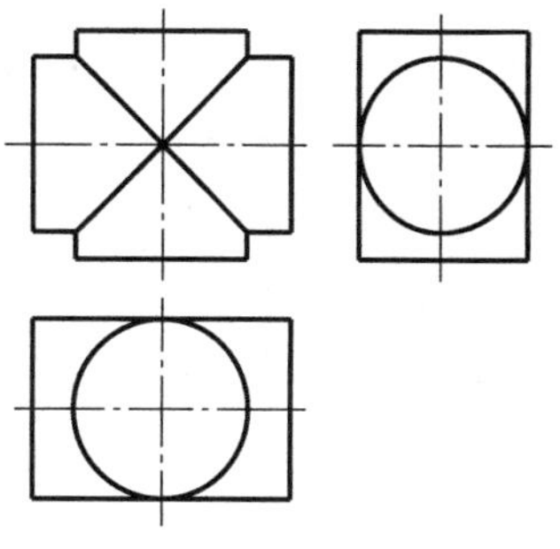
相贯线的投影	以小圆柱轴线投影为实轴的双曲线		相交两直线
特征	在两圆柱轴线平行的投影面上的投影为双曲线，其弯曲趋势总是向大圆柱轴线弯曲		在两圆柱轴线平行的投影面上的投影为相交两直线

圆柱上钻孔及两圆柱孔相贯，都与内圆柱面形成相贯线，相贯线投影的画法与【例 6-10】相同，只是可见性有些不同，如图 6-19 所示。

常见的正交两圆柱不完全贯通的相贯线见表 6-4。

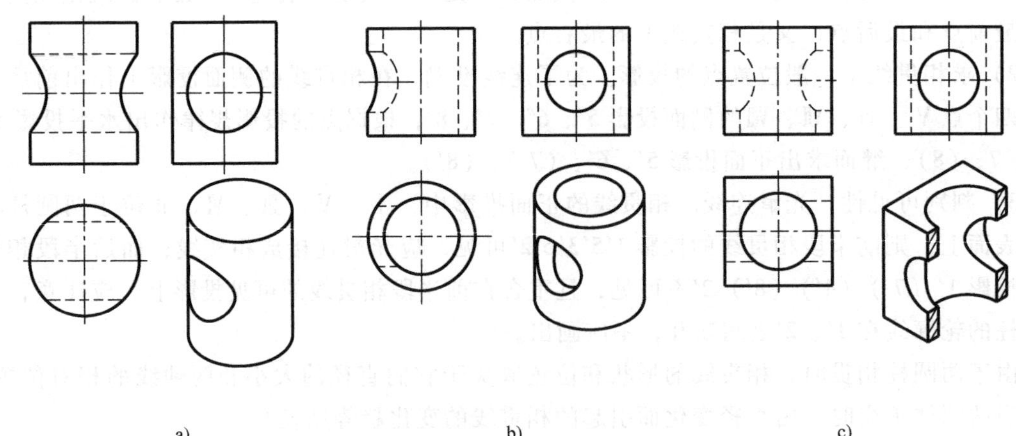

a) b) c)

图 6-19 圆柱孔的正交相贯形式

表 6-4 正交两圆柱不完全贯通的相贯线

两圆柱直径对比	直径不等	直径相等	
立体图			
投影图			
相贯线的空间形状	一条封闭的空间曲线	两个左右对称的半椭圆	椭圆
相贯线的投影特征	在两圆柱轴线平行的投影面上的投影为双曲线的一支，其弯曲趋势是向大圆柱轴线弯曲	在两圆柱轴线平行的投影面上的投影为相交两直线	在两圆柱轴线平行的投影面上的投影为一条斜线

2. 圆柱与方柱相贯、圆柱与方孔相贯、圆柱筒与方孔相贯

圆柱与方柱相贯、圆柱与方孔相贯、圆柱筒与方孔相贯，可用求截交线的方法求出相贯线，见表 6-5。

表 6-5　圆柱与方柱、圆柱与方孔及圆柱筒与方孔相贯

形式	圆柱与方柱相贯	圆柱与方孔相贯	圆柱筒与方孔相贯
立体图	I II	I II	III I IV II
投影图	1′ 2′ 1″ 2″ 1(2)	1′ 2′ 1″ 2″ 1(2)	1′(3′) 2′(4′) 3″ 1″ 2″ 4″ 3(4) 1(2)

6.4.3　利用辅助平面法求相贯线

辅助平面法的作图方法是：假想用一辅助平面同时截切相交的两回转体，则在两回转体的表面分别得到截交线，这两组截交线的交点既是辅助平面上的点，又是两回转体表面上的点，是辅助平面与两回转体表面的三面共有点，即相贯线上的点。按此方法作一系列辅助平面，可求出相贯线上的若干点，依次光滑连接成曲线，可得所求的相贯线。这种求相贯线的方法称为辅助平面法或三面共点辅助平面法。

如图 6-20 所示，当圆柱与圆锥相贯时，为求得共有点，可假想用一个辅助平面 P 截切圆柱和圆锥。平面 P 与圆柱面的交线为两条直线，与圆锥面的交线为圆。两直线与圆的交点是平面 P、圆柱面和圆锥面三个面的共有点，因此是相贯线上的点。利用若干个辅助平面，就可以得到若干个点，光滑连接各点即可求得相贯线的投影。

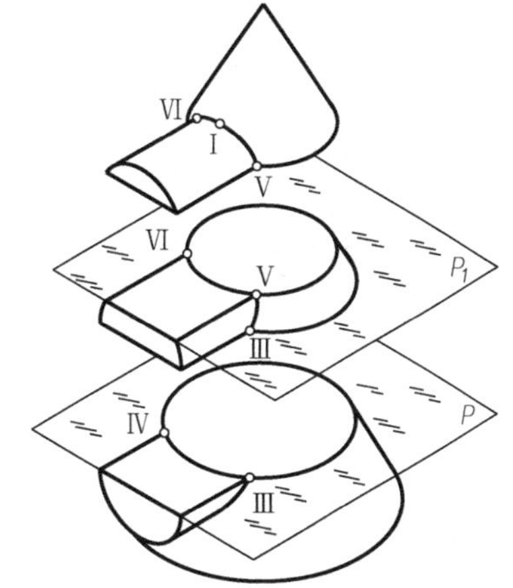

图 6-20　辅助平面法原理

具体作图步骤如下：

1）选择辅助平面，使其与两回转体都相交。选择辅助平面的原则：所选的辅助平面应位于两回转体的共有区域内，否则得不到公有点。在解题时，首先应分析可以选择什么位置的辅助平面，为方便作图，辅助平面一般选择特殊位置平面，使其与两回转体的截交线的投影是简单易画的形式，如直线或圆（圆弧）。通常较多选用投影面平行面为辅助平面。

2）分别作出辅助平面与两回转体的截交线。对辅助平面的位置也应按照特殊点、一般点所在的位置选取。

3）作出两回转体截交线的交点，即为两回转体相贯线上的点。

4）判断可见性并连线。

5）整理轮廓线。

【例 6-11】 求作图 6-21a 所示圆柱与圆锥相贯线的投影。

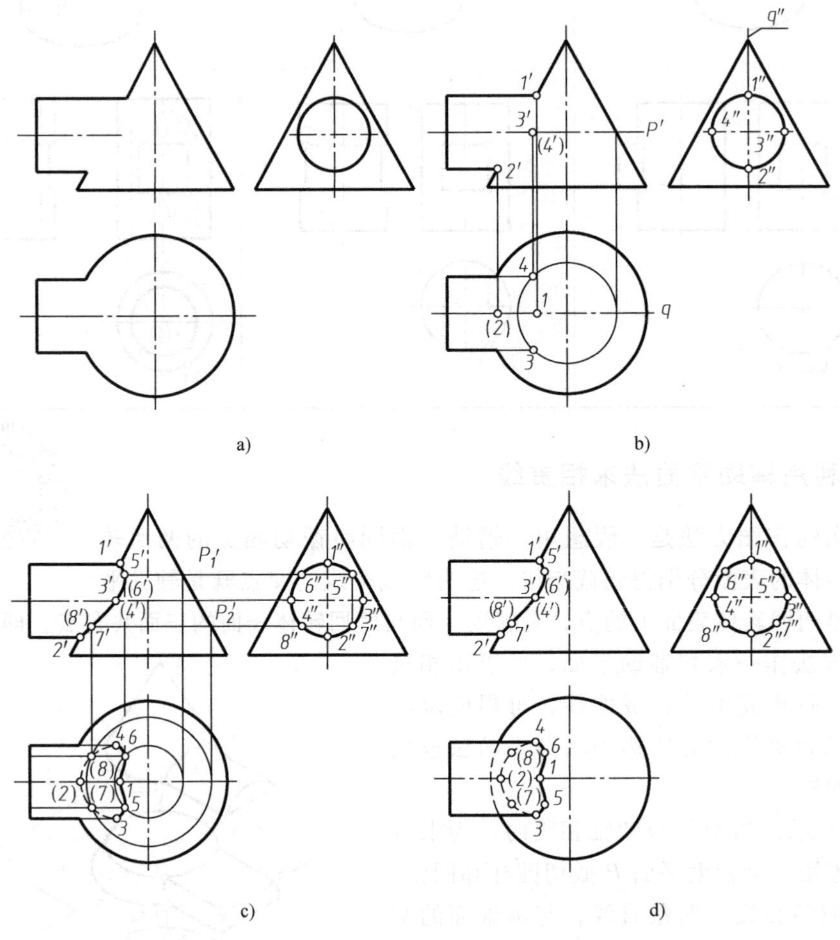

图 6-21 圆柱与圆锥相贯线的投影

分析：圆柱与圆锥轴线正交，形体前后对称，所以相贯线是一条前后对称的空间曲线。圆柱轴线为侧垂线，圆柱的侧面投影积聚为圆，相贯线的侧面投影就在此圆上。因此，从相贯线的侧面投影入手，求出相贯线的正面及水平投影。

为便于解题，在选择辅助平面时，可选用过锥顶的正平面，其与圆柱面的交线为圆柱正面投影的轮廓线，与圆锥面的交线是圆锥正面投影的轮廓线。也可选用一系列的水平面，其与圆柱面的交线为圆柱面上的素线，与圆锥面的交线为水平圆。其投影均简单易画。但不宜选择侧平面作为辅助平面，因为其与圆锥面的交线为复杂曲线，作图烦琐。

作图过程如图 6-21b、c、d 所示，其步骤为：

1）求相贯线上特殊点的投影。过锥顶作辅助正平面 Q，与圆锥的交线是圆锥正面投影的轮廓线，与圆柱的交线为圆柱正面投影的轮廓线，由此得到相贯线上点Ⅰ、Ⅱ的投影 1′、2′，点Ⅰ、Ⅱ也是相贯线上的最高、最低点，按投影规律求出点 1、(2)；过圆柱轴线作辅助水平面 P，与圆柱的交线为圆柱水平投影的轮廓线，与圆锥的交线为水平圆，两交线水平投影反映实形，其交点为 3、4，点Ⅲ、Ⅳ是相贯线上的最前、最后点，按投影规律求出 3′、(4′)，如图 6-21b 所示。

2）求相贯线上一般位置点的投影。在适当位置作水平面 P_1、P_2 为辅助平面，与圆锥的交线为水平圆，与圆柱面的交线为两条平行直线，它们的水平投影反映实形，两交线交点的水平投影分别是 5、6 和（7）、(8)，由 5、6 求出 5′、(6′）和 5″、6″，由（7）、(8）求出 7′、(8′）和 7″、8″，如图 6-21c 所示。

3）判别可见性，光滑连线。正面投影中，1′、2′是相贯线可见与不可见部分的分界点，Ⅰ、Ⅴ、Ⅲ、Ⅶ、Ⅱ位于前半个圆柱和前半个圆锥面上，故 1′5′3′7′2′可见，应光滑连接成粗实线；而后半段相贯线的投影 1′（6′）（4′）（8′）2′不可见，且重合在前半段相贯线的可见投影上。水平投影中，3、4 两点为可见性的分界点，其上边部分在水平投影上可见，故 3、5、1、6、4 光滑连接成粗实线，3、(7)、(2)、(8)、4 光滑连接成细虚线，如图 6-21c 所示。

4）整理轮廓线。正面投影中，圆柱、圆锥的轮廓线与相贯线的交点均为 1′、2′，故均加深到 1′、2′处；水平投影中，圆柱的轮廓线加深到与相贯线的交点 3、4 处，并在重影区域内可见，应为粗实线；圆锥轮廓线（底圆）不在重影区域内的部分应正常加深，但在重影区域内的部分被圆柱遮住，应为细虚线圆弧，如图 6-21d 所示。

6.4.4 相贯线的特殊情况

两曲面几何体相交时，其相贯线一般情况下是空间封闭曲线。但在特殊情况下，它们的相贯线是封闭的平面曲线或直线。

1. 同轴回转体的相贯线

同轴的两回转体相交时，它们的相贯线是垂直于回转体共有轴线的圆，当共有轴线平行于某一投影面时，则这些圆在该投影面上的投影是两回转体轮廓线交点间的直线段，如图 6-22 所示。

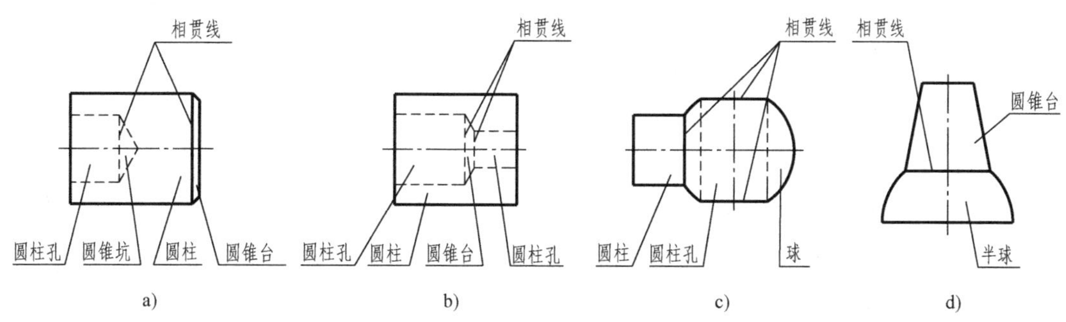

图 6-22 同轴回转体相贯的投影

2. 两个外切于同一球面的回转体的相贯线

两个外切于同一球面的回转体的相贯线是两个大小相等或不等的椭圆，椭圆在相交两回转体轴线平行的投影面上的投影为两回转体轮廓线交点间的直线段，如图 6-23 所示。

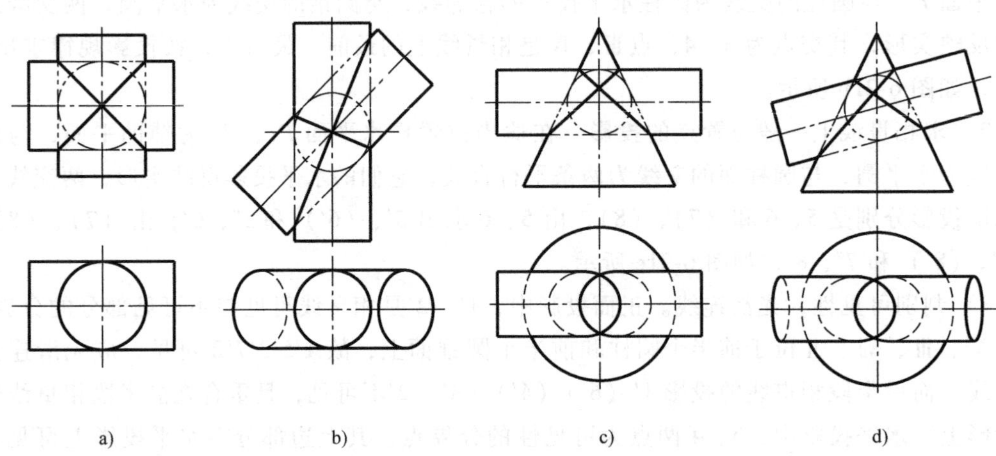

图 6-23　外切于同一球面的回转体相贯的投影

3. 两轴线平行的圆柱、两共锥顶的圆锥的相贯线

两轴线平行的圆柱相交时，其相贯线为平行于轴线的两条直线段，如图 6-24a 所示。两共锥顶的圆锥相交时，其相贯线为过锥顶的两条直线段，如图 6-24b 所示。

4. 两正交圆柱相贯线投影的简化画法

两正交圆柱相贯线的投影可以用简化画法画出，即用圆弧代替非圆曲线。如图 6-25 所示，以 1′（或 2′）为圆心，以大圆柱半径 R（$D/2$）为半径画弧，与小圆柱轴线相交于一点，再以此交点为圆心、R 为半径，用圆弧连接 1′、2′即可。

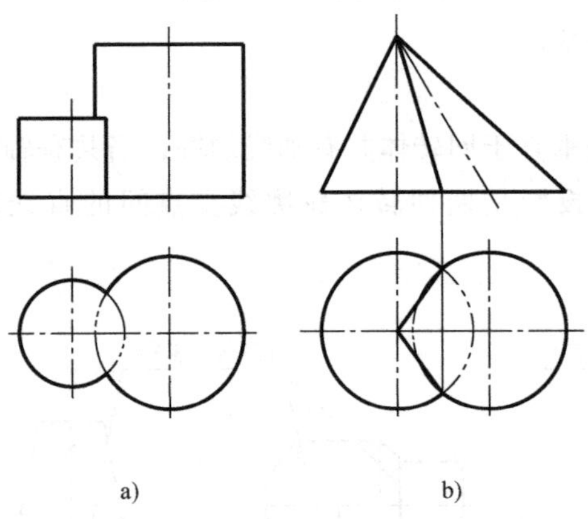

图 6-24　两轴线平行的圆柱、两共锥顶的圆锥相贯的投影

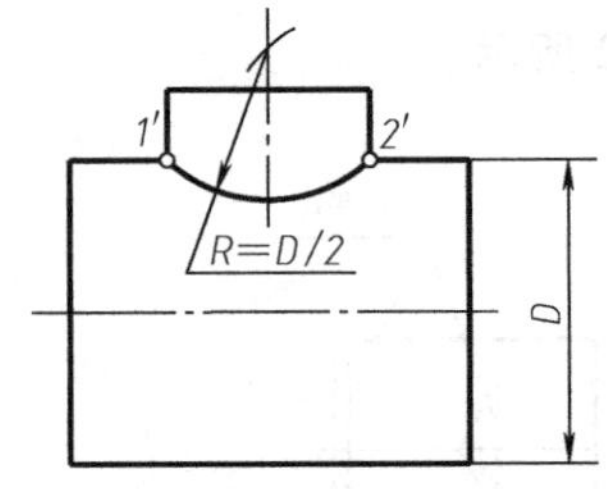

图 6-25　两正交圆柱相贯线投影的简化画法

6.4.5　多体相贯

在许多机件上，常常会遇到两个以上的几何体相交的情况，如图 6-26a

所示。求多体相交的相贯线，其作图方法和求两体相交的相贯线一样，具体步骤为：

1）要分析它由哪些基本体构成，各基本体的形状和相对位置，找出分界线。

2）判断出每两个相交基本体相贯线的形状，确定求各部分相贯线投影的方法。

3）分别作出各部分相贯线的投影。各部分相贯线的分界点就在分界线上。

4）整理轮廓线。

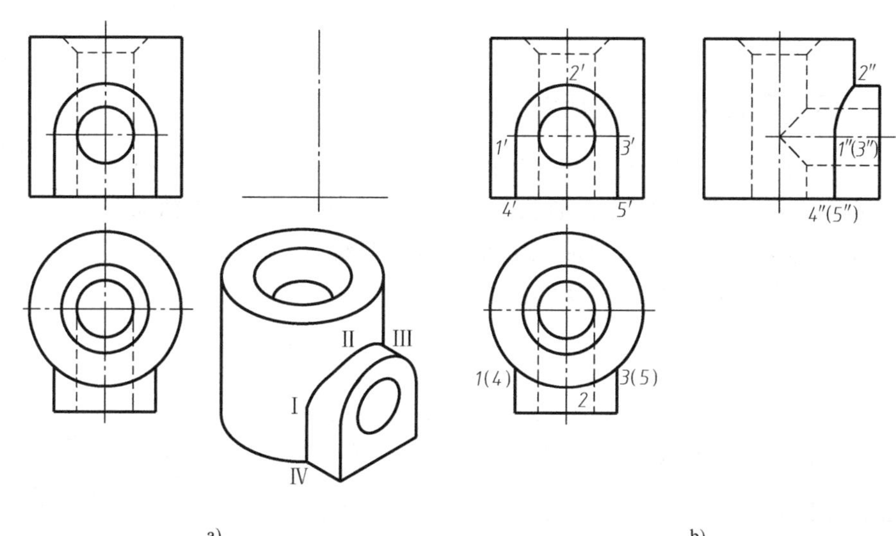

图 6-26　多个基本体相贯的投影

【例 6-12】 求图 6-26a 所示多个基本体相贯的投影。

分析：该几何体由直立空心圆柱筒及其前方的拱形凸台组成，直立空心圆柱筒的内表面由圆柱孔和部分圆锥面同轴相贯，拱形凸台由横放半圆柱和长方体组成，其上的圆柱孔与空心圆柱筒的内表面等径正交，整体上左右对称。拱形凸台上半部分的横放半圆柱面与直立圆柱筒外表面正交，相贯线为一段空间曲线Ⅰ Ⅱ Ⅲ；拱形凸台下半部分的长方体左右两侧面与直立圆柱筒外表面相交，交线为直立圆柱筒外表面上两条素线上的一段Ⅰ Ⅳ、Ⅲ Ⅴ，空间曲线Ⅰ Ⅱ Ⅲ与直线段Ⅰ Ⅳ、Ⅲ Ⅴ的分界点为Ⅰ、Ⅲ；拱形凸台上的圆柱孔与空心圆柱筒的内表面等径正交，相贯线为两个上下对称的半个平面椭圆；直立空心圆柱筒的内表面由圆柱孔和部分圆锥面同轴相贯，相贯线为垂直于共有轴线的水平圆。

作图过程如图 6-26b 所示，其步骤为：

1）作出各基本体的侧面投影，其轮廓线在相交处断开。

2）作拱形凸台上半部分的横放半圆柱面与直立圆柱筒外表面正交的相贯线Ⅰ Ⅱ Ⅲ。其侧面投影为二次曲线 1″2″（3″），可以按照两正交圆柱相贯线投影的简化画法求出。

3）作拱形凸台下半部分的长方体左右两侧面与直立圆柱筒外表面的交线Ⅰ Ⅳ、Ⅲ Ⅴ。Ⅰ Ⅳ、Ⅲ Ⅴ为直立圆柱筒外表面上两条素线上的一段，为铅垂线，其正面和侧面投影均为反映实长的直线段，水平投影积聚成点。二次曲线 1″2″（3″）的 1″2″段与直线段 1″4″均可见，画成粗实线，且分界点为 1″。

4）作拱形凸台上的圆柱孔与空心圆柱筒的内表面等径正交的相贯线。相贯线为两个上下对称的半个平面椭圆，其侧面投影为直线，且位于内表面，因此不可见，应画成细虚线。

5）作直立空心圆柱筒的内表面由圆柱孔和部分圆锥面同轴相贯的相贯线。相贯线为垂直于共有轴线的水平圆，其侧面投影为直线，且位于内表面，因此不可见，应画成细虚线。

6）整理轮廓线。侧面投影中，直立圆柱筒外表面的轮廓线应加深到 2″处，且可见，为粗实线。

6.4.6　相交几何体的尺寸标注

图 6-27 所示为常见的回转基本几何体的尺寸标注。由于圆柱体、圆锥体的直径尺寸可以确定两个方向的形状大小，所以只标注直径和轴向尺寸。而球的直径代表了三个方向的形状大小，所以只标注一个尺寸。尺寸的标注使得回转几何体用一个投影就可以表达其形状。

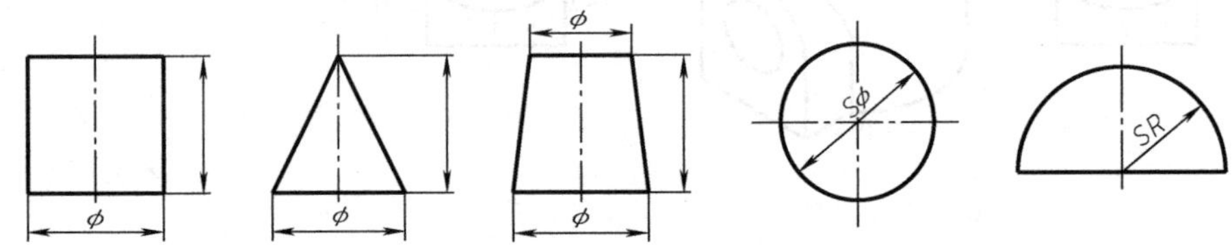

图 6-27　常见的回转基本几何体的尺寸标注

图 6-28 所示为相交几何体的尺寸标注。标注相交几何体的尺寸，首先要标注参与相交的几何体的定形尺寸，还要标注各几何体之间的定位尺寸。不要标注相贯线的定形尺寸，因为参与相交的几何体的大小和位置确定后，相贯线的形状自然形成。

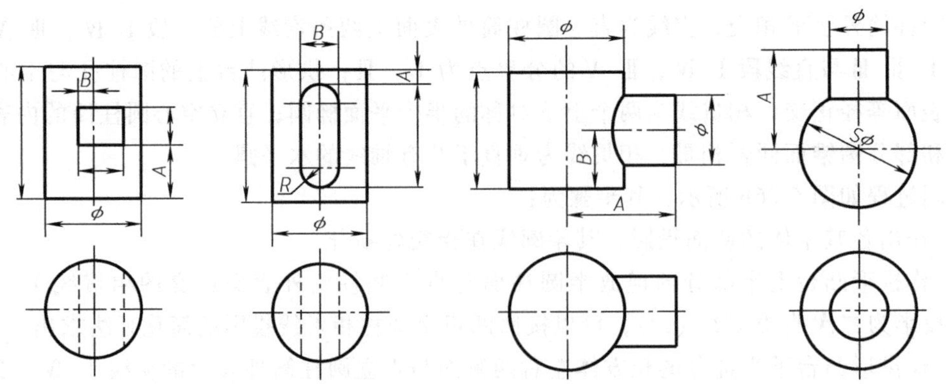

图 6-28　相交几何体的尺寸标注

第7章

组合形体的构形及表达

本章学习目标

了解组合体的组合方式，掌握相邻表面之间各种位置关系的画图方法；熟练掌握用形体分析和线面分析的方法进行组合体的画图、读图和尺寸标注，并做到投影正确，能按照制图标准完整、清晰地进行尺寸标注，培养对空间形体的想象能力和创新构形设计能力。

7.1 组合形体的构形

组合体就其几何形成而言，是由若干个基本几何体按一定的组合方式组成的物体。从三维造型的角度看，是由若干个基本几何体经过布尔运算后的一个集合体。由于各组成体的组合方式和相对位置不同，组合体的形状特征也不同。

7.1.1 组合形体的组合形式

组合形体的组合形式通常分为叠加和切割以及两者的综合型。叠加型和切割型并没有严格的界限，在多数情况下，同一个组合体可以按叠加型进行分析，也可以从切割型去理解，一般应以便于作图和容易理解为原则。组合形体的组合形式见表7-1。

表7-1 组合形体的组合形式

组合形式	组合过程示例	组合特性
叠加	+ + =	叠加就是若干个基本几何体或简单几何体按一定方式"加"在一起，是布尔运算中的并集
切割与综合		切割：从一个基本几何体中"减"去一些小基本几何体或简单几何体，是布尔运算中的差集 综合型：叠加和切割的综合组合体

7.1.2　组合体相邻表面之间的连接关系及表示方法

在了解组合体的构成方式之后，还需进一步弄清楚构成组合体的各几何体表面之间的连接关系，以及各几何体表面之间连接处的画法，才能正确地画出组合体的投影图。

组合体相邻表面之间的连接关系一般可分为平齐、相错、相交、相切四种情况，见表 7-2。

表 7-2　组合体相邻表面之间的连接关系

形式	连接关系及表达方法	特性
平齐	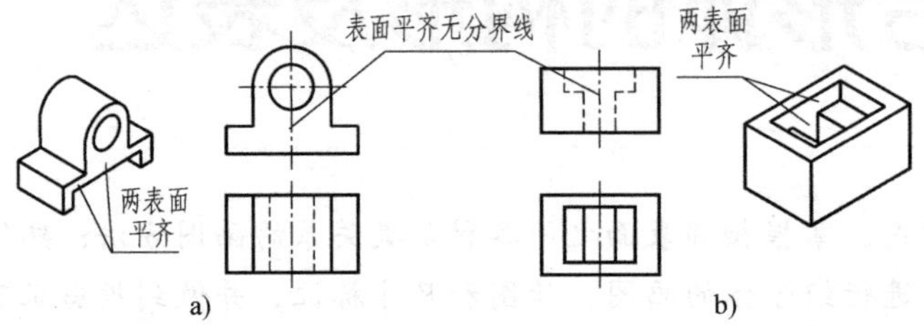 表面平齐无分界线 两表面平齐 两表面平齐 a)　b)	当两几何体的表面相接，即处于同一表面（共面）时称为平齐，在投影图上两基本几何体之间无分界线
相错	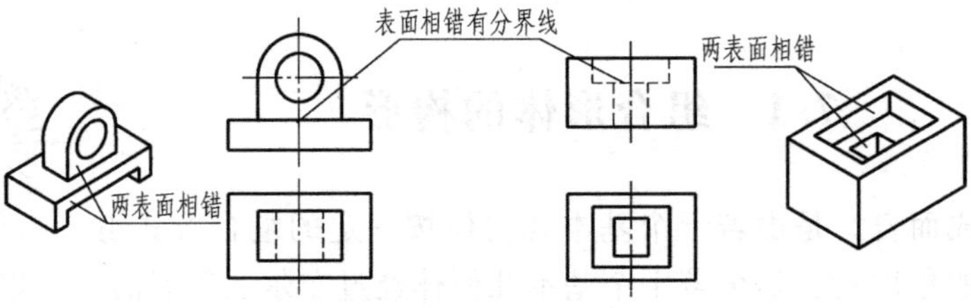 表面相错有分界线 两表面相错 两表面相错 a)　b)	当两几何体的表面在某方向上不平齐而相错时，在投影图上不同表面之间应有分界线
相交	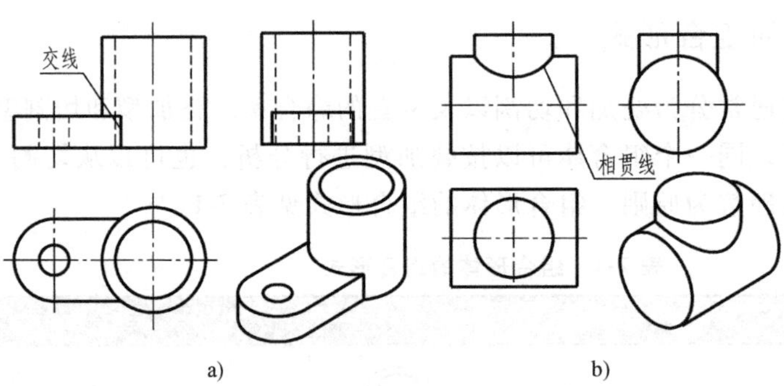 交线 相贯线 a)　b)	当两几何体表面相交时，在两立体表面相交处产生各种各样的交线，在投影图上要正确画出交线的投影
相切	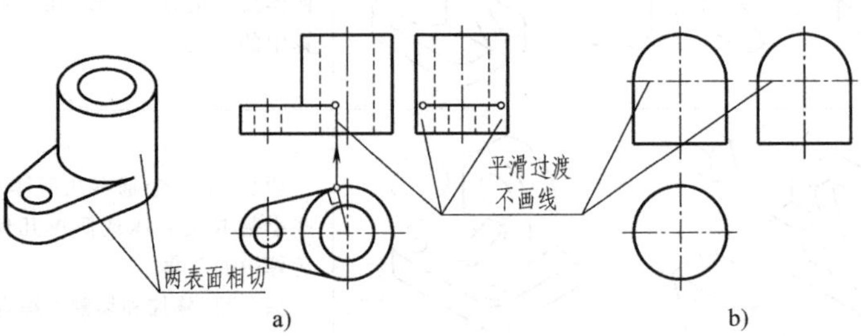 平滑过渡不画线 两表面相切 a)　b)	两个基本几何体的表面（平面与曲面、曲面与曲面）相切时，两几何体表面在相切处光滑过渡，不存在轮廓线，所以不画分界线，相切面的投影应画到切点处

7.2 绘制组合体的投影图

绘制组合体的三面投影图，可根据组合体不同的组合方式采用不同的画图方法。以叠加为主要形成方式的组合体多采用逐一绘制各几何体的方法绘制；以切割为主要形成方式的组合体，则多根据其切割方式及切割过程来绘制。

7.2.1 组合体的形体分析法

尽管物体的形状多种多样，但经过分析，物体都可以看作是由一些几何体组合而成。将组合体假想地分解成若干个几何体，并确定它们之间的组合方式和相邻表面之间的连接关系及表达方式的方法，称作形体分析法。利用形体分析法可以将组合体化繁为简、化整为零。所以，形体分析法是组合体画图、读图和尺寸标注最基本的方法。

7.2.2 用形体分析法绘制组合体的三面投影

以图 7-1 所示的轴承座为例，介绍用形体分析法绘制组合体三面投影图的方法。

1. 形体分析

（1）组合方式　图 7-1 所示为轴承座立体图。假想将轴承座分解为安装用的底板Ⅰ、支撑轴用的轴套Ⅱ、注油用的圆柱凸台Ⅲ、支撑板Ⅳ、肋板Ⅴ五个几何体。该组合体可以看作是由Ⅰ、Ⅱ、Ⅲ、Ⅳ、Ⅴ叠加在一起的，而每一部分又都经过了切割，所以轴承座也是叠加与切割综合型的实例。

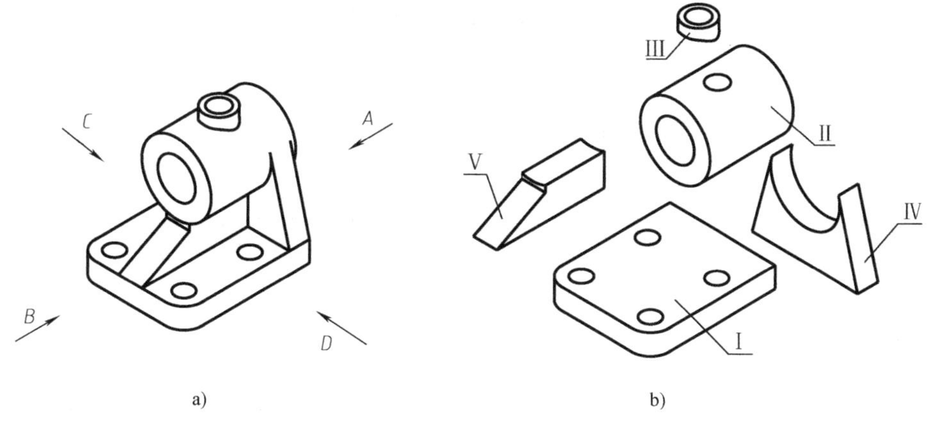

图 7-1　轴承座投射方向的选择与形体分析

（2）几何体相邻表面之间的关系　轴套Ⅱ的外表面与支撑板Ⅳ的两个斜面相切，相切处平滑过渡；底板Ⅰ、支撑板Ⅳ右端面平齐、共面，不画线；轴套Ⅱ、肋板Ⅴ相交，画出截交线；轴套Ⅱ与凸台Ⅲ内外相交，画出内外的相贯线。

2. 正面投影图的选择

正面投影图是组合体三面投影中最主要的投影，选择投射方向时，首先要选择正面投射方向。一般应考虑以下几个方面：

（1）平稳安放位置 组合体的安放位置一般选择物体平稳时的位置。如图 7-1a 所示，轴承座的底板底面水平向下为安放位置。

（2）正面投影的投射方向 一般选择能够反映组合体各组成部分形状特征以及相互位置关系最多的方向作为正面投射方向，并使组合体的可见性最好，也就是使三个投影中虚线最少并合理利用图幅。

如图 7-1a 所示，当轴承座安放位置确定后，一般会从 *A*、*B*、*C*、*D* 四个方向比较正面投影的投射方向。图 7-2a 所示是以 *A* 向作为正面投影的投射方向，正面投影中细虚线过多，显然没有 *B* 向清晰，如图 7-2b 所示；若以 *C* 向作为正面投影的投射方向，侧面投影会出现较多的细虚线，如图 7-2c 所示；再比较 *D* 向与 *B* 向，若以 *D* 向作为正面投影的投射方向，所得正面投影如图 7-2d 所示，它能反映肋板Ⅴ的实形，且能较清楚地反映五个组成部分的相对位置和组合方式；而 *B* 向反映了支撑板Ⅳ的实形以及轴套Ⅱ与支撑板Ⅳ的相切关系和轴承座的对称情况。综上，*D* 向与 *B* 向均可作为正面投影方向，但考虑图幅的合理利用，选择 *D* 向作为正面投影的投射方向。

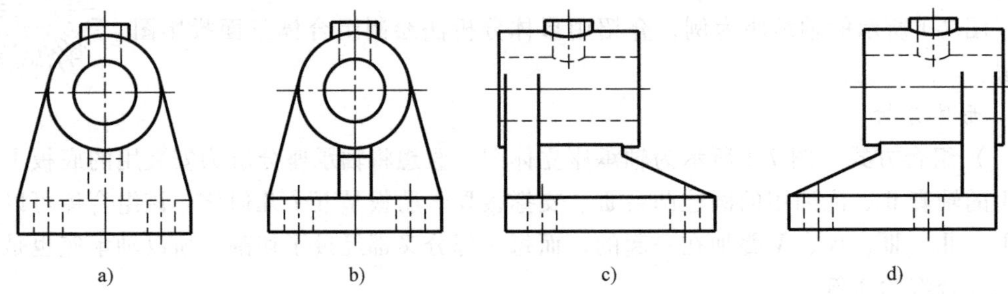

a)　　b)　　c)　　d)

图 7-2 轴承座正面投影的选择

3. 画图方法和步骤

绘制组合体三视图的方法和步骤见表 7-3。

表 7-3 绘制组合体三视图的方法和步骤

步骤	绘图过程	绘图方法
选比例、定图幅；布图、选择作图基准，画底图	高度方向基准 长度方向基准 宽度方向基准	表达方案确定后，根据组合体的大小和复杂程度确定画图比例和图幅大小，一般应采用标准比例和标准图幅，尽量采用 1 : 1 的比例 根据组合体的总长、总宽、总高将三个视图布置在适当的位置。由于轴承座左右方向不对称，故以右端面为长度方向的作图基准；前后的对称面为宽度方向的作图基准；底面为高度方向的作图基准

（续）

步骤	绘图过程	绘图方法
按几何体的组成形式、相邻表面之间的连接关系，逐个画出各连接体的投影	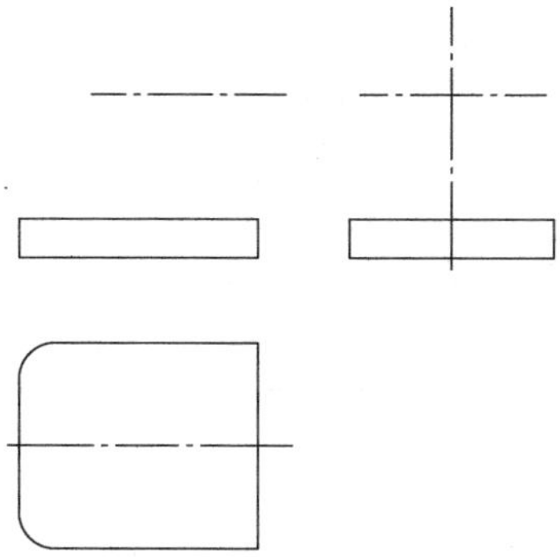	先画主要组成部分，后画次要部分；先画反映形体特征的投影，再按投影关系同时画出其他投影，这样既能保证各基本体间的相对位置和投影关系，又能提高绘图速度 从反映底板实形的水平投影画起，画底板的三面投影
	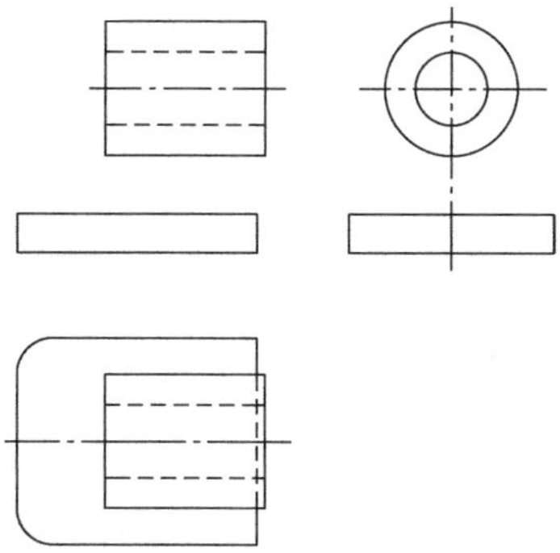	从反映轴套实形的侧面投影画起，画轴套的三面投影
	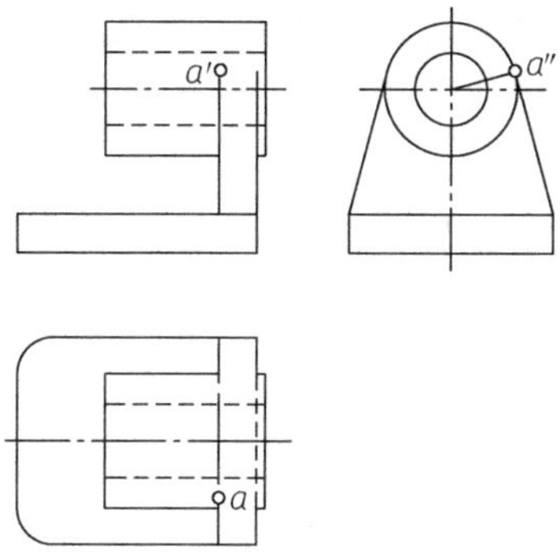 a′ a″ a	从反映支撑板与轴套相切的侧面投影画起，画支撑板的三面投影。注意支撑板与轴套相切处不画线
	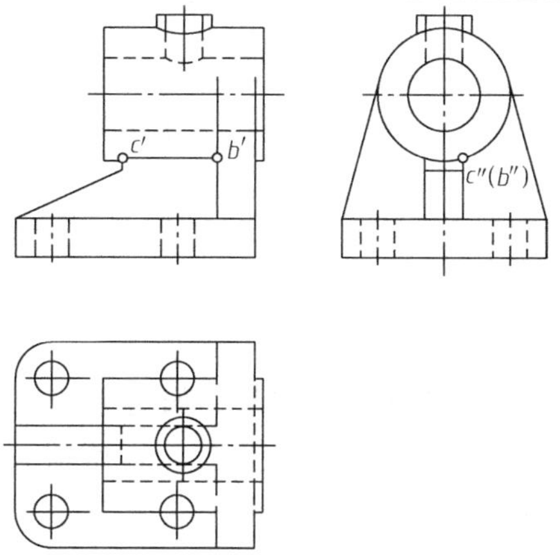 c′ b′ c″(b″)	从反映轴套实形的侧面投影画肋板投影，并依据肋板与轴套的投影关系画出肋板的正面投影和水平面投影；画出轴套上凸台的三面投影和底板上圆柱孔的投影

（续）

步骤	绘图过程	绘图方法
整理图形、加深	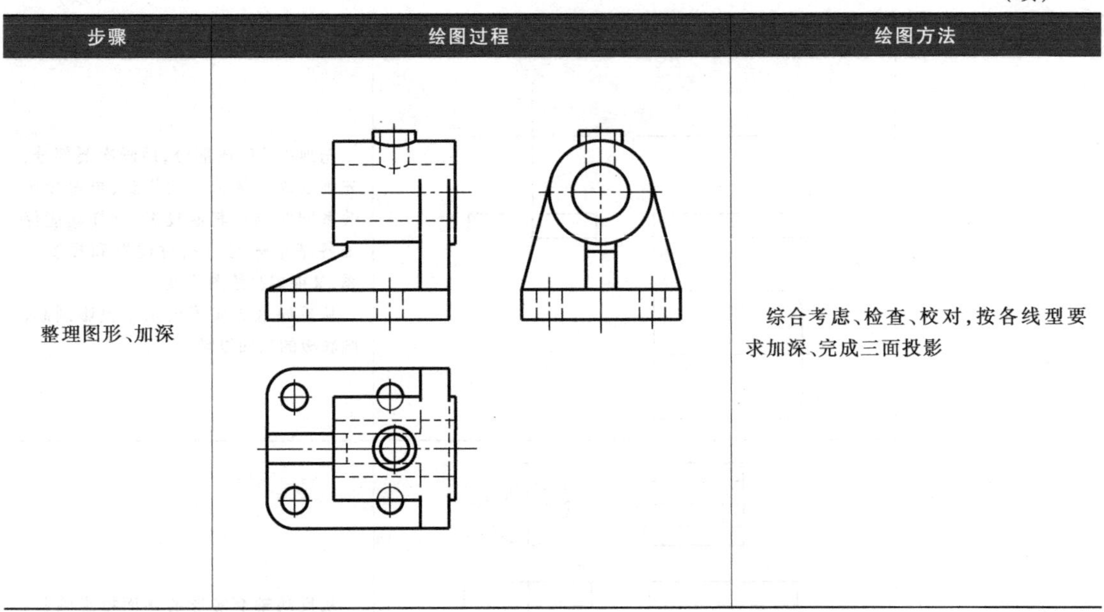	综合考虑、检查、校对，按各线型要求加深、完成三面投影

7.2.3　按切割顺序画组合体三面投影

1. 形体分析

图 7-3a 所示为一切割型组合体，它可以看成是一个四棱柱和半圆柱叠加相切而成。先在左右对称的方向上用侧平面切去形体Ⅰ，再从左右两边用侧平面对称切去形体Ⅱ，顶端和前面各挖去圆柱Ⅲ、Ⅳ，形成了两个圆柱孔且等径，其轴线垂直相交。

2. 正面投射方向的选择

对该组合体同样也要从四个方向进行比较，找出一个最佳投射方向，比较过程同上例，请读者自行分析。通过比较，可按图中所示方向作为正面投影的投射方向。

3. 画图步骤

（1）选比例、定图幅　同上例。

（2）画底图

1）布图、选择作图基准。此形体左右对称，选择左右方向的对称面作为长度方向上的作图基准；后端面为宽度方向上的作图基准；底面作为高度方向上的作图基准。

2）先画出切割前完整形状的三面投影，再按切割顺序依次画出切去每一部分后的三面投影。画图过程如下：

① 画出长、宽、高方向上的作图基准线，再画出切割前完整形体的三面投影，如图 7-3b 所示。

② 画出用两侧平面截掉形体Ⅰ的三面投影，如图 7-3c 所示。

③ 画出用两正平面和侧平面截掉形体Ⅱ的三面投影，如图 7-3d 所示。

④ 画出顶端、前面挖掉圆柱Ⅲ和Ⅴ的三面投影，如图 7-3e 所示。

⑤ 综合考虑、检查、校对，按各线型要求加深，完成三面投影，如图 7-3f 所示。

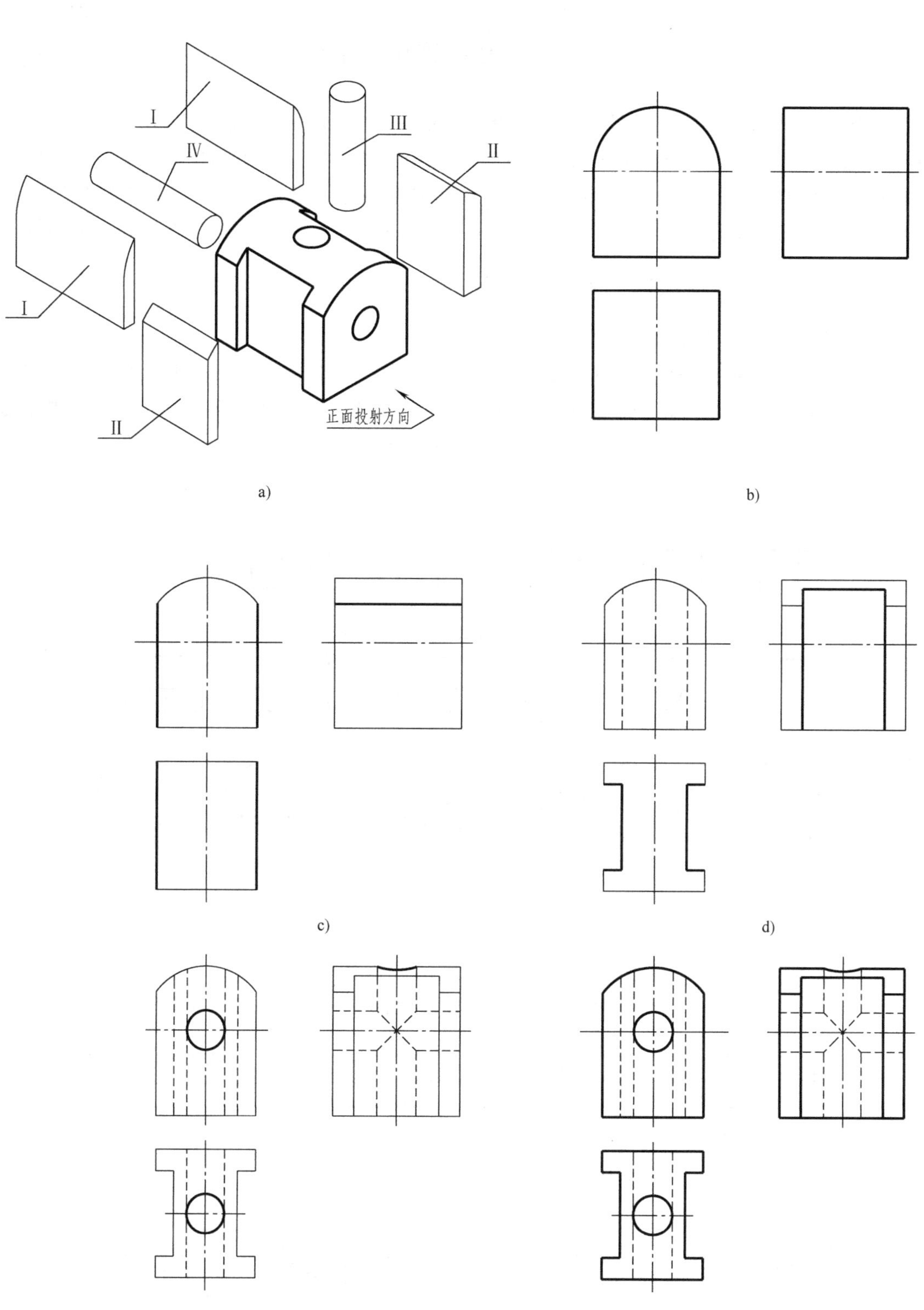

图 7-3 切割型组合体的画图过程

7.3　组合体的读图

读图是画图的逆过程。画图是利用正投影理论，通过形体分析将空间物体反映到平面图上，而读图是在积累了一定的画图和读图的基本知识和技能后将平面图所表述的物体空间化。读图是指利用形体分析法想象物体的空间形状。对切割型和综合型的物体，要在形体分析的基础上，对那些不易看懂的局部形状应用线面分析法想象其局部结构。

7.3.1　组合体读图的基本知识和技能

1. 几个投影要联系起来看，想象物体的空间形状

物体的形状是通过一组投影来表达的，每个投影图只能反映一个方向的形状和两个方向的尺寸，所以一般情况下，一个投影不能反映物体的确切形状。如图 7-4 所示，六个物体的正面投影完全相同，而水平投影不同，其形状则各不相同。

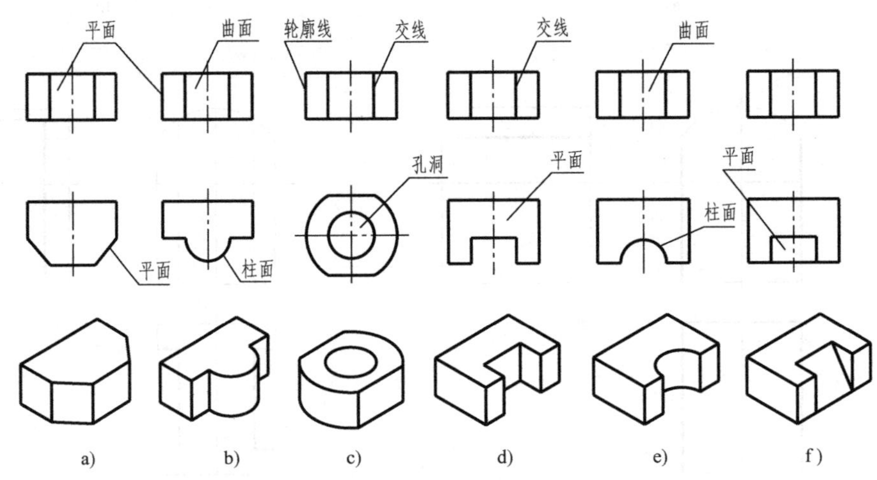

图 7-4　一个投影不能确定物体的空间形状

2. 要善于抓住形状特征的投影，想象物体的空间形状

能够唯一确定某一部分形状的特征投影，称为形状特征投影，如图 7-5 所示，正面投影

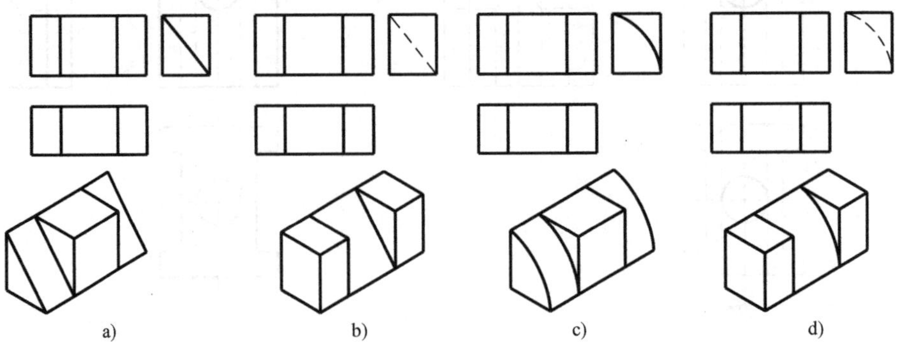

图 7-5　形状特征分析

和水平投影完全一样，但是侧面投影不同，反映的空间形状也不一样，所以侧面投影为其形状特征投影。

3. 要善于抓住位置特征的投影，想象物体的空间形状

能够唯一确定某一部分位置的特征投影，称为位置特征投影。

如图7-6所示，从正面投影看，封闭线框 *A* 内有两个封闭线框 *B*、*C*，而且从正面和水平投影可以比较明显地看出它们的形状特征，一个是孔，一个是凸台，但并不能确定哪个是孔哪个是凸台，而图7-6a所示的侧面投影却明显地反映出形体 *B* 是孔，形体 *C* 是凸台，图7-6b所示则相反。故侧面投影清晰地表达了两个结构的位置特征。

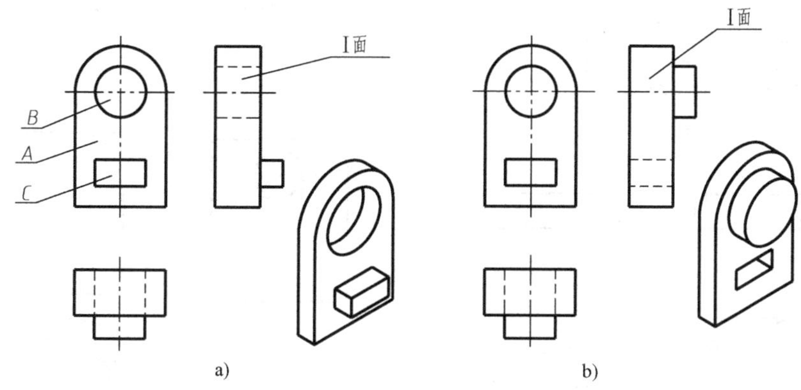

图7-6　位置特征分析

4. 要明确投影图中线和线框的含义

对于投影图上的一条线条（直线或曲线）、一个封闭线框，都要根据投影关系并联系其他投影想象其空间形状。

1）投影中的线条可以表示如下含义：

① 表面积聚性的投影（平面或柱面），如图7-4a、b、e所示。

② 表面与表面交线的投影，如图7-4c、d所示。

③ 曲面转向轮廓线的投影，如图7-4c所示。

2）投影图中的封闭线框可以表示如下含义：

① 平面、曲面的投影，如图7-4a、b、d所示。

② 曲面与相切平面的投影，如图7-6a、b所示的Ⅰ面。

③ 截交线、相贯线的投影。

④ 孔洞的投影，如图7-4c所示。

7.3.2　组合体读图的基本方法和步骤

1. 形体分析法

形体分析法是读图的主要方法，首先从正面投影入手划分出代表基本立体的封闭线框，再分别将每个封闭线框根据投影规律找出其他投影，想象出其形状，最后根据各部分的组合方式和相对位置综合想象出组合体的整体形状。下面以图7-7a所示的支架为例说明用形体分析法读图的基本方法与步骤。

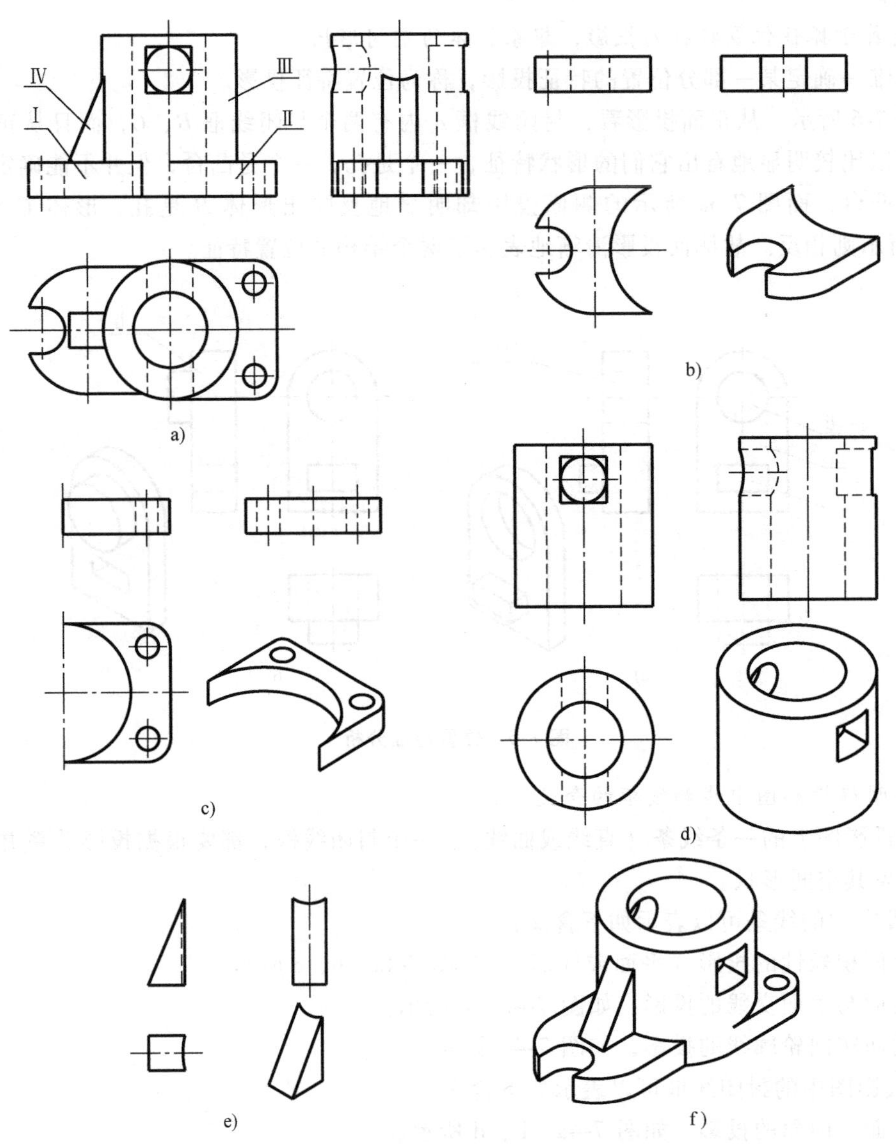

图 7-7　支架的形体分析

（1）分解形体　从正面投影入手，划分封闭线框。如图 7-7a 所示的正面投影，支架可分为四个封闭线框Ⅰ、Ⅱ、Ⅲ、Ⅳ。

（2）对投影，想形体　根据投影规律，分别找出线框Ⅰ、Ⅱ、Ⅲ、Ⅳ所对应的其他两投影，如图 7-7 所示。

形体Ⅰ：为一 U 形板，左端开一 U 形槽，右端与圆柱相交，如图 7-7b 所示。

形体Ⅱ：为右端带圆角及两个圆柱孔、左端与圆柱相切的右底板，如图 7-7c 所示。

形体Ⅲ：可看作上前方开一方孔、上后方开一圆孔的空心圆柱，如图 7-7d 所示。

形体Ⅳ：是一个放在左底板上面、右端与圆柱相交的肋板，如图 7-7e 所示。

（3）对位置，想整体　根据对上述各基本几何体的分析，明确它们之间的相对位置关系及组合方式。此形体为前后对称、叠加与切割综合而成的组合体，其形状如图 7-7f 所示。

2. 线面分析法

叠加型组合体的各基本几何体轮廓比较明显，用形体分析法看图便可以想象物体的空间形状。然而对于形状比较复杂的切割型组合体，在形体分析的基础上，还需要对投影上的线、面作进一步的分析。这种利用投影规律和线、面投影特点分析投影中线条和线框的含义，判断该形体上各交线和表面的形状与位置，从而确定其空间形状的方法称作线面分析法。下面以图 7-8 所示的压块为例说明用线面分析法看图的基本方法和步骤。

1）从图 7-8a 中所示的细双点画线作初步分析，压板可以看作是由一个完整的长方体经过几次切割而成的。

2）如图 7-8b 所示，将正面投影分解为两个封闭线框 1′、2′，按照投影规律，水平投影对应 1′的是前后对称的两条直线 1，侧面投影也为两个与 1′对应的封闭线框 1″。由 1、1′、1″可知，Ⅰ为前后对称的铅垂面，位于压板的左前方和左后方，形状为直角梯形。同理，线

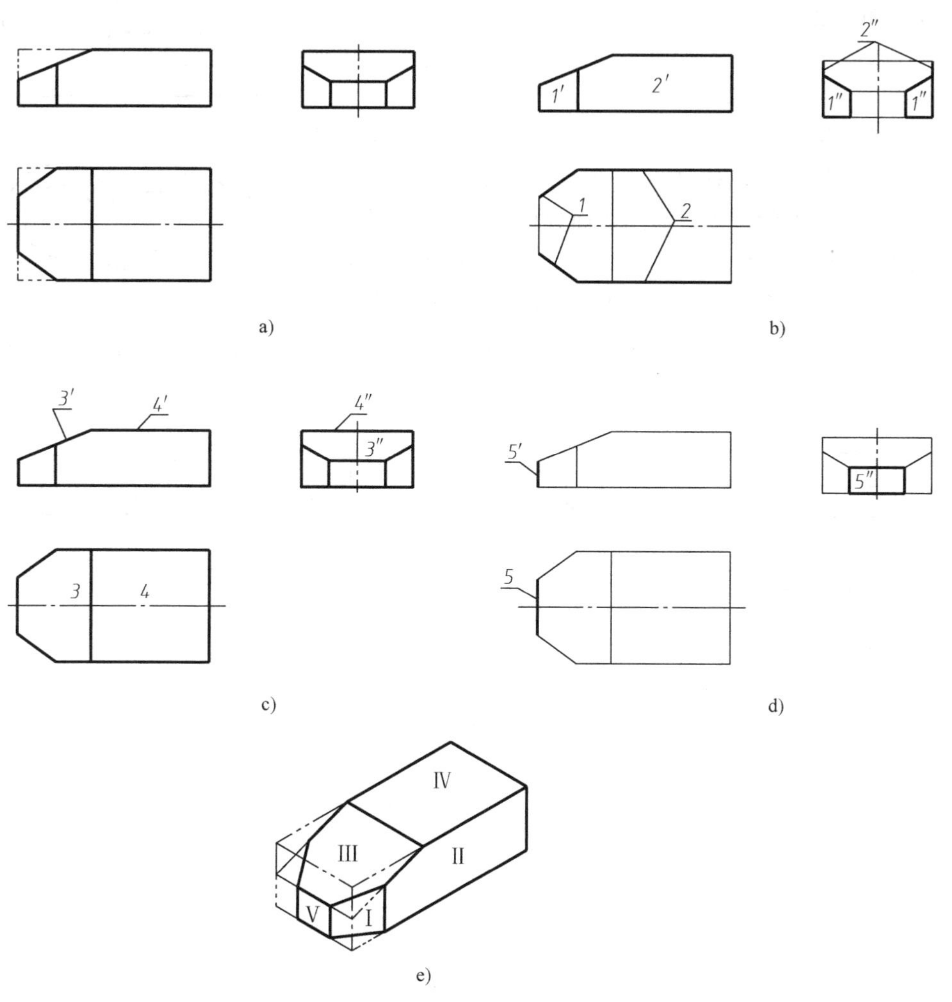

图 7-8　压块的线面分析

框 2′对应的水平投影为前后对称的两条直线 2，侧面投影为 2″。由 2、2′、2″可知，Ⅱ为前后对称的正平面，位于压板的前面和后面，形状为五边形。

3）在如图 7-8c 所示的水平投影中，线框 3、4 表示压板的另两个表面的水平投影。同样可以确定 3′、3″和 4′、4″。由 3、3′、3″可确定Ⅲ是形状为六边形的正垂面，位于压板的左上方。再由 4、4′、4″可知Ⅳ是形状为矩形的水平面，位于压板顶部。而水平投影中外围轮廓六边形也是一个封闭线框，位于压板的底部，是一个水平面，同理也可以找出其所对应的正面投影和侧面投影。

4）如图 7-8d 所示，侧面投影 5″对应 5、5′，由 5、5′、5″可知，Ⅴ是形状为矩形的侧平面，位于压板的左端。同理，压板右侧也是一个形状为矩形的侧平面。

通过上述的线面分析可知，压板的形状如图 7-8e 所示。

3. 根据两面投影补画第三面投影

由组合体的两个投影想象出其空间形状，并补画出第三面投影，或由不完整的投影图构思立体的空间形状，补画出图形中的漏线，是读图的一种综合练习，也是一个反复实践提高读图能力的过程。下面举例说明其方法和步骤。

如图 7-9 所示，已知支座的正面投影和水平投影，补画侧面投影。

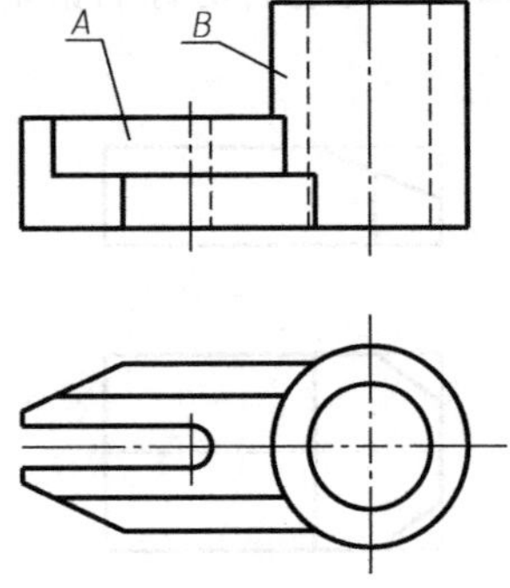

图 7-9　支座的两面投影

分析：首先按照形体分析法，将支座分解为 A、B 两个几何体。对照水平投影，形体 A 为底板，形体 B 为空心圆柱。由于形体 A 为切割型的形体，需用线面分析法进行投影分析。

1）如图 7-10a 所示，从正面投影入手，划分了三个封闭线框。先看封闭线框 2′、4′，它们分别对应的水平投影为直线 2、4。由 2、2′和 4、4′可知，平面Ⅱ、Ⅳ为正平面，画出有积聚性的侧面投影 2″、4″。

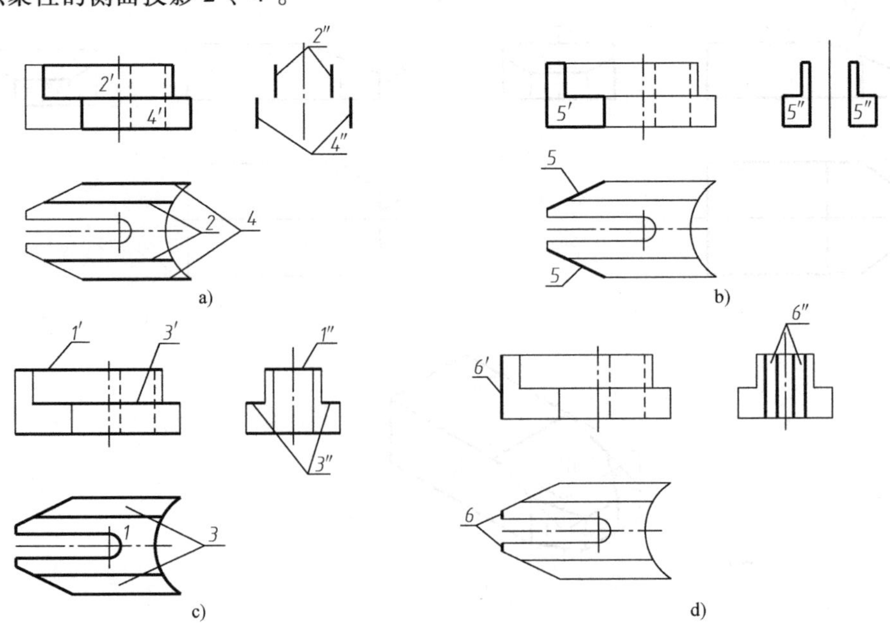

图 7-10　补画支座的侧面投影

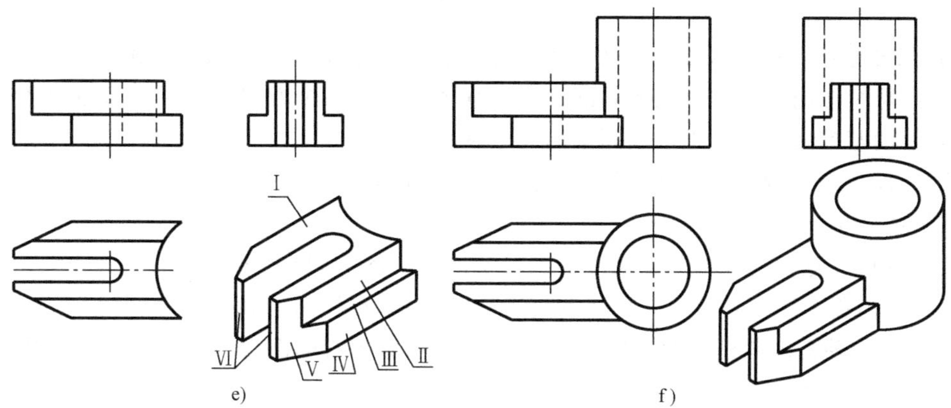

图 7-10 补画支座的侧面投影（续）

如图 7-10b 所示，正面投影中的另外一个封闭线框 5′，它所对应的水平投影为直线 5。由 5、5′可知，平面Ⅴ为铅垂面，画出侧面投影 5″，其为类似形。

2）如图 7-10c 所示，水平投影中线框 1、3 所对应的正面投影为直线 1′、3′。可知平面Ⅰ、Ⅲ分别为前后对称的水平面，画出其所对应的侧面投影为直线 1″、3″。另外，水平投影外轮廓也是一个封闭线框，此平面为底板底面，也是水平面。

3）如图 7-10d 所示，由正面投影中直线 6′和水平投影中直线 6 可知，平面Ⅵ为侧平面，画出侧面的对应投影 6″，其反映实形。

4）通过上述线面分析，可确定底板的形状，并补全底板的侧面投影，如图 7-10e 所示。

5）最后再把底板 *A* 和空心圆柱 *B* 以叠加相交的方式组合在一起，成为一个整体，想象出整体形状，补全支座的侧面投影，如图 7-10f 所示。

7.4 组合体的尺寸标注

投影图只表示组合体的形状，其大小要靠标注在投影图上的尺寸来确定。组合体尺寸标注的基本要求是：正确、完整、清晰。其中：

正确——尺寸标注要符合国家标准的有关规定。

完整——所注尺寸能唯一确定物体形状的大小和各组成部分的相对位置。尺寸标注要齐全，不遗漏，不重复，且每一个尺寸在图中只标注一次。

清晰——尺寸布置要恰当，以便于看图、寻找尺寸和使图面清晰。

正确标注尺寸已在第 2 章作过介绍，本节重点介绍尺寸标注的完整和清晰问题。

1. 完整地标注尺寸

组合体尺寸的标注通常在形体分析的基础上，先确定长、宽、高三个方向的尺寸基准，再注出各基本几何体的定形尺寸和定位尺寸，最后综合考虑，注出组合体的总体尺寸。

（1）定形尺寸　确定各基本几何体形状大小的尺寸。

（2）定位尺寸　确定几何体中各截平面的位置尺寸和各几何体相对于基准的位置尺寸。

（3）总体尺寸　表明组合体整体形状的总长、总宽和总高的尺寸。要注意，有时总体尺寸已间接注出，再注出总体尺寸会产生重复尺寸，则应调整尺寸，保留重要尺寸，删去多余尺寸。

(4) 尺寸基准　确定尺寸位置的几何元素（点、线、面）称为尺寸基准。选择基准时，长、宽、高每个方向上有一个主要基准，再视具体情况在某个方向上适当增加辅助基准，主要基准与辅助基准之间要有直接或间接的尺寸联系。

下面以轴承座为例说明组合体尺寸标注的方法和步骤，如图 7-11 所示。

1）形体分析，如图 7-1 所示。

2）选定长、宽、高三个方向尺寸的主要基准，如图 7-11a 所示。

3）按形体逐个注出各基本几何体的定形尺寸和定位尺寸，如图 7-11b、c、d、e 所示。

图 7-11c 中轴套上圆柱凸台的定位尺寸 45，以轴套的右端面为辅助基准，主要基准与辅助基准的尺寸联系为尺寸 5。

4）标注总体尺寸并进行检查、修改、整理。轴承座的总长尺寸为 130+5，总宽为 110，总高为 130，如图 7-11f 所示。

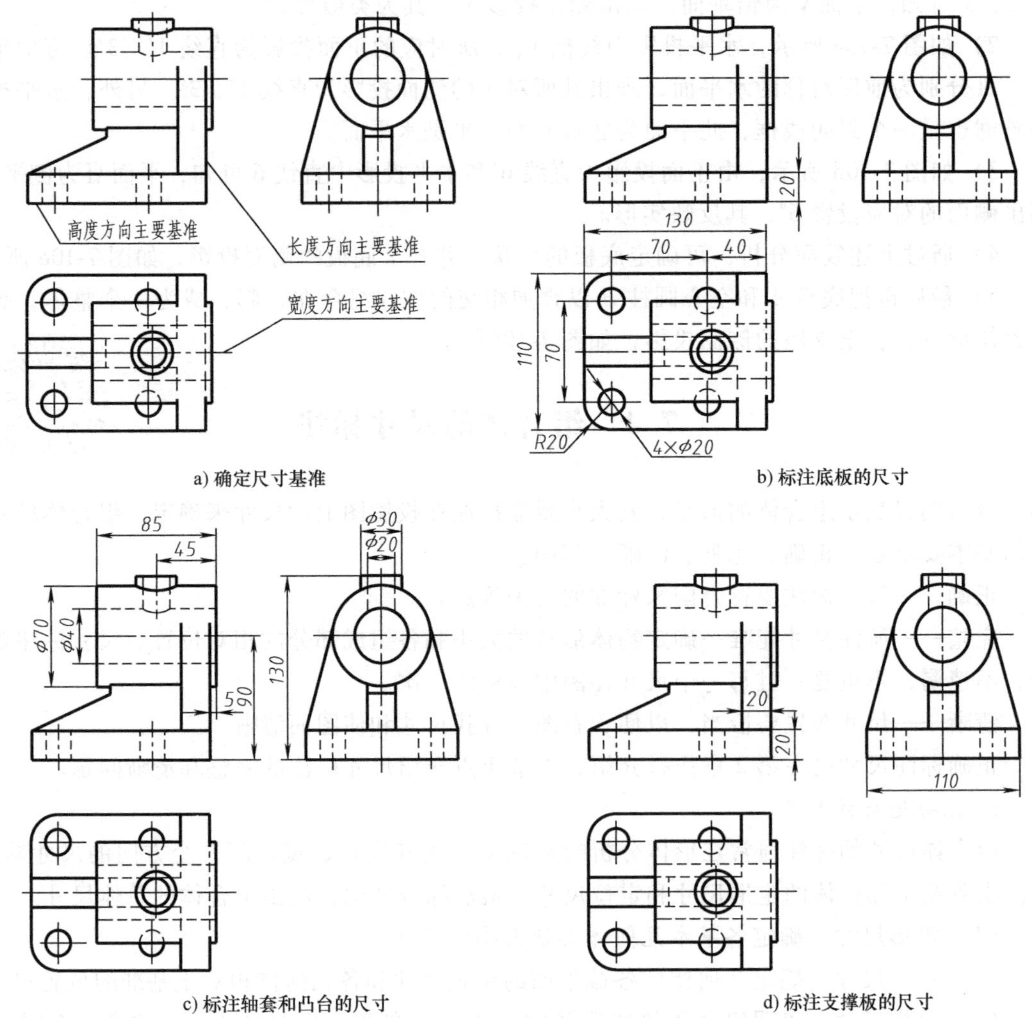

a) 确定尺寸基准　　b) 标注底板的尺寸

c) 标注轴套和凸台的尺寸　　d) 标注支撑板的尺寸

图 7-11　轴承座的尺寸标注

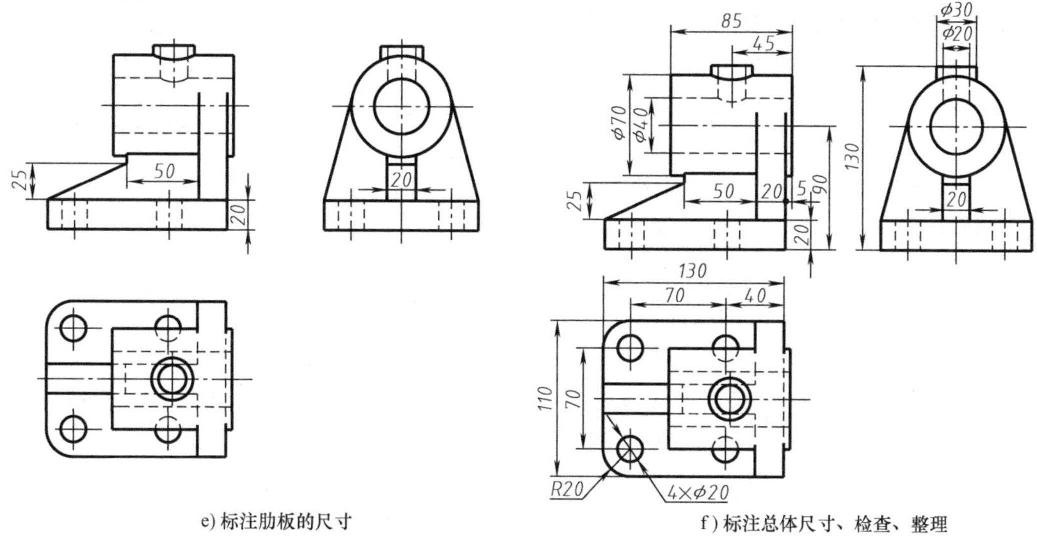

e) 标注肋板的尺寸　　f) 标注总体尺寸、检查、整理

图 7-11　轴承座的尺寸标注（续）

2. 清晰标注尺寸应注意以下几个问题

1）尺寸尽可能地标注在表示形状特征最明显的投影上。如图 7-11 所示，轴承座轴套的定位尺寸 90 注在正面投影上比注在侧面投影上好，支撑板长度尺寸 20 注在正面投影比注在水平投影上更明显。

2）同一形体的定形尺寸和定位尺寸应尽量集中注在同一投影上。如图 7-11 所示，轴承座轴套的定形尺寸 ϕ40、ϕ70、85 与高度和长度方向的定位尺寸 90、5 集中注在了正面投影上。

3）半径尺寸必须注在反映圆弧的投影上，不能注出半径的个数，如图 7-11f 中的 *R*20 所示。

4）同轴回转体的直径尺寸最好注在非圆投影上，避免在同心圆较多的投影上标注过多的直径尺寸，如图 7-12a 所示。如图 7-12b 所示，直径尺寸注在反映圆的投影上，成辐射形式，不清晰，因此不好。

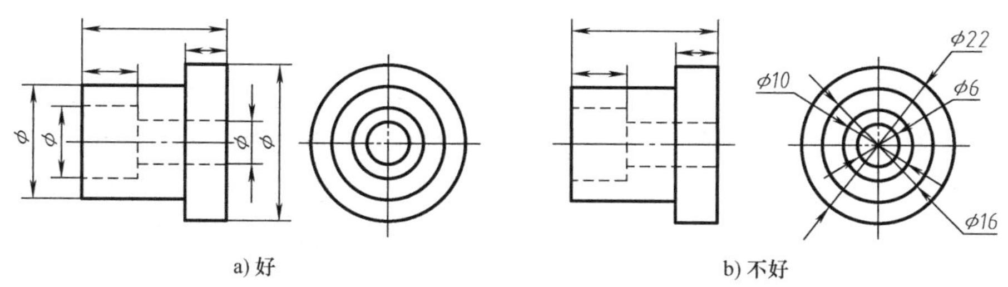

a) 好　　b) 不好

图 7-12　同轴回转体直径尺寸注法的正误对照

5）尺寸线平行排列时，为避免尺寸线与尺寸界线相交，应小尺寸在里，大尺寸在外。如图 7-11 所示，轴套 ϕ40 在里，ϕ70 在外。

6）尺寸应尽量注在投影外部，保持投影图的清晰。如所引尺寸界线过长或多次与图线相交时，可注在投影图内适当的空白处，如图 7-11e 中肋板的定形尺寸 50。

7）应避免标注封闭尺寸。如图 7-13 所示，轴向尺寸 L_1、L_2、L_3 都标注时，称为封闭尺寸。加工零件时，要想同时满足这三个尺寸，无论是工人的技术水平还是设备条件都是不允许的，所以不标注 L_3；同样，图 7-13b 中的 25 也不应注出。

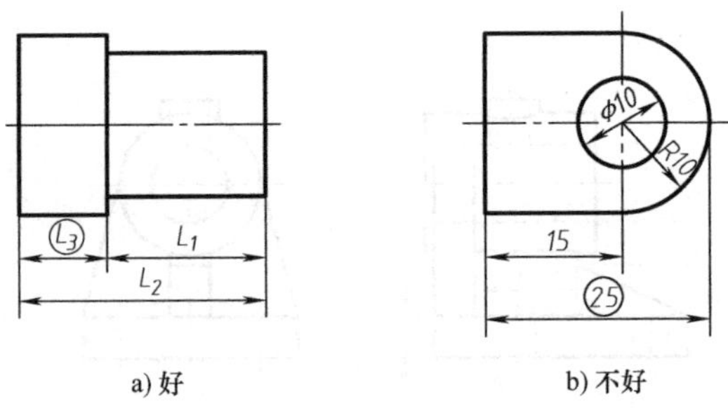

图 7-13　避免标注封闭尺寸

8）对称尺寸的尺寸基准是尺寸线中点，不可注一半。如图 7-14a 中的 36 和 44、12 和 20 标注正确，图 7-14b 中的两个 18 和 22、6 和 10 的标注错误。

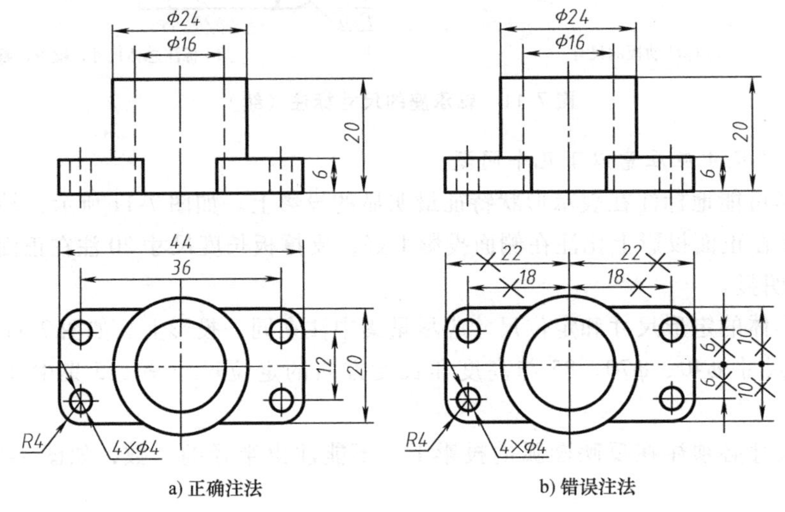

图 7-14　对称尺寸标注的正误对照

7.5　组合体的构形设计

组合体是对工业产品及工程形体的模型化，组合体的构形设计是指根据已知条件，如初步形状要求、功能要求、结构要求等，即一定边界条件下，构思出具有新颖而合理的结构形状的单一几何体，然后将多个单一几何体按一定的构成规律和方法，有机地组合在一起而构成组合体（产品）的整体形状，并用图形表达出来的设计过程。组合体构形设计的学习和训练，能培养读者的形象思维能力、审美能力和图形表达能力，并丰富空间想象能力，为进一步培养工程设计能力、创新思维能力打下基础。

7.5.1　组合体构形设计的基本特征

1. 约束性

构造任何一形体都是有目的、有要求的，即使是一件艺术品，其构成也是为表达创作者的某种艺术思想和意念。因此，构造任一形体都要在各种因素的限制和约束下进行。例如，要求构造一平面体，其上必须具备三类平面（或称七种面）。这些条件和要求构成了一组边界条件，成为构形时谋划和构思的“设计空间”，如图7-15所示。

2. 多解性

研究形体的构形过程，实际上是在分析该形体造型要素的边界条件。不同的边界条件，构造出不同的形体。如图7-16a所示，给定一条平面曲线，根据曲线构造一形体。图7-16b所示形体是通过该曲线绕定轴等距离旋转而形成的。图7-16c所示是由该曲线沿一定轨迹移动而产生的另一几何形体，它是在图7-16a所示曲线的基础上演变过来的。当然还可以通过改变形成方式创造出更多的形体，但它们都是从对生活的感受中得到启发的。

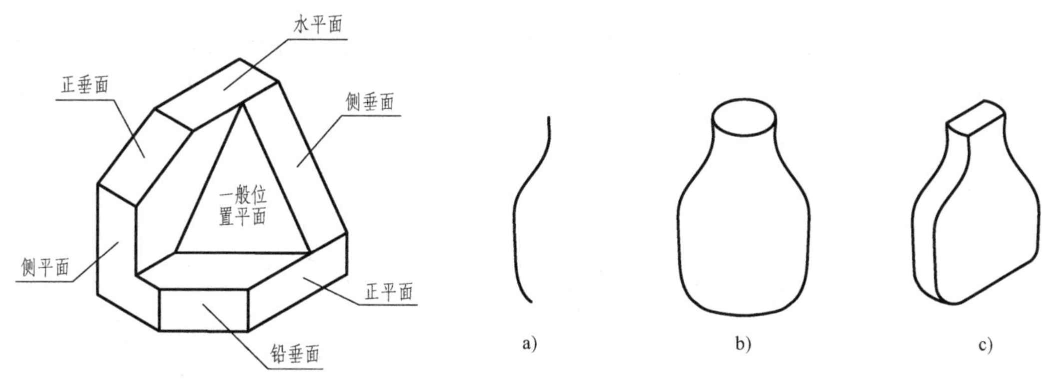

图7-15　用七种平面构造一组合体

图7-16　多解性

分析是解决问题的第一步，而设计是一个反复构思、实践、迭代的过程。解决在一定约束条件下的构形问题的方法很多，因此会导致多种不同的解。只有在多解的基础上才有可能有更多的机会进行联想、类比，找到较理想的最佳解。现阶段对所谓最佳解的要求，就是在满足边界条件下的构形最简单，作图最方便、最快捷。

7.5.2　组合体构形设计的基本要求

构形设计重点在于“构形”，暂不考虑生产加工、材料等方面的要求。因此构形设计要求所设计的形体在满足给定的功能条件下，款式新颖，表达完整，要具备科学与艺术的双重性、人文关怀的舒适性、启发灵感的创意性、系统与环境的协调性、适应时代的时尚性。即一般应满足如下要求：

1. 在满足给定的功能条件下进行构形设计

如图7-1所示的轴承座，设计要求它主要用于支撑具有一定高度的其他零件，并将其安装固定下来。即它的功能要求是支撑、容纳以及自身的连接等。要满足这些功能要求，一般要求它由三个部分构成：

（1）支撑部分　主要用于支撑、容纳旋转轴和轴承的结构，故将其设计成空心圆柱，即图中的轴套Ⅱ。因轴在轴承内旋转会产生摩擦而需要加注润滑油，故在轴套上设计出一带孔的圆柱形凸台Ⅲ。

（2）安装部分　用以固定并支撑整体部分的底板Ⅰ，通常设计成板或盘状结构，并在其上设计有供安装或定位用的若干通孔。

(3) 连接及加强部分　底板和轴套要视现场的安装和所支撑零件的高度来决定各自具体位置，所以底板和轴套用支撑板Ⅳ和肋板Ⅴ连接成一体，以增加其强度和刚度，进而加强整体的紧固性和稳定性。该部分的形状大多为棱柱形，具体结构与尺寸由整体构形决定。

在搞清这三部分的功能要求及相应的结构之后，即可进行分部构形设计，然后将其各部分有机地组合起来完成轴承座的整体构形设计。在构形设计过程中，应画出草图、轴测图及完整的一组视图（包括尺寸），以表达轴承座的设计方案和设计结果。

2. *在满足要求的基础上，最好以基本几何体为构形的基本元素*

组合体的构形应符合工程上零件结构的设计要求，以培养观察、分析、综合能力，但又不能完全工程化，因为此时的读者只是在组合体画图和读图的基础上进行构形设计，还不具备零件的工程设计能力，可以凭自己的想象设计组合体，以培养创造力和发散思维。因此，构形设计重点在于构“形”，而基本几何体是构形的基础，所以，构思组合体时，应以基本几何体为主。如图 7-17 所示的组合体，它的外形很像一部小轿车，但都是由几个基本几何体通过一定的组合方式形成的。

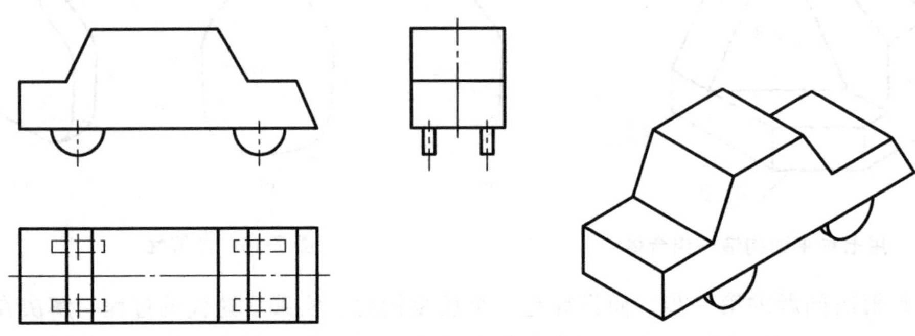

图 7-17　构形以基本几何体为主

3. *组合体的整体造型要体现稳定、协调，运动、静止等艺术法则*

对称的结构使形体具有自然的稳定和协调的感觉，如图 7-18 所示。而构造非对称形体时，应注意各几何体的大小和位置分布，以获得力学和视觉上的稳定感和协调性，如图 7-19 所示。如图 7-20 所示的火箭构形，线条流畅且造型美观，静中有动，有一触即发的感觉。

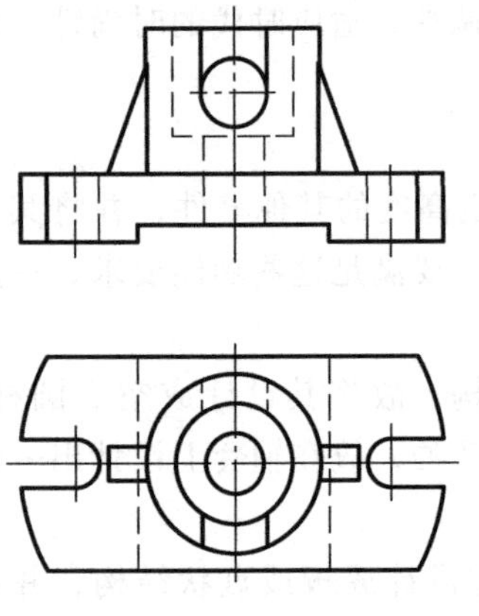

图 7-18　对称形体的构形设计

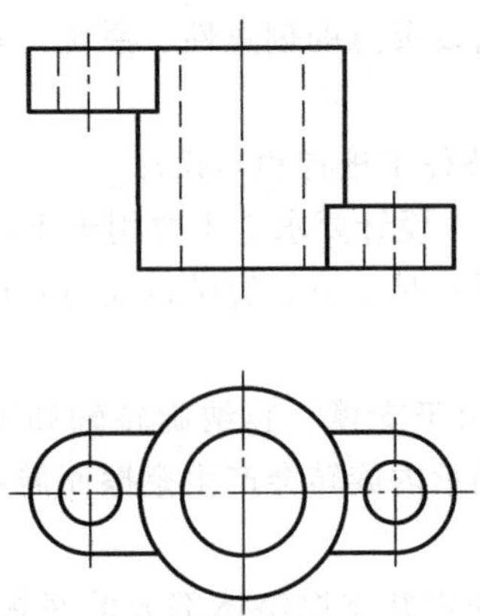

图 7-19　非对称形体的构形设计

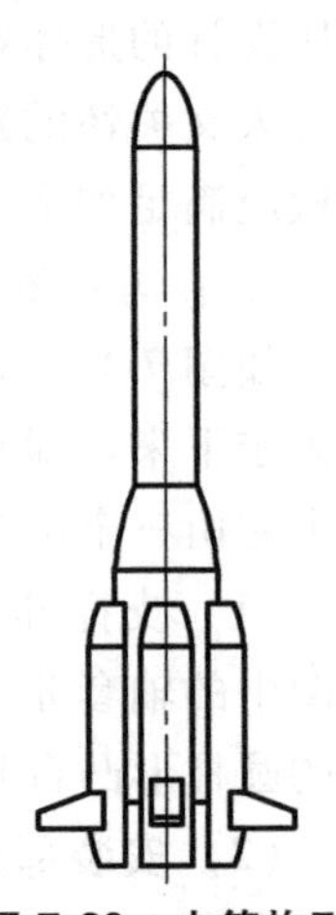

图 7-20　火箭构形

4. 构造的组合体应连接牢固，便于成形

构成组合体各几何体之间的连接不但要相互协调、稳定，还要连接牢固，便于成形。相邻几何体之间不能以点接触或线接触，如图7-21a、b所示的形体不能构成一个牢固的整体，图7-21c所示的形体设计成封闭的内腔，无法加工成形。

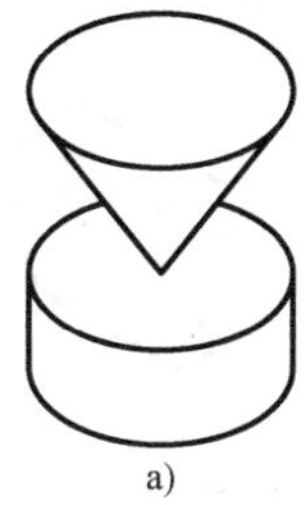
a)

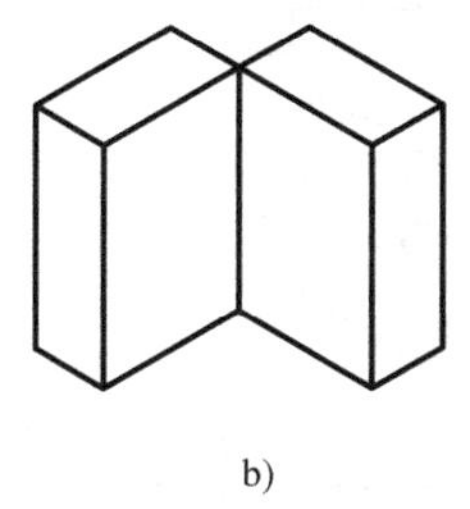
b)

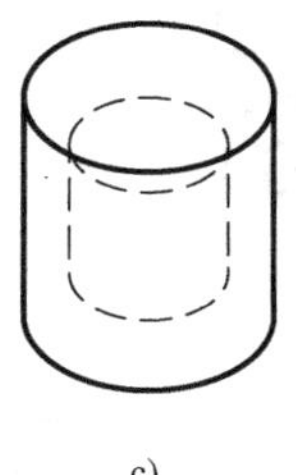
c)

图7-21 错误的形体组合

7.5.3 组合体构形设计的基本方法

1. 切割型构形设计

给定一几何体，经不同的切割或穿孔而构成不同的形体的方法称为切割型构形设计。切割方式包括平面切割、曲面切割（贯通之意）、曲直综合切割等，如图7-22所示。切割过程中要充分考虑到以下几点：

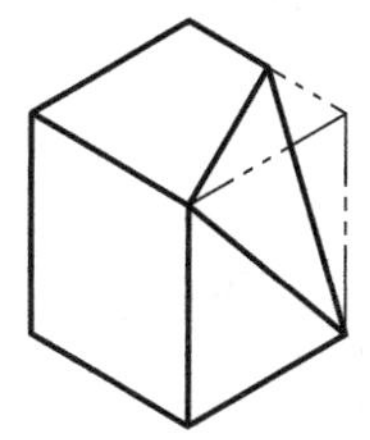

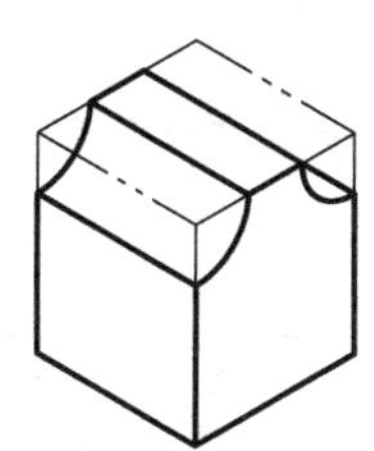

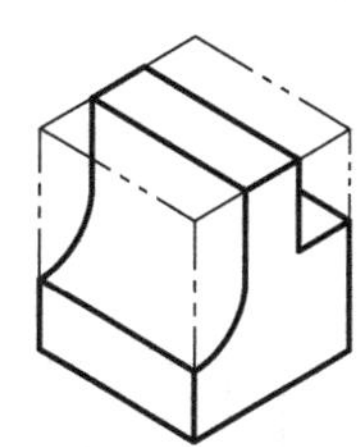

图7-22 用平面、曲面、平面和曲面切割成形

1）切割部分和数量不宜过多，否则会显得支离破碎。

2）切割后的形体比例要匀称，保持总体均衡与稳定。

3）切割后形体表现所产生的交线要舒展流畅和富于变化，形成既有统一又有变化的形态效果。

4）要充分了解和掌握不同构形给人带来的各种心理感受，进行有目的地切割，这样才能创造出具有一定艺术感染力的空间形体。

（1）由给定的一个投影进行构形设计　从前面的章节可以知道，给定一个投影不能确定物体的形状，因为它只反映了物体在某个投射方向上的形状，而不能展现其全貌。如图7-23所示，由正面投影进行构形设计，可设计出不同的形体。

图7-24所示是由水平投影进行构形设计，但形状较复杂，要仔细分析线、面关系，想象出空间物体的凸、凹、平面、曲面的相互层次。

（2）由给定的两个投影进行构形设计　有时给定两个投影也不能确定物体的形状，这是因为投影中的线框可以是平面、曲面、凸面、凹面或孔，而给定的两个投影中没有给出反映物体特征的投影或没有给出各组成部分的相对位置特征的投影，因此物体的形状仍不能确

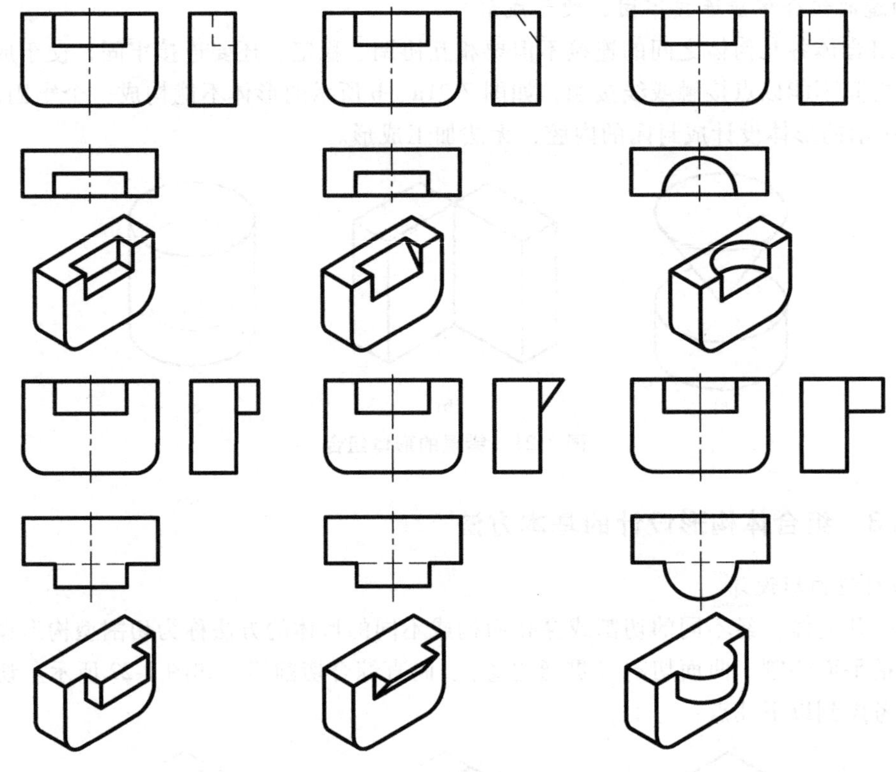

图 7-23　由正面投影进行构形设计

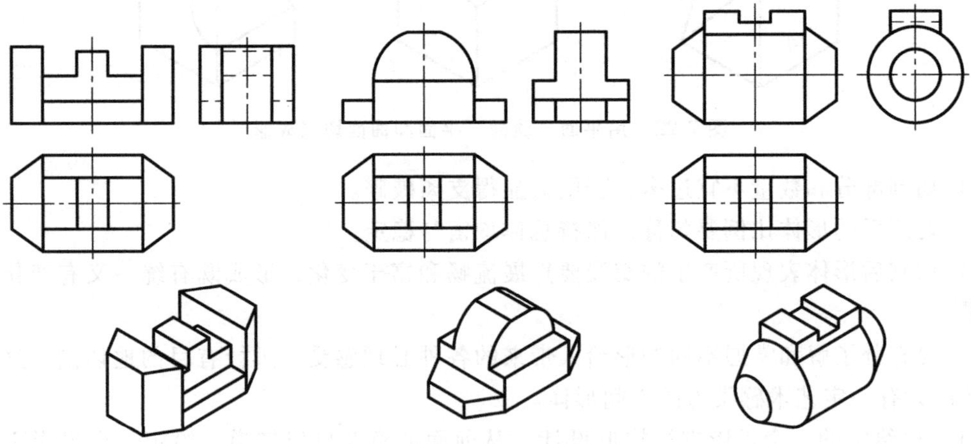

图 7-24　由水平投影进行构形设计

定。图 7-25 所示为由正面投影和水平投影进行构形设计。

2. 叠加型构形设计

给定几个基本几何体，按照不同位置和组合方式，通过叠加而构成不同组合体的方法，称为叠加型构形设计。如图 7-26 所示，给定两基本几何体，变换其相对位置和叠加方式，形成不同的形体。

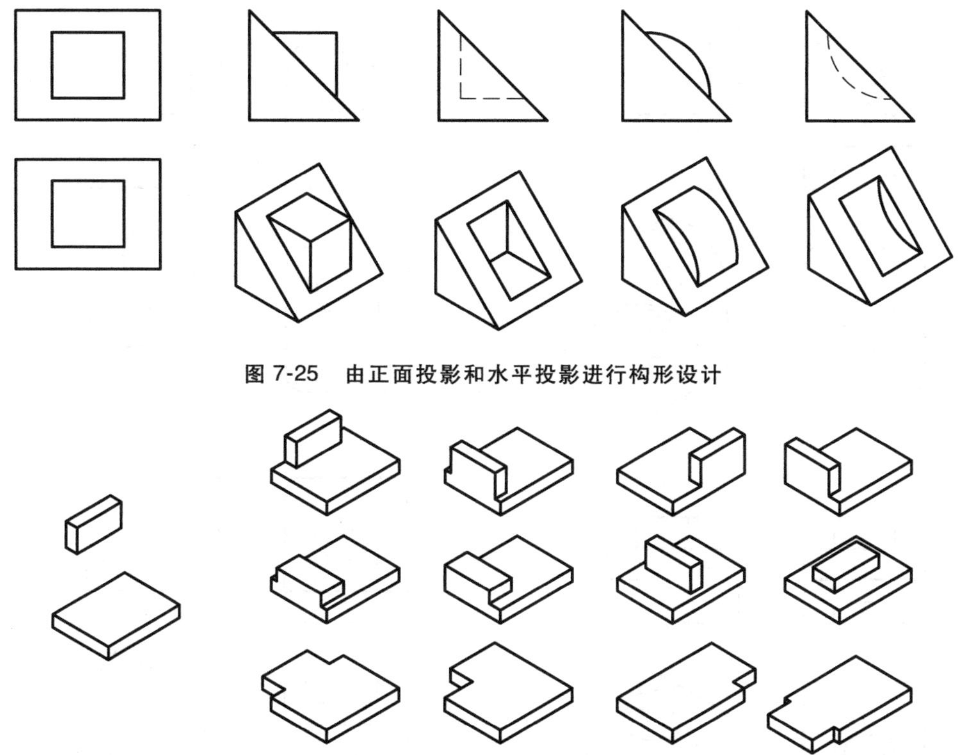

图 7-25　由正面投影和水平投影进行构形设计

图 7-26　给定两基本几何体进行叠加构形

3. 综合型构形设计

给定若干基本几何体，经过叠加、切割（包括穿孔）等方法而构成组合体的方法称为综合型构形设计。图 7-27a 所示为给定的三个基本几何体，经过不同的组合设计而构成四个不同的组合体，如图 7-27b～e 所示。

4. 仿形构形设计

根据已有物体结构的特点和规律，构形设计出具有相同特点和规律的不同物体。图 7-28b 所示物体是图 7-28a 所示物体的仿形物体。

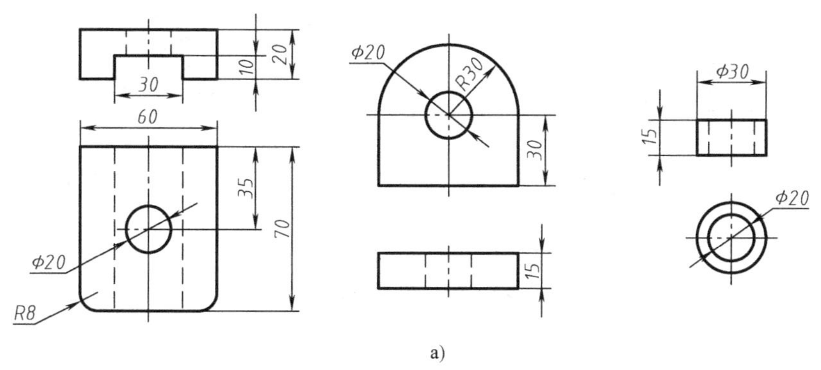

a)

图 7-27　给定基本几何体进行综合型构形

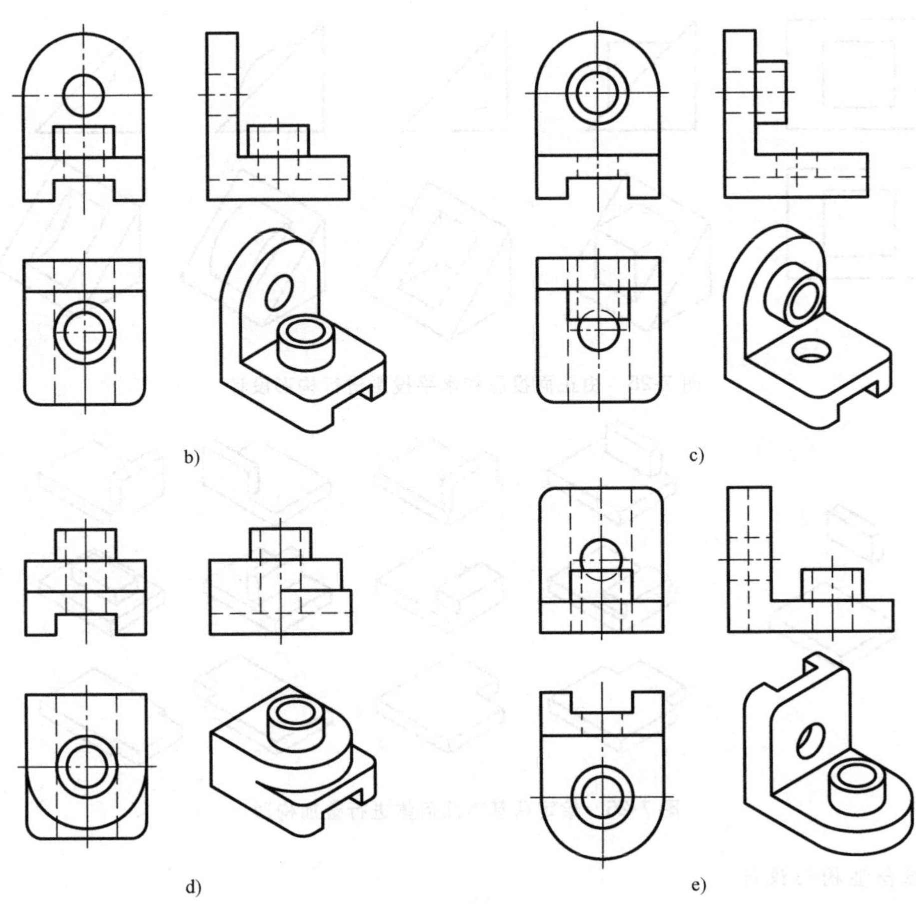

图 7-27　给定基本几何体进行综合型构形（续）

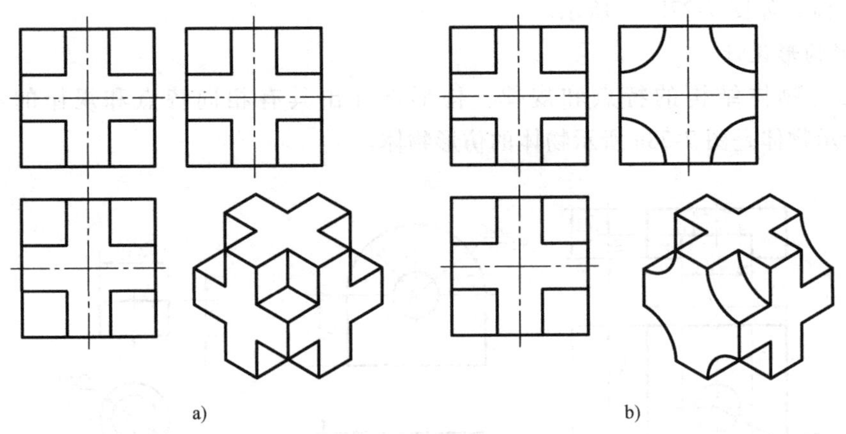

图 7-28　仿形构形设计

5. 互补体的构形设计

根据已知物体的结构特点，构形设计出凹、凸相反且与原物体镶嵌成一个完整形体的物体。图 7-29a 所示物体与图 7-29b 所示物体为一对互补体，它们镶嵌在一起为一完整的长方体。图 7-30a 所示物体与图 7-30b 所示物体为另一对互补体，镶嵌在一起为一完整的圆柱体。

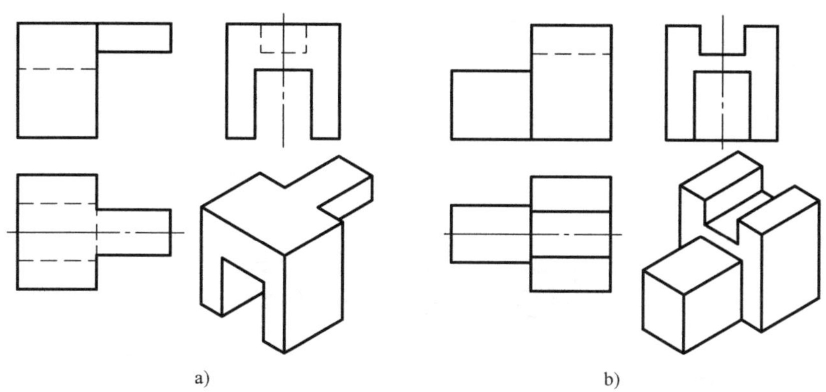

a)　　b)

图 7-29　互补体的构形设计（一）

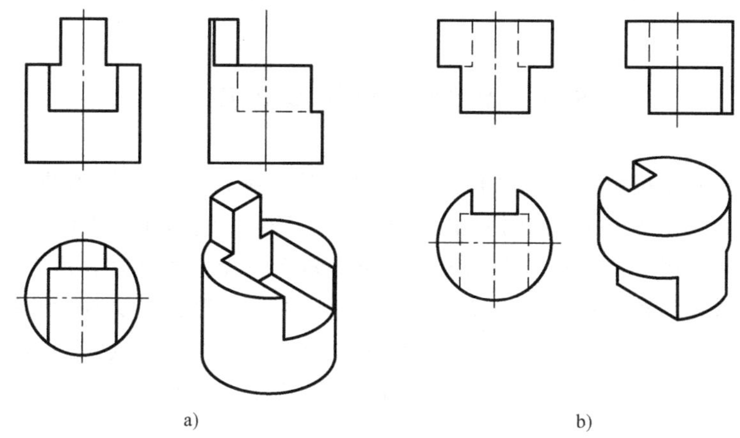

a)　　b)

图 7-30　互补体的构形设计（二）

第8章

轴 测 图

本章学习目标

了解轴测投影原理、规律和工程常用轴测图。熟练掌握基本立体和组合形体的正等轴测图的绘制方法。了解斜二轴测图的应用特点和绘制方法。

8.1 轴测图的基本知识

工程上常用多面正投影图表达立体，它可以完整、确切地表达物体的形状、特征以及尺寸（图 8-1a），作图简单，标注尺寸方便；但其缺乏立体感，不够直观，特别是对于一些结构复杂的零件，单凭多面正投影图难以表达零件的结构，这就需要借助富有立体感的轴测投影或立体模型来帮助识图。轴测投影又称轴测图，是一种在二维平面里描述三维物体的最简单的方法。轴测图能直观、清晰地反映零件的形状和特征，但不便于度量，且作图较复杂，因此常作为辅助图样使用。图 8-1 所示为多面正投影图和轴测图的比较。

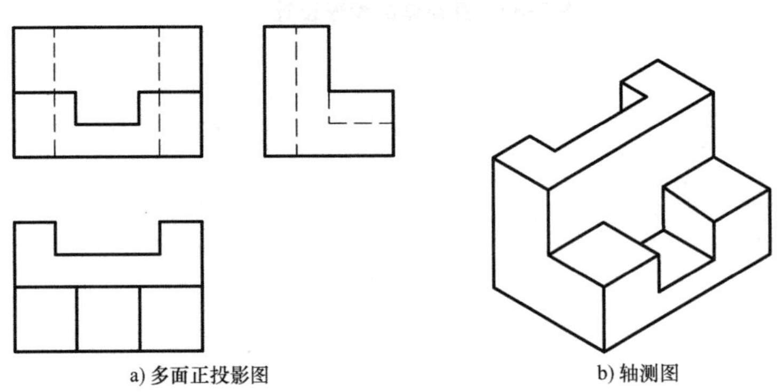

a) 多面正投影图　　b) 轴测图

图 8-1　多面正投影图和轴测图的比较

1. 轴测图的形成

轴测投影是将物体连同其参考直角坐标系，沿不平行于任一坐标平面的方向，用平行投影法将其投射在单一投影面上所得到的图形，也称轴测图。如图 8-2 所示，图中的单一投影

面 P 称为轴测投影面，投射线方向 S 称为轴测投射方向。

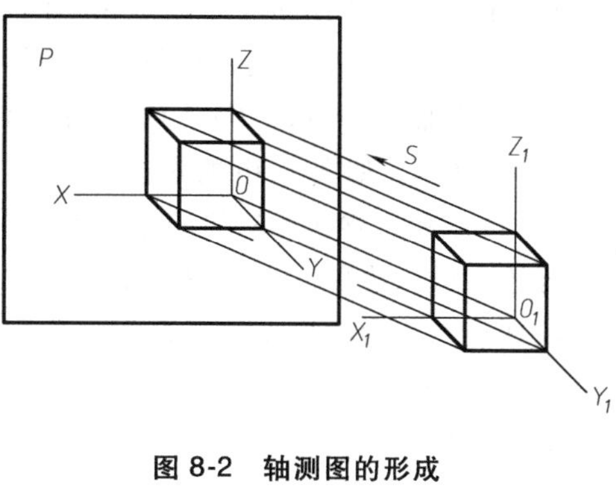

图 8-2 轴测图的形成

2. 轴间角及轴向伸缩系数

（1）轴测轴 在空间物体长、宽、高三个方向选定直角坐标系 $O_1—X_1Y_1Z_1$，三根坐标轴 O_1X_1、O_1Y_1、O_1Z_1 在轴测投影面上的投影 OX、OY、OZ 称为轴测投影轴，简称轴测轴。

（2）轴间角 轴测图中，任意两轴测轴之间的夹角 $\angle XOY$、$\angle YOZ$、$\angle ZOX$ 称为轴间角。

（3）轴向伸缩系数 轴测轴上的 OX、OY、OZ 单位长度与相应直角坐标轴 O_1X_1、O_1Y_1、O_1Z_1 上的单位长度的比值称为轴向伸缩系数，分别用 p_1、q_1、r_1 表示。

3. 轴测图的分类

根据投射线的方向和轴测投影面的不同位置，轴测图可分为正轴测图（正等轴测图、正二轴测图、正三轴测图）和斜轴测图（斜等轴测图、斜二轴测图、斜三轴测图）两类。投射线垂直于轴测投影面得到的轴测图，称为正轴测图；投射线倾斜于轴测投影面得到的轴测图，称为斜轴测图。

本章只介绍工程上常用的正等轴测图和斜二轴测图的画法。

4. 轴测图的投影特性

轴测图是用平行投影法得到的投影图，它具有以下平行投影的特性：

1）线性不变，即直线的轴测投影仍为直线。

2）平行性不变，即相互平行的线段轴测投影仍然平行。

3）从属性不变，即点、线、面的从属关系不变。

从上述投影特性可以看出：当点在坐标轴上时，其轴测投影一定在轴测轴上；与坐标轴平行的线段，其轴测投影仍与相应的轴测轴平行。

8.2 正等轴测图

1. 正等轴测图的轴向伸缩系数和轴间角

当投射线垂直于轴测投影面 P 且平面 P 与物体上的三个直角坐标轴的夹角相等时，三个轴向伸缩系数相等（$p_1=q_1=r_1$），这时在平面 P 上得到的投影为该物体的正等轴测图。

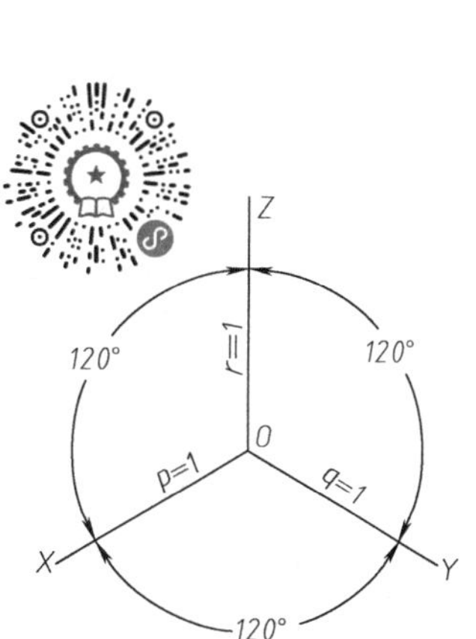

图 8-3 正等轴测图的基本参数

正等轴测图的轴向伸缩系数 $p_1=q_1=r_1=0.82\approx1$。轴测轴之间的轴间角 $\angle XOY=\angle YOZ=\angle ZOX=120°$。作图时沿轴向按实际尺寸量取，如图 8-3 所示。

2. 平面几何体的正等轴测图

正六棱柱的正等轴测图的坐标定点画法如下：

1）正六棱柱的顶面与底面是相同的正六边形水平面，选择顶面中心作为坐标系原点 O，并确定 OX、OY、OZ 方向，如图 8-4a 所示。

2）画出轴测轴 OX、OY、OZ，在 OX 轴上量取 OⅠ $=O$Ⅳ $=a/2$，在 OY 轴上从 O 点量取 OⅦ $=O$Ⅷ $=b/2$，如图 8-4b 所示。

3）过点Ⅶ、Ⅷ作 OX 轴的平行线，分别以其为中点、按长度 $c/2$ 量得点Ⅱ、Ⅲ和Ⅵ、Ⅴ，并连接成六边形；再过Ⅵ、Ⅰ、Ⅱ、Ⅲ各点向下作 OZ 轴的平行线，在各线上量取高 h，得到底面正六边形的可见角点，如图 8-4c 所示。

4）连接底面各可见点，擦去多余作图线，加深可见轮廓线，完成正六棱柱的正等轴测图，如图 8-4d 所示。

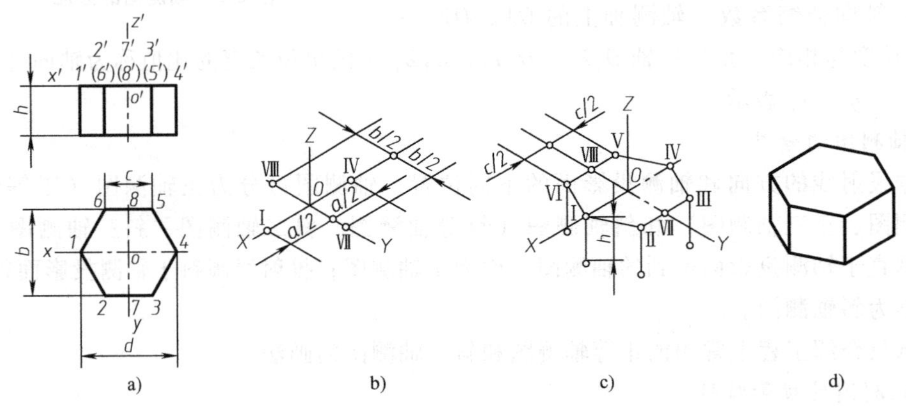

图 8-4　正六棱柱的正等轴测图画法

通常将坐标系原点选在可见的顶面上，作图过程中就不必画出不可见轮廓线了。

3. 回转体的正等轴测图

画回转体正等轴测图的关键是画其端面的正等轴测图。

（1）平行于各坐标面的圆的正等轴测图画法　平行于各坐标面的圆的正等轴测图是椭圆。画图时常采用四心近似椭圆画法，先作出外切菱形，再求出四段圆弧的圆心及半径，然后，用四段圆弧光滑连接成椭圆。下面以平行于水平面的圆为例，说明其正等轴测图的画法。

1）以圆心为坐标系原点 O，确定 OX、OY 方向，并作圆的外切正方形，得切点 a、b、c、d，如图 8-5a 所示。

2）作轴测轴 OX、OY，从 O 点在轴测轴上量取圆的半径得到切点 A、C、B、D，过点 A、C 作 OY 轴的平行线，过点 B、D 作 OX 轴的平行线，画出菱形，即为外切正方形的轴测投影；画出菱形的对角线，如图 8-5b 所示。

3）分别以点 1、2 为圆心、$1D$、$2B$ 为半径画大圆弧 $\overset{\frown}{DC}$、$\overset{\frown}{AB}$；连接 $1D$、$1C$（或连接 $2A$、$2B$），与长对角线分别交于点 3、4，如图 8-5c 所示。

4）分别以点 3、4 为圆心、以 $3A$、$4C$ 为半径画小圆弧 $\overset{\frown}{AD}$、$\overset{\frown}{CB}$；四段圆弧即连成近似椭圆，如图 8-5d 所示。

图 8-6 所示为平行于三个坐标面的圆的正等轴测图，它们均为椭圆，其画法相似；椭圆的长、短轴分别位于菱形的长、短对角线上，短轴与该坐标面垂直的轴测轴平行。

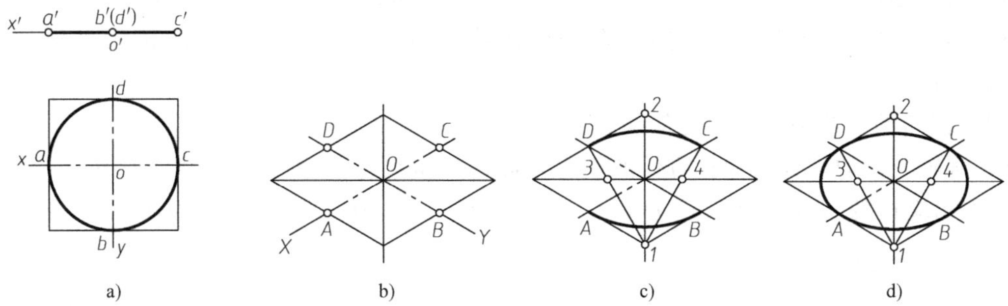

a) b) c) d)

图 8-5 用四心近似画法作圆的正等轴测图

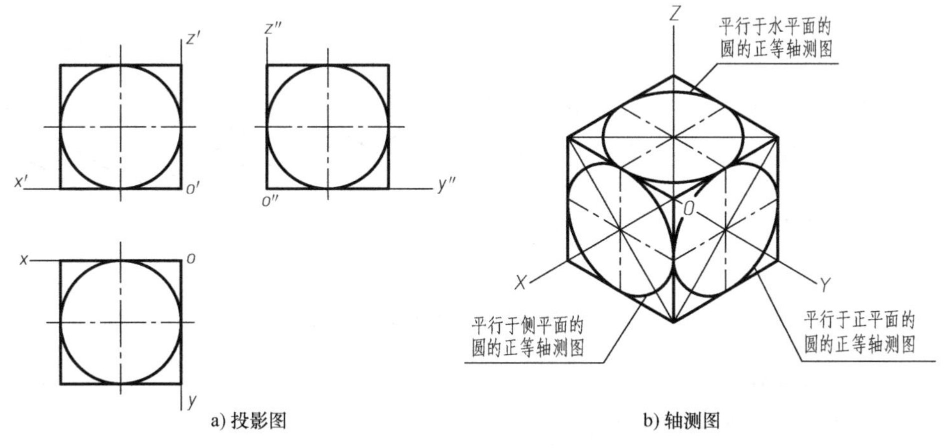

a) 投影图 b) 轴测图

图 8-6 平行于三个坐标面的圆的正等轴测图

（2）圆柱的正等轴测图的画法

1）在正投影图中选定坐标系原点和坐标轴，坐标系原点选在顶面上，如图 8-7a 所示。

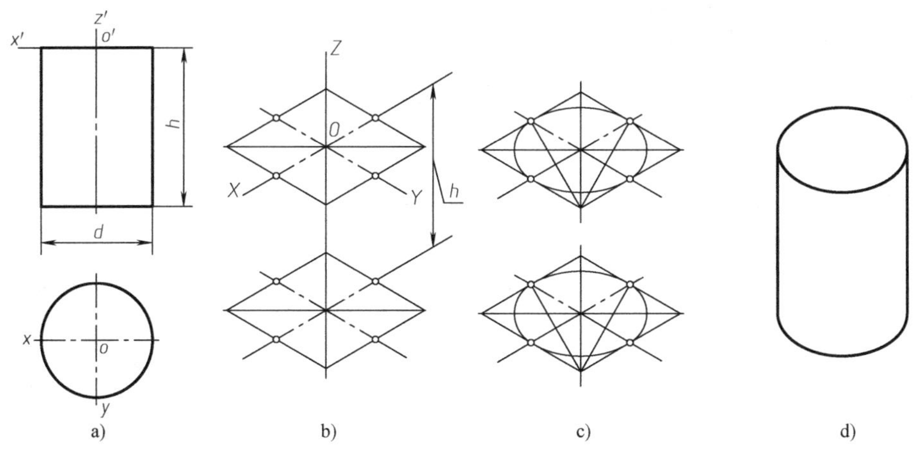

a) b) c) d)

图 8-7 圆柱的正等轴测图的画法

2）画出轴测轴 OX、OY、OZ，从点 O 向 OZ 轴下方量取圆柱高 h，得底圆圆心，过圆心作 OX、OY 的平行线；再分别画出顶圆、底圆的外切菱形，如图 8-7b 所示。

3）用四心近似画法画出顶面、底面与菱形内切的椭圆，如图8-7c所示。

4）画出两椭圆的公切线，擦去多余作图线，描深，即完成圆柱的正等轴测图，如图8-7d所示。

（3）圆角的正等轴测图的近似画法

1）画轴测图的坐标轴和长方体的正等轴测图。由尺寸 R 确定切点 A、B、C、D，过这四个点作相应边的垂线，其交点为 O_1、O_2。以 O_1、O_2 为圆心，O_1A、O_2C 为半径作弧线 $\overset{\frown}{AB}$、$\overset{\frown}{CD}$，如图8-8b所示。

2）把圆心 O_1、O_2，A、B、C、D 按尺寸 h 向下平移，画出底面圆弧的正等轴测图，如图8-8b所示。

3）擦去多余作图线，描深，即完成圆角的正等轴测图，如图8-8c所示。

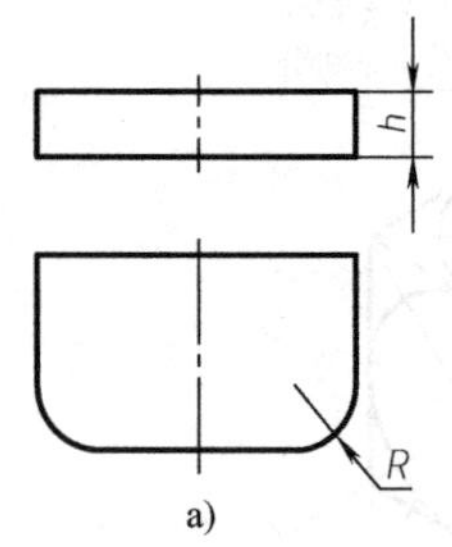

a)

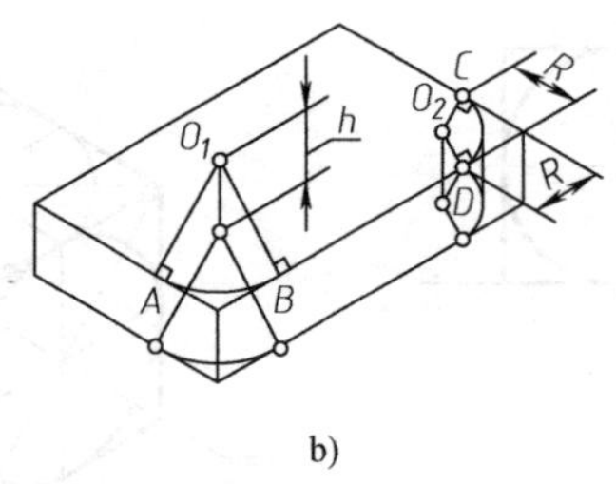

b)

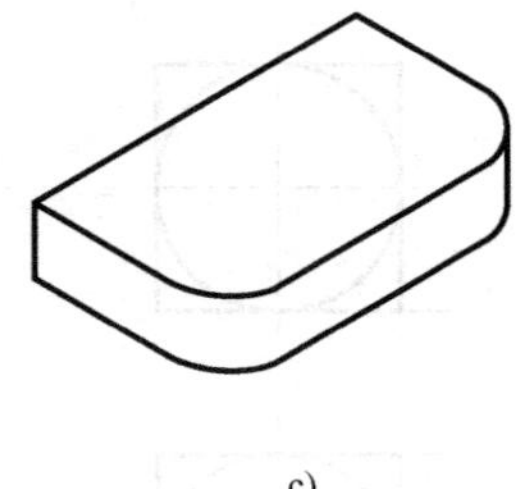

c)

图8-8　圆角的正等轴测图的画法

4. 组合体的正等轴测图

切割类组合体正等轴测图的作图步骤如下：

1）在正投影图上选定坐标系原点和坐标轴，如图8-9a所示。

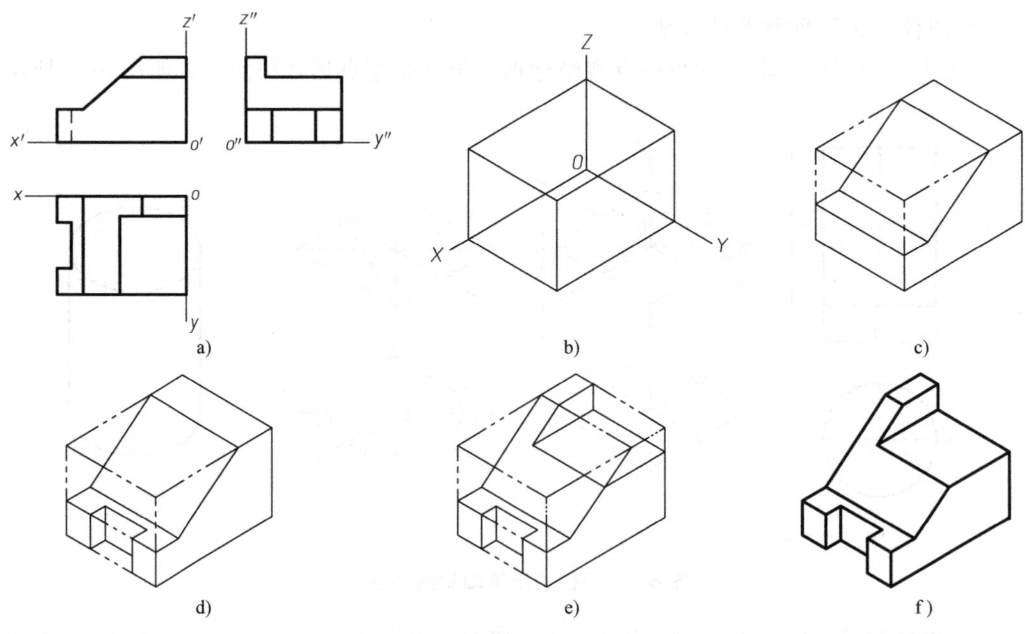

a)　b)　c)　d)　e)　f)

图8-9　切割类组合体的正等轴测图画法

2）画轴测轴 OX、OY、OZ，并画出长方体的轴测图，如图 8-9b 所示。

3）按照正面投影从顶面向下切去四棱柱，如图 8-9c 所示。

4）按照正面、水平投影从左侧面向右开槽，如图 8-9d 所示。

5）按照正面、侧面投影从顶面向下切去四棱柱，如图 8-9e 所示。

6）擦去多余作图线，加深，完成轴测图，如图 8-9f 所示。

8.3　斜二轴测图

1. 斜二轴测图的轴间角及轴向伸缩系数

国家标准规定了斜二轴测图的轴间角和轴测轴的画法，如图 8-10 所示，$\angle XOZ=90°$，$\angle XOY=\angle YOZ=135°$。斜二轴测图的轴向伸缩系数 $p_1=r_1=1$，$q_1=0.5$。

注意：画斜二轴测图时，凡平行于 X 轴和 Z 轴的线段按 1∶1 量取，平行于 Y 轴的线段的按 1∶2 量取。

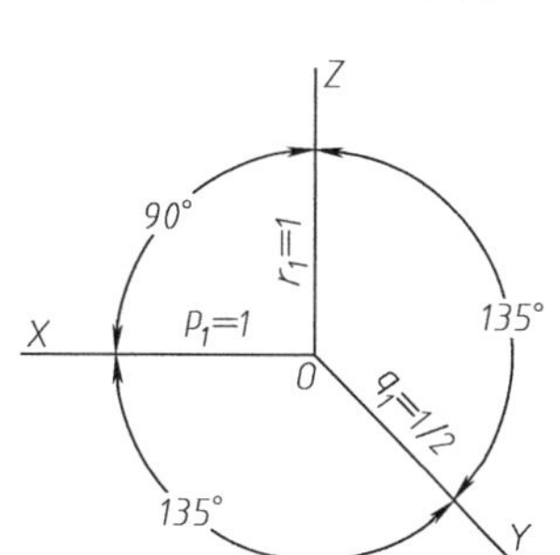

图 8-10　斜二轴测图的基本参数

2. 平行于各坐标面圆的斜二轴测图

从图 8-11b 可以看出，平行于 XOZ 坐标面的圆的斜二轴测图反映实形，平行于其他坐标面的圆的斜二轴测图为椭圆，且椭圆的近似画法较复杂。当零件的某一投影具有较多圆时，宜选用斜二轴测图，并使多圆的方向平行于轴测投影面 XOZ。而当物体上有平行于两（或三）个坐标面的圆时，则应选用正等轴测图的画法。

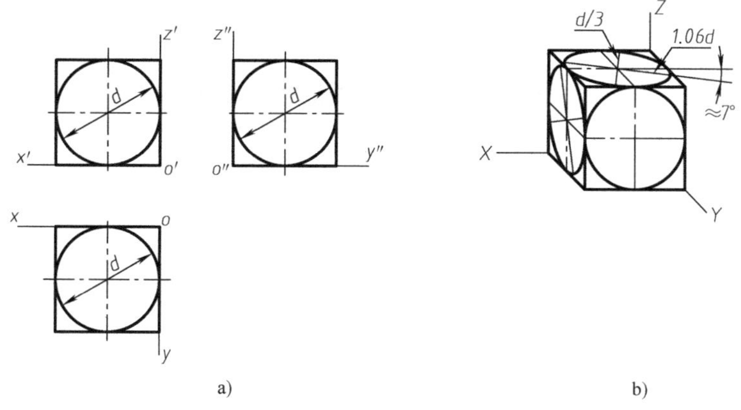

图 8-11　平行于各坐标面圆的斜二轴测图的画法

3. 组合体斜二轴测图的画法

图 8-12 所示的组合体由圆筒和支板组成，它们的前后端面均有平行于 XOZ 坐标面的圆及圆弧，其正面投影反映实形，宜采用斜二轴测图。作图步骤如下：

1）选定坐标系原点和坐标轴，如图 8-12a 所示。

2）画出轴测轴 OX、OY、OZ，由点 O 沿 OY 作出点Ⅱ、Ⅰ，OⅡ$=O''2''/2=4''3''/2$，OⅠ$=O''1''/2$，由点 O 向 OZ 轴下方作出点Ⅳ（OⅣ$=O''4''$）；由点Ⅳ作 OY 轴的平行线，由点Ⅱ向下作 OZ

轴的平行线，两线交于点Ⅲ，如图 8-12b 所示。

3）分别以点 O、Ⅱ、Ⅰ为圆心，按正面投影图上的不同半径画圆筒轴测投影的各圆、圆弧，再以点Ⅲ、Ⅳ为圆心，按正面投影图上支板的圆柱孔及圆柱面的半径画圆、圆弧，如图 8-12c 所示。

4）作各相应圆或圆弧的公切线，擦去多余作图线，加深，完成斜二轴测图，如图 8-12d 所示。

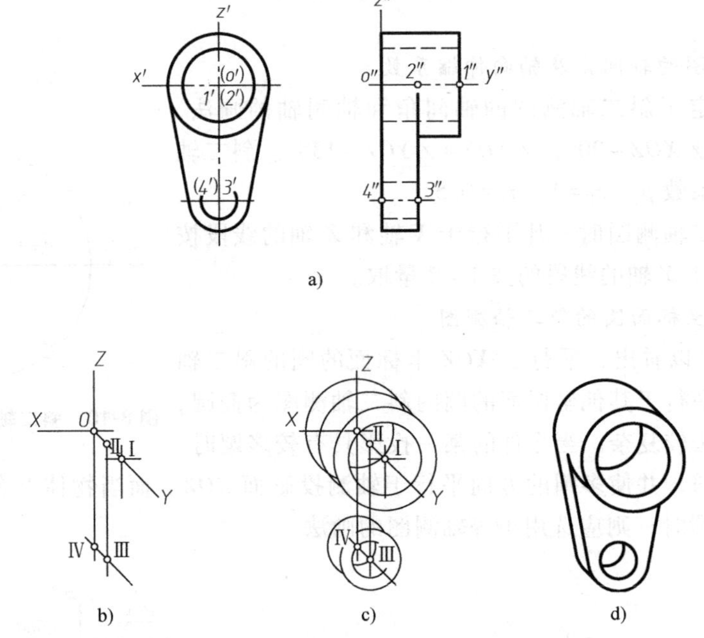

图 8-12　组合体斜二轴测图的画法

第9章

机件的常用表达方法

本章学习目标

掌握视图、剖视图、断面图的画法，了解局部放大图、简化画法及应用，提升空间想象能力和构形思维能力。熟练掌握这些方法是正确绘制和阅读机械图样的基本条件。

9.1 视　图

根据国家有关标准和规定，用正投影法所绘制出物体的图形称为视图。视图主要用来表达机件的外部结构，在视图中，一般只画物体的可见部分，必要时才用细虚线画出不可见部分。

视图分为基本视图、向视图、局部视图和斜视图。

1. 基本视图

当机件的形状结构复杂时，仅用三个视图不能清楚地表达机件的右面、底面和后面形状。根据国标规定，在原有三个投影面的基础上再增设三个投影面，组成一个正六面体，如图9-1所示。

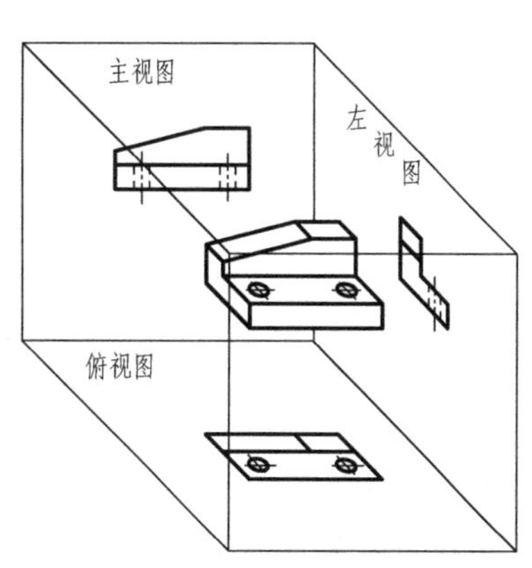

图9-1　六个基本投影面的立体图

该六面体的六个表面称为基本投影面，机件向基本投影面投射所得的视图称为基本视图。由前向后投射得到主视图；由上向下投射得到俯视图；由左向右投射得到左视图；由右向左投射得到右视图；由下向上投射得到仰视图；由后向前投射得到后视图。

主视图的投射方向仍以反映物体主要结构特征和相互位置关系为准。主视图的投射方向和摆放位置确定以后，其他各视图的投射方向和摆放位置也就随之确定。这六个视图为基本视图，展开方法如图9-2所示，配置方式按投射方向摆放，如图9-3所示，并且不标注各视图的名称。各视图之间投影关系仍符合“长对正、高平齐、宽相等”的投射规律，即主视图、俯视图、仰视图、后视图长对正；主视图、左视图、右视图、后视图高平齐；俯视图、仰视图、左视图、右视图宽相等。

虽然机件可以用六个基本视图表示，但是在实际应用时并不是所有的机件都需要六个基

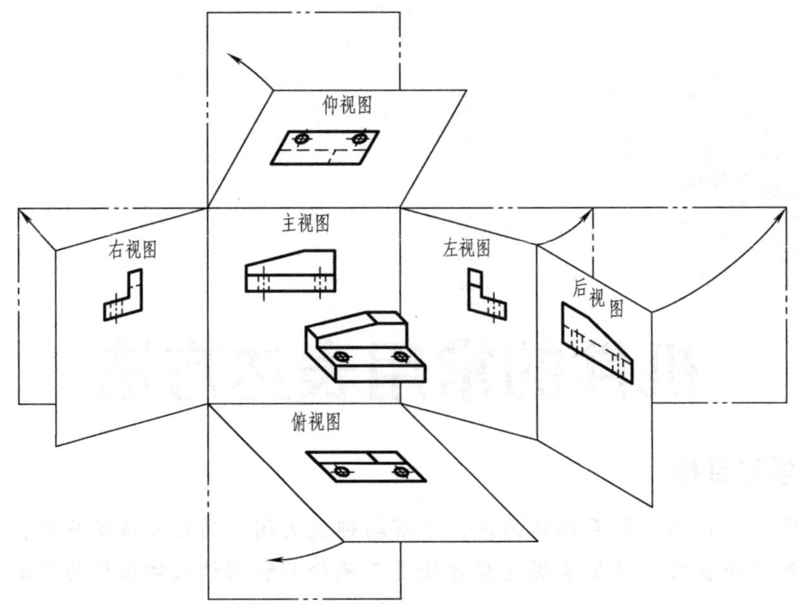

图 9-2　基本投影面的展开方法

本视图。应针对机件的结构形状、复杂程度需要，确定基本视图数量，力求完整、清晰、简单，避免不必要的重复表达。

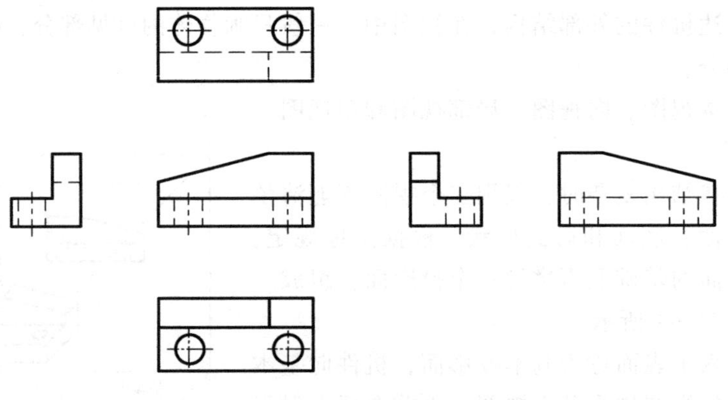

图 9-3　基本视图的配置

2. 向视图

可以自由配置的基本视图称为向视图。如图 9-4 所示，为了合理利用图纸可以不按规定位置绘制基本视图，但向视图必须加以标注。在向视图的上方，用大写的拉丁字母（如 *A*、*B*、*C* 等）标出向视图的名称“×”，并在相应的视图附近用箭头指明投射方向，同时注上相同的字母。表示投射方向的箭头尽可能配置在主视图上。表示后视图的投射方向时，应将箭头配置在左视图或右视图上。

3. 局部视图

局部视图是将物体的某一部分向基本投影面投射所得的视图，通常用来局部地表达机件的外形。

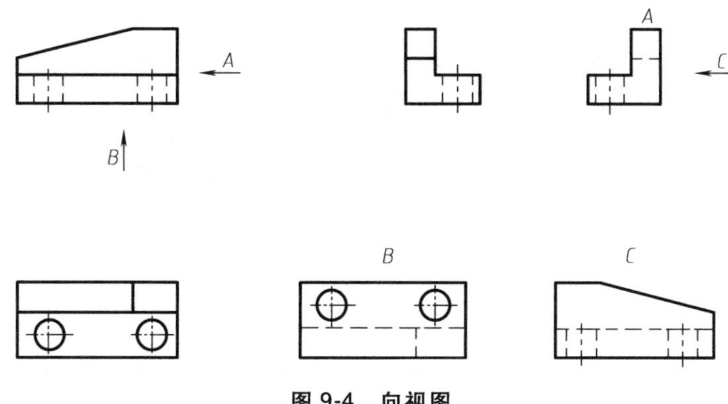

图 9-4　向视图

当机件的主体结构已由基本视图表达清楚，仅有部分结构尚未表达清楚，又没有必要画出完整的基本视图时，可以只将机件的该部分画出，已表达清楚的部分不画。如图 9-5 所示，机件左、右凸缘形状在主、俯视图中均不反映实形，但又不必画出完整的左视图，所以用 *A* 向和 *B* 向局部视图表达凸缘形状，这样既简单明确又重点突出。

（1）局部视图的画法

1）局部视图的断裂边界应以波浪线或双折线表示，如图 9-5c 所示。

2）当所表达的局部视图的外轮廓成封闭时，则不必画出其断裂边界线。如图 9-5d 所示，凸缘外轮廓是封闭图形，不必画出其断裂边界线。

3）局部视图可以按基本视图位置配置，也可按向视图的形式配置。

（2）局部视图的标注

1）当局部视图按基本视图的位置配置，中间又没有其他图形隔开时，则不必标注。如图 9-7 中的俯视图就是局部视图。

2）当局部视图不按基本视图位置配置时，则必须加以标注。标注的形式和向视图的标注相同，如图 9-5c、d 所示。

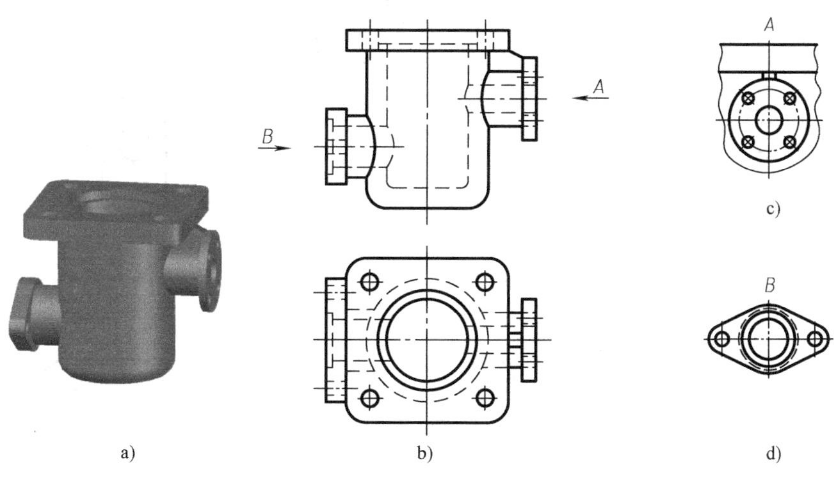

图 9-5　局部视图

为了节省绘图时间和图幅，对称构件或零件的视图可只画一半或四分之一，并在对称中心线两端画出两条与其垂直的平行细实线，如图 9-6 所示。

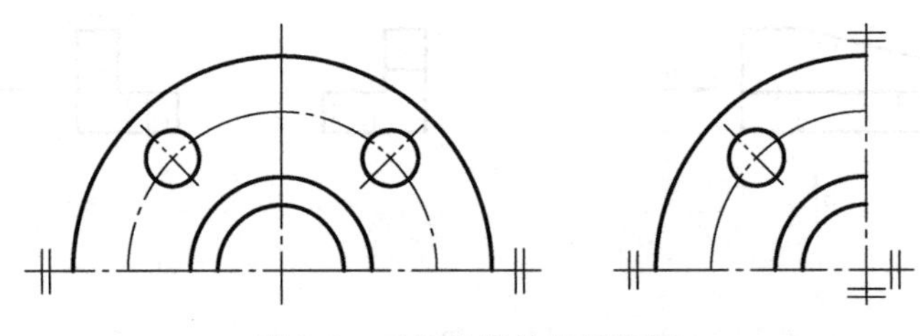

图 9-6 对称机件的局部视图

4. 斜视图

斜视图是将机件向不平行于基本投影面的平面投射所得的视图。如图 9-7 所示，主视图弯板右上部分在基本视图中均不能反映该部分的实形。为了表达该部分的实形，选择一个辅助投影面，其平行于倾斜结构且垂直于某基本投影面，将倾斜结构向该辅助投影面投射得到的视图即为斜视图。

（1）画法

1）斜视图只画出机件倾斜结构的真实形状，其他部分用波浪线或双折线断开，如图 9-7a 所示。

2）斜视图一般按投射方向配置，保持投射关系。也可以配置在其他适当位置，或将图形旋转，使图形的主要轮廓线或中心线成水平或垂直，如图 9-7b、c 所示。

（2）标注

1）斜视图的标注形式与向视图相同，如图 9-7a 所示。

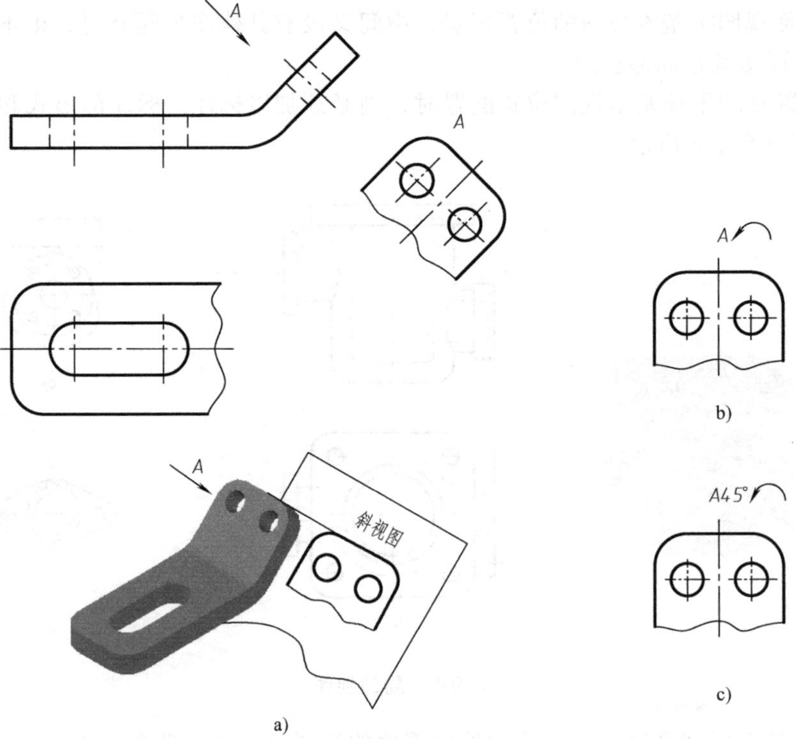

图 9-7 斜视图

2）当图形旋转配置时必须标出旋转符号，且旋转符号箭头应靠近字母，旋转符号的方向应与实际旋转方向相一致，如图9-7b所示。也允许将旋转角度值标在字母之后，如图9-7c所示。旋转符号的尺寸和比例如图9-8所示。

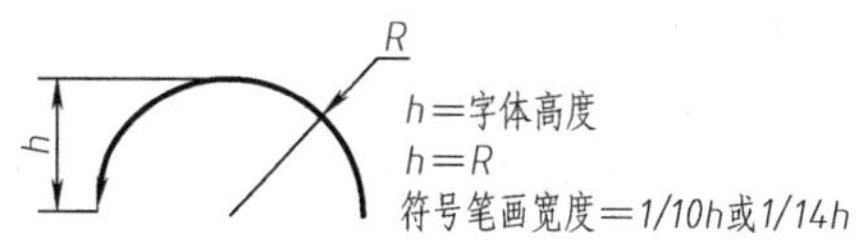

图9-8 旋转符号的尺寸和比例

9.2 剖 视 图

机件上不可见部分的投影在视图中用细虚线表示，如图9-9所示。当机件的内部结构比较复杂时，视图中会出现较多细虚线，这些细虚线与粗实线及其他线型重叠在一起，既影响视图的清晰，又不利于读图与标注尺寸。因此，国家标准规定用剖视图来表达机件的内部结构形状。

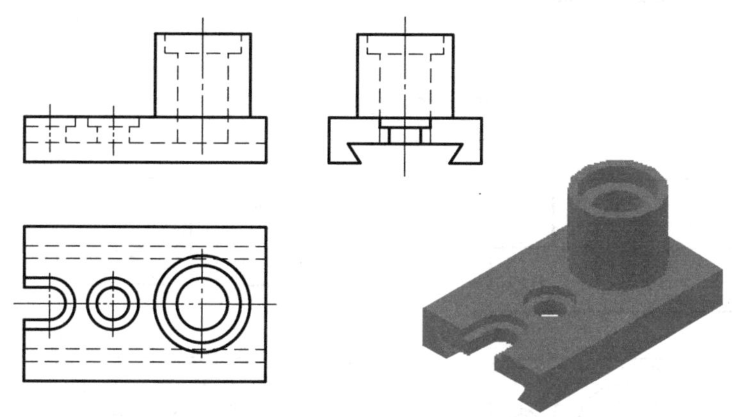

图9-9 机件的立体图和三面投影图

9.2.1 剖视的基本概念

假想用剖切面剖开机件，将处在观察者和剖切面之间的部分移去，其余部分向投影面投射所得的图形称为剖视图，如图9-10所示。剖视图简称为剖视，用来剖切机件的假想面称为剖切面，剖切面可用平面或柱面，一般用平面。

9.2.2 剖视图的画法

1）为了能表达机件的实形，所选剖切平面一般应平行于相应的投影面，且通过机件的对称平面或回转轴线。如图9-10所示，剖切平面是正平面且通过机件的前后对称平面。

2）剖视图由两部分组成，一是机件和剖切面接触的部分，该部分称为剖面区域，如图9-11b所示，另一部分是剖切面后边可见部分的投影，如图9-11c所示。

3）在剖面区域上应画出剖面符号。国家标准规定，对各种材料应使用不同的剖面符号，常用的剖面符号见表9-1。当机件为金属材料时，其剖面符号是与主要轮廓线或剖面区域对称线成45°、间距为2~4mm的细实线。同一机件在各个剖视图中的剖面线倾斜方向和间距都必须一致。

4）由于剖切是假想的，所以当某个视图取剖视后，其他视图仍按完整的机件画出，如图 9-10 中的俯视图和左视图。

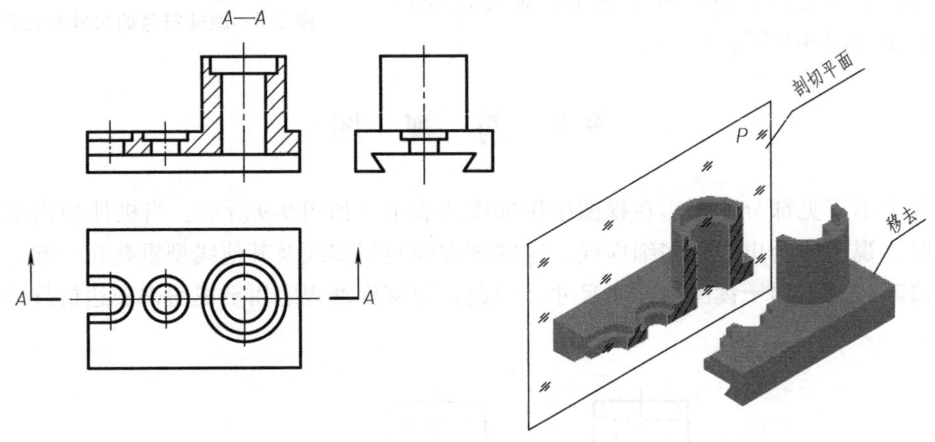

图 9-10 剖视图概念

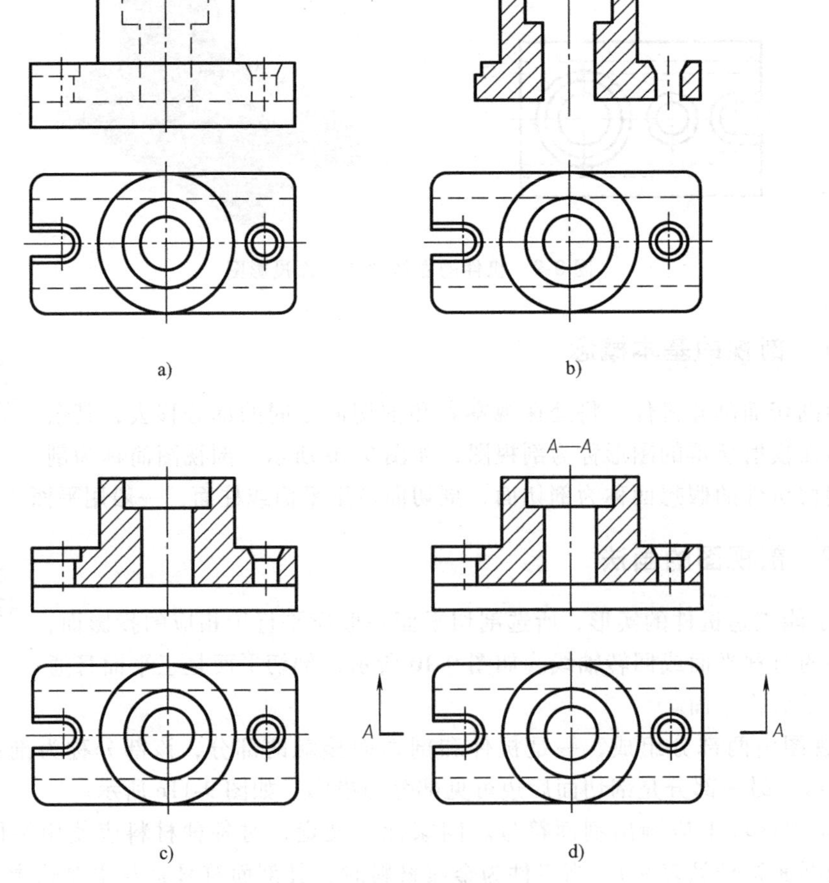

图 9-11 剖视图的画法

表 9-1　常用的剖面符号

材料名称		剖面符号	材料名称	剖面符号
金属材料（已有规定剖面符号者除外）			转子、电枢、变压器和电抗器等的叠钢片	
非金属材料（已有规定剖面符合者除外）			型砂、填砂、粉末冶金、砂轮、陶瓷刀片、硬质合金刀片等	
线圈绕组元件			混凝土	
玻璃			钢筋混凝土	
木质胶合板			砖	
木材	纵剖面		液体	
	横剖面			

5）在剖视图中已表达清楚的结构形状，在其他视图中的投影若为细虚线，一般省略不画，如图 9-10 中俯、左视图中的细虚线均可省略不画。但是未表达清楚的结构，允许画必要的细虚线，如图 9-11 所示。

6）在剖视图中不要漏线或多线，如图 9-12 所示。

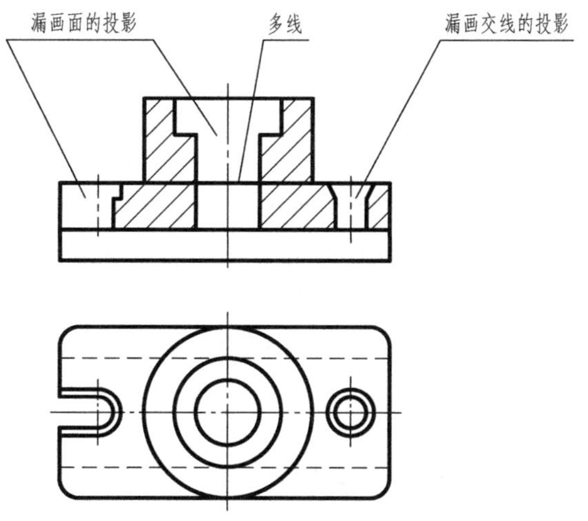

图 9-12　剖视图中漏线、多线的情况

9.2.3　剖视图的标注

对剖视图进行标注是为了便于看图，一般应标注剖切符号和剖视图名称，而剖切符号包括剖切位置和投射方向。

1. 剖切位置

在相应的视图上用宽 1～1.5d，长 5～10mm 的粗实线表示剖切位置，并注上大写拉丁字母。注意粗实线不能与图形的轮廓线相交。

2. 投射方向

机件被剖切后应指明投射方向，表示投射方向的箭头则应画在粗实线的起、讫处。注意箭头的方向应与看图的方向相一致。

3. 剖视图的名称

在剖视图的上方，用与表示剖切位置相同的大写拉丁字母标出视图的名称“×—×”，字母之间的短画线为细实线，长度约为字母的宽度，如图 9-11d 所示。

下列情况省略标注：

1）当剖视图按投影关系配置，中间又没有其他图形隔开时，可省略箭头，如图 9-13 所示。

2）当单一剖切面通过机件的对称平面，且剖视图按投影关系配置，中间又没有图形隔开时，不必标注，如图 9-11c、图 9-13 所示。

9.2.4　剖视图的分类及适用条件

剖视图按剖切机件范围的大小可分为全剖视图、半剖视图和局部剖视图。

1. 全剖视图

（1）概念　用剖切面完全地剖开机件所得的剖视图称为全剖视图。

（2）适用条件　全剖视图主要用于外形简单，内部形状复杂，且又不对称的机件。

（3）全剖视图的画法　图 9-10 中的主视图、图 9-18 中的俯视图等都采用了全剖视图的画法。

（4）全剖视图的标注　全剖视图的标注采用前述剖视图的标注方法。

2. 半剖视图

（1）概念　当机件具有对称平面时，向垂直于对称平面的投影面上投射所得的图形，以对称中心线为界，一半画成剖视图，另一半画成视图，这种剖视图称为半剖视图。

（2）适用条件　半剖视图主要用于内、外形状均需表达的对称机件。

如图 9-13 所示，该机件的内外形状都比较复杂，若主视取全剖，则该机件前方的凸台将被剖掉，因此就不能完整地表达该机件的外形。由于该机件前后、左右对称，为了清楚地表达该机件顶板下的凸台、顶板形状和四个小孔的位置，将主视图和俯视图都画成半剖视图。

（3）半剖视图的画法

1）视图与剖视图之间必须以细点画线为界。

2）由于机件对称，如内部结构已在剖视部分表达清楚，在画视图部分时表示内部形状的细虚线可省略不画。

3）画半剖视图时，剖视图部分的位置通常按以下习惯配置：主视图位于对称线右边；俯视图位于对称线前边或右边；左视图中位于对称线右边。

（4）半剖视图的标注

1）半剖视图的标注同全剖视图。如图 9-13 所示，俯视图取半剖，剖视图在基本视图位置，与主视图之间无其他图形隔开，所以省略箭头。主视图取半剖视，因剖切平面通过对称平面，且俯视图与主视图之间无其他图形隔开，故省略标注。

2）应特别注意：半剖视图不能在中心线上画出垂直相交的剖切符号，如图 9-14b 所示。

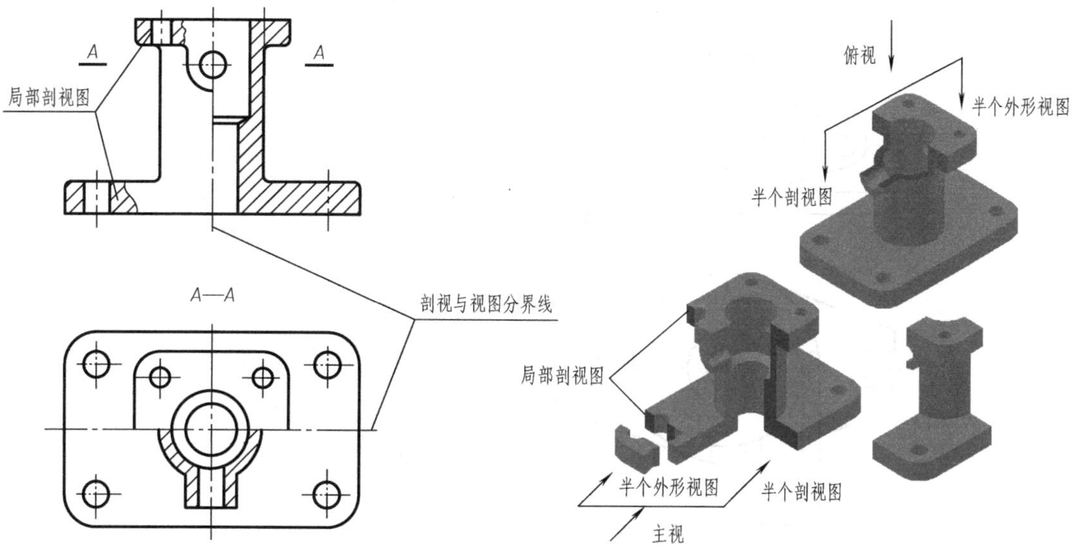

图 9-13 半剖视图

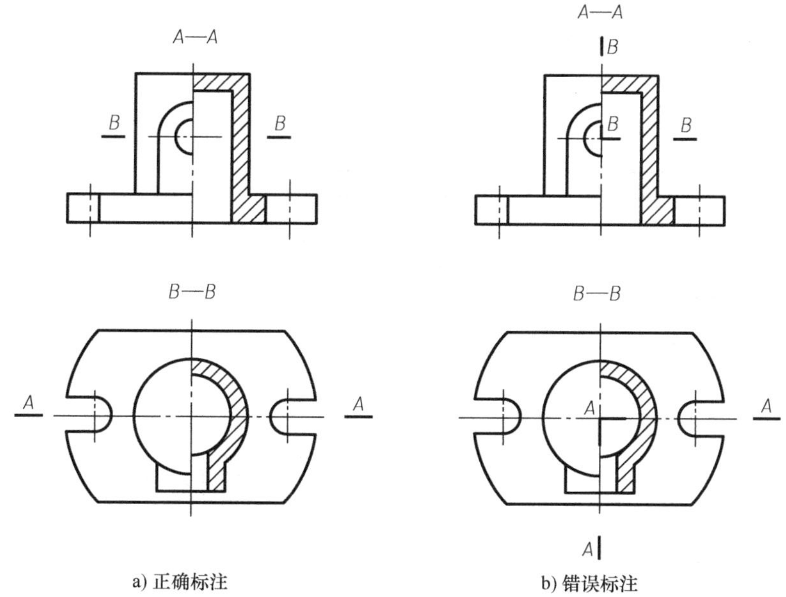

图 9-14 半剖视图的标注

3. 局部剖视图

（1）概念　用剖切面局部地剖开机件，所得的剖视图称为局部剖视图，如图 9-15 所示。局部剖视图不受机件结构是否对称的限制，剖切位置及范围可根据实际需要选取，是一种比较灵活的表达方法。运用得当，可使视图简明、清晰，但在一个视图中不要有过多的局部剖视图，这样会给看图带来困难。选用时要考虑到看图方便。

（2）适用范围　局部剖视图一般用于内外结构形状均需表达的不对称的机件。

（3）局部剖视图的画法

1）局部剖视图中视图与剖视图之间以波浪线或双折线为界，如图 9-15 所示。

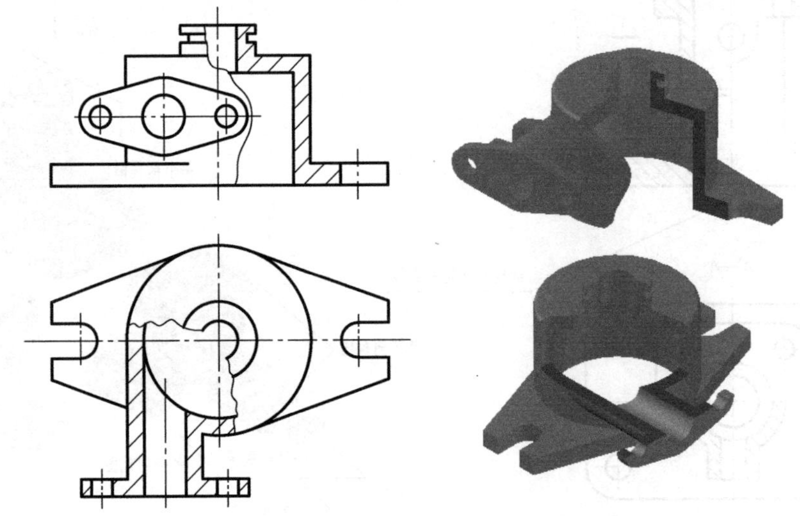

图 9-15　局部剖视图

2）波浪线不能与图形上的轮廓线重合或画在轮廓线的延长线上，如图 9-16b、e 所示。

3）波浪线假想成剖切部分断裂面的投影，因此波浪线应画到实体上，不能穿越通孔、

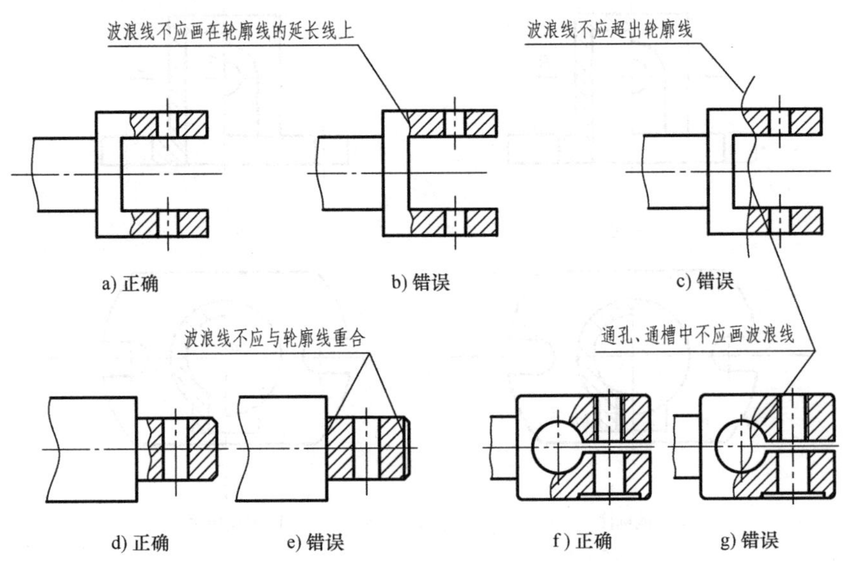

图 9-16　局部剖视图中波浪线的画法

通槽或超出轮廓线之外，如图 9-16c、g 所示。

4）当机件为对称图形，而对称线与轮廓线重合时，则不能采用半剖视，而应采用局部剖视图表达，如图 9-17a 所示。

5）当被剖切结构为回转体时，允许将该结构的中心线作为局部剖视图与视图的分界线，如图 9-17b 所示。

（4）局部剖视图的标注　局部剖视图的标注与全剖视图相同，但当剖切位置明显时，一般省略标注。

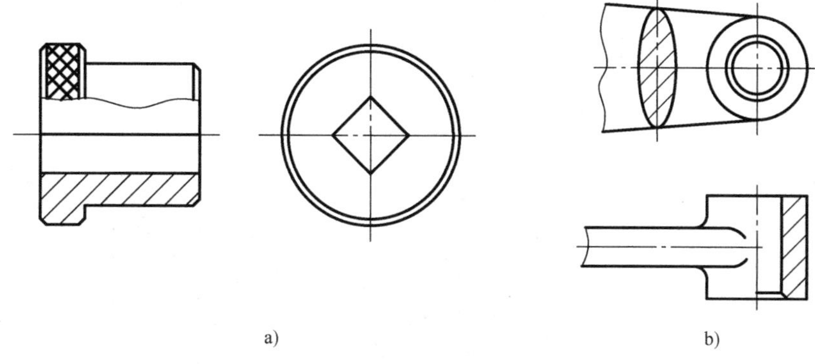

a)　　b)

图 9-17　局部剖视图的画法

9.2.5　剖切面的种类

根据机件的结构特点，剖开机件的剖切面可以有单一剖切面、几个相交的剖切面、几个平行的剖切面三种情况。

1. 单一剖切面

1）用单一剖切面剖开机件有三种形式：平行于基本投影面的单一剖切平面、不平行于基本投影面的单一剖切平面和单一剖切柱面。用一个平行于基本投影面的平面剖开机件，如前所述的全剖视图、半剖视图、局剖视图所用到的剖切面均属此种剖切面。这是一种常用的剖切方法。

2）用一个不平行于基本投影面，但垂直于一个基本投影面的单一剖切平面剖开机件得到的剖视图，如图 9-18 所示。画此剖视图时应注意：

① 剖视图尽量按投影关系配置，如图 9-18a 所示的 *A—A* 剖的全剖视图；也可以移到其他适当位置并允许将图形旋转，但旋转后应在图形上方画出旋转符号并标注字母，也可将旋转角度标在字母之后，如图 9-18c 所示。

② 当剖视图的主要轮廓线与水平方向成 45°或接近 45°时，应将剖面符号画成与水平方向成 30°或 60°的倾斜线，倾斜方向仍与该机件其他剖视图中的剖面符号方向趋势一致。

③ 用此剖视图画图时，必须标注，注意字母一律水平书写，如图 9-18 中的“*A—A*”所示。

2. 几个相交的剖切面

（1）适用条件　这种剖视图多用于表达具有公共回转轴的机件，如轮盘、回转体类机件和某些叉杆类机件。

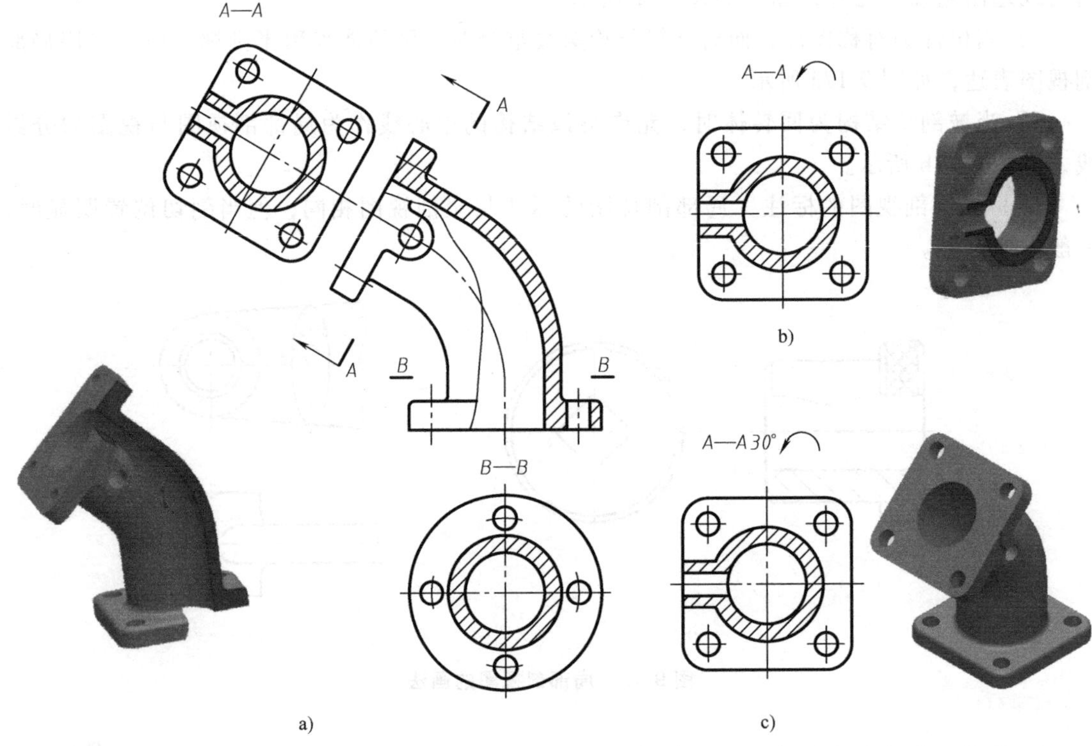

图 9-18　单一剖切平面剖切获得的全剖视图

采用这种方法画剖视图时，先假想按剖切位置剖开机件，然后将剖切平面剖开的结构及其有关部分旋转到与选定的投影面平行后再进行投射。如图 9-19 所示，圆盘上分布的四个阶梯孔与销孔、圆柱孔只用一个剖切平面不能同时剖切到，采用两个相交的剖切平面剖开所需表达的结构，移去右边部分，并将倾斜的部分旋转到与投影面平行后，再进行投射得到全剖视图。

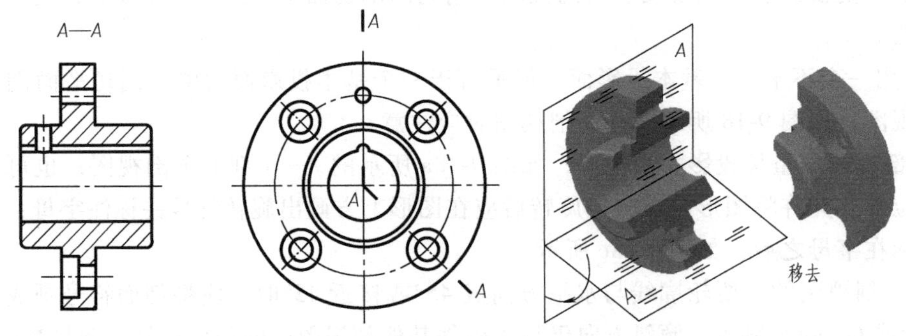

图 9-19　用两个相交的剖切平面剖切获得的全剖视图（一）

（2）画图时应注意的问题

1）剖切平面的交线应与机件上的公共回转轴线重合。

2）倾斜剖切平面转平后，转平位置上原有结构不再画出，倾斜的剖切平面后边的其他结构仍按原来的位置投射，如图 9-20 中的小孔就是按原来的位置画出的。

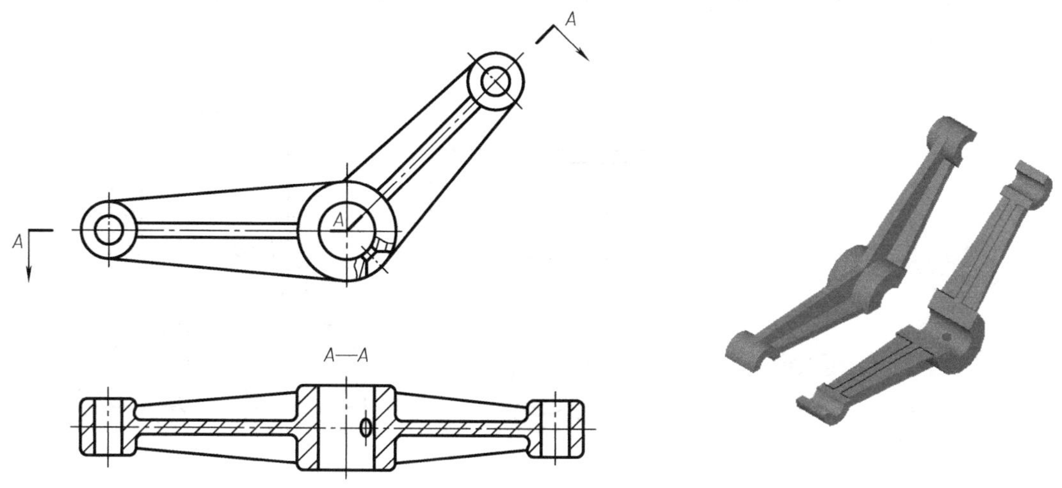

图 9-20 用两个相交的剖切平面剖切获得的全剖视图（二）

3）当剖切后产生不完整要素时，应将该部分按不剖绘制，如图 9-21 所示。

（3）标注时应注意的问题

1）画此剖视图时，必须加以标注，即在剖切平面的起、讫和转折处标出剖切符号及相同的字母；用箭头表示旋转和投射方向，并在剖视图的上方标注相应的字母，如图 9-20 所示。

2）当转折处地方有限又不致引起误解时，允许省略字母。当剖视图按投影关系配置，中间又无其他图形隔开时，可省略箭头，如图 9-19 所示。

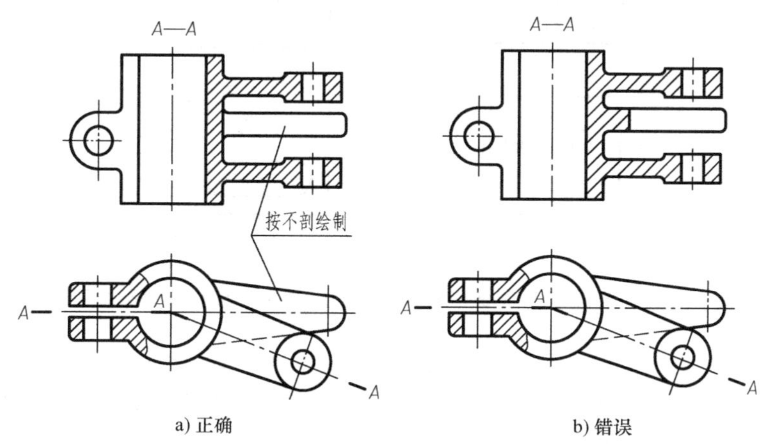

图 9-21 用两个相交的剖切平面剖切获得的全剖视图（三）

3. 几个平行的剖切面

（1）适用条件　用于表达内部结构不在同一平面内且不具有公共回转轴的机件。

如图 9-22 所示，机件上部的小孔与下部的轴孔，只用一个剖切平面是不能同时剖切到的。采用两个互相平行的剖切平面分别剖开小孔和轴孔，移去左边部分，再向侧面投射，即得到全剖视图。

（2）画图时应注意的问题

1）在剖视图中剖切平面转折处不画图线，且转折处不应与机件的轮廓线重合，如图 9-22b 所示。

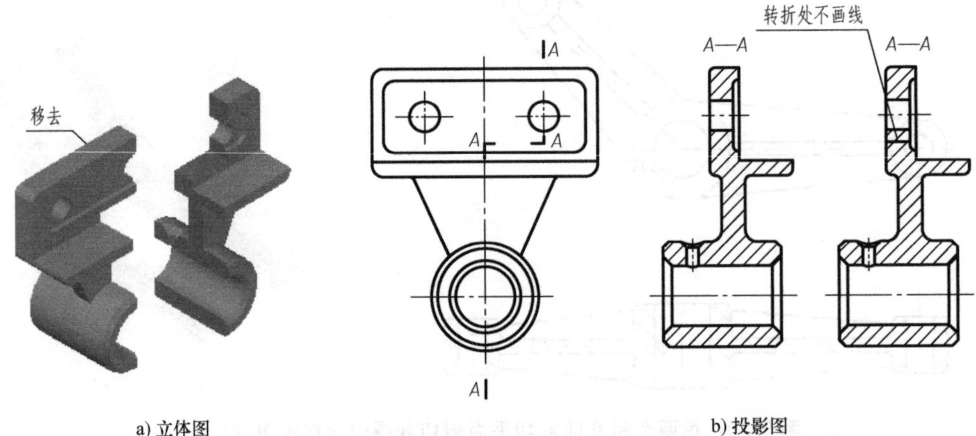

a) 立体图　　b) 投影图

图 9-22　用相互平行的两个剖切平面剖切获得的全剖视图

2）剖切平面不得互相重叠。

3）剖视图中不应出现不完整的要素，如图 9-23a 所示；仅当两个要素具有公共对称中心线或轴线时，可以对称中心线或轴线为界各画一半，如图 9-23b 所示。

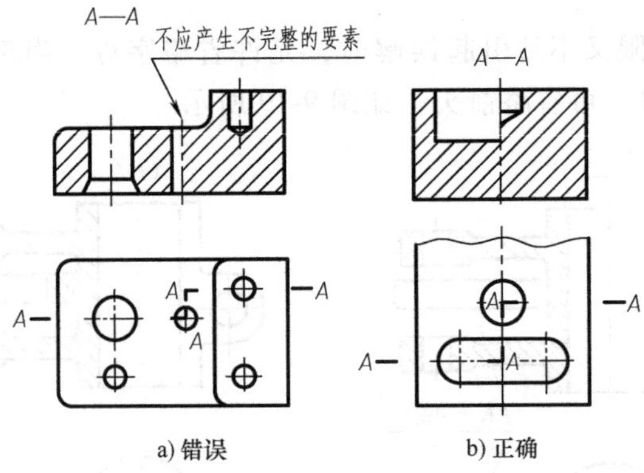

a) 错误　　b) 正确

图 9-23　平行剖切平面剖切获得的全剖视图中不应有不完整要素

（3）标注时应注意的问题　画此剖视图时必须标注，即在剖切平面的起讫和转折处用相同的字母标出，各剖切平面的转折处必须是直角的剖切符号，并在剖视图上方注出相应的名称“×—×”，如图 9-22 所示。

9.2.6　剖视图的尺寸注法

机件采用了剖视后，其尺寸注法与组合体基本相同，但还应注意：

1）一般不应在细虚线上标注尺寸。

2）在半剖或局部剖视图中，对称机件的结构可能只画一半或部分，这时应标注完整的形体尺寸，并且只在有尺寸界线的一端画出箭头，另一端不画箭头。尺寸线应略超过对称中心线、圆心、轴线或断裂处的边界线，如图 9-24 中的 $\phi16$、$\phi12$、24、$\phi10$ 所示。

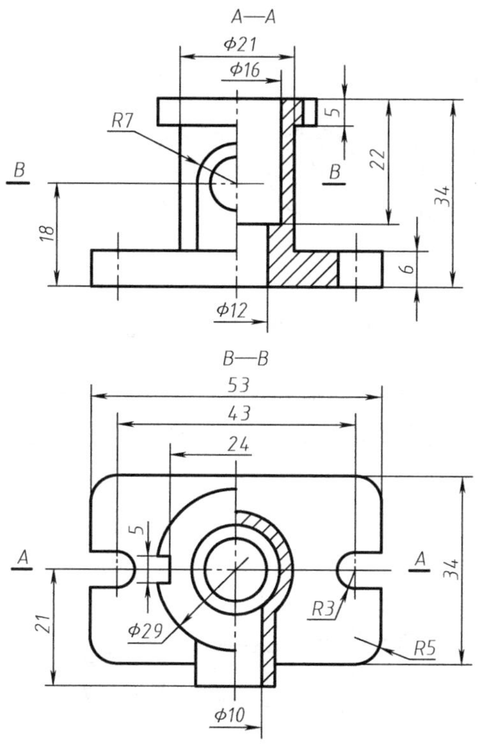

图 9-24 剖视图中的尺寸注法

9.3 断 面 图

9.3.1 基本概念

假想用剖切平面将机件的某处垂直于轮廓线或轴线切断，仅画出剖切平面与机件接触部分的图形称为断面图，简称断面。如图 9-25 所示的轴，仅画了一个主视图，并在键槽处画了断面图，便把整个轴的结构形状表达清楚了，比用视图或剖视图更为简便、清晰。

1. 适用条件

断面图一般用于表达机件某部分的断面形状，如轴、杆上的孔、槽等结构。

2. 断面的种类

断面图分为移出断面图和重合断面图两种。

9.3.2 移出断面图

1. 概念

画在视图轮廓线之外的断面图称为移出断面图，如图 9-25 所示。

2. 移出断面图的画法

1）移出断面图的轮廓线用粗实线绘制，如图 9-25 所示。

2）移出断面图应尽量配置在剖切符号或剖切线（指示剖切位置的细点画线）的延长线

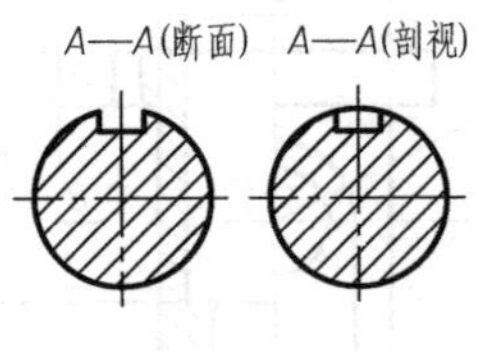

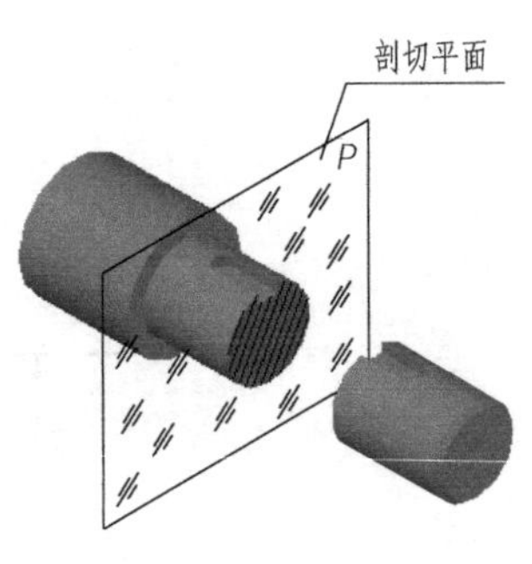

图 9-25　移出断面图与剖视图的对比

上，也可以按基本视图配置或画在其他适当位置，如图 9-26 所示。

3）当剖切平面通过回转面形成的孔或凹坑的轴线时，这些结构应按剖视绘制，如图 9-26、图 9-27 所示。

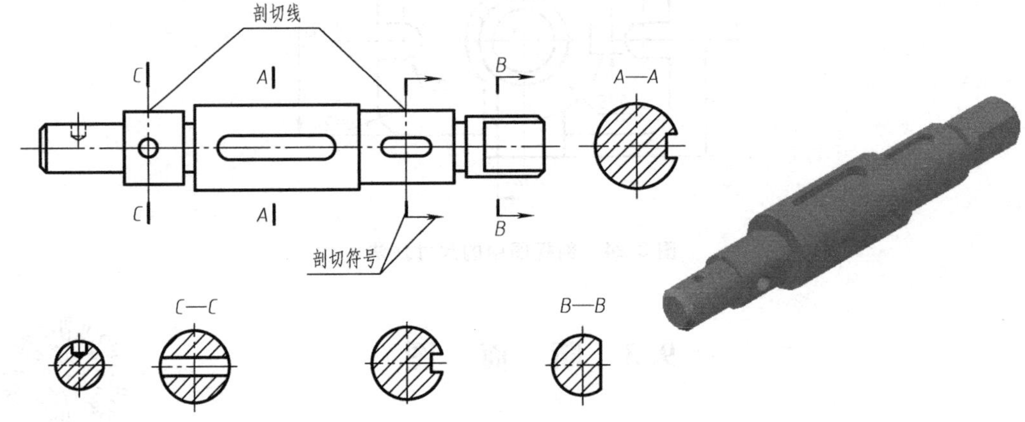

图 9-26　移出断面图的配置

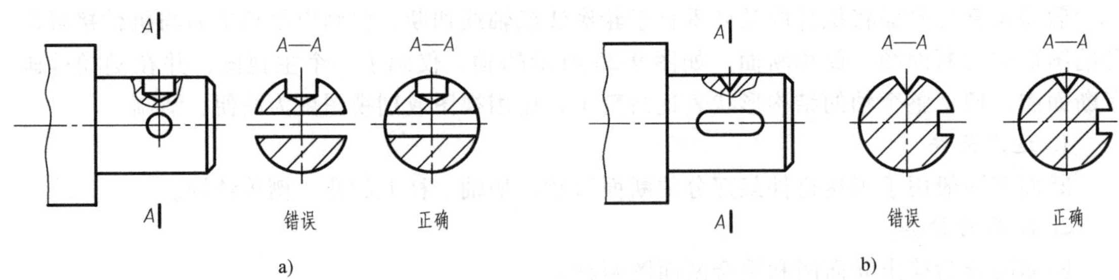

图 9-27　剖切面通过圆孔、锥孔轴线的正误对比

4）当剖切平面通过非圆孔的某些结构，出现完全分离的两个断面时，则这些结构应按剖视绘制，如图 9-28 所示。

5）当移出断面的图形对称时，断面可画在视图中断处，如图 9-29 所示。

6）由两个或多个相交的剖切平面剖切得到的移出断面，中间用断裂线断开，如图 9-30 所示。

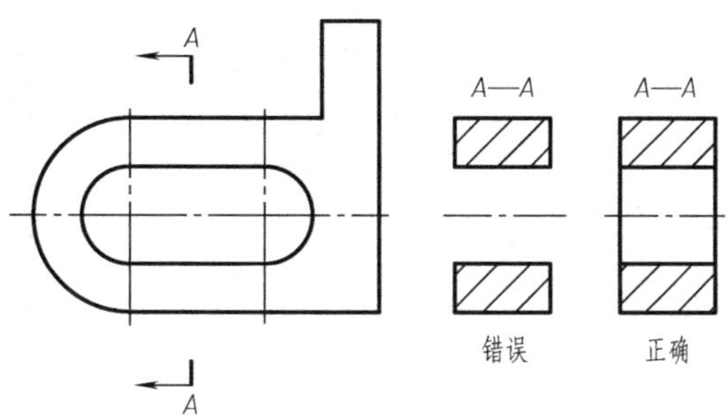

图 9-28　移出断面图产生分离时的正误对比

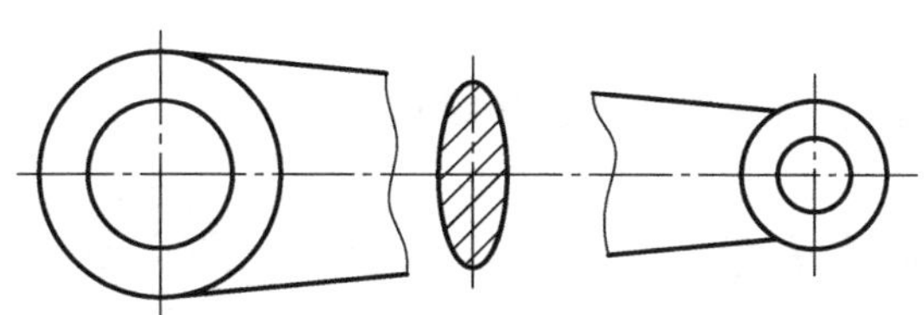

图 9-29　移出断面图画在视图中断处

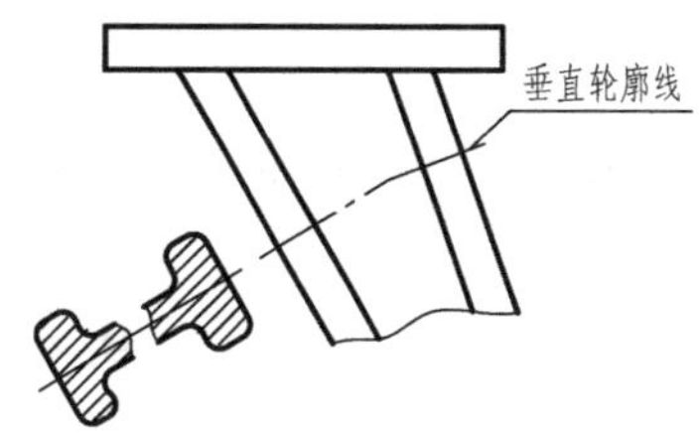

图 9-30　两相交剖切平面剖切得到的移出断面图

3. 移出断面图的标注

移出断面图的标注同剖视图，如图 9-26 中的 *B—B* 断面。以下情况可省略标注：

1）按投影关系配置在基本视图位置上的断面图，如图 9-25、图 9-26 中的“*A—A*”断面图，及不配置在剖切符号延长线上的对称移出断面，如图 9-26 中的“*C—C*”断面图，均可不必标注箭头。

2）配置在剖切符号延长线上的不对称的移出断面图，不必标注字母，如图 9-26 中键槽的表达。

3）配置在剖切线延长线上的对称移出断面图，如图 9-26 中剖切面通过小孔轴线的移出断面图，及配置在视图中断处的对称移出断面图（图 9-29），均不必标注。

9.3.3　重合断面图

1. 概念

画在视图轮廓线之内的断面图称为重合断面图。

2. 重合断面图的画法

1）重合断面图的轮廓线用细实线绘制，如图 9-31 所示。

2）当视图的轮廓线与重合断面图的轮廓线重合时，视图中的轮廓线仍应连续画出，不可间断，如图 9-31a 所示。

3）当重合断面图画成局部剖视图时，可不画波浪线，如图 9-31c 所示。

3. 重合断面图的标注

1）对称的重合断面图不必标注，但必须用剖切线表示剖切平面的位置，如图 9-31b、c

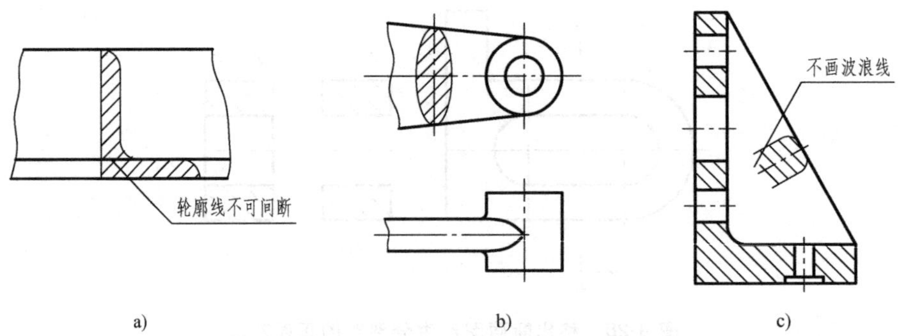

a)　　b)　　c)

图 9-31　重合断面图的画法

所示。

2）不对称的重合断面，在不至于引起误解时，可省略标注，如图 9-31a 所示。

9.4　其他表达方法

1. 局部放大图

局部放大图的画法与标注见表 9-2。

表 9-2　局部放大图的画法与标注

局部放大图			
概念	示例	画法	标注方法
将图样中所表示的物体部分结构，用大于原图形的比例所绘出的图形，称为局部放大图		局部放大图可画成视图，也可画成剖视图、断面图，它与被放大部分原来的表达方法无关	1. 局部放大图应尽量配置在被放大部位的附近。画局部放大图时，应在原图形上用细实线（圆或长圆）圈出被放大的部位 2. 当机件上被放大的部分仅一个时，在局部放大图的上方只需注明所采用的比例 3. 当同一机件上有多个放大的部位时，应用罗马数字依次标明被放大的部位，并在局部放大图的上方标出相应的罗马数字和所采用的比例

2. 简化表示法《摘自 GB/T 16675.1—2012 技术制图 简化表示法　第 1 部分：图样画法》

简化表示法包括规定画法、省略画法、示意画法等在内的图示方法。图样画法中，规定画法是对标准中规定的某些特定表达对象所采用的特殊图示方法；省略画法是通过省略重复投影、重复要素、重复图形等以达到使图样简化的图示方法；示意画法是用规定符号和（或）较形象的图线绘制图样的表意性图示方法。工程中常见的简化表示法见表 9-3。

表 9-3 工程中常见的简化表示法

类型	表示方法示例	画法
若干直径相同且成规律分布的孔	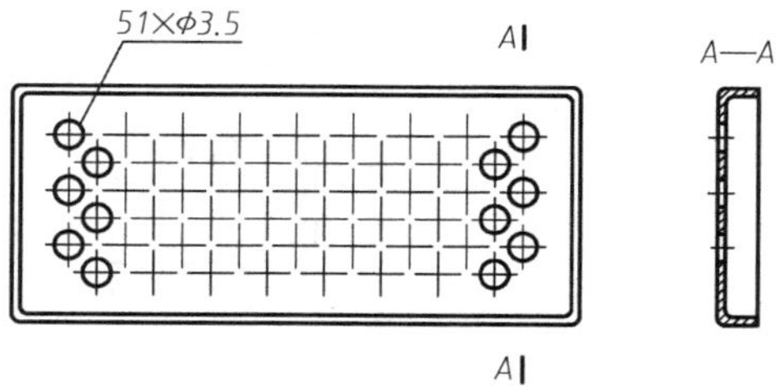 51×Φ3.5；A；A；A—A	可以仅画出一个或少量几个，其余只需用细点画线或“+”表示其中心位置
当机件具有若干相同结构（如齿、槽等），并按一定规律分布时	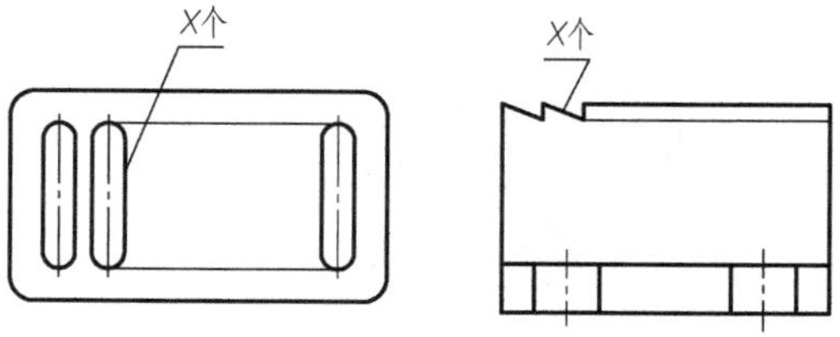 X个；X个	只需画出几个完整结构，其余用细实线连接，在零件图中则必须注明该结构的总数
机件上的肋，轮辐及薄板等	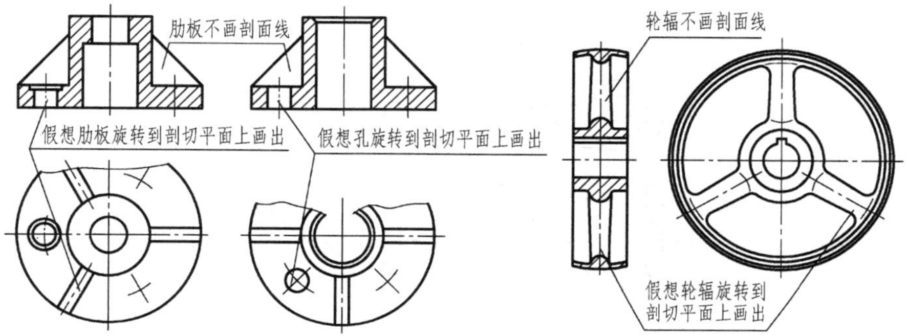 肋板不画剖面线；假想肋板旋转到剖切平面上画出；假想孔旋转到剖切平面上画出；轮辐不画剖面线；假想轮辐旋转到剖切平面上画出	按纵向剖切，这些结构都不画剖面符号，而用粗实线将它与其相邻部分分开；当零件回转体上均匀分布的肋、轮辐、孔等结构不处于剖切平面上时，可将这些结构旋转到剖切平面上画出

（续）

类型	表示方法示例	画法
机件上的肋，轮辐及薄板等	B—B　A—A　按纵向剖切的肋板不画剖面线　按非纵向剖切的肋板画剖面线　正确　错误	非纵向剖切时，则画出剖面符号
圆柱形法兰盘和类似零件上均匀分布的孔	用圆弧代替	可按图所示的方法表示（由机件外向该法兰盘端面方向投射）
过渡线、相贯线可以简化	相贯线简化成直线　省略两圆　相贯线简化成圆	在不致引起误解时，图形中过渡线、相贯线可以简化。例如，用圆弧或直线代替非圆曲线

回转体零件上的平面在图形中不能充分表达时	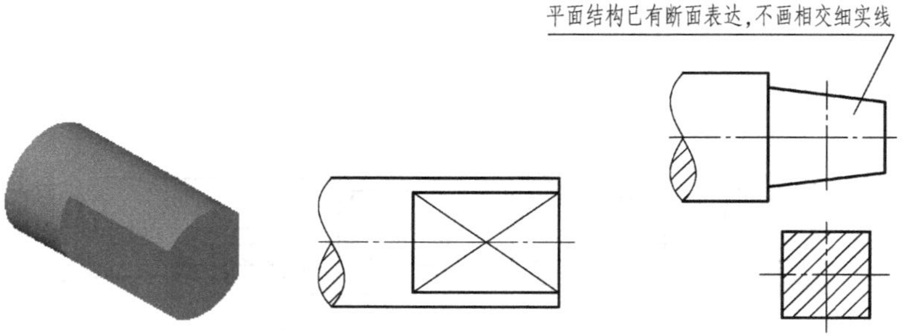	可用两条相交的细实线表示这些平面，若已有断面表达清楚可不画平面符号
机件上较小的结构及斜度等	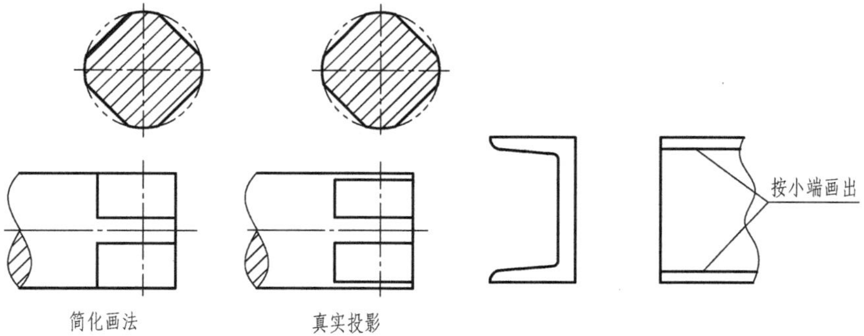	已在一个图形中表达清楚时，其他图形应当简化或省略
需要表达位于剖切平面前的结构时	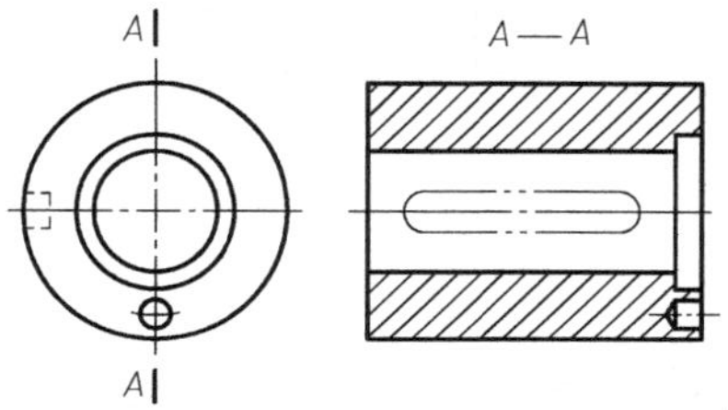	这些结构可假想地用细双点画线绘制

（续）

类型	表示方法示例	画法
较长的机件（轴、杆、型材、连杆等）沿长度方向的形状一致或有一定规律变化时	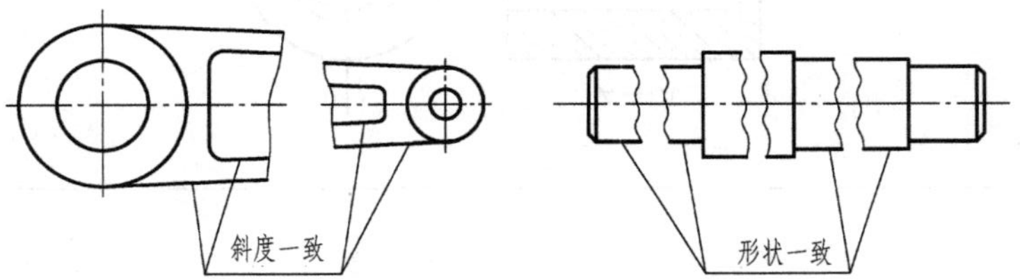 斜度一致 形状一致	可断开后缩短绘制，但长度尺寸仍按原长度注出
机件上对称结构的局部视图	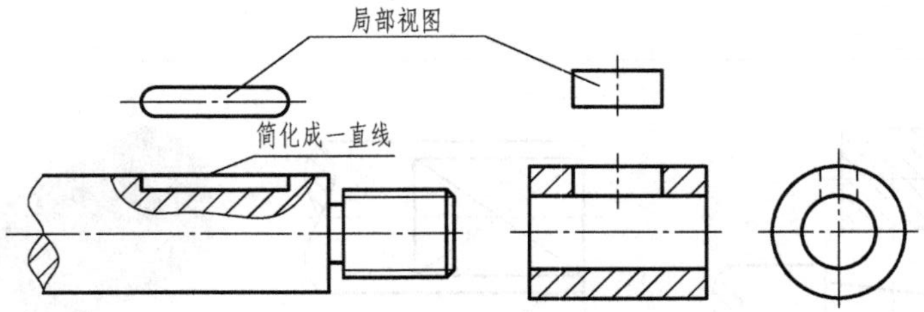 局部视图 简化成一直线	可按图中所示方法绘制

9.5 第三角投影简介

本章介绍的图样画法均采用的是第一角投影，国家标准规定必要时也可采用第三角投影画法，而有些国家如美国、日本等采用第三角投影。为了便于进行国际技术交流，了解第三角投影对工程技术人员来说是非常必要的。本节对第三角投影作简单介绍。

9.5.1 第三角投影的形成

第三角投影是将物体置于第三分角内（H 面之下、V 面之后、W 面之左），如图 9-32a 所示，并使投影面处于观察者于物体之间而得到正投影的方法，如图 9-32b 所示。

画第三角投影时，必须假设各投影面 H、V、W 均透明，所得的三面投影图均与人的视线所见图形一致，如图 9-32c 所示。

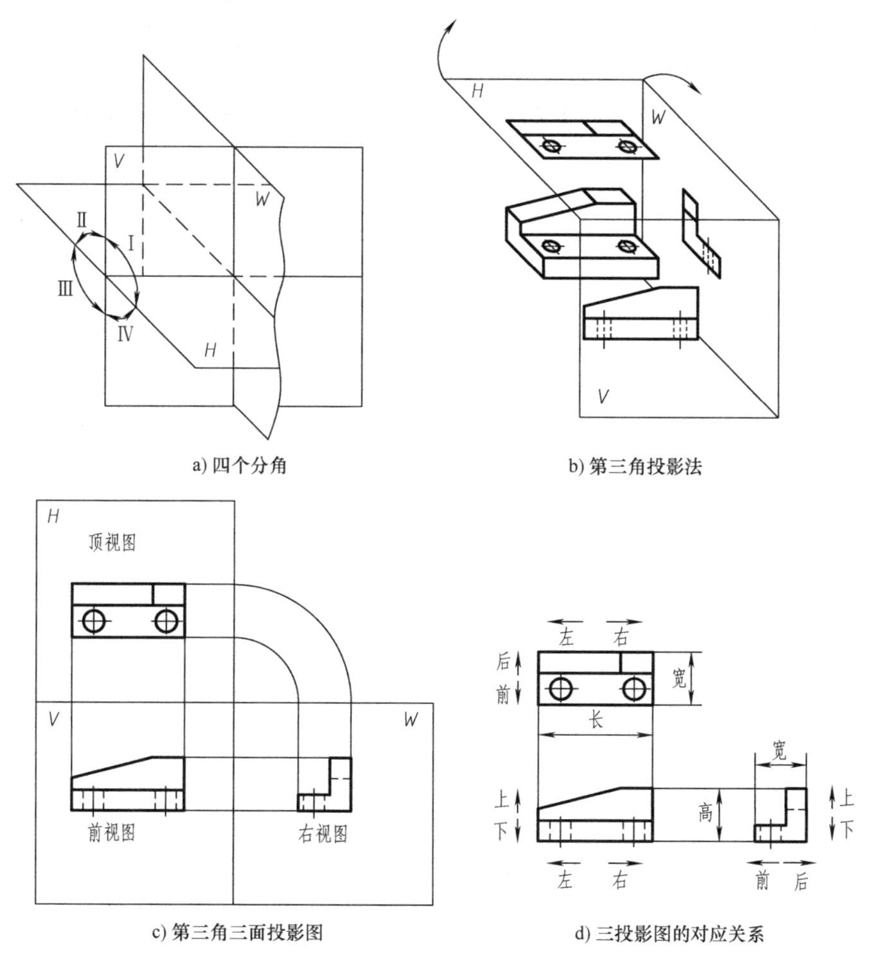

图 9-32 第三角投影

9.5.2 第三角投影的展开与配置

第一角投影的画法见本章第一节。第三角投影是将物体置于第三分角内按“人、投影面、物体”的关系进行正投影；第一角投影是将物体置于第一分角内按“人、物体、投影面”的关系进行正投影。它们的区别在于人、物体、投影面三者的相对位置不同和视图的配置不同。但它们的投影规律是相同的，都是采用正投影法。按基本视图位置配置，各视图之间仍然保持“长对正、高平齐、宽相等”的投影规律。

投影面按图 9-32b 箭头所示的方向展开，即 V 面不动，H 面绕 OX 轴向上翻转 90°，W 面绕 OZ 轴向右翻转 90°，使 H、W 面与 V 面重合。在 V 面得到的视图称为前视图；H 面得到的视图称为顶视图：W 面得到的视图称为右视图。三投影图的配置及对应关系如图 9-32c、图 9-32d 所示。

9.5.3　第三角投影的标志

采用第三角画法时，必须在图样中画出第三角投影的识别符号，如图 9-33 所示。该识别符号在标题栏附近(标题栏中若留出空格，则画在标题栏内)。

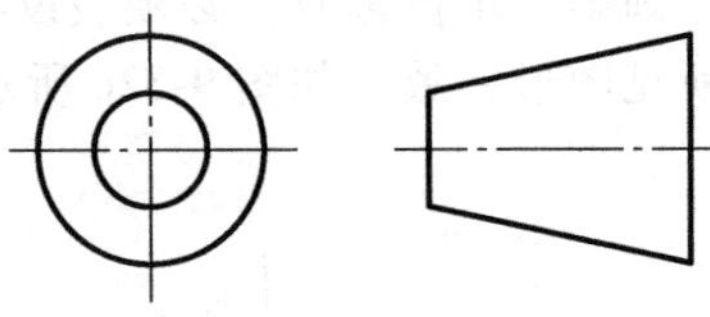

图 9-33　第三角投影的识别符号

以上仅介绍了第三角画法的基本知识，如果熟练掌握了第一角画法，就能触类旁通，不难掌握第三角画法。

零 件 图

本章学习目标

☆了解零件图的内容，能够阅读简单的零件图；了解一般类零件的结构特点及加工方法。了解表面结构代号、尺寸公差与配合代号的注写要求和国家标准规定。

10.1 零件图的作用与内容

零件是组成机器或部件的最基本单元。零件图是表示零件的结构形状、大小及技术要求的工程图样，在生产实际中，是零件加工制造和检验的依据。

零件图反映了设计者的意图，表达了机器（或部件）对零件的要求，因此，图样中必须包括制造和检验该零件时所需要的全部资料，如零件的结构形状、尺寸大小、质量、材料、应达到的技术要求等。图 10-1 所示为衬盖零件图。

a)

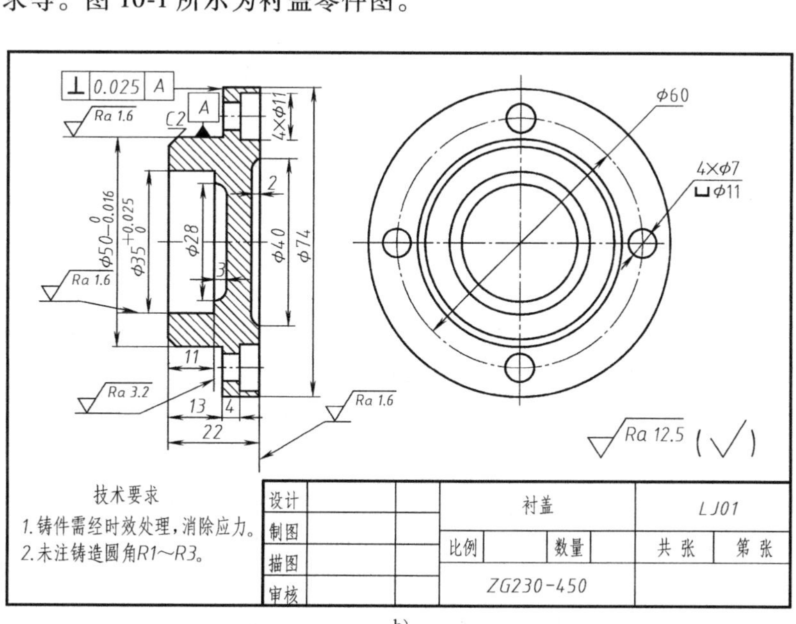

b)

图 10-1 衬盖零件图

零件图包括以下内容：

(1) 一组视图　利用机件的表达方法（视图、剖视图、断面图、局部放大图和简化画法等）正确、完整、清晰和简便地表达出零件各部分的结构形状。

(2) 完整尺寸　正确、完整、清晰、合理地标注出零件各部分结构形状的尺寸及其相对位置的大小。

(3) 技术要求　使用规定的符号、数字或文字注解，简明、准确地表明零件在加工、检验过程中应达到的技术指标，如尺寸公差、几何公差、表面结构、材料热处理等。

(4) 标题栏　填写零件的名称、图号、比例、数量、材料等内容。

10.2　零件图的视图选择和尺寸注法

零件图的一组视图应根据零件的功用及结构形状，选用国家标准规定的适当的表达方法作为表达方案，要求正确、完整、清晰、简洁，使看图方便、绘图简便。表达方案应包括：主视图的确定、其他视图的合理配置和表达方法的恰当运用。

1. 主视图的选择

(1) 零件的摆放位置　零件摆放应考虑：加工工序较单一的零件，按主要加工工序放置零件，便于加工时看图；在部件中有着重要位置的零件或加工工序比较复杂的零件，按工作位置摆放。

(2) 主视图的投射方向　主视图投射方向要反映出零件的结构特征，能较清楚和较多地表达出其结构形状，以及各结构形状之间的相互位置关系。

2. 选择其他视图，并确定表达方案

主视图确定后，还需要选择其他视图以表达主视图没有表达清楚的结构。其原则如下：

1）首先采用基本视图，优先选择左视图和俯视图。

2）在完整、清晰地表达出零件结构的前提下，使用的视图数量尽量少。

3）在各视图中合理运用剖视图、断面图和简化画法等表达方法，避免重复表达，要兼顾尺寸标注的需要。

3. 零件图的尺寸注法

尺寸是加工和检验零件的依据。零件图上所标注的尺寸除满足正确、完整和清晰的要求以外，还应满足合理性要求，标注的尺寸既能满足设计要求，又便于加工和检验时测量。要做到合理标注尺寸，应对零件的设计思想、加工工艺及工作特点进行全面了解，还应具备相应机械设计与制造方面的知识，下面只对零件尺寸注法作一般的方法介绍。

(1) 选择尺寸基准　尺寸基准是加工和测量零件时确定位置的依据。在标注零件尺寸时，一般在长、宽、高三个方向均确定一个主要尺寸基准，需要时，还可以确定辅助基准。从尺寸基准出发，确定零件中结构之间的相对位置尺寸和各部分结构的定形尺寸。作为尺寸基准的几何元素有：平面——安装基面、对称面、装配结合面和重要端面等；直线——回转体的轴线、对称中心线；点——圆心等。图 10-1 所示的衬盖零件图中，长、宽、高三个方向的尺寸基准分别取作为测量基准的右端面、保证零件前后方向对称的前后对称面和 $\phi35$ 孔的轴线。

（2）基本要求　零件图标注尺寸要满足设计要求和加工制造工艺的要求。对影响产品性能、精度的尺寸（如配合尺寸、相邻两零件有联系的尺寸等）必须直接注出，以满足设计要求。标注的尺寸还要符合加工过程和加工顺序的需要，对于同一加工工序所需尺寸，尽量集中标注，以便于加工时测量。

4. 典型零件的视图表达和尺寸标注

由于零件的结构形状各不相同，工程上的习惯是按零件的结构特点，将其分为四大类，即轴套类，轮、盘类，叉架类和箱体类。

（1）轴套类　轴套类零件的视图表达与尺寸注法见表 10-1。

表 10-1　轴套类零件的视图表达与尺寸注法

类型与概念	加工方法	表达方案分析	尺寸注法分析
轴套类零件包括轴、轴套、衬套等。轴类零件各部分由回转体组成，一般轴向长度远大于直径，通常在轴上有倒角、倒圆、键槽、销孔、退刀槽等结构，轴类零件多为实心件。套类零件是中空的	零件的主要加工方法是车削、磨削、镗孔	为了便于加工时看图，零件按加工位置即轴线水平横放，一般采用一个视图（套类零件画成剖视图），即主视图表达主体结构，对零件上的槽、孔等结构，采用局部剖、断面图、局部放大图等方法表达。如下图所示，主动轴中，主视图采用局部剖，将销钉孔表达出来，另以移出断面图表达键槽的断面形状和尺寸	此类零件主要有轴向尺寸（表示各段长度的尺寸）、径向尺寸（表示直径的尺寸）和轴上各局部形体结构的尺寸。轴向尺寸一般根据零件的作用及装配要求取某一轴肩或端面作为轴向尺寸的主要基准，径向尺寸取轴线作为径向尺寸的主要基准，并按所选尺寸基准标注轴上各部分的长度和直径尺寸。标注尺寸时，应将同一工序需要的尺寸集中标注在一侧，如图中左端键槽定形尺寸“14”和定位尺寸“5”集中注在了主视图上方
示例	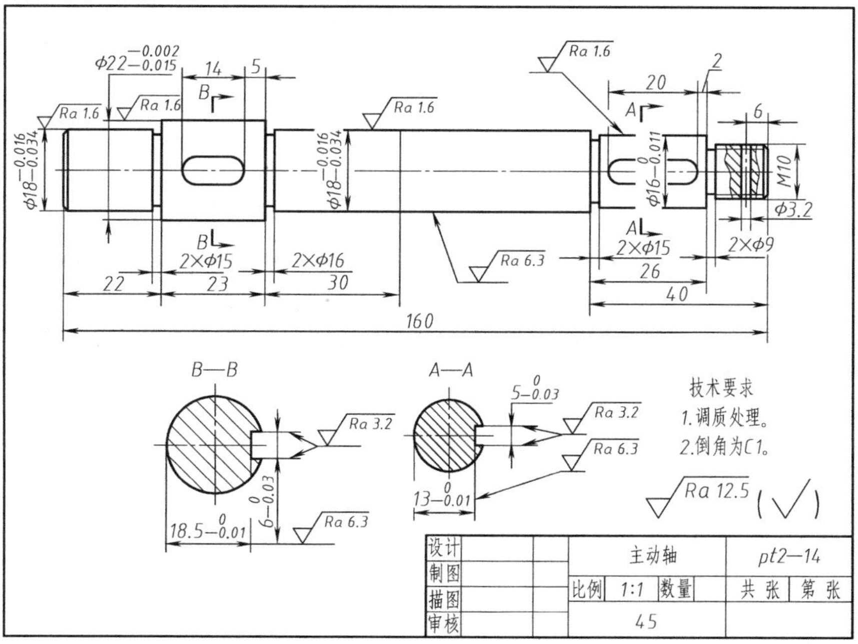		

（2）轮、盘类零件　轮、盘类零件的视图表达与尺寸注法见表 10-2。

（3）叉架类零件　叉架类零件的视图表达与尺寸注法见表 10-3。

（4）箱体类零件　箱体类零件的视图表达与尺寸注法见表 10-4。

表 10-2　轮、盘类零件的视图表达与尺寸注法

类型与概念	加工方法	表达方案分析	尺寸注法分析
轮、盘类零件包括端盖、齿轮、带轮、法兰盘、压盖等。其形状特征是，主体部分由回转体构成，但其径向尺寸较大，轴向尺寸较小。通常这类零件至少有一个端面与其他零件接触，且沿圆周均匀分布着各种肋、孔、槽等结构	此类零件的毛坯多为铸件。与其他零件的接触面一般采用车削、刨削或铣削加工。主要加工位置和工作位置一般都是轴线水平放置	选择视图时，一般将非圆视图作为主视图，且轴线水平放置，并根据需要将非圆视图画成剖视图。用左视（或右视）图完整表达零件的外形和槽、孔等结构的分布情况。如下图所示，泵盖零件图中，采用了两个视图，且主视图是用两个相交剖切面剖切的全剖视图	标注此类零件尺寸时，径向尺寸基准通常是轴孔的轴线，轴向尺寸基准是某一重要端面。需要时，还可以选择适当的辅助基准。标注尺寸时，为突出主要加工尺寸，通常将直径尺寸和轴向尺寸标注在主视图上，且尽量把内、外结构尺寸分开标注。对于沿圆周分布的槽、孔等结构的尺寸尽量标注在反映其分布情况的视图中。图中右端面为长度方向尺寸基准，下面的“ϕ13H8”孔的轴线为高度方向的尺寸基准，左视图中的前后对称平面为宽度方向的尺寸基准。六个“ϕ7”的沉孔和两个“ϕ4”的销孔，其定形和定位尺寸均注在反映分布情况的左视图中
示例	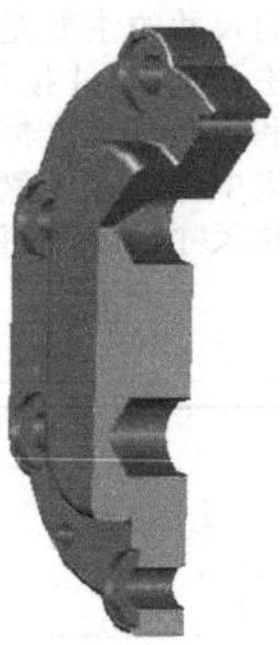 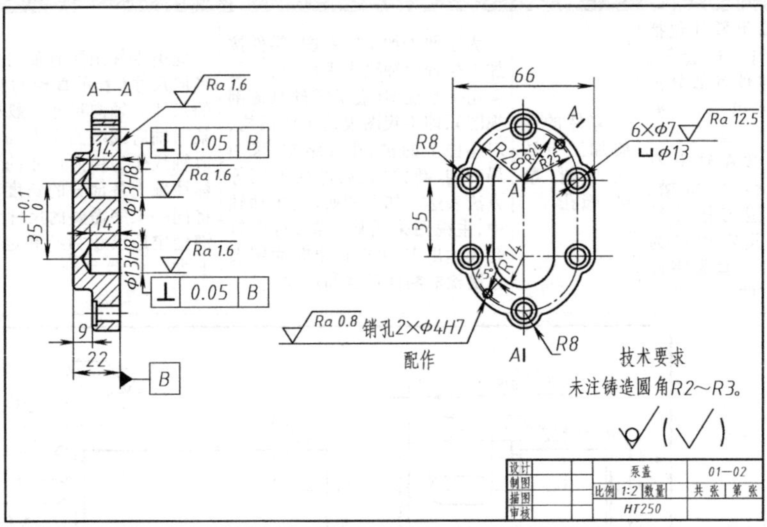		

表 10-3　叉架类零件的视图表达与尺寸注法

类型与概念	加工方法	表达方案分析	尺寸注法分析
常见的叉架类零件有托架、拨叉、连杆、支架等。通常由工作部分、支撑（或安装）部分及连接部分组成，常有螺孔、肋、槽等结构	这类零件的毛坯多为铸件，机加工工序较多	主视图一般选择工作位置放置，并尽可能多地反映其形状特征。通常采用两个或两个以上的视图，并选择合适的剖视图或断面图表达方法；有时需要采用斜视图、局部视图等表达局部结构。如下图所示，拨叉零件图是按工作位置摆放，采用了两个视图和一个断面图。局部剖的主视图反映形体特征，较多地表达出零件的轮廓形状和上部的内外结构；左视图主要表达内部结构，断面图表达出 T 形肋板结构	标注尺寸通常以主要轴线、对称平面、安装基准面或某个重要端面作为主要尺寸基准，并按零件的结构特点选择辅助基准。如图所示，以主视图的对称面作为长度方向尺寸基准，以左视图的前后对称平面作为宽度方向尺寸基准，主视图的 R24 半孔的安装基准面为高度方向尺寸基准

（续）

示例	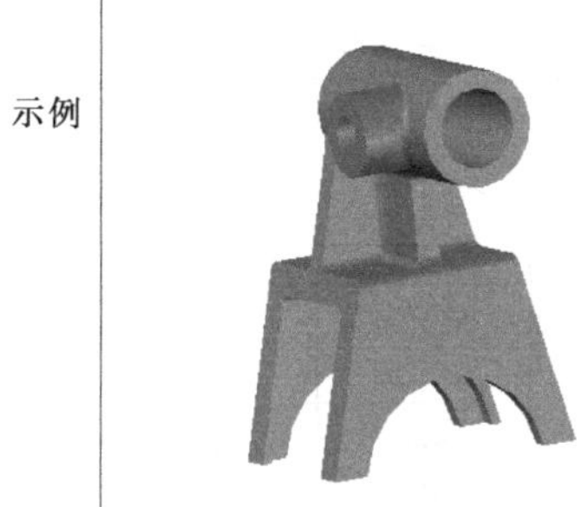 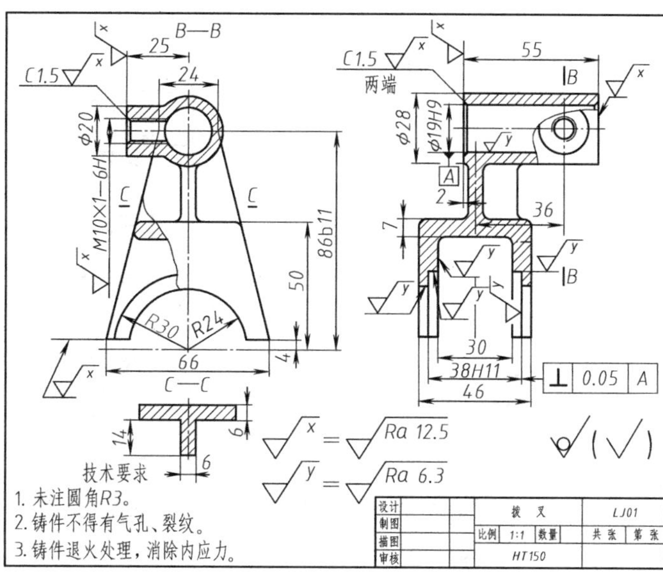

表 10-4 箱体类零件的视图表达与尺寸注法

类型与概念	加工方法	表达方案分析	尺寸注法分析
箱体类零件包括箱体、壳体、阀体、泵体、支座等，主要用来支撑、包容、保护其他零件	这类零件结构形状较复杂，加工位置变化多样，加工方法多样	摆放该类零件时，主要考虑工作位置。选择主视图时，主要考虑其形状特征。其他视图的选择，应根据零件的结构选取，一般需要三个或三个以上的基本视图，结合剖视图、断面图、局部视图等多种表达方法，清楚地表达零件内外结构形状。下图所示泵体按工作位置放置，主视图采用旋转剖切的全剖视图，不仅表达了零件的整体结构形状，还将 M6 螺纹孔、$\phi5$ 销孔、下部 $\phi18H8$ 孔的深度、上部 $\phi18H8$ 孔与螺孔 M27 的相通关系、M27 螺纹部分的长度均表达清楚；左视图采用三处局部剖，外形部分反映了外形轮廓结构形状及 M6 的螺纹孔与 $\phi5$ 销孔的分布位置，同时反映了内腔和底板上通槽的形状，剖视部分表达了两个 G1/4 螺纹孔与内腔相通的情况，底板上的局部剖表达了 $2\times\phi5.5$ 孔的结构；另外，采用局部剖视的俯视图，表达了前后两个螺孔的结构形状和整体结构之间的关系；*B* 向视图表达了泵体右侧的外部形状结构	标注这类零件尺寸时，通常选用主要轴线、接触面、重要端面、对称平面或底板的底面等作为主要尺寸基准，需要时，根据需要确定合适的辅助基准。此类零件的主要孔的中心距、尺寸公差、与装配有关的定位尺寸等直接影响机器工作性能和质量的尺寸属于重要尺寸，要直接注出，其余可按形体分析和结构分析标注尺寸。图示的泵体中，长、宽、高三个方向的主要尺寸基准分别为左端面、前后的对称平面和主动轴轴孔的轴线。标注时要注意，对需要切削加工的部分尽量按便于加工和测量的要求标注尺寸

（续）

示例	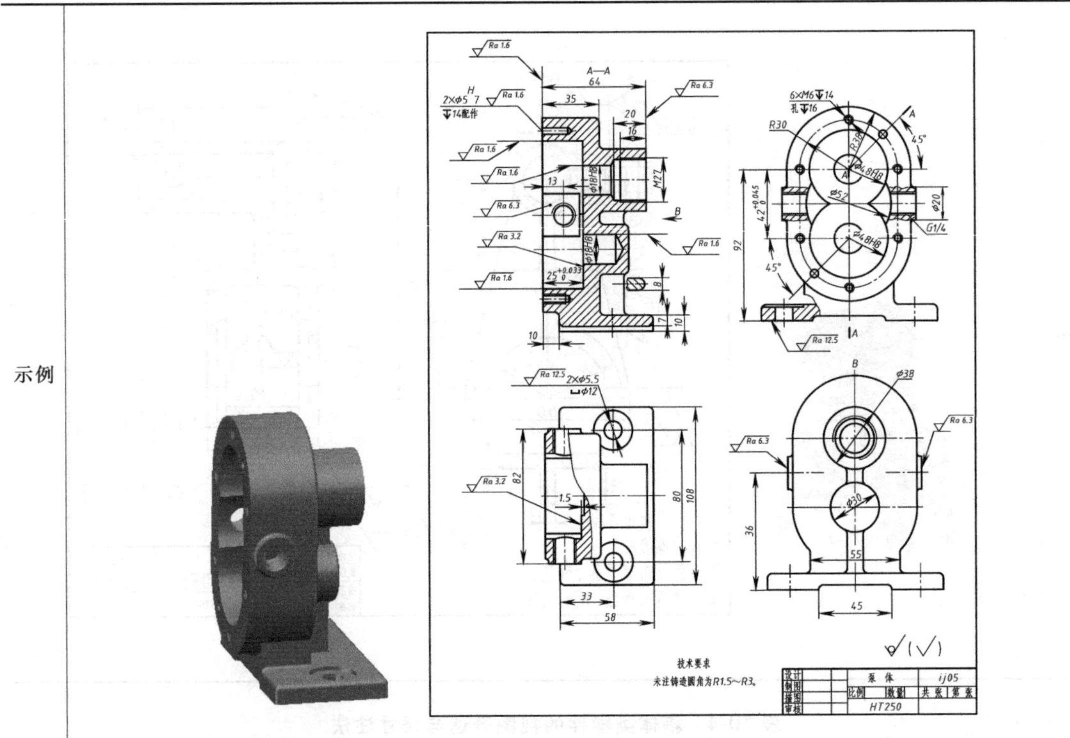

10.3　常见孔的尺寸注法

零件上常见孔的尺寸注法见表 10-5。

表 10-5　常见孔的尺寸注法

类型	简化注法		普通注法
光孔	4×Φ4↧10	4×Φ4↧10	4×Φ4 10
沉孔	6×Φ6.5 ⌵Φ10×90°	6×Φ6.5 ⌵Φ10×90°	90° Φ10 6×Φ6.5
	8×Φ6.4 ⌴Φ12↧4.5	8×Φ6.4 ⌴Φ12↧4.5	Φ12 4.5 8×Φ6.4

（续）

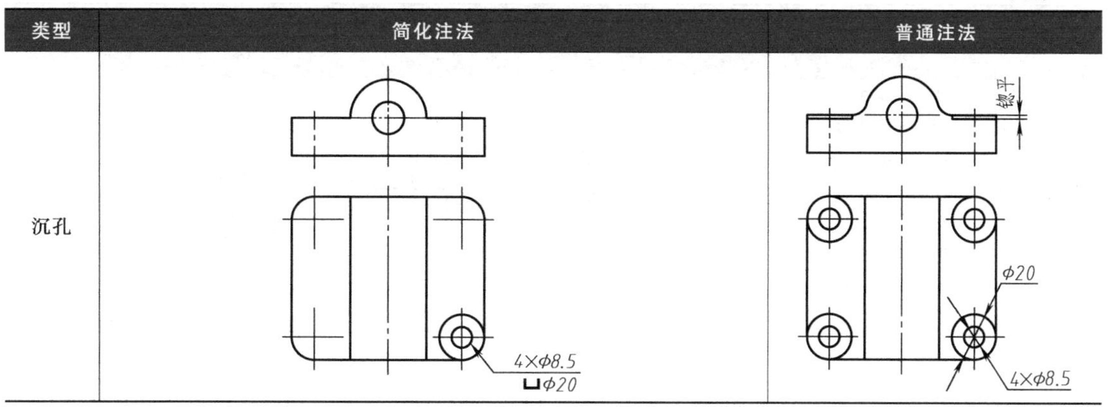

类型	简化注法	普通注法
沉孔		

10.4　零件的工艺结构

零件的结构形状、大小主要是根据它在机器或部件中的作用而定的，但零件一般是通过铸造和机加工获得的，制造工艺对零件的结构也有一定的要求。因此，在设计零件时，应使零件的结构既能满足使用上的要求，又要便于加工制造、测量、装配和调整。零件的工艺结构及表达方法见表 10-6。

表 10-6　零件的工艺结构及表达方法

工艺结构		概念	表达方法及说明
铸造工艺结构	起模斜度	铸造时为便于从砂型中取出模样，在造型设计时，将模样沿起模方向做出 1∶20（≈3°）的起模斜度。铸造后，在铸件的表面就形成了图示的斜度	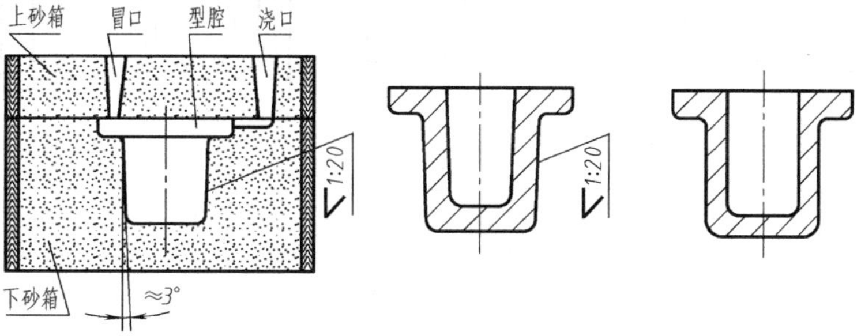 上砂箱　冒口　型腔　浇口　1:20　下砂箱　≈3°　1:20
	铸造圆角	为防止浇注时转角处型砂脱落和浇注后铸件冷却时在转角处因应力集中而产生裂纹，将铸件表面相交处做成圆角	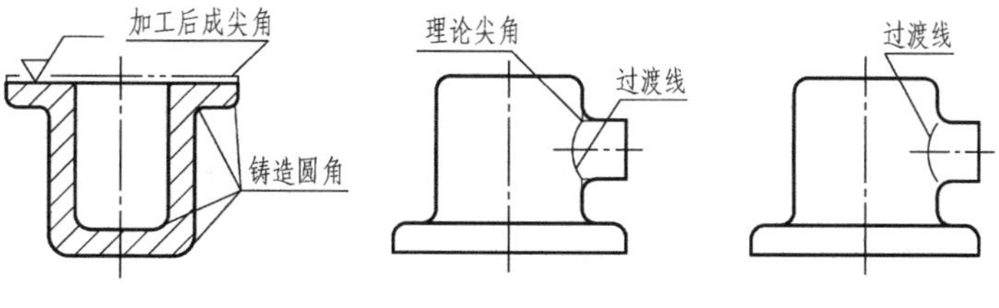 加工后成尖角　铸造圆角　理论尖角　过渡线　过渡线 说明：绘制零件图时，一般需在图样中画出铸造圆角，如图所示。铸造圆角的半径在 2~5mm 之间，视图中一般不标注，而是集中注写在技术要求中。如“未注明铸造圆角 *R*3~*R*5” 由于有铸造圆角，铸件各表面理论上的交线不存在。但在画图时，这些交线用细实线按无圆角的情况画出至理论交点处，在交线的起讫处与圆角的轮廓线断开，称为过渡线，过渡线的画法如图所示

（续）

<table>
<tr><th colspan="2">工艺结构</th><th>概念</th><th>表达方法及说明</th></tr>
<tr><td>铸造工艺结构</td><td>铸件壁厚</td><td>为了保证铸件质量，防止因冷却速度不同在壁厚处形成缩孔，在设计铸件时，应尽量使其壁厚均匀；如壁厚不均匀时，应使其均匀地变化</td><td> 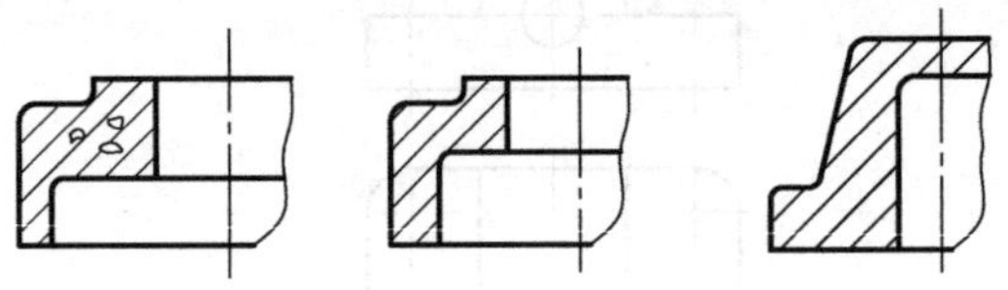说明：绘图设计画法如图所示</td></tr>
<tr><td rowspan="3">机加工常见的工艺结构</td><td>倒角与倒圆</td><td>为便于装配和操作安全性，在轴端、孔口及零件的端部处均加工出倒角；为避免零件轴肩处因应力集中而断裂，将轴肩处加工成倒圆</td><td> 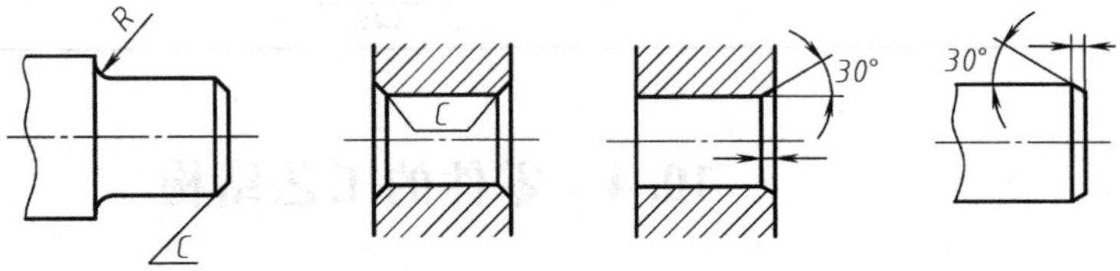R　C　C　30°　30°
说明：绘图设计画法如图所示。倒角一般采用 45°，符号 C 表示 45°倒角，C 后面应有一个数字表示倒角的轴向尺寸；倒角也允许采用 30°或 60°。倒角、倒圆的形状和尺寸标注方法见附表 19</td></tr>
<tr><td>退刀槽和砂轮越程槽</td><td>在车削螺纹时，为保证在螺纹末端加工出完整的螺纹，同时便于退出刀具，需要在待加工面的末端，先加工出退刀槽</td><td> 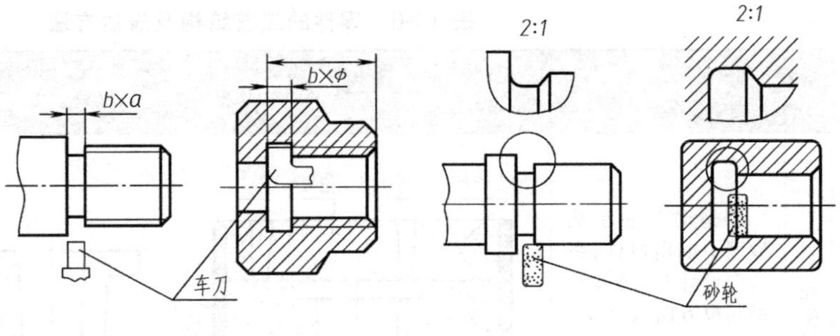b×a　b×φ　车刀　2:1　2:1　砂轮
说明：在标注退刀槽尺寸时，为便于选择刀具，应将槽宽直接标注出来。退刀槽的结构及其尺寸标注方法如图所示
对需要使用砂轮磨削加工的表面，需要在被加工面的轴肩处，预先加工出砂轮越程槽，使砂轮可以稍稍越过加工面，以保证被磨削表面加工完整。砂轮越程槽的结构通常使用局部放大图来表达，结构如图所示。退刀槽和砂轮越程槽的尺寸可由国标中查到，砂轮越程槽的尺寸见书后附表 18</td></tr>
<tr><td>凸台与凹坑</td><td>在装配体中，为保证零件间接触良好，零件之间的接触面都需要加工。为了降低零件的制造费用，在设计零件时应尽量减少加工面积，常在接触面处设计成凸台或凹坑结构</td><td> 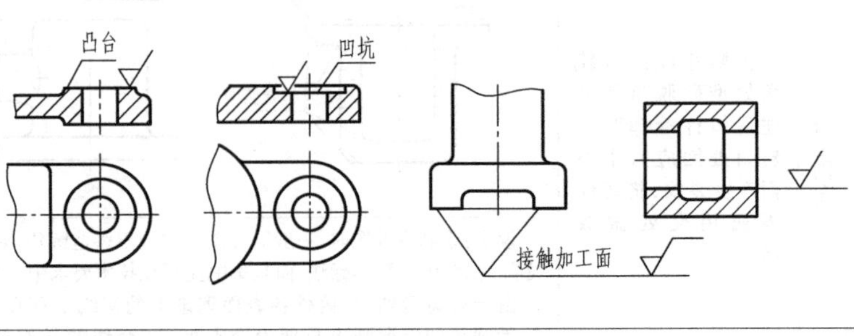凸台　凹坑　接触加工面
说明：绘图设计画法如图所示</td></tr>
</table>

（续）

工艺结构		概念	表达方法及说明
机加工常见的工艺结构	钻孔结构	零件上的孔多数使用钻头加工而成的	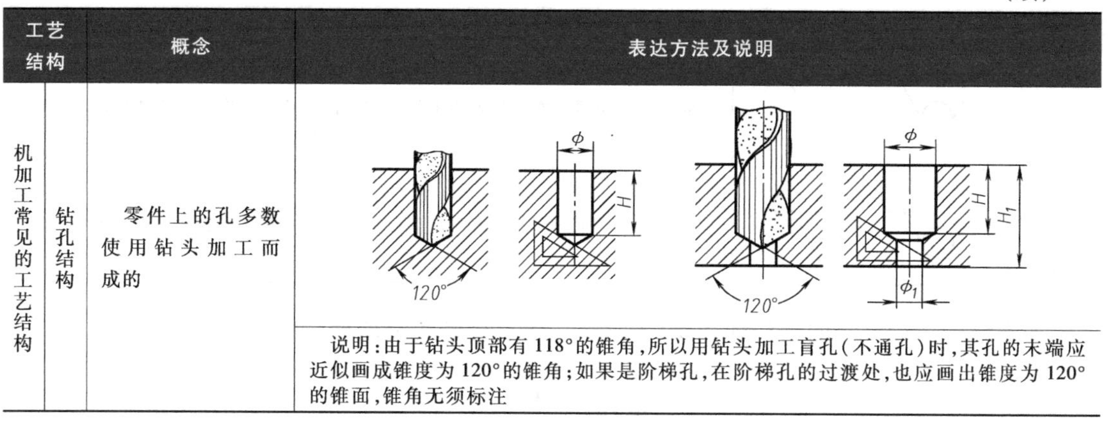 说明：由于钻头顶部有 118°的锥角，所以用钻头加工盲孔（不通孔）时，其孔的末端应近似画成锥度为 120°的锥角；如果是阶梯孔，在阶梯孔的过渡处，也应画出锥度为 120°的锥面，锥角无须标注

10.5 零件图的技术要求

零件图中需要给出零件在制造、装配、检验时应达到的技术要求，包括表面结构、尺寸公差、几何公差、材料热处理要求等。绘制零件图时，对有规定标记的技术要求，用规定的代（符）号直接标注在视图中，没有规定标记的以简明的文字说明注写在标题栏的上方或左侧。

10.5.1 表面结构（摘自 GB/T 131—2006、GB/T 3505—2009）

1. 表面结构的概念

表面结构是出自几何表面的重复或偶然的偏差，这些偏差形成了该表面的三维形貌。表面结构是表面粗糙度、波纹度、原始轮廓等的总称。图 10-2 所示为零件表面的微观不平特性，即粗糙度。表面结构的几何特征直接影响机械零件的功能、使用性能和工作寿命，因此在零件图中必须加以标注或在技术要求中用文字提出要求。

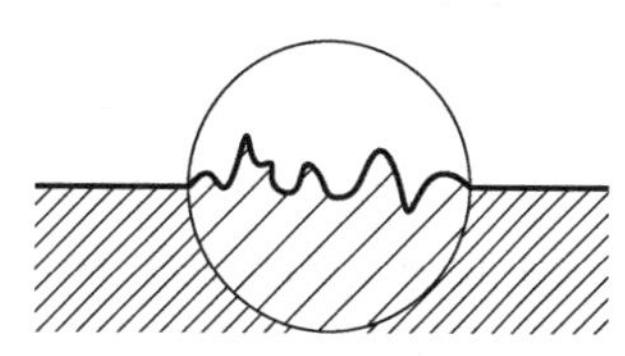

图 10-2 零件表面的微观不平特性

2. 表面结构的表示法

（1）表面结构图形符号 在技术产品文件中对表面结构的要求可以用几种不同的图形符号表示，每种符号都有特定的含义，常见表面结构的图形符号及其含义见表 10-7。

表 10-7 常见表面结构的图形符号及其含义

符号	意义及说明
	基本图形符号，未指定工艺方法的表面，当通过一个注释解释时可单独使用
	扩展图形符号，在基本符号加一短画，表示表面是用去除材料的方法获得。例如：车、铣、钻、磨、剪切、抛光、腐蚀、电火花加工、气割等
	扩展图形符号，用不去除材料方法获得的表面；仅当其含义是“被加工表面”时可单独使用。也可用于表示上道工序形成的表面，不管这种状况是通过去除材料或不去除材料形成的

（续）

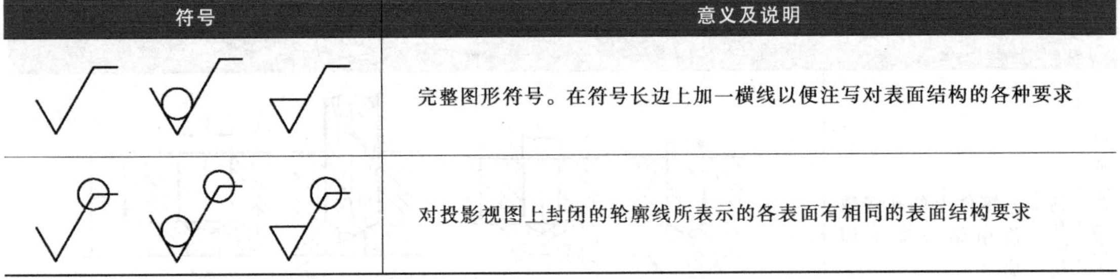

符号	意义及说明
	完整图形符号。在符号长边上加一横线以便注写对表面结构的各种要求
	对投影视图上封闭的轮廓线所表示的各表面有相同的表面结构要求

表面结构图形符号的画法如图 10-3 所示。图形符号和附加标注的尺寸见表 10-8。

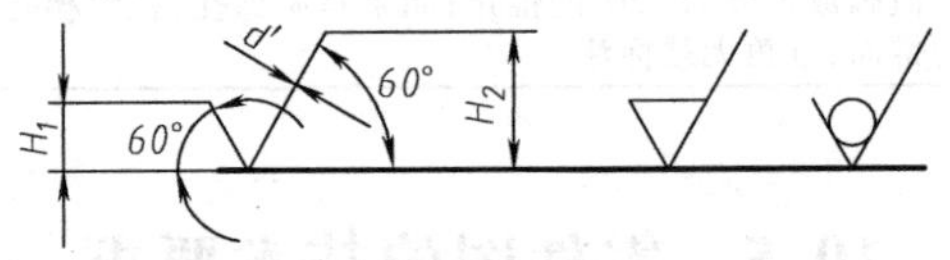

h = 字体高度　$H = 1.4h$　$d = h/10$

图 10-3　表面结构图形符号的画法

表 10-8　图形符号和附加标注的尺寸

数字和字母高度 h（见 GB/T 14690—1993）	2.5	3.5	5	7	10	14	20
符号线宽 d' 字母线宽 d	0.25	0.35	0.5	0.7	1	1.4	2
高度 H_1	3.5	5	7	10	14	20	28
高度 H_2（最小值取决于标注内容）	7.5	10.5	15	21	30	42	60

（2）表面结构完整图形符号的组成　表面结构要求的注写位置如图 10-4 所示，图中位置 a~e 分别注写以下内容：

1）位置 a 和 b 注写两个或多个表面结构要求。在位置 a 注写第一个表面结构要求；在位置 b 注写第二个表面结构要求。

2）位置 c 注写加工方法。例如：车、磨、镀等。

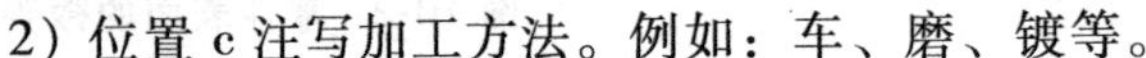

3）位置 d 注写表面纹理和方向。例如：“=”“X”。

4）位置 e 注写加工余量。注写所要求的加工余量，以 mm 为单位给出数值。

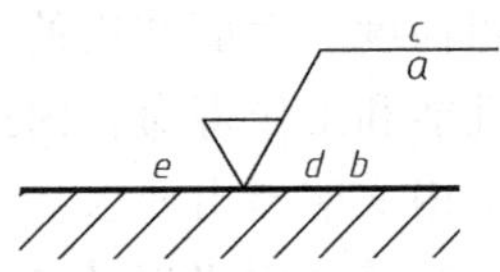

图 10-4　表面结构要求的注写位置

（3）表面结构常用的轮廓参数　零件表面结构的状况，可由三种轮廓（R、W、P）参数中的一种给出，其中最常用的为 R 轮廓（粗糙度参数），评定 R 轮廓的参数有两个 Ra 和 Rz。

1）轮廓算术平均偏差 Ra 指在取样长度 l 内，轮廓偏距（轮廓线上任何一点与基准线之间的距离 Y）绝对值的算术平均值，如图 10-5 所示。Ra 的计算公式为：

$$Ra = \frac{1}{l}\int_0^l |Y(X)|\mathrm{d}X$$

2）轮廓最大高度 Rz 是指在取样长度 l 内，轮廓峰顶线和轮廓谷底线之间的距离，如图 10-5 所示。

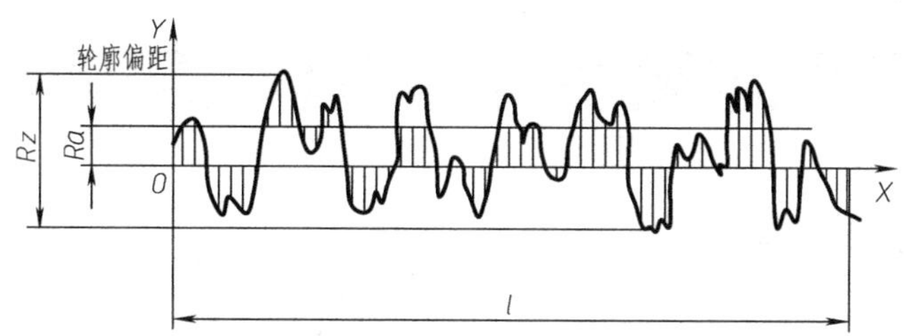

图 10-5　轮廓算术平均偏差 *Ra* 和轮廓最大高度 *Rz*

常用 *Ra* 数值对应的零件表面情况及相应加工方法见表 10-9。

表 10-9　表面结构 *Ra* 数值与应用

Ra/μm	表面特征	主要加工方法	应用举例
50	明显可见刀痕	粗车、粗铣、粗刨、钻孔、粗纹锉刀和粗砂轮加工	粗糙度最低的加工面，一般很少使用
25	可见刀痕		
12.5	微见刀痕	粗车、刨、立铣、平铣、钻等	不接触表面、不重要接触面，如螺钉孔、倒角、机座表面等
6.3	可见加工痕迹	精车、精铣、精刨、铰、钻、粗磨等	没有相对运动的零件接触面，如箱、盖、套筒要求紧贴的表面、键和键槽工作面；相对运动速度不高的接触面，如支架孔、衬套、带轮轴孔的工作表面等
3.2	微见加工痕迹		
1.6	看不见加工痕迹		
0.8	可辨加工痕迹方向	精车、精铰、精拉、精铣、精磨等	要求很好密合的接触面，如滚动轴承配合的表面、锥销孔等；相对运动速度较高的接触面，如支架孔、衬套、带轮轴孔的工作表面等
0.4	微辨加工方向		
0.2	不可辨加工痕迹方向		
0.1	暗光泽面	研磨、抛光、精细研磨等	精密量具的表面，极重要零件的摩擦面，如气缸的内表面、精密机床的主轴颈、坐标镗床的主轴颈等
0.05	亮光泽面		
0.025	镜状光泽面		
0.012	雾状镜面		

3. 表面结构要求在图样中的标注

表面结构要求对每一个表面一般只注一次，并尽可能注在相应的尺寸及其公差的同一视图上。除非另有说明，所标注的表面结构要求是对完工零件表面的要求。表面结构在图样中的注写要求见表 10-10。

表 10-10　表面结构在图样中的注写要求

说明	标注示例
标注原则 根据 GB/T 4458.4—2003 规定，使表面结构的注写和读取方向与尺寸的注写和读取方向一致	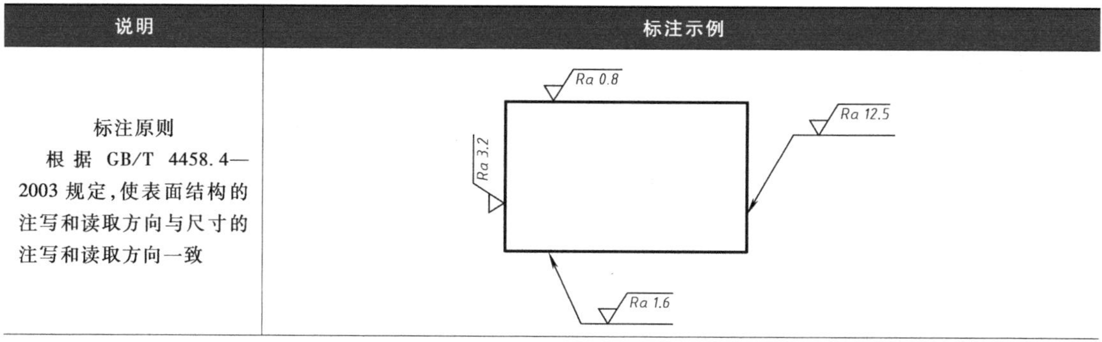

（续）

说明	标注示例
可标注在轮廓线上，其符号应从材料外指向并接触表面。必要时，表面结构符号也可用带箭头或黑点的指引线引出标注	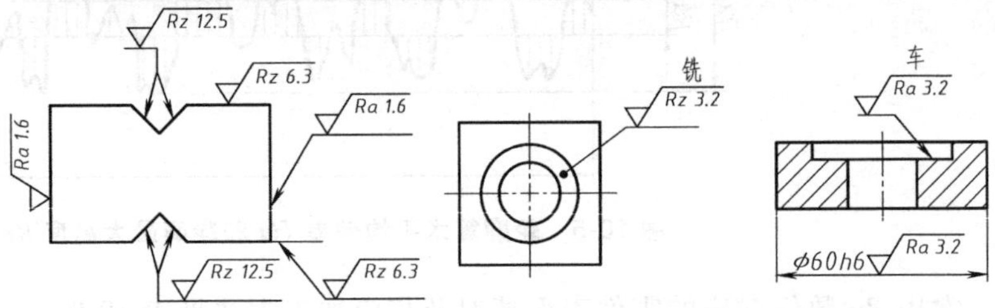
在不至于引起误解的情况下，表面结构要求可以注在要求的尺寸线上	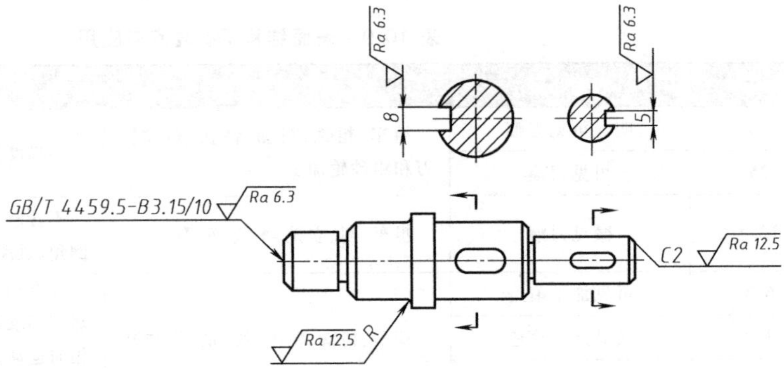
可以标注在几何公差框格的上方 可以标注在棱柱表面上。如果每个棱柱表面有不同的表面结构要求，则应分别单独标注	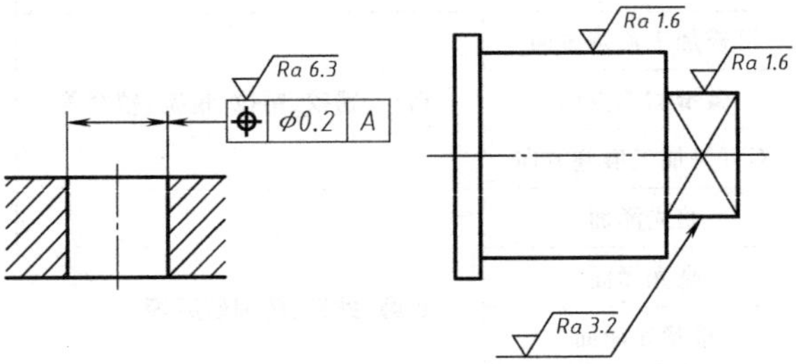
标注在圆柱表面上。圆柱表面的表面结构要求只注一次	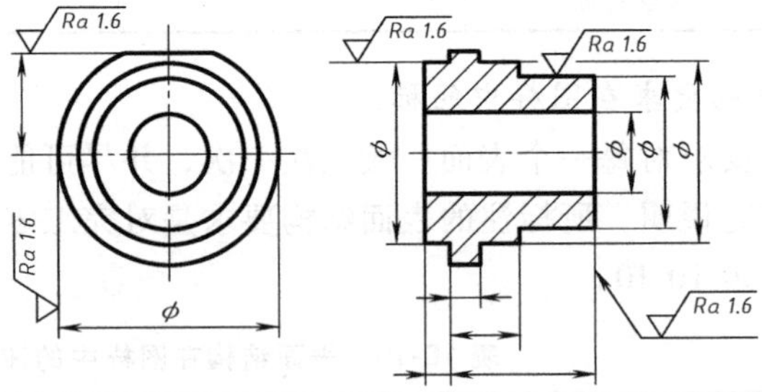
如果工件的多数表面（包括全部）有相同的表面结构要求，则其表面结构要求可统一注在图样标题栏附近 表面结构要求的代号后面应有：在圆括号内给出无任何其他标注的基本符号（图 a）或在圆括号内给出不同的表面结构要求（图 b）	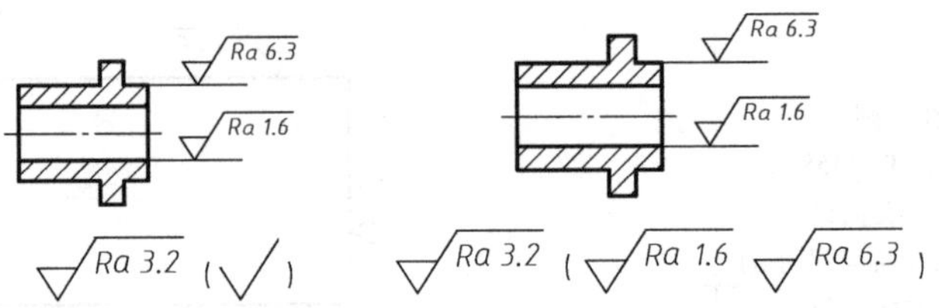 a)　b)

（续）

说明	标注示例
多个表面有共同要求的标注 用基本图形符号、要求去除材料或不允许去除材料的扩展图形符号在图中进行标注，在标题栏附近以等式的形式给出对多个表面共同的表面结构要求	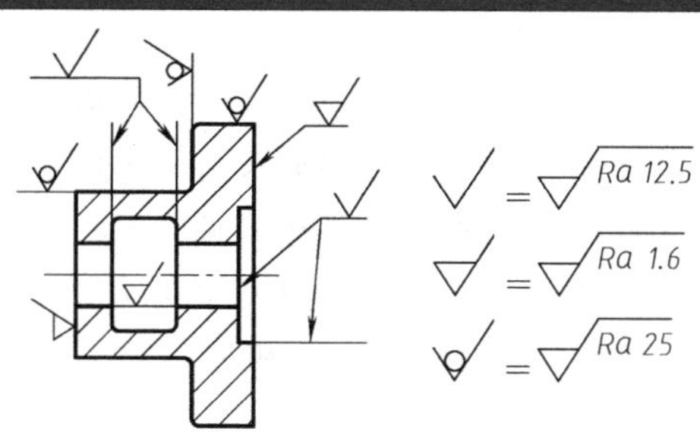

10.5.2 极限与配合

1. 互换性

在生产实践中，相同规格的零件，任取其中的一个，不经挑选和修配，就能合适地装到机器中，并能满足机器性能的要求，零件具有的这种性质称为互换性。零件具有互换性，既能进行大规模专业化生产，又能提高产品质量，降低成本，便于维修。

GB/T 1800.1—2020、GB/T 1800.2—2020、GB/T 4458.5—2003 等国家标准，对零件尺寸允许的变动量及在图样上的标注做出了规定。

2. 零件的尺寸公差

允许尺寸的变动量称为尺寸公差。

（1）相关术语和定义　相关的术语由国家标准 GB/T 1800.1—2020 给出，如图 10-6 所示。

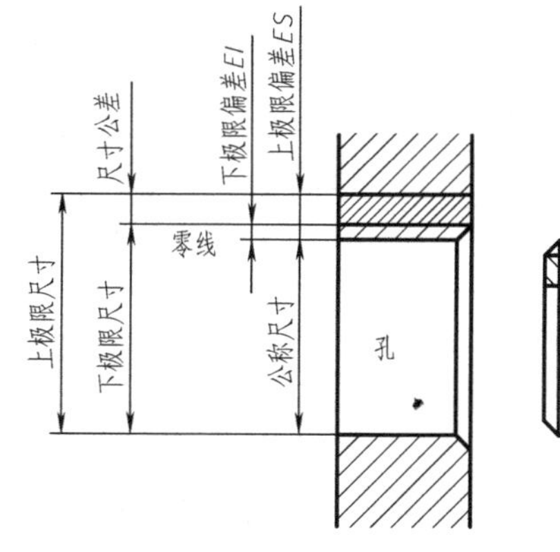

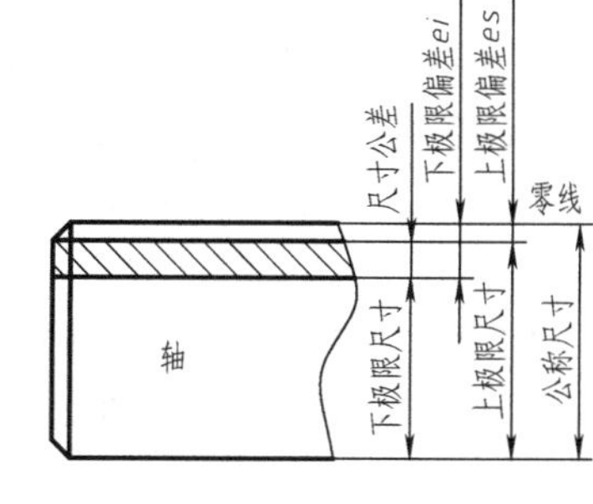

图 10-6　术语解释

1）尺寸要素。由一定大小的线性尺寸或角度尺寸确定的几何形状。由图样规范确定的理想形状要素的尺寸，即设计时根据计算或经验确定的尺寸。

2）实际尺寸。加工完工后，通过测量获得的尺寸。

3）极限尺寸。尺寸要素允许的尺寸的两个极端。提取组成要素的局部尺寸应位于其中，也可达到极限尺寸。它包括上极限尺寸，即尺寸要素允许的最大尺寸；下极限尺寸，即尺寸要素允许的最小尺寸。成品的实际尺寸在两个极限尺寸之间的零件为合格。

4）偏差。某一尺寸减去其公称尺寸所得的代数差。

5）极限偏差。极限偏差有上极限偏差和下极限偏差，偏差值可以是正值、负值或零，其单位为 μm。

① 上极限偏差（*ES*、*es*）= 最大极限尺寸-公称尺寸

② 下极限偏差（*EI*、*ei*）= 最小极限尺寸-公称尺寸

ES 和 *EI* 表示孔的上极限偏差和下极限偏差，*es* 和 *ei* 表示轴的上极限偏差和下极限偏差。

6）尺寸公差（简称公差）。允许的尺寸变动量。

公差 = 上极限尺寸-下极限尺寸 = 上极限偏差-下极限偏差，尺寸公差是一个没有符号的绝对值。

7）零线。在极限与配合图解中，表示公称尺寸的一条直线，以其为基准确定偏差和公差，如图 10-6 所示。

8）公差带。在公差带图解中，由代表上极限偏差和下极限偏差或上极限尺寸和下极限尺寸的两条直线所限定的一个区域。它由公差大小和其相对零线的位置来确定，图 10-7 所示为轴的公差带图解，轴的尺寸公差在图样上的标注如图 10-8 所示。由图中的标注可知：

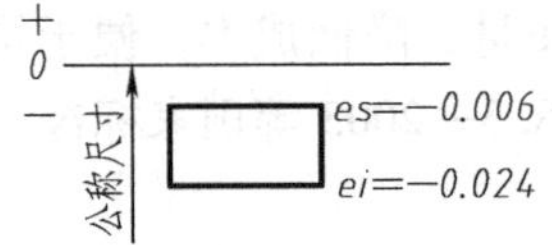

图 10-7　轴的公差带图解

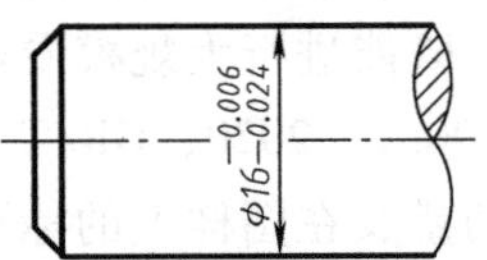

图 10-8　轴的尺寸公差

① 公称尺寸 ϕ16mm；上极限偏差（*es*）为-0.006mm；下极限偏差（*ei*）为-0.024mm。

② 上极限尺寸 = 公称尺寸+上极限偏差 = 16mm+(-0.006mm) = 15.994mm。

③ 下极限尺寸 = 公称尺寸+下极限偏差 = 16mm+(-0.024mm) = 15.976mm。

④ 可算出公差：公差 = 上极限偏差-下极限偏差 = (-0.006mm)-(-0.024mm) = 0.018mm。

（2）标准公差与基本偏差的确定　为了便于生产，并满足不同使用需求，国家标准规定：标准公差确定公差带的大小，基本偏差确定公差带的位置，如图 10-9 所示。

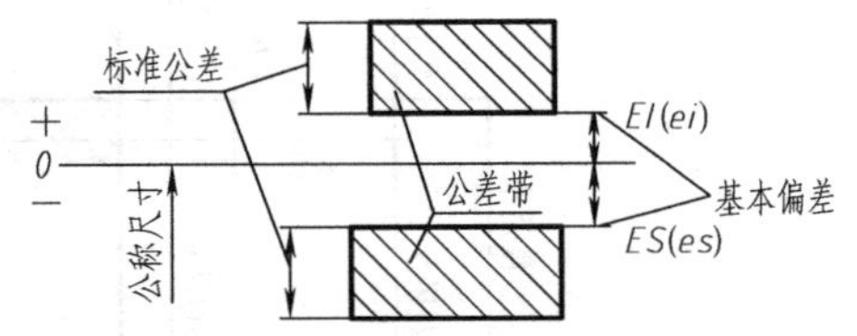

图 10-9　标准公差与基本偏差

1）标准公差。国家标准中规定的用以确定公差带大小的任一公差称为标准公差。标准公差是由公称尺寸和公差等级确定的。

标准公差等级代号由符号“IT”和数字组成。标准公差等级分 IT01，IT0，IT1 至 IT18 共 20 级。随着 IT 值的增大，尺寸的精确程度依次降低，公差值则依次增大。公差数值取决于公称尺寸和公差等级，GB/T 1800.2—2020 给出了公称尺寸至 3150mm 的各级的标准公差数值，见附表 20。

当公称尺寸一定时，公差等级越高，公差数值越小，尺寸精度越高；属于同一公差等级的公差数值，公称尺寸越大，对应的公差数值越大，但被认为具有同等的精度。

2）基本偏差。公差带中靠近零线位置的上极限偏差或下极限偏差称为基本偏差。当公差带在零线上方时，下极限偏差为基本偏差；当公差带在零线下方时，上极限偏差为基本偏差，如图 10-10 所示。

基本偏差代号：孔用大写字母 A，…，ZC 表示；轴用小写字母 a ，…，zc 表示（图 10-10），各有 28 个。从图 10-10 中可以看出：孔的基本偏差从“A”至“H”为下极限偏差，“K”至“ZC”为上极限偏差。轴的基本偏差从“a”至“h”为上极限偏差，“k”至“zc”为下极限偏差。“JS”和“js”的上下极限偏差对称分布在零线两侧，因此，其上极限偏差为“+IT/2”或下极限偏差为“-IT/2”。

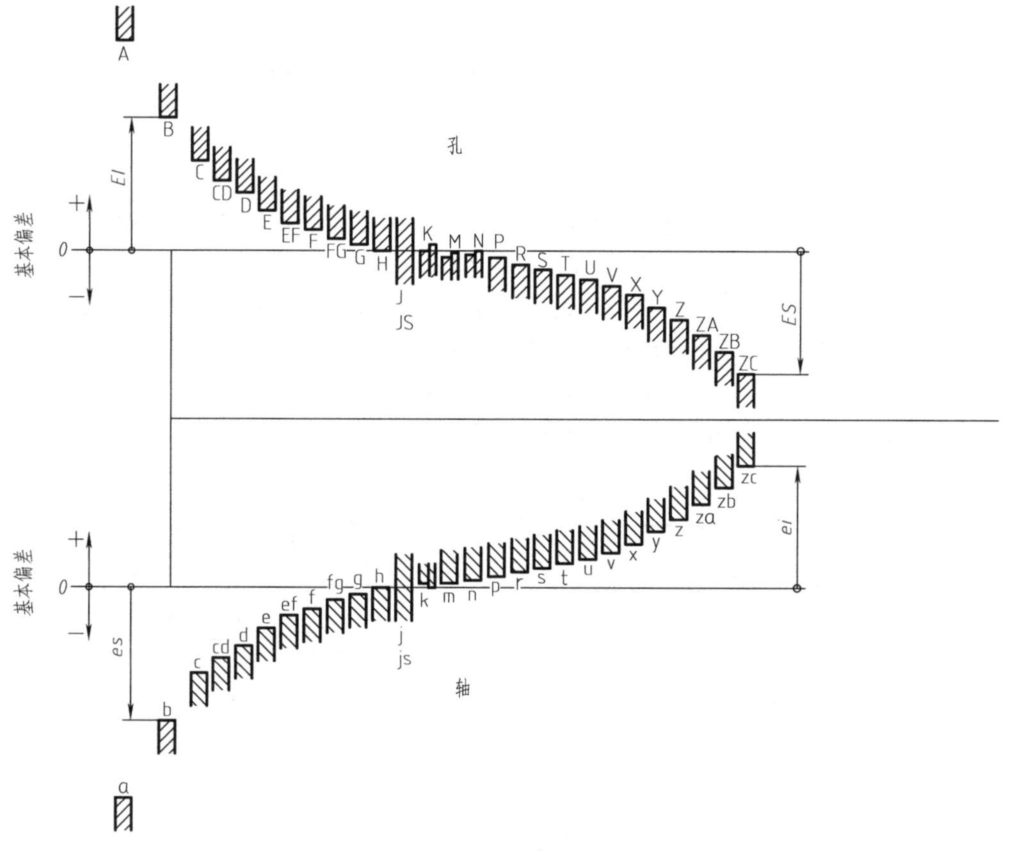

图 10-10　基本偏差系列图

轴和孔的基本偏差数值见附表 21 、附表 22。

根据标准公差和基本偏差可按下式计算出轴、孔的另一极限偏差：

$$ES=EI+\mathrm{IT}\text{ 或 }EI=ES-\mathrm{IT}$$

$$es=ei+\mathrm{IT}\text{ 或 }ei=es-\mathrm{IT}$$

3）公差带代号。公差带代号由基本偏差代号和公差等级代号组成，此时，公差等级代号省略 IT，如 H8、f7。

轴和孔的尺寸公差表示方法：公称尺寸后边写出公差带。例如，ϕ28H8 中，“ϕ28”为公称尺寸；“H8”为孔的公差带代号；其中“H”为孔的基本偏差代号，“8”为孔的公差等级代号。

3. 配合

公称尺寸相同、相互结合的孔和轴公差带之间的关系称为配合。

（1）配合种类　按照使用轴、孔间配合的松紧要求，国家标准将配合分为三类：间隙配合、过渡配合和过盈配合，如图 10-11 所示。

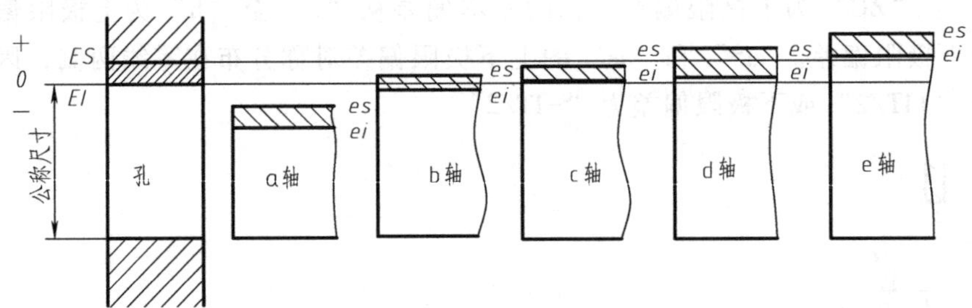

图 10-11　配合种类

1）间隙配合。具有间隙（包括最小间隙等于零）的配合。如图 10-11 中的孔与 a 轴配合。此时，孔的公差带在轴公差带的上方，如图 10-12a 所示。

2）过盈配合。具有过盈（包括最小过盈等于零）的配合。如图 10-11 中的孔与 e 轴配合。此时，孔的公差带在轴公差带的之下，如图 10-12b 所示。

3）过渡配合。可能具有间隙或过盈的配合。如图 10-11 中的孔与 b、c、d 轴配合。此时，孔的公差带与轴公差带相互交叠，如图 10-12c 所示。

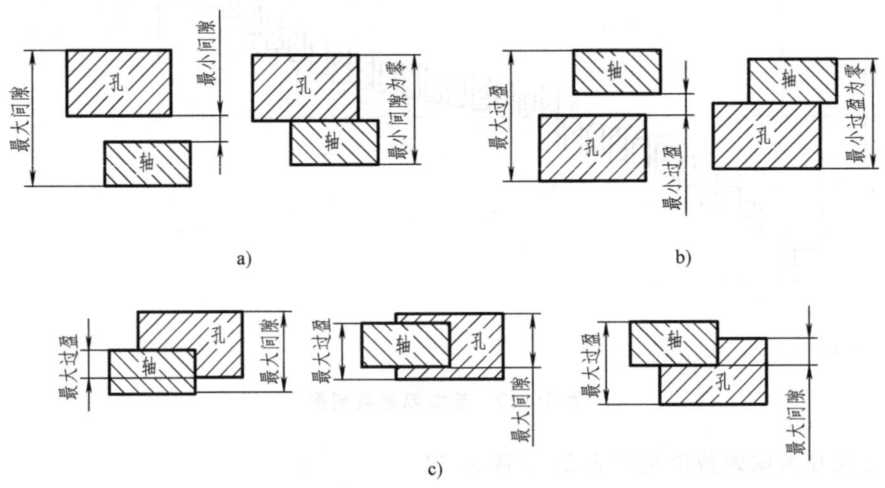

图 10-12　各种配合的公差带

（2）配合制　同一极限制的孔和轴组成的一种制度称为配合制。国家标准规定了两种配合制度，即基孔制与基轴制。

1）基孔制配合。基本偏差为一定的孔的公差带，与不同基本偏差的轴的公差带形成各种配合的一种制度。

在基孔制配合中，孔的下极限尺寸与公称尺寸相等，孔的下极限偏差为零，如图 10-13 所示。基孔制的孔为基准孔，基本偏差代号为“H”。

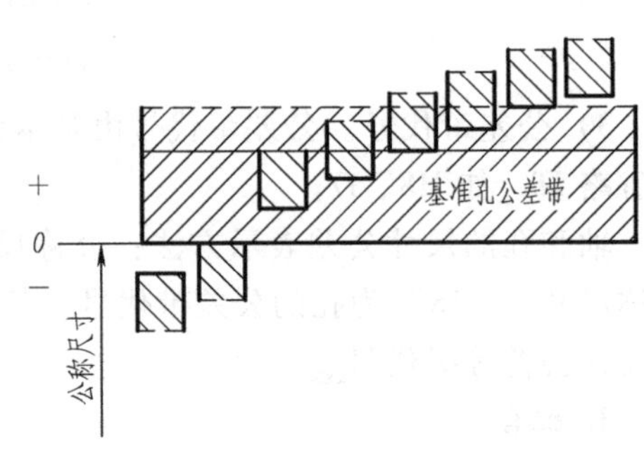

图 10-13　基孔制公差带图

2）基轴制配合。基本偏差为一定的轴的公差带，与不同基本偏差的孔的公差带形成各种配合的一种制度。

在基轴制配合中，轴的上极限尺寸与公称尺寸相等，轴的上极限偏差为零，如图 10-14 所示。基轴制的轴称为基准轴，基本偏差代号为“h”。

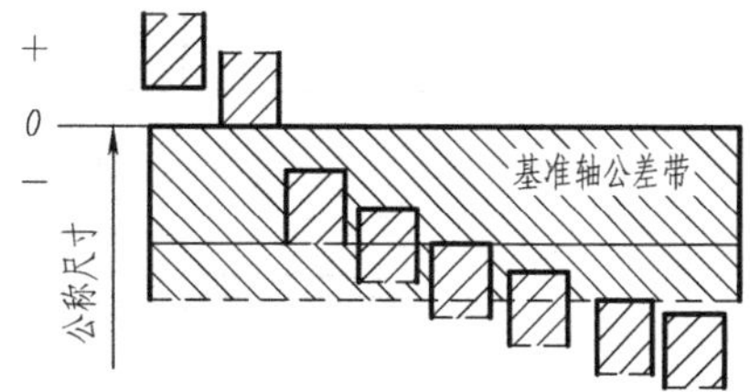

图 10-14　基轴制公差带图

一般情况下，应优先选用基孔制配合。

在基孔制（基轴制）配合中：基本偏差 a~h（A~H）用于间隙配合；j~zc（J~ZC）用于过渡配合和过盈配合。

（3）配合的表示　配合用相同的公称尺寸后跟孔、轴的公差带表示。孔、轴公差带写成分式形式，分子为孔的公差带，分母为轴的公差带。若分子中孔的基本偏差代号为“H”，表示该配合为基孔制；若分母中轴的基本偏差代号为“h”，表示该配合为基轴制。当轴与孔的基本偏差同为 h（H）时，根据基孔制优先的原则，一般应首先考虑为基孔制，如 ϕ28H7/h6。

例如，代号 ϕ28H7/f6 的含义为相互配合的轴与孔公称尺寸为“ϕ28”，基孔制配合制度，孔为标准公差“IT7”级的基准孔，与其配合的轴基本偏差为“f”，标准公差为“IT6”级。

4. 极限与配合在图样上的标注

国家标准 GB/T 4458. 5—2003 给出了机械制图尺寸公差与配合在图样中的标注方法。

（1）在零件图上的公差注法　线性尺寸的公差应按下列三种形式之一标出：

1）采用公差带代号标注线性尺寸的公差时，公差带代号应注写在公称尺寸右边，如图 10-15a 所示。这对于用量规（公差带代号往往就是量规的代号）检验的场合十分简便。标注公差带代号对公差等级和配合性质的概念都比较明确，在图样中标注也简单。但缺点是具体的极限偏差不能直接看出，采用万能量具进行测量时就比较麻烦。

2）采用极限偏差标注线性尺寸的公差时，在公称尺寸的右边标注极限偏差。标注时，上极限偏差标注在公称尺寸的右上方，下极限偏差应与公称尺寸标注在同一底线上，上下极限偏差的字号比公称尺寸的数字的字号小一号，如图 10-15b 所示。这种注法对于采用万能量具检测的情况比较方便，尺寸的实际大小比较直观明确，为单件、小批量生产所欢迎。

上述两种标注形式在不同的场合都有其优越性。但也有不少设计单位和生产部门要求在图样中两者同时标注，这样标注虽稍麻烦些，但对扩大图样的适应性和保证图样的正确性都有良好的作用。

3）当同时标注公差带代号和极限偏差时，极限偏差写在公差带代号的后面并加圆括号，如图 10-15c 所示。

4）标注中应注意以下几点：

① 当标注极限偏差时，上下极限偏差的小数点必须对齐，小数点后右端的“0”一般不予标出；如果为了使上下极限偏差值小数点后的位数相同，可以用“0”补齐。

② 当上极限偏差或下极限偏差为“零”时，用数字“0”标出，并与上极限偏差或下极限偏差中小数点前的个位数对齐，但“0”前不加符号“+”或“−”。

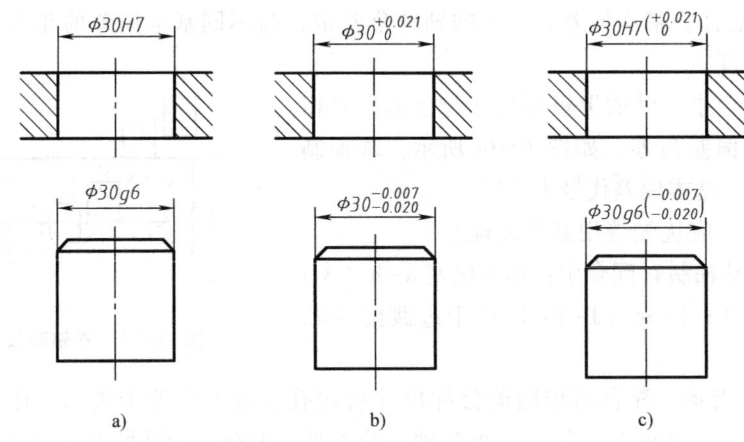

图 10-15　公差标注方法

③ 当上下极限偏差绝对值相同时，偏差数字只注写一次，并应在偏差数字与公称尺寸之间注出符号“±”，且字号大小与公称尺寸字号相同。

（2）在装配图上的配合注法　在图样中标注配合，实际就是标注孔和轴各自的公称尺寸和公差带代号。由于配合的定义规定孔和轴的公称尺寸是相同的，因此图样中的公称尺寸一般只标一个，如果需要标注两个公称尺寸时，它们也一定是相同的。

1）标注配合代号。配合代号由相配合的孔和轴的公差带代号组合而成，在装配图中标注配合代号时，在公称尺寸的右边写成分式的形式，分子为孔的公差带代号，分母为轴的公差带代号，如图 10-16a 所示。必要时也允许按图 10-16b 所示形式标注。

2）标注相配零件的极限偏差。由于要分别注出两相配零件的极限偏差，一般将孔的公称尺寸和极限偏差注写在尺寸线的上方，轴的公称尺寸和极限偏差注写在尺寸线的下方，如图 10-16c 所示。

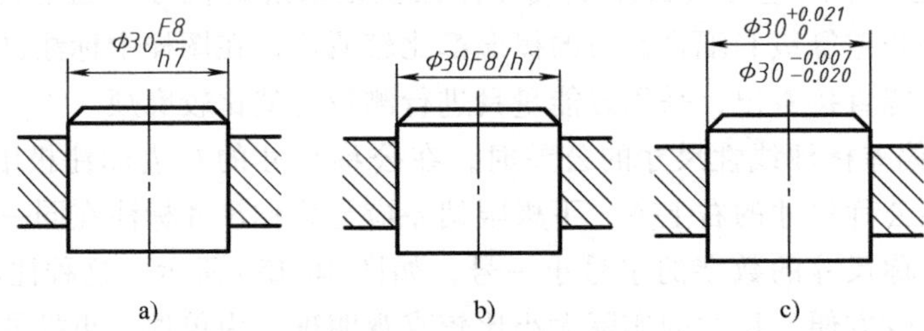

图 10-16　配合的标注方法

10.5.3　几何公差

几何公差是指形状公差、位置公差、方向公差和跳动公差，是零件要素（点、线、面）的实际形状、实际位置、实际方向对理想状态的允许变动量。例如，轴的理想形状如图 10-17a 所示，但加工后轴的实际形状如图 10-17b 所示，产生的这种误差为形状误差。零件中左右两孔轴线的理想位置应是在同一条直线上，如图 10-18a 所示，但加工后两孔轴线产生偏移，形成位置的误差，如图 10-18b 所示。

为提高机械产品质量，保证零件的互换性和使用寿命，除了给定零件的尺寸公差、限制表面结构外，还要规定适当的几何精度，并将这些要求标注在图样上。

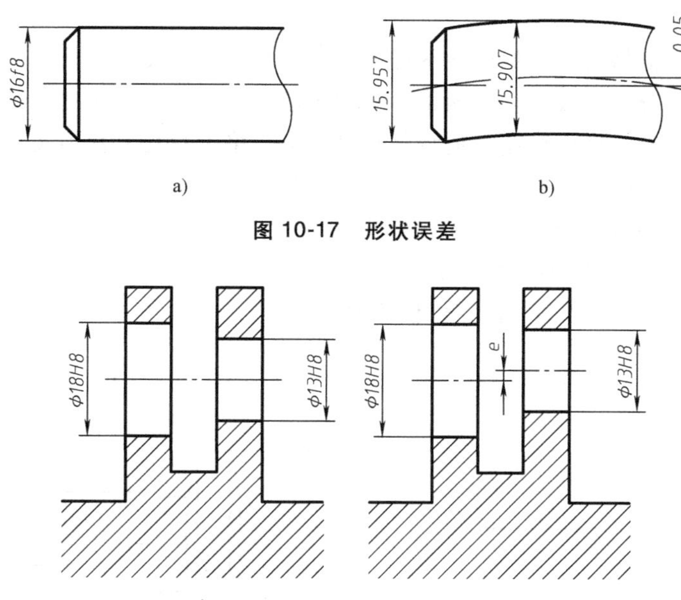

图 10-17　形状误差

图 10-18　位置误差

1. 几何公差的几何特征符号

几何公差的几何特征符号见表 10-11。

表 10-11　几何特征符号（摘自 GB/T 1182—2018）

公差类型	几何特征	符号	有无基准
形状公差	直线度	—	无
	平面度	⏥	无
	圆度	○	无
	圆柱度	⌭	无
	线轮廓度	⌒	无
	面轮廓度	⌓	无
方向公差	平行度	//	有
	垂直度	⊥	有
	倾斜度	∠	有
	线轮廓度	⌒	有
	面轮廓度	⌓	有
位置公差	位置度	⌖	有或无
	同心度（用于中心点）	◎	有
	同轴度（用于轴线）	◎	有
	对称度	⌯	有
	线轮廓度	⌒	有
	面轮廓度	⌓	有
跳动公差	圆跳动	↗	有
	全跳动	⌰	有

2. 几何公差的标注

几何公差用公差框格的形式标注在图样上，如图 10-19 所示。

图中的公差框格分两格或多格。两格一般用于形状公差，多格一般用于方向、位置和跳动公差。从左边起，第一格内绘制几何特征符号，第二格填写公差数值及有关符号，第三格及右边的其他格内是基准字母及有关符号。基准字母用大写的英文字母。公差框格用细实线绘制，框格高（宽）度是图样中尺寸数字高度的两倍。

3. 几何公差在零件图上的标注示例

零件图中几何公差的标注示例如图 10-20 所示。

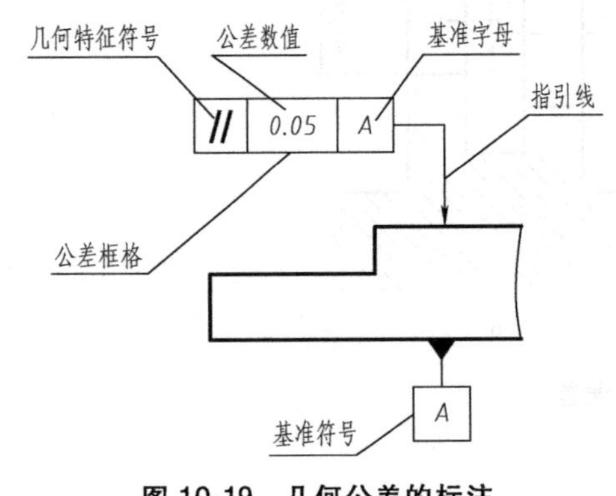

图 10-19　几何公差的标注

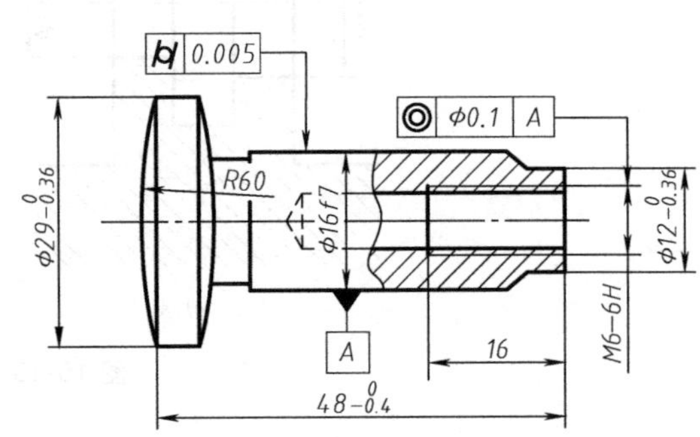

图 10-20　几何公差的标注示例

10.6　读零件图

读零件图是工程技术人员应具备的基本素质之一。因为在设计零件时，常需要参考同类机器的图样，所以需要能读懂零件图。加工零件时，也需要能读懂零件图，想象出零件的结构形状，了解零件的尺寸及技术要求等。

10.6.1　读零件图的方法和步骤

（1）概括了解　通过零件图的标题栏了解零件的名称、材料、绘图比例等，还可以结合其他设计资料（装配图、产品说明书等）了解零件的用途。

（2）分析视图　通过分析零件图中各视图所表达的内容，找出各部分的对应关系，采用形体分析、线面分析等方法，想象出零件各部分的结构和形状。

（3）分析尺寸和技术要求　分析确定各方向的主要尺寸基准，了解定形、定位和总体尺寸。了解技术要求，如了解零件的表面结构要求、各配合表面的尺寸公差和零件的几何公差及零件的其他技术要求。

（4）综合归纳　将零件的结构、形状、尺寸及技术要求等内容综合归纳，对零件的整体有全面的认识。

10.6.2　读图举例

以图 10-21 所示的泵体零件图为例介绍读图的方法和步骤。

1. 概括了解

从标题栏中可知，该零件名为泵体，材料为HT150（零件的材料可查阅有关设计手册），绘图比例为1∶3。

2. 分析视图

该零件图采用了主视图、左视图和俯视图三个基本视图。主视图采用了单一剖切平面的*B—B*半剖视图，用于表达零件外形结构和三个M6螺纹孔的分布位置，并表达了右侧凸台上螺纹孔和底板上沉孔的结构形状，同时，还表达了两个ϕ6通孔的位置；左视图采用了局部剖视图，用以表达零件的外形结构，并表达出M6螺纹孔的深度、内腔与ϕ14H7孔的深度和相通关系；俯视图采取了单一剖切平面的全剖视图，表达了底板与主体连接部分的断面形状，同时表达了底板的形状和其上两沉孔的位置。从分析结果可以看出此零件由壳体、底板、连接部分等结构组成。

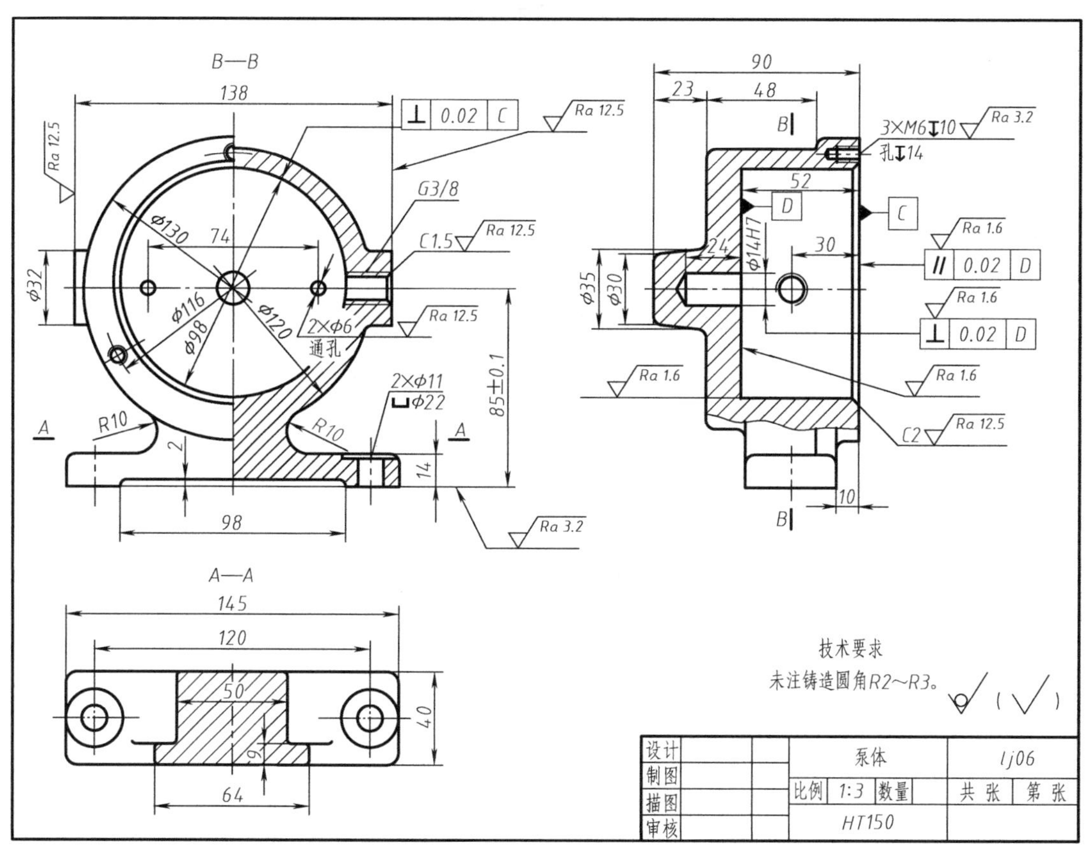

图10-21 泵体零件图

壳体为圆柱形，前面有一个均布三个螺孔的凸缘，左右各有圆形凸台，凸台上有螺纹孔与内腔相通；后部有一圆台形凸台，凸台里边有一带锥角的盲孔；内腔后壁上有两个小通孔。底板为带圆角的长方形板，其上有两个ϕ11的沉孔，底部中间有凹槽，底面为安装基面。壳体与底板由断面为丁字形的柱体连接。

3. 分析尺寸了解技术要求

零件中长、宽、高三个方向的主要尺寸基准分别是左右对称面、前端面和ϕ14H7孔的轴线。各主要尺寸都是从基准直接注出的。图中还注出了各配合表面的尺寸公差、各表面结构的要求，以及几何公差等。

4. 综合想象

综合想象出该泵体的整体形状，如图 10-22 所示。

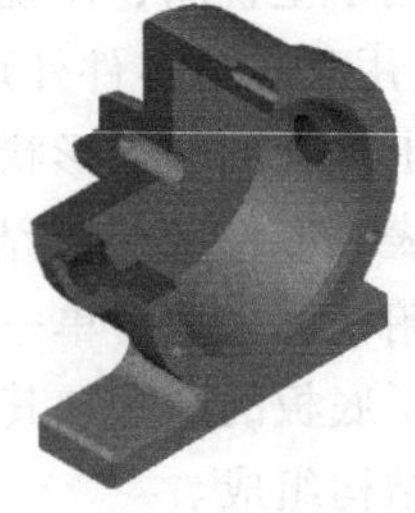

图 10-22　泵体立体图

第 11 章

标准件与常用件

本章学习目标

☆熟练掌握螺纹、常用螺纹紧固件及其连接的规定画法，并能按已知条件进行标注；了解圆柱销、平键和圆柱螺旋压缩弹簧的规定画法；了解轴承及其装配画法；掌握圆柱齿轮及其啮合的画法。

在各种机器或部件上广泛使用着一些用来紧固、连接、传动、支撑和减振等作用的零件。为了提高产品质量，降低生产成本，国家对一些零件如螺纹紧固件、键、销、滚动轴承等的结构、形式、画法、尺寸精度和技术要求进行了标准化，这些零件称为标准件。对另一类如齿轮、弹簧等经常用到的零件，国家标准对这类零件的部分结构和参数进行了标准化，这些零件通常称为常用件。

为便于学习和查阅，将标准件与常用件单设一章讲授，其画法应属于零件图和装配图的表达方法，所以相关内容可参考第 10、12 章。

11.1　螺纹的基本知识

11.1.1　螺纹的形成及加工

1. 螺纹的形成

若有一动点沿着圆柱面的直母线作等速直线运动，同时该直母线又沿圆柱面的轴线作等速回转运动，则动点 A 的运动轨迹就是圆柱螺旋线。若有一平面图形（如三角形、梯形、矩形等）沿螺旋线作螺旋运动，则该平面图形所走过的轨迹即形成一螺旋体，这种螺旋体就是螺纹。

2. 螺纹的加工

螺纹的加工方法很多，有车削、碾压以及用丝锥、板牙等工具加工。图 11-1 所示为在车床上加工螺纹的方法。螺纹加工在圆柱（或圆锥）的外表面就称之为外螺纹，加工在圆柱（或圆锥）的内表面就称之为内螺纹。另外，还可以用板牙套制外螺纹和用丝锥攻制内螺纹（用丝锥攻制内螺纹前先用钻头钻孔），俗称套扣和攻螺纹，如图 11-2 所示。

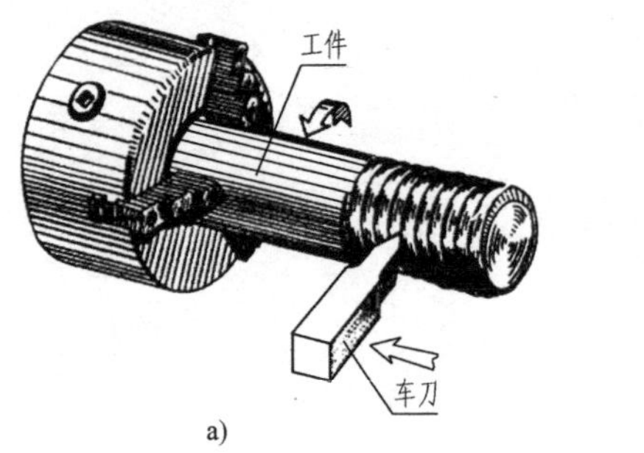

a)

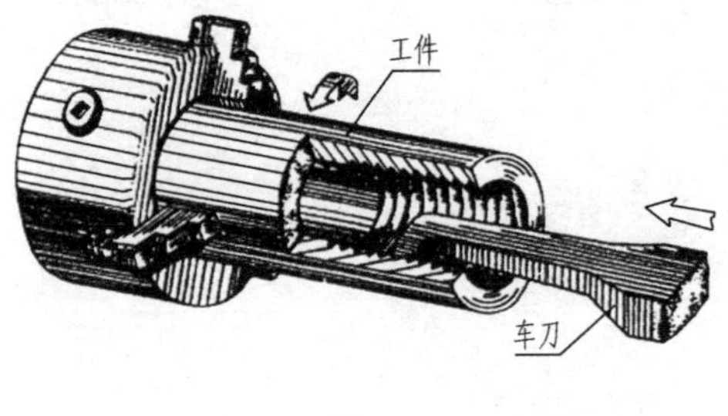

b)

图 11-1　车床上车削内、外螺纹

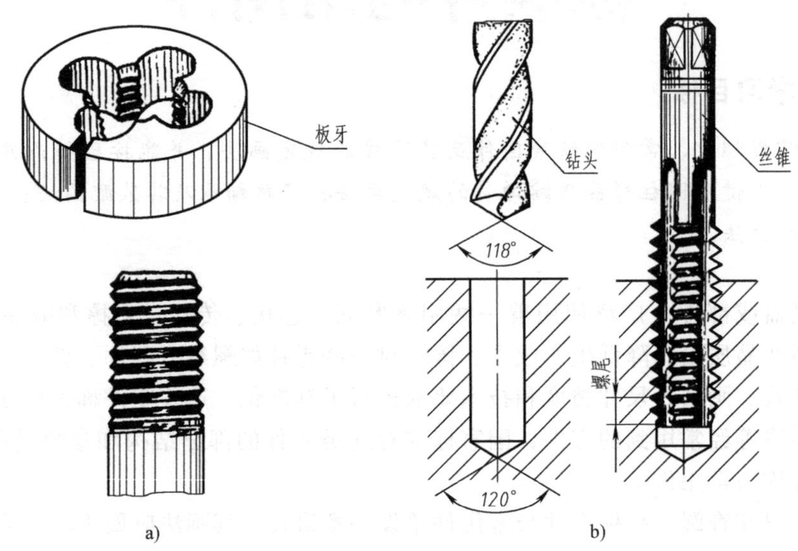

图 11-2　套扣和攻螺纹

11.1.2　螺纹的结构要素

螺纹的五个结构要素及表达方法见表 11-1。只有五个螺纹结构要素全部相同的内外螺纹才可以形成螺纹副。国家标准对牙型、直径和螺距都做了规定，这三项均符合国家标准规定的螺纹称为标准螺纹；牙型符合标准，直径或螺距不符合国家标准的螺纹称为特殊螺纹；牙型不符合标准的螺纹称为非标准螺纹。矩形螺纹为非标准螺纹。

表 11-1　螺纹的五个结构要素及表达方法

结构要素	概念	示例	分析说明
牙型	在通过螺纹轴线的断面上，螺纹的轮廓形状称为螺纹牙型		三角形螺纹、梯形螺纹 锯齿形螺纹、矩形螺纹

（续）

结构要素		概念	示例	分析说明
直径	大径 d、D	大径是指与外螺纹牙顶或内螺纹牙底相切的假想圆柱或圆锥的直径		d 表示外螺纹的大径，D 表示内螺纹的大径。规定用大径作为螺纹的公称直径（代表螺纹尺寸的直径称为公称直径）
	小径 d_1、D_1	小径是指与外螺纹牙底或内螺纹牙顶相切的假想圆柱或圆锥的直径	牙顶 牙底 小径 d_1 中径 d_2 大径 d 大径 D 中径 D_2 小径 D_1	d_1 表示外螺纹的小径，D_1 表示内螺纹的小径
	中径 d_2、D_2	通过牙型上沟槽和凸起宽度相等的一个假想圆柱面或圆锥面直径，称为螺纹的中径		d_2 表示外螺纹的中径，D_2 表示内螺纹的中径
线数 n		线数指形成螺纹的螺旋线的条数	螺距＝导程 导程 螺距	沿一条螺旋线形成的螺纹称为单线螺纹；沿轴向等距分布的两条或两条以上的螺旋线形成的螺纹称为多线螺纹
螺距 P 和导程 P_h		螺距是指螺纹相邻两牙在中径线上对应两点间的轴向距离；导程是指同一条螺旋线上相邻两牙在中径线上对应两点之间的轴向距离	单线螺纹 双线螺纹	螺距和导程的关系，即 $P_h = nP$
旋向		螺纹的旋向有左旋和右旋之分。若顺着螺杆旋进方向（箭头指向）观察，顺时针旋转时旋进的螺纹称为右旋螺纹，逆时针旋转时旋进的螺纹称为左旋螺纹		判断旋向的另一种方法是把螺纹轴线竖起来，螺纹可见部分左低右高为右旋，反之为左旋

11.1.3 螺纹的种类

常用标准螺纹的种类、牙型角、代号、特点及用途见表 11-2，它们的主要尺寸可参看有关标准及本书附录中的附表。

表 11-2　常用标准螺纹的种类、牙型角、代号、特点及用途

<table>
<tr><th colspan="4">螺纹种类</th><th>牙型及牙型角</th><th>特征代号</th><th>特点及用途</th></tr>
<tr><td rowspan="6">连接螺纹</td><td rowspan="2">普通螺纹</td><td colspan="2">粗牙普通螺纹</td><td rowspan="2">60°</td><td rowspan="2">M</td><td>用于一般零件的连接，强度好，一般情况下优先选用</td></tr>
<tr><td colspan="2">细牙普通螺纹</td><td>细牙普通螺纹的螺距较粗牙小，且深度较浅，一般用于薄壁零件或细小的精密零件上</td></tr>
<tr><td rowspan="4">管螺纹</td><td colspan="2">非螺纹密封的管螺纹</td><td>55°</td><td>G</td><td>用于非螺纹密封的低压管路的连接</td></tr>
<tr><td rowspan="3">用螺纹密封的</td><td>圆锥外螺纹</td><td>55°</td><td>R</td><td rowspan="3">用于螺纹密封的中、高压管路的连接</td></tr>
<tr><td>圆锥内螺纹</td><td>55°</td><td>Rc</td></tr>
<tr><td>圆柱内螺纹</td><td>55°</td><td>Rp</td></tr>
<tr><td rowspan="2">传动螺纹</td><td colspan="3">梯形螺纹</td><td>30°</td><td>Tr</td><td>可双向传递运动及动力，常用于承受双向力的丝杠传动</td></tr>
<tr><td colspan="3">锯齿形螺纹</td><td></td><td>B</td><td>只能传递单向动力，如螺旋压力机的传动丝杠采用这种螺纹</td></tr>
</table>

11.1.4 螺纹的规定画法

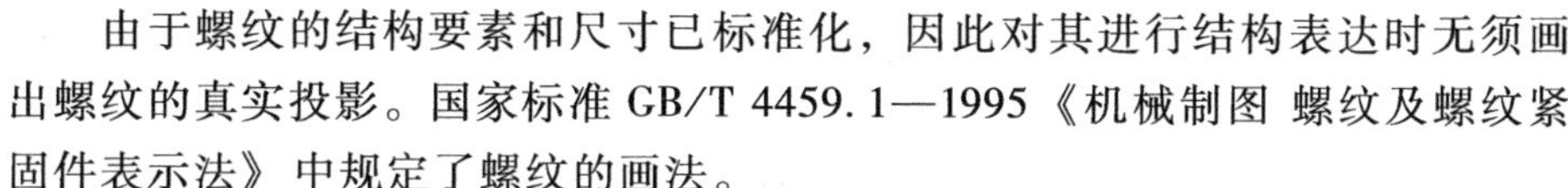

由于螺纹的结构要素和尺寸已标准化，因此对其进行结构表达时无须画出螺纹的真实投影。国家标准 GB/T 4459.1—1995《机械制图 螺纹及螺纹紧固件表示法》中规定了螺纹的画法。

1. 外螺纹的画法

表示螺纹结构通常用两个方向的视图：在平行于螺纹轴线的视图上，螺纹的大径（牙顶）用粗实线绘制，小径（牙底）用细实线绘制，并应画入倒角区，一般将小径画成大径的 0.85 倍，螺纹终止线用粗实线表示。在垂直于螺纹轴线的视图上，螺纹的大径用粗实线画整圆，小径用细实线画约 3/4 圆，轴端的倒角圆省略不画，如图 11-3a 所示。在剖视图和断面图中，剖面线应画到粗实线处，如图 11-3b 所示。

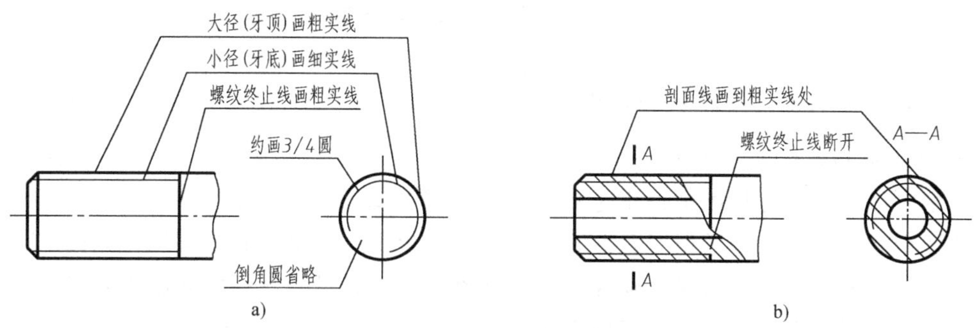

图 11-3 外螺纹的画法

2. 内螺纹的画法

一般将平行于螺纹轴线的视图画成全剖视图。螺纹的大径（牙底）用细实线绘制且不画入倒角区，小径（牙顶）及螺纹终止线用粗实线绘制。在垂直于螺纹轴线的视图上，螺纹的大径用细实线画约 3/4 圆，螺纹的小径画粗实线圆，倒角圆省略不画，如图 11-4 所示。内螺纹若不作剖切，则螺孔内部结构均不可见，所有图线均用细虚线绘制，如图 11-5 所示。

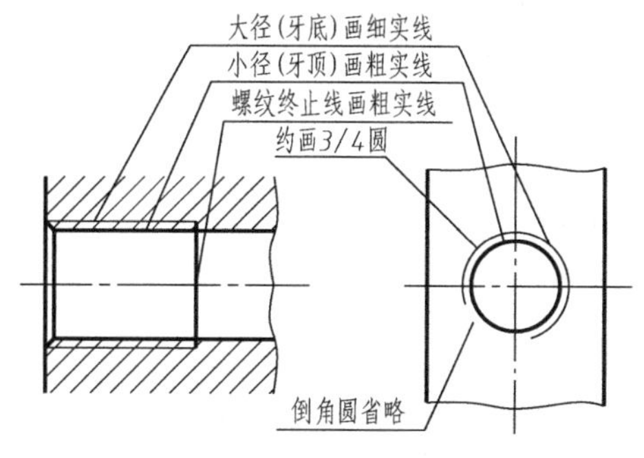

图 11-4 内螺纹的画法

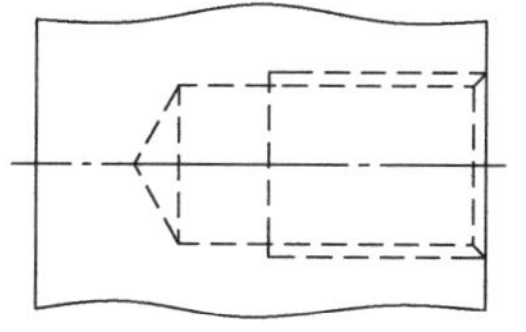

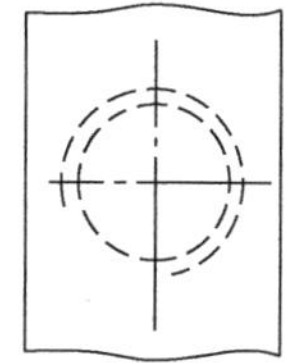

图 11-5 不可见内螺纹的画法

3. 内外螺纹连接的画法

在绘制螺纹连接的剖视图时，其连接部分按外螺纹的画法绘制，其余部分仍按各自的画法绘制。标准规定，当剖切面沿内外螺纹的轴线剖开时，螺杆作为实心的零件按不剖绘制，表示螺纹大、小径的粗、细线应分别对齐，剖开后剖面线应画到粗实线处，如图 11-6 所示。

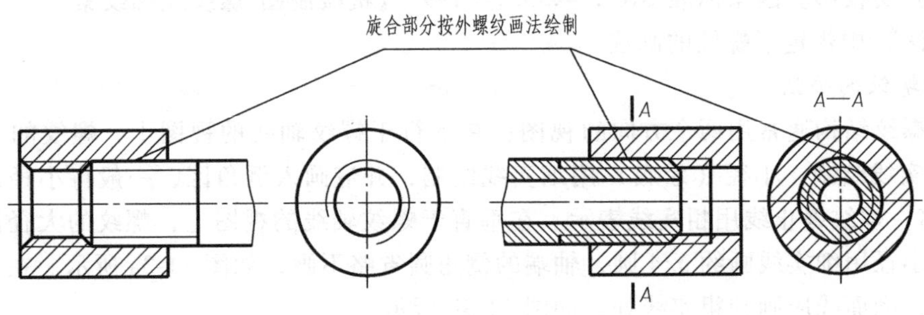

图 11-6　内、外螺纹连接的画法

11.1.5　螺纹的工艺结构及尺寸注法

1. 螺纹收尾和螺纹退刀槽

车削螺纹结束时，刀具逐渐退出工件，螺纹沟槽渐渐变浅，因此螺纹收尾部分的牙型是不完整的，牙型不完整的收尾部分称为螺纹收尾，简称螺尾，如图 11-7a 所示。螺尾部分不能与相配合的螺纹旋合，不是有效螺纹。螺尾部分一般不必画出，当需要表示螺纹收尾时，螺尾部分的牙底用与轴线成 30°的细实线绘制，如图 11-8 所示。

若希望不产生螺尾，可在加工螺纹前，预先在产生螺尾的部位加工出一个细颈，便于刀具退出，这个细颈称为螺纹退刀槽，如图 11-7b 所示。

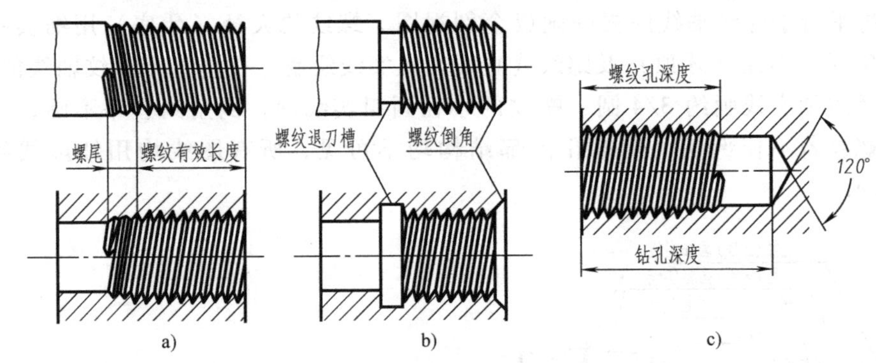

图 11-7　螺纹的工艺结构

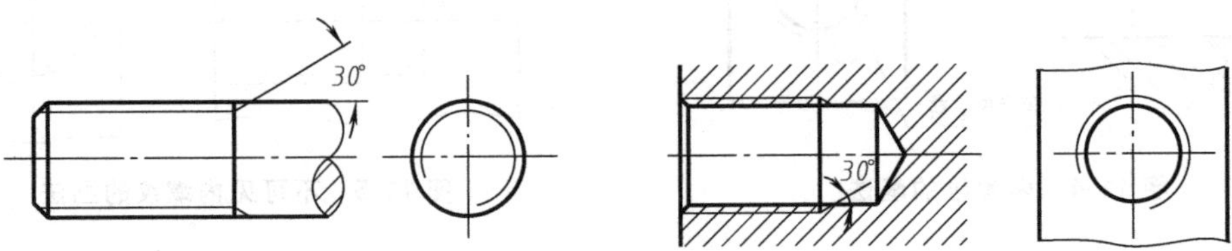

图 11-8　螺尾的表示方法

2. 螺纹倒角

为了便于装配和防止端部螺纹损伤，在内外螺纹的起始处加工成圆台面，称为倒角，如图 11-7b 所示。

3. 钻孔深度

加工不穿通的螺纹孔，要先进行钻孔形成钻孔深度，钻头使盲孔的末端形成圆锥面，再攻螺纹形成螺孔深度，钻孔深度比螺孔深度大约 0.5*D*，钻孔深度不含锥角，如图 11-7c 所示。

螺纹工艺结构的尺寸参数可查阅本书附录中的附表。退刀槽的尺寸按“槽宽×直径”或“槽宽×槽深”的形式标注；45°倒角一般采用简化形式标注，如“*C*2”中“2”表示倒角深度，“*C*”表示 45°；螺纹长度应包括退刀槽和倒角在内。退刀槽、螺纹长度、倒角的尺寸标注如图 11-9 所示。

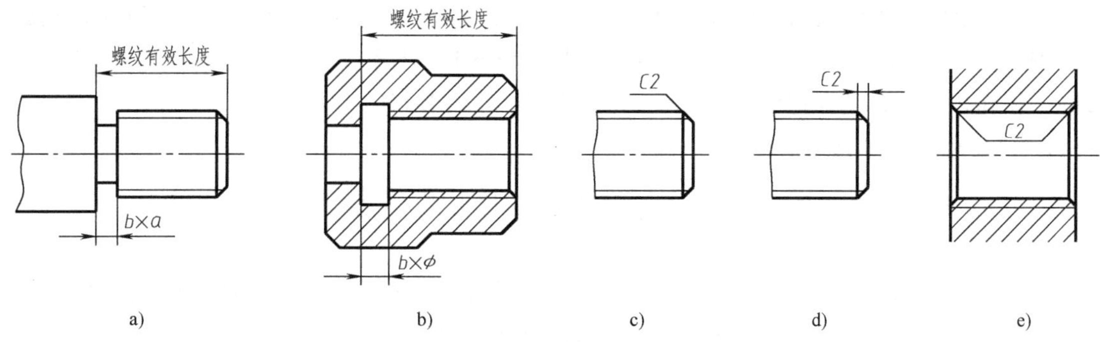

图 11-9　退刀槽、螺纹长度、倒角的尺寸标注

11.1.6　常用螺纹的标注方法

按规定画法画出的螺纹只表示了螺纹的大径和小径，螺纹的种类和其他要素则要通过标注才能加以区别。

1. 普通螺纹的标记组成

螺纹特征代号 尺寸代号-公差带代号-旋合长度代号-旋向代号

（1）螺纹特征代号　普通螺纹的特征代号用字母“M”表示。

（2）尺寸代号　有单线和多线之分。

1）单线螺纹的尺寸代号为“公称直径×螺距”，单位是 mm。公称直径是指螺纹大径。由于粗牙普通螺纹公称直径所对应的螺距只有一个，所以螺距不标注，但细牙普通螺纹的螺距需要标注。

例如：公称直径为 8mm、螺距为 1mm 的单线细牙螺纹，其标记为：M8×1。

2）多线螺纹的尺寸代号为“公称直径×Ph 导程 P 螺距”，单位是 mm。如果要进一步表明螺纹的线数，可在后面增加括号说明（使用英文进行说明。例如，双线为 two starts；三线为 three starts；四线为 four starts）。

例如：公称直径为 16mm、螺距为 1.5mm、导程为 3 的双线螺纹，其标记为：M16×Ph3P1.5 或 M16×Ph3P1.5（two starts）。

（3）公差带代号　由表示公差等级的数值和表示公差带位置的字母组成，内螺纹用大写字母，外螺纹用小写字母，如 6H、6g。

公差带代号包括中径公差带代号和顶径公差带代号。中径公差带代号在前，顶径公差带代号在后，如 5H6H、5g6g。如果中径公差带代号与顶径公差带代号相同，则应只标注一个公差带代号，如 6H、5g。

表示内、外螺纹配合时，内螺纹公差带代号在前，外螺纹公差带代号在后，中间用“/”分开，如 6H/5g6g。

（4）旋合长度代号　是指两相互配合的螺纹沿螺纹轴向相互旋合部分的长度（螺纹端倒角不包含在内）。普通螺纹的旋合长度分短、中、长三组，分别用代号 S、N、L 表示。当旋合长度为 N 时，不标注旋合长度代号。内外螺纹旋合在一起构成螺纹副。

（5）旋向代号　左旋螺纹的旋向标注“LH”，右旋不标注。

（6）普通螺纹的标记示例　公称直径为 20mm、螺距为 2mm、导程为 4mm 的双线左旋螺纹副，其内螺纹的中、顶径的公差带代号为 5H6H，外螺纹中、顶径的公差带代号为 5g6g，长旋合长度，其标记为：M20×Ph4P2-5H6H/5g6g-L-LH。

2. 梯形螺纹的标记组成

螺纹特征代号　尺寸代号　旋向代号-公差带代号-旋合长度代号

（1）螺纹特征代号　梯形螺纹用字母“Tr”表示。

（2）尺寸代号　单线螺纹的尺寸代号为“公称直径×螺距”；多线螺纹的尺寸代号为“公称直径×导程（P 螺距）”，单位都是 mm，公称直径是指螺纹大径。

（3）旋向代号　对左旋螺纹标注“LH”，右旋螺纹不标注。

（4）公差带代号　由于顶径的公差带代号是唯一的，所以只标注中径的公差带代号。

（5）旋合长度代号　梯形螺纹只分正常组和加长组，用 N、L 表示。当旋合长度为 N 时，不标注旋合长度代号。

（6）标记示例　公称直径为 40mm、螺距为 7mm 的双线左旋梯形螺纹，中径的公差带代号为 7e，中等旋合长度，其标记为：Tr40×14（P7）LH-7e。

3. 55°非密封管螺纹的标记组成

螺纹特征代号　尺寸代号　公差等级代号-旋向代号

（1）螺纹特征代号　用字母“G”表示。

（2）公差等级代号　由于内螺纹公差等级只有一种，所以不标注，而外螺纹分 A、B 两级，需要标注。

（3）标记示例　55°非密封管螺纹，尺寸代号为 3/4，公差等级为 B 级，左旋，标记为：G3/4B-LH。

内、外螺纹旋合在一起时，只需标注外螺纹的标记。例如：G3/4A、G3/4A-LH。

4. 螺纹的标记和标注

由于普通螺纹和梯形螺纹尺寸代号中的公称直径为螺纹大径，所以采用尺寸形式标注；而 55°非密封管螺纹尺寸代号不是指的螺纹的大径，故采用指引线形式标注。螺纹长度均指不包括螺尾在内的有效螺纹长度，常用标准螺纹的种类、标记和标注示例见表 11-3。

表 11-3 常用标准螺纹的种类、标记和标注示例

螺纹种类(特征代号)		标注示例	代号的含义
普通螺纹(M)	细牙普通螺纹	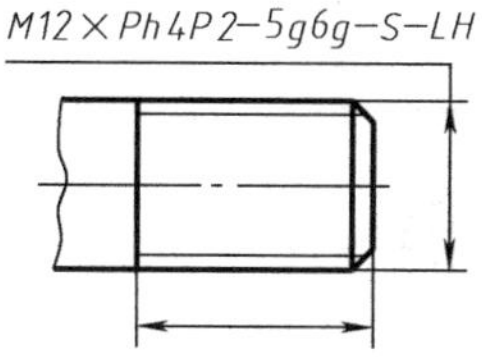 M12×Ph4P2-5g6g-S-LH	细牙普通外螺纹,公称直径 12mm,导程为 4mm,螺距为 2mm,双线。中径公差带代号为 5g、顶径公差带代号为 6g 短旋合长度,左旋
	粗牙普通螺纹	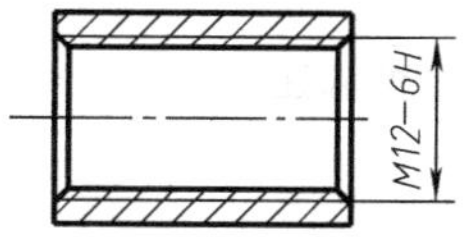 M12-6H	粗牙普通内螺纹,公称直径 12mm 单线。中径、顶径的公差带代号均为 6H 中等旋合长度,右旋
55°非密封管螺纹(G)		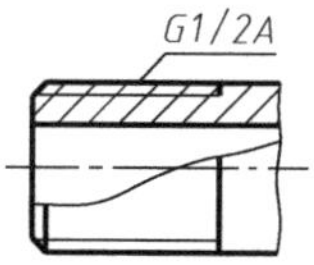 G1/2A	55°非密封管螺纹,尺寸代号 1/2,公差等级为 A 级,右旋(引出标注)
梯形螺纹(Tr)		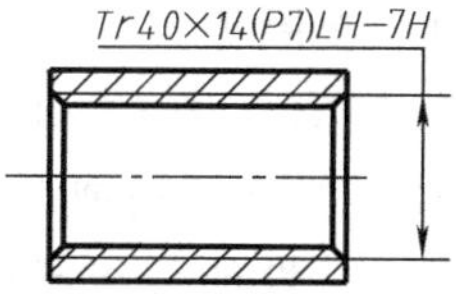 Tr40×14(P7)LH-7H	梯形内螺纹,公称直径 40mm,导程 14mm,螺距 7mm,双线,左旋。中径公差带代号为 7H,中等旋合长度

5. 常见螺纹孔的尺寸标注

零件上常见螺纹孔的尺寸标注示例见表 11-4。

表 11-4 常见螺纹孔的尺寸标注示例

类型	简化注法		普通注法
螺纹孔	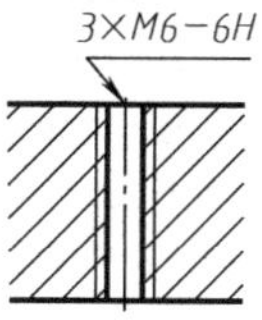 3×M6-6H	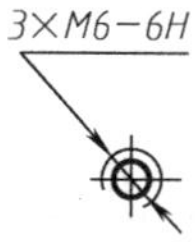 3×M6-6H	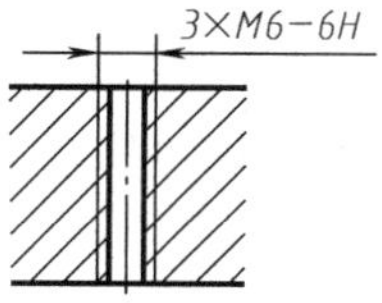 3×M6-6H
	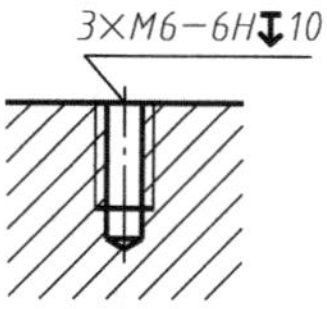 3×M6-6H↧10	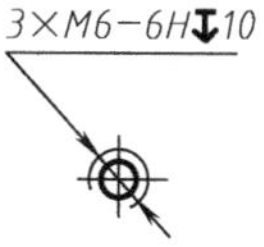 3×M6-6H↧10	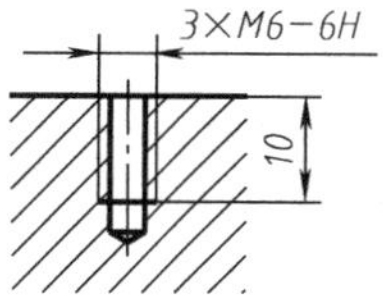 3×M6-6H; 10
	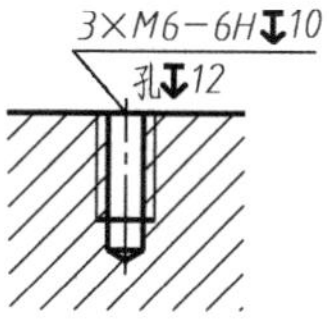 3×M6-6H↧10 孔↧12	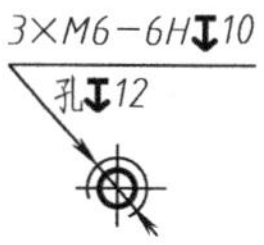 3×M6-6H↧10 孔↧12	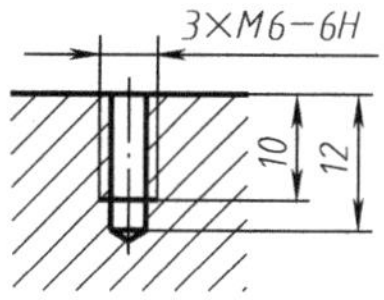 3×M6-6H; 10; 12

6. 螺纹副的标注

螺纹副的标注，是指将内外螺纹配合代号（又称螺纹副标记）标注在装配图中，如图 11-10 所示。

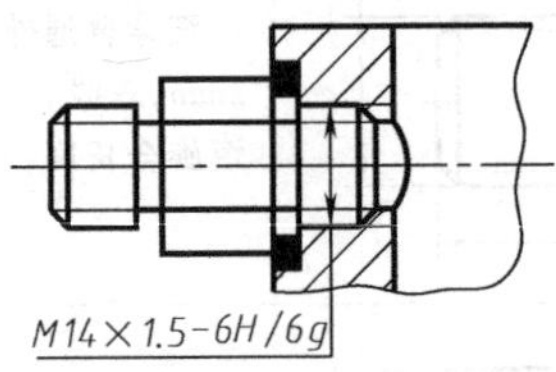

图 11-10　螺纹副的标注

11.2　螺纹紧固件的规定标记和画法

11.2.1　螺纹紧固件的种类和规定标记

利用螺纹的旋紧作用，将两个或两个以上的零件连接在一起的有关零件称为螺纹紧固件。常用的螺纹紧固件有螺栓、螺柱、螺钉、螺母、垫圈等。

螺纹紧固件有完整标记和简化标记两种方法，国家标准 GB/T 1237—2000 对此作了规定。完整标记包括：类别（产品名称）、标准编号、螺纹规格或公称尺寸、其他直径或特性、公称长度（规格）、螺纹长度或杆长、产品形式、性能等级或硬度或材料、产品等级、扳拧型式、表面处理。在设计和生产中一般采用简化标记方法，在简化标记中，允许省略标准年代号（以现行标准为准）和仅有一种的产品形式、性能等级、产品等级、表面处理等。常用螺纹紧固件及其标记示例见表 11-5。

表 11-5　常用螺纹紧固件及其标记示例

名称及国家标准编号	图例	标记示例及说明
六角头螺栓 A 级和 B 级 GB/T 5782—2016	b　d　l	标记:螺栓 GB/T 5782　M12×80 说明:螺纹规格为 d=M12,公称长度 l=80mm,性能等级为 8.8 级,表面氧化、产品等级为 A 级的六角头螺栓
A 型双头螺柱 GB/T 897—1988	ds　d　b　b_m　l	标记:螺柱 GB/T 897 AM10×50 说明:螺纹规格为 d=M10,公称长度 l=50mm,性能等级为 4.8 级,不经表面处理,A 型,b_m = 1d 的双头螺柱
B 型双头螺柱 GB/T 897—1988	d　b　b_m　l	标记:螺柱 GB/T 897　M10×50 说明:螺纹规格为 d=M10,公称长度 l=50mm,性能等级为 4.8 级,不经表面处理,B 型,b_m = 1d 的双头螺柱

（续）

名称及国家标准编号	图例	标记示例及说明
开槽盘头螺钉 GB/T 67—2016	b d l	标记：螺钉 GB/T 67　M5×20 说明：螺纹规格为 d=M5，公称长度 l=20mm，性能等级为 4.8 级，不经表面处理的开槽盘头螺钉
开槽锥端紧定螺钉 GB/T 71—2018	d l	标记：螺钉 GB/T 71　M5×20 说明：螺纹规格为 d=M5，公称长度 l=20mm，性能等级为 14H 级，表面氧化的开槽锥端紧定螺钉
1 型六角螺母 GB/T 6170—2015	D m	标记：螺母 GB/T 6170　M12 说明：螺纹规格为 d=M12，性能等级为 8 级，不经表面处理，产品等级为 A 级的 1 型六角螺母
弹簧垫圈 GB/T 93—1987	s H b d_1	标记：垫圈 GB/T 93　16 说明：公称直径为 16mm，材料为 65Mn，表面氧化的标准型弹簧垫圈
平垫圈 GB/T 97.1—2002	d_1 d_2 h	标记：垫圈 GB/T 97.1 8 说明：公称直径为 8mm，由钢制造的硬度等级为 200HV 级，不经表面处理，产品等级为 A 级的平垫圈

11.2.2　螺纹紧固件的连接画法

1. 螺纹紧固件的连接形式

螺纹紧固件的连接形式分为螺栓连接、双头螺柱连接和螺钉连接三种。螺栓连接用于两个被连接零件比较薄、容易加工成通孔且要求连接力较大的情况；双头螺柱连接用于被连接零件之一较厚，不适合加工成通孔，且要求连接力较大、经常拆卸的场合；而螺钉多用于受力不大且不常拆卸的零件之间的连接。

2. 螺纹紧固件尺寸的确定

螺纹紧固件尺寸的确定有两种方法，一是查表取值法，二是比例取值法。

（1）查表取值法　螺纹紧固件都是标准件，在画图时，可以根据它们的规定标记，通过查阅相应国家标准得到它们的结构形式和各个部分的参数，这种方法称为查表取值法。

（2）比例取值法　为了节省查表时间，一般不按实际尺寸作图，除公称长度 l 需经计算并查国家标准选定外，其余各部分尺寸都按与螺纹大径（d、D）成一定比例确定，这种方法称为比例取值法。图 11-11 所示为常用螺纹紧固件的比例画法。

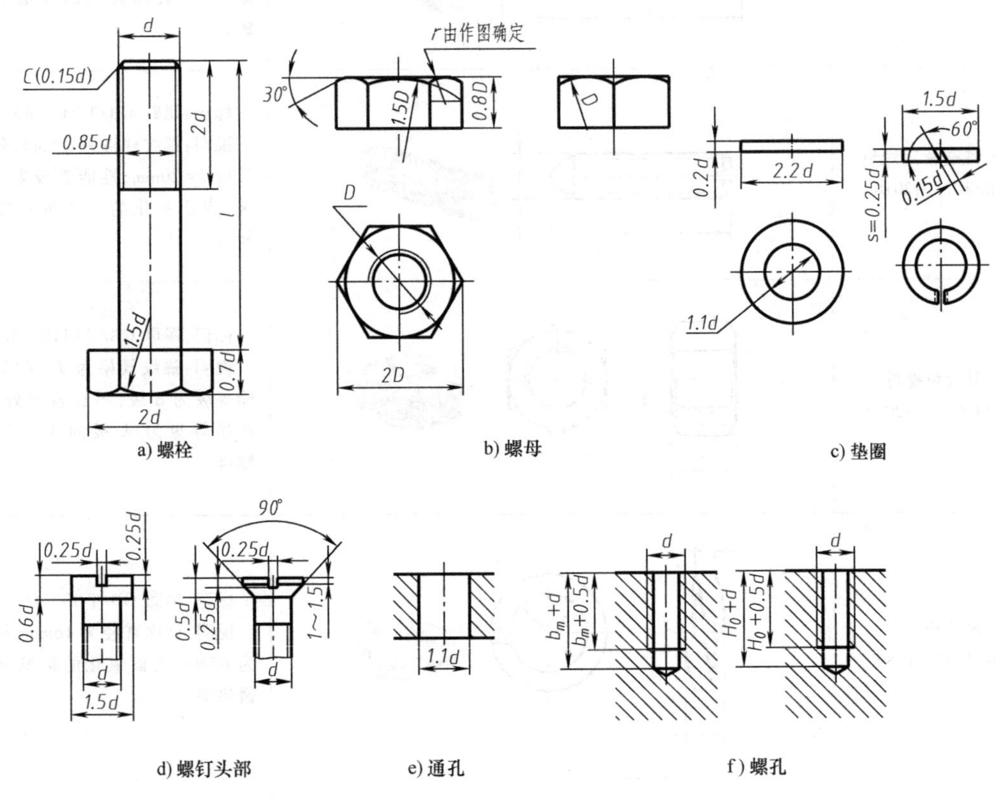

a) 螺栓　b) 螺母　c) 垫圈

d) 螺钉头部　e) 通孔　f) 螺孔

图 11-11　常用螺纹紧固件的比例画法

3. 螺栓连接的装配画法

图 11-12a 所示为螺栓连接的示意图，被连接的两个零件钻成通孔，螺栓穿过通孔后套上垫圈，最后用螺母紧固。垫圈在此起增加支撑面和防止损伤被连接件表面的作用。图 11-12b 所示为螺栓连接的比例画法。

如图 11-12b 所示，螺栓的公称长度 l 可按下列步骤确定：

（1）初算公称长度 $l_{计算}$

$$l_{计算}=\delta_1+\delta_2+h+m+a$$

式中　δ_1、δ_2——被连接零件的厚度；

h——垫圈厚度（可查本书附表，也可按比例计算）；

m——螺母高度（可查本书附表，也可按比例计算）；

a——螺栓末端伸出螺母的长度，一般取 0.3d。

（2）取标准长度 l　根据计算值从本书附表中螺栓标准的长度系列值里选取螺栓的公称长度值 l，$l \geq l_{计算}$。

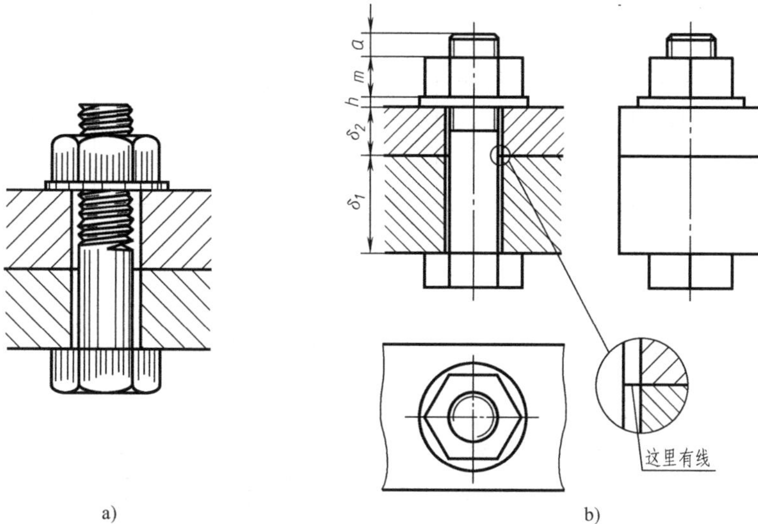

a)　　b)

图 11-12　螺栓连接

【例 11-1】 用省略画法画出螺栓连接的装配图。已知上板厚 $\delta_1=10$mm，$\delta_2=20$mm，板宽 = 30mm，用螺栓 GB/T 5782—2016 M10×l，螺母 GB/T 6170—2015 M8，垫圈 GB/T 97.1—2002 10 将两板连接。

解：1）确定螺栓的公称长度（采用比例取值法）。首先根据 M10 按照图 11-11 中所示的比例确定螺母和垫圈的厚度：$h=2$mm，$m=8$mm。

算出螺栓公称长度的计算值 $l_{计算}=43$；从本书附录表中选取螺栓的公称长度值 $l=45$，由此完善了螺栓的标记：GB/T 5782—2016 M8×45。

2）根据比例关系算出紧固件各部分结构的尺寸后，画出螺栓连接装配图，作图过程如图 11-13 所示。

4. 螺柱连接的装配画法

图 11-14a 所示为螺柱连接的示意图，上板较薄钻成通孔，下板较厚加工成不穿通的螺孔。螺柱的两端都有螺纹，一端（旋入端）全部旋入机件的螺孔内，以保证连接可靠，其长度用 b_m 表示，另一端（紧固端）穿过被连接件的光孔，用垫圈、螺母紧固。

螺柱连接的比例画法如图 11-14b 所示；图 11-14c 所示为省略画法，螺孔上 0.5d 的光孔余量被省略。画图时应注意旋入端的螺纹终止线应与被连接零件上的螺孔端面平齐。

螺柱旋入端的长度 b_m 与被连接零件的材料有关，有四种不同长度。

1）$b_m=1d$，用于旋入铜或青铜（GB/T 897—1988）。

2）$b_m=1.25d$，用于旋入铸铁（GB/T 898—1988）。

3）$b_m=1.5d$，用于旋入铸铁或铝合金（GB/T 899—1988）。

4）$b_m=2d$，用于旋入铝合金（GB/T 900—1988）。

螺柱的公称长度 l 可按下式计算（图 11-14b）：

$$l_{计算}=\delta+h+m+a$$

式中各符号的含义与螺栓连接相似，计算得出 $l_{计算}$ 值后，仍应从本书附录表双头螺柱标准中所规定的长度系列里选取合适的 l 值。

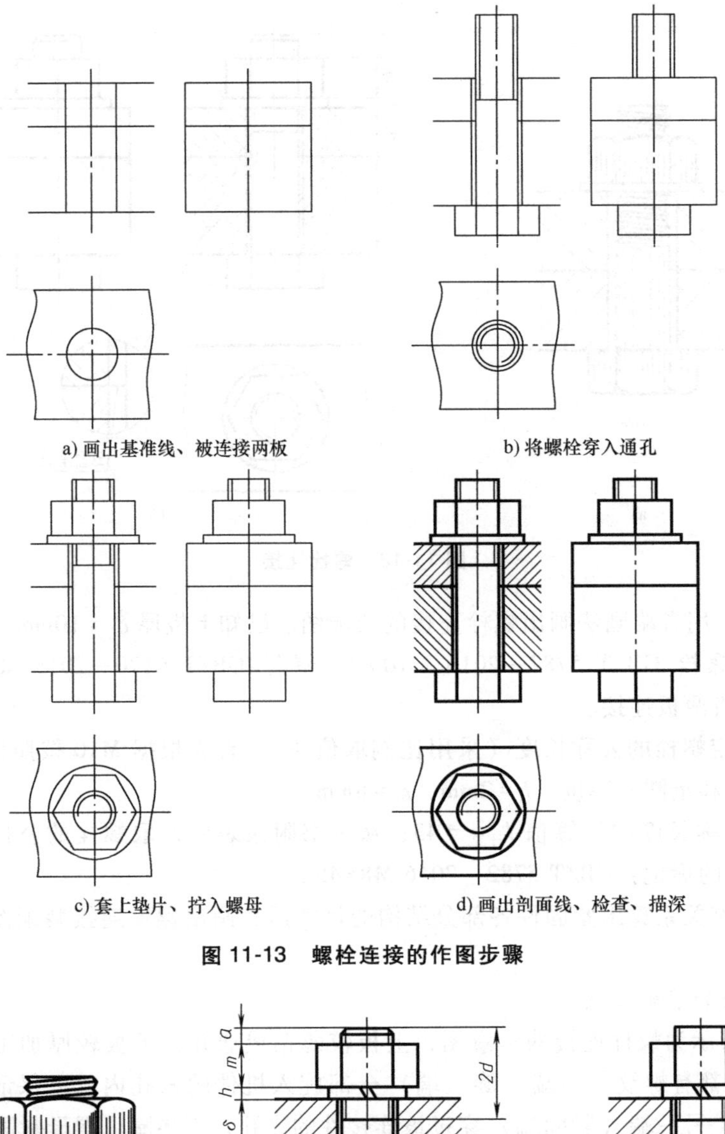

a) 画出基准线、被连接两板　　b) 将螺栓穿入通孔

c) 套上垫片、拧入螺母　　d) 画出剖面线、检查、描深

图 11-13　螺栓连接的作图步骤

a)　　b)　　c)

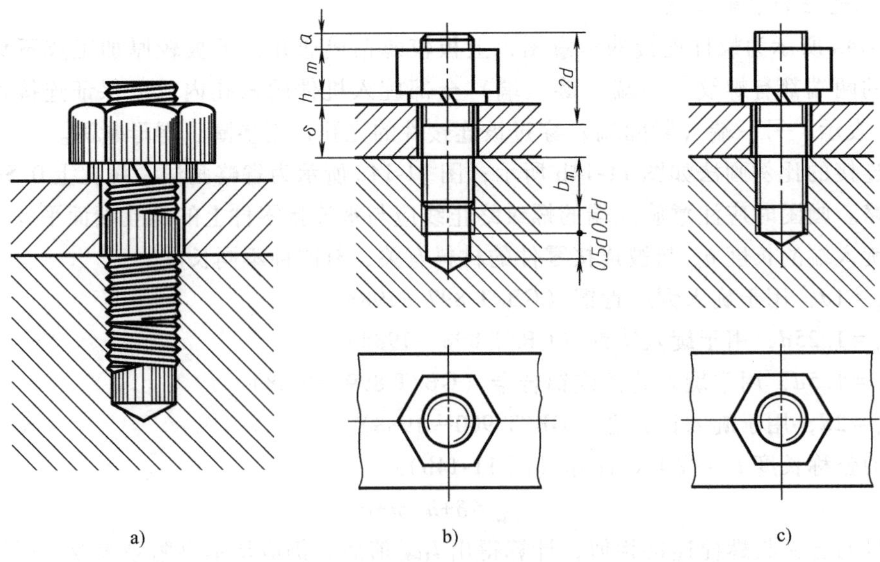

图 11-14　螺柱连接的装配图

5. 螺钉连接的装配画法

螺钉连接按用途可分为连接螺钉和紧定螺钉。

(1) 连接螺钉的装配画法　连接螺钉用于被连接件之一带有通孔或沉孔，另一个制有螺孔的情况。图 11-15a 所示为螺钉连接的示意图，连接时螺钉穿过通孔，旋入螺孔，依靠螺钉头部压紧被连接件实现连接。图 11-15b 所示为开槽盘头螺钉的连接画法。图 11-15c 所示为开槽沉头螺钉连接的省略画法。

画螺钉连接装配图时应注意：

1) 开槽螺钉头部的槽在投影为圆的视图上不按投影关系绘制，按与水平线成 45°角倾斜画出，如图 11-15b 所示。当槽宽<2mm 时，螺钉头部的开槽也可以简化成双倍粗实线涂黑画出，如图 11-15c 所示。

2) 螺钉上的螺纹长度 b（见表 11-5）应大于螺孔深度，以保证连接可靠，即螺钉装入后，其上的螺纹终止线必须高出下板的上端面。螺钉的旋入长度同螺柱一样与被连接零件的材料有关，画图时所需参数的选择与螺柱连接基本相同。

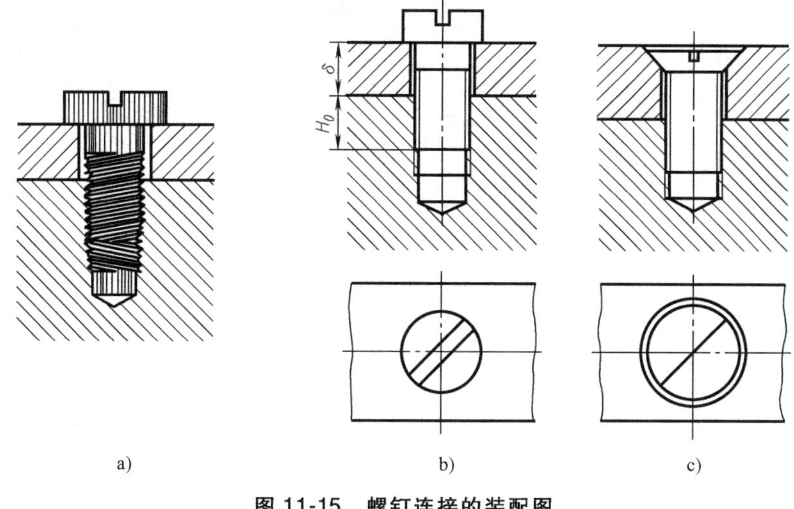

图 11-15　螺钉连接的装配图

连接螺钉的头部有多种结构形式，故连接螺钉的品种繁多，各自遵循不同的国家标准，其公称长度的定义也各不相同，此处仅介绍两种。

如图 11-15b 所示，开槽圆柱头螺钉的公称长度 l 可按公式 $l_{计算}=\delta+H_0$ 计算，然后根据 $l_{计算}$ 从本书附录表中查出相近的 l 值。开槽沉头螺钉的公称长度是螺钉的全长。

(2) 紧定螺钉　紧定螺钉用于限定两个零件之间的相对运动，起定位或防松的作用，图 11-16 所示为紧定螺钉连接的装配画法。

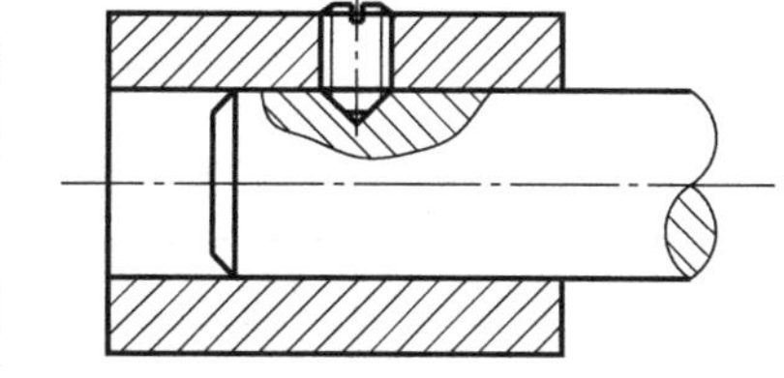

图 11-16　紧定螺钉连接的装配画法

11.3　键连接及其表示法

键是标准件，通常用来连接轴与轴上的转动零件，如齿轮、带轮等，起传递转矩的作用。常见键的形式有普通平键、半圆键、钩头楔键，如图 11-17 所示。键连接具有结构简单、紧凑、可靠、装拆方便和成本低廉等优点。

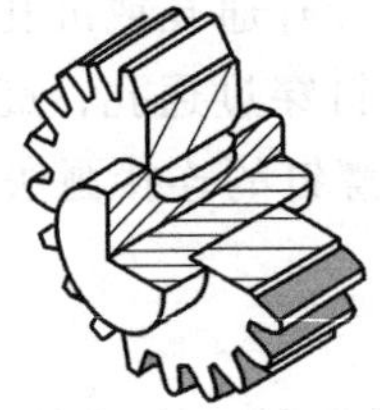

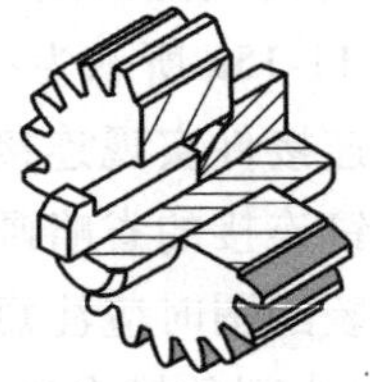

图 11-17　常见键的形式

键连接是先将键嵌入轴上的键槽内，再对准轮毂上的键槽，将轴和键同时插入孔和槽内，这样就可以使轴和轮一起转动，如图 11-18a、b 所示。钩头楔键则是先将轴对准轮毂上的键槽插入孔内，然后将钩头楔键打入键槽内，如图 11-18c 所示。

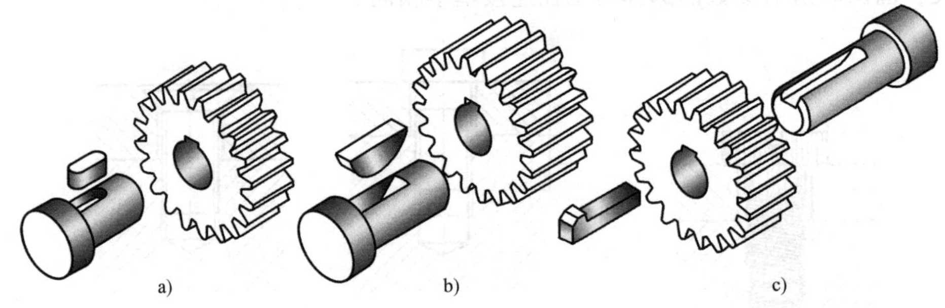

图 11-18　键的连接过程

11.3.1　键的结构形式和标记

在机械设计中，由于键是标准件，所以不需要单独画出其图样，但要正确标记。常见键的结构形式及标记示例见表 11-6。

表 11-6　常用键的结构形式及标记示例

名称	图　例	标记示例	说明
普通平键	h　R=b/2　b　L	GB/T 1096—2003 键 18×11×100	键宽 b = 18mm，键高 h = 11mm，键长 L = 100mm 的圆头普通平键（A 型）。普通平键分 A、B、C 三种形式，A 型省略不注？B 型和 C 型必须在标记中写“B”和“C”
半圆键	D　h　b	GB/T 1099.1—2003 键 6×10×25	键宽 b = 6mm，键高 h = 10mm，直径 d = 25mm 的半圆键

（续）

名称	图　例	标记示例	说明
钩头楔键	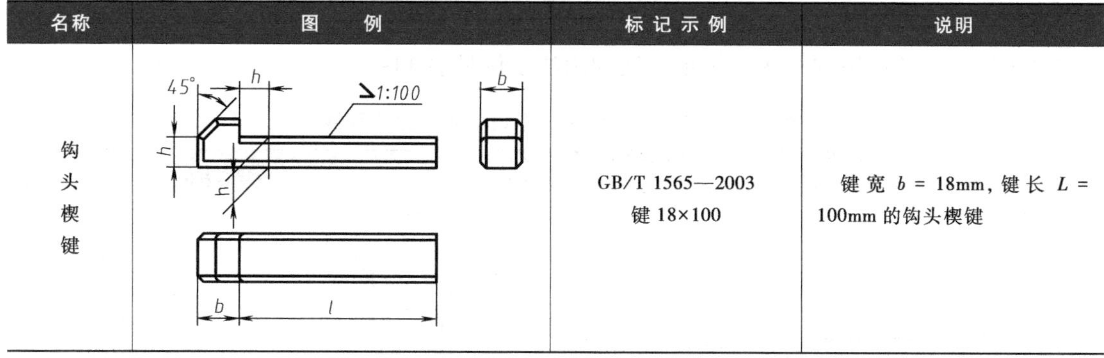	GB/T 1565—2003 键 18×100	键宽 b = 18mm，键长 L = 100mm 的钩头楔键

11.3.2　键的选取及键槽尺寸的确定

键可按轴径大小和设计要求，查阅国家标准选取键的类型和规格，并给出正确的标记。用普通平键连接轴和轮毂，轴和轮毂上的键槽尺寸可以从国家标准 GB/T 1096—2003 中查取。键槽的画法及尺寸标注如图 11-19 所示。b、t 和 t_1 分别为键槽宽度和深度，L 为键槽长度，b 的数值可以根据设计要求在国家标准给出的表中选定。

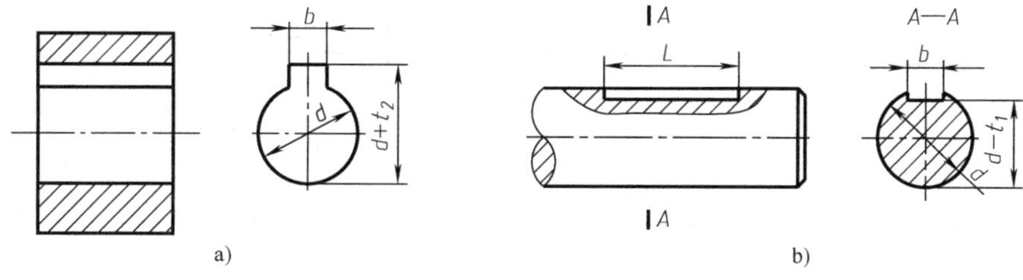

图 11-19　键槽的画法及尺寸标注

11.3.3　普通平键连接的装配画法

如图 11-20 所示，为表达平键内部的连接情况，主视图沿对称面做全剖视，由于轴为实心杆件，键为标准件，均按不剖对待，但为了表达键在轴上的安装情况，在轴上采用了局部剖视。

键的两侧面为工作表面，装配时，键的两侧面与键槽的侧面接触，工作时，靠键的侧面传递转矩。绘制装配图时，键与键槽侧面之间无间隙，画一条线；键的底面与轴上键槽底面自然接触，也要画一条线；键的顶面是非工作表面，与轮毂键槽的顶面不接触，应画出间隙。

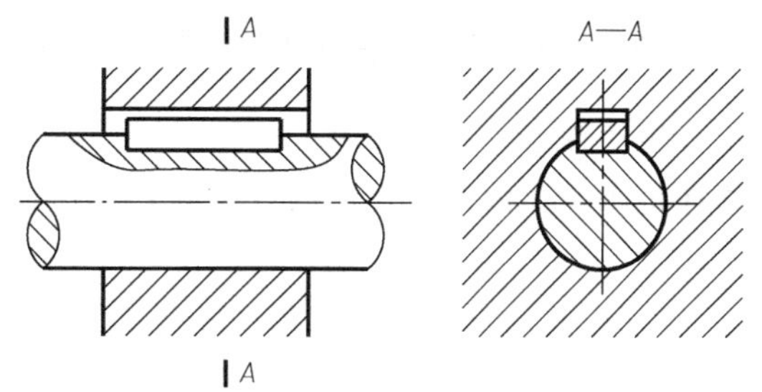

图 11-20　普通平键连接的装配画法

11.4　销连接及其表示法

销为标准件，常用的销有圆柱销、圆锥销和开口销。圆柱销和圆锥销可

起定位和连接作用。开口销常与带孔螺栓和槽形螺母配合使用，起防松作用。

销的结构和尺寸可以从 GB/T 119.2—2000、GB/T 117—2000、GB/T 91—2000 中查出，见本书附录表。常用销的结构、标记及装配画法示例见表 11-7。

表 11-7　常用销的结构、标记及装配画法示例

名称	图　例	标记示例	装配画法示例	用途与画法
圆柱销	d　l	销 GB/T 119.2　6×30 圆柱销，淬硬钢和马氏体不锈钢，公称直径 6mm，公差 m6，公称长度 30mm，不经淬火、不经表面处理		用于不经常拆卸的场合 剖切平面通过销的轴线时，销按不剖处理；销与销孔的接触表面画一条线
圆锥销	1:50　d　l	销 GB/T 117　10×60 A 型圆锥销，公称（小端）直径 10mm，公称长度 60mm，材料为 35 钢，热处理硬度 28～38HRC，表面氧化处理		用于经常拆卸的场合 圆锥销定位好，便于拆卸；为了保证定位精度，在两个被连接的零件上应同时加工销孔，在进行销孔的尺寸标注时应注明“配作”

11.5　滚动轴承表示法

滚动轴承是用来支撑轴的旋转及承受轴上载荷的标准部件，具有结构紧凑、摩擦阻力小、动能损耗少、拆卸方便等优点，因此在生产中得到广泛使用。

11.5.1　滚动轴承的结构和分类

滚动轴承一般由外圈、内圈、滚动体和保持架四部分组成，如图 11-21 所示。通常外圈装在机座的孔内，固定不动；内圈套在转动轴上，随轴转动；滚动体处在内外圈之间，由保

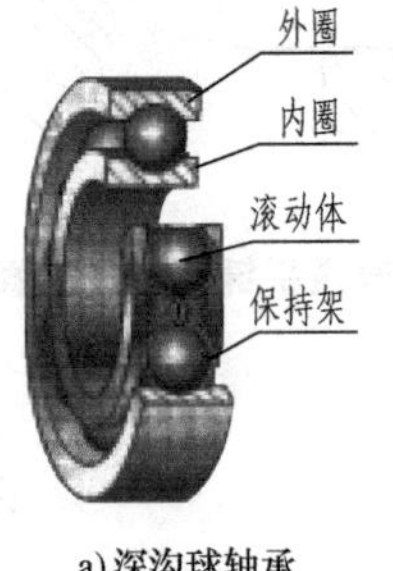

a) 深沟球轴承

b) 推力球轴承

c) 圆锥滚子轴承

图 11-21　滚动轴承的结构和分类

持架将它们隔开，防止其相互之间的摩擦和碰撞。滚动体的形状有球形、圆柱形、圆锥形等。滚动轴承按结构和承载情况的不同可分为以下三类：

（1）向心轴承　主要承受径向载荷，如深沟球轴承。

（2）推力轴承　主要承受轴向载荷，如推力球轴承。

（3）向心推力轴承　能同时承受径向和轴向载荷，如圆锥滚子轴承。

11.5.2　滚动轴承的代号

轴承的代号表达了轴承的结构形式、承载能力、特点、内径尺寸、公差等级和技术性能等特征。

基本代号是轴承代号的基础，前置、后置代号是补充代号，其含义和标注详见国家标准 GB/T 272—2017。本节介绍常用的基本代号。

基本代号包括轴承类型代号、尺寸系列代号、内径代号三部分内容。

（1）轴承类型代号　用数字或字母表示，代表了不同滚动轴承的类型和结构。例如，“6”表示深沟球轴承，“3”表示圆锥滚子轴承，“5”表示推力球轴承。

（2）尺寸系列代号　由轴承的宽（高）度系列代号（一位数字）和直径系列代号（一位数字）左右排列组成。

（3）内径代号　是表示轴承公称内径的代号。当 10mm≤内径 d≤495mm 时，代号数字 00、01、02、03 分别表示内径 d=10mm、12mm、15mm、17mm；代号数字≥04 时，代号数字乘以 5 即为轴承内径 d 的尺寸。

滚动轴承标记示例如下：

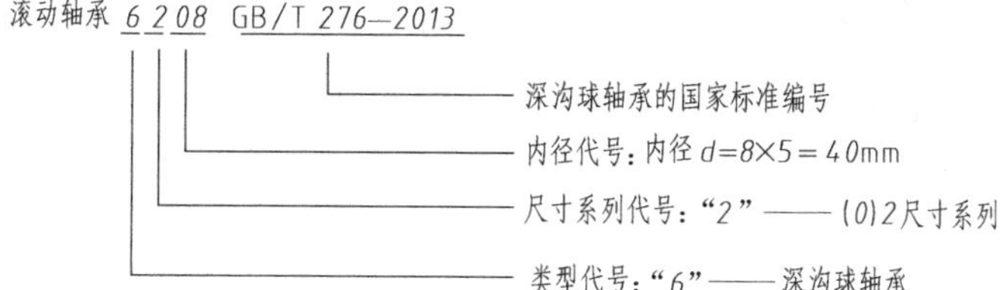

11.5.3　常用滚动轴承的画法

滚动轴承是标准部件，其结构形式及外形尺寸均已规范化和系列化，所以在绘图时不必按真实投影画出。GB/T 4459.7—2017《机械制图　滚动轴承表示法》规定，滚动轴承可以用通用画法、特征画法和规定画法绘制。前两种属于简化画法，在同一图样中一般只采用其中一种画法。

1. 通用画法

在剖视图中，当不需要确切表示轴承的外形轮廓、载荷特性、结构特征时，可用矩形线框及位于线框中央正立的不与矩形线框接触的十字符号表示。

2. 特征画法

在剖视图中，如需较形象地表示滚动轴承的结构特征时，可采用在矩形线框内画出其结构要素符号的方法表示，滚动轴承的结构特征要素符号可查阅相关标准。特征画法应绘制在轴的两侧。

3. 规定画法

必要时，在产品图样、产品样本、产品标准、用户手册和使用说明书中可采用规定画法绘制滚动轴承。采用规定画法绘制滚动轴承的剖视图时，轴承的滚动体不画剖面线，其各套圈等可画出方向和间隔相同的剖面线。规定画法一般绘制在轴的一侧，另一侧按通用画法绘制。几种常用轴承的规定画法、特征画法和通用画法见表 11-8。表中的尺寸除“*A*”需要计算外，其余尺寸可由滚动轴承代号从相关标准中查出。

表 11-8　常用滚动轴承的规定画法、特征画法和通用画法

轴承类型、标准号、结构代号	规定画法	特征画法	通用画法
深沟球轴承 GB/T 276—2013 60000 型	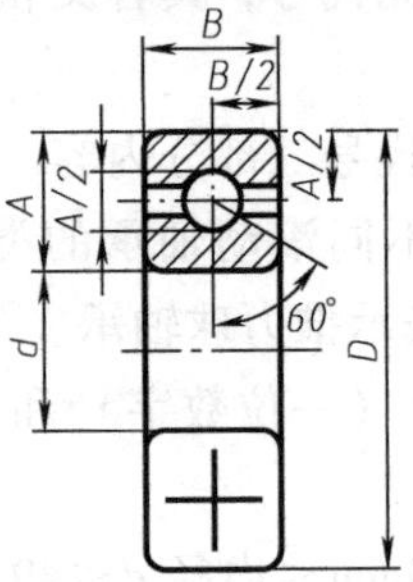 B　B/2　A/2　A　A/2　60°　d　D	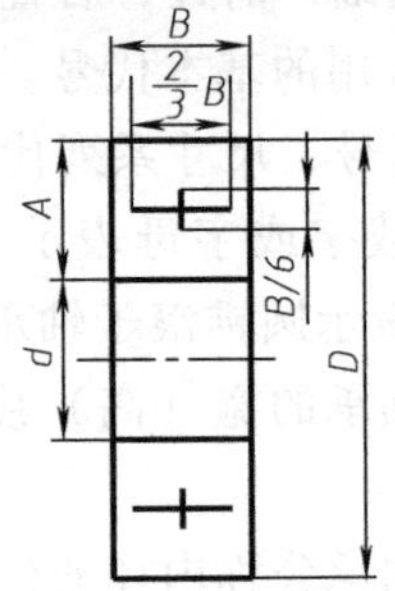 B　$\frac{2}{3}$B　A　B/6　d　D	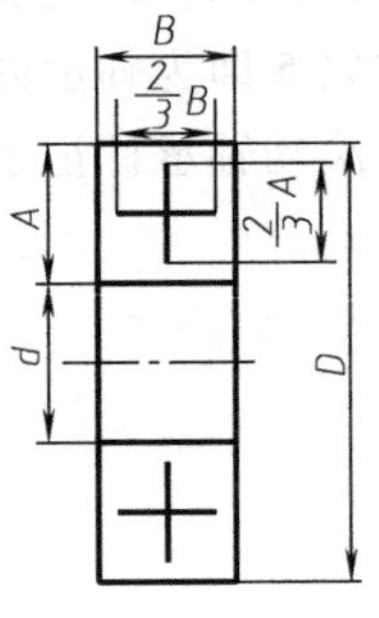 B　$\frac{2}{3}$B　A　$\frac{2}{3}$A　d　D
推力球轴承 GB/T 301—2015 50000 型	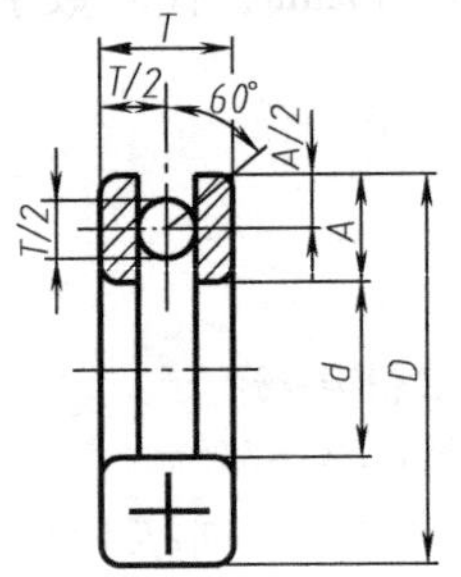 T　T/2　60°　A/2　T/2　A　d　D	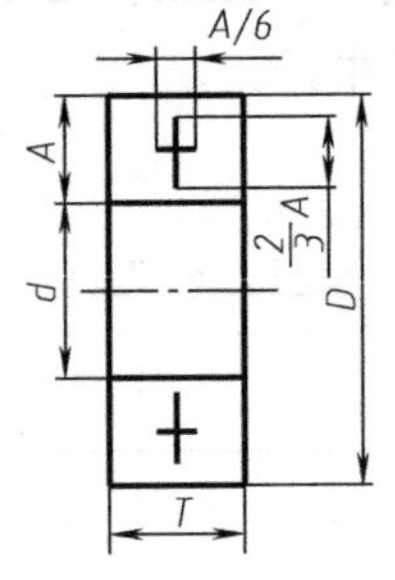 A/6　A　$\frac{2}{3}$A　d　D　T	
圆锥滚子轴承 GB/T 276—2013 30000 型	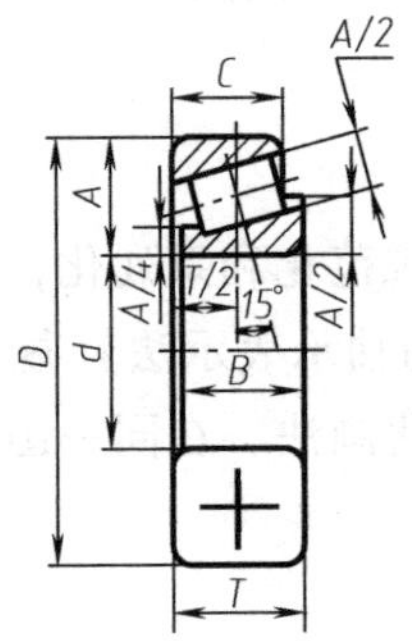 A/2　C　A　A/4　T/2　15°　A/2　B　D　d　T	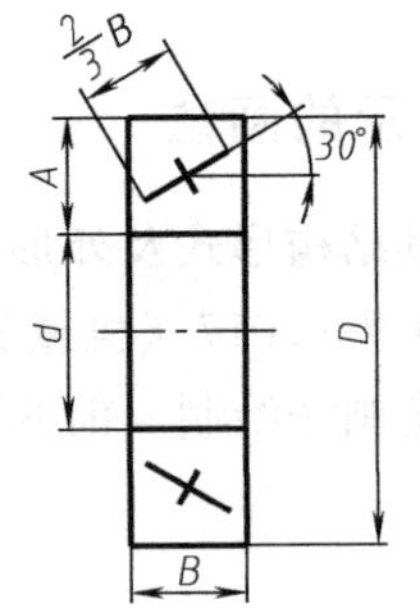 $\frac{2}{3}$B　30°　A　d　D　B	

11.6　弹簧表示法

弹簧是机械产品中一种常用零件，它具有弹性好、刚度小的特点，通常用于控制机械的运动、减少振动、储存能量以及控制和测量力的大小等。

弹簧的种类很多，常见的如压缩弹簧、拉伸弹簧、扭转弹簧、涡卷弹簧等，如图 11-22 所示。由于圆柱螺旋压缩弹簧具有代表性，本节仅介绍圆柱螺旋压缩弹簧的有关尺寸计算和画法。

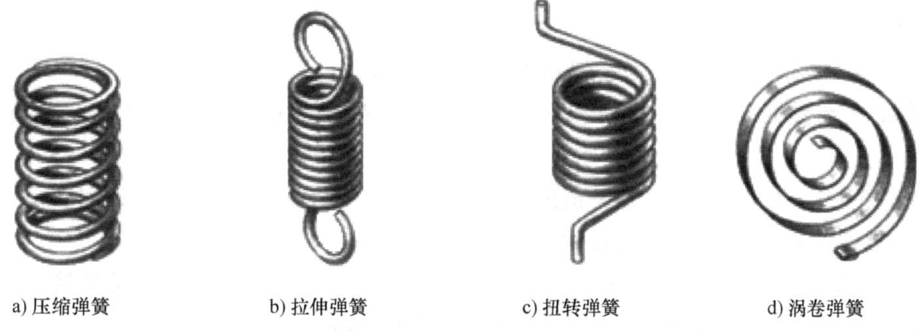

a) 压缩弹簧　　b) 拉伸弹簧　　c) 扭转弹簧　　d) 涡卷弹簧

图 11-22　弹簧的种类

11.6.1　圆柱螺旋压缩弹簧的参数和标记

圆柱螺旋压缩弹簧的参数、各部分名称及尺寸关系，见表 11-9。

表 11-9　圆柱螺旋压缩弹簧的参数、各部分名称及尺寸关系

名　称		参数	说　明	图　例
线径(簧丝直径)		d	制造弹簧的钢丝直径	
弹簧直径	外径	D_2	弹簧的最大直径	
	内径	D_1	弹簧的最小直径，$D_1=D_2-2d$	
	中径	D	弹簧的平均直径，$D=D_2-d$	
节距		t	在有效圈数内，相邻两圈的轴向距离	
圈数	支撑圈数	N_2	为了使压缩弹簧工作时受力均匀，增加稳定性，弹簧两端需要并紧、磨平，这些并紧、磨平的圈仅起支撑作用，称为支撑圈。支撑圈有 1.5、2、2.5 圈三种，其中 2.5 圈应用较多	
	有效圈数	n	除支撑圈外，保持弹簧节距相等参加工作的圈数称为有效圈数	
	总圈数	n_1	有效圈数与支撑圈数之和称为总圈数，即 $n_1=n+N_2$	
自由高度		H_0	弹簧在不受外力作用时的高度，$H_0=nt+(N_2-0.5)d$	
展开长度		L	制造弹簧所用簧丝的长度。绕一圈所需要的长度为 $l=\sqrt{(\pi D)^2+t^2}$，也可以近似地取为 $l=\pi D$。因此整个弹簧的展开长度 $L=n_1 l$	
旋向			弹簧有左旋、右旋之分，常用右旋	

圆柱螺旋压缩弹簧的标记由下列内容组成：

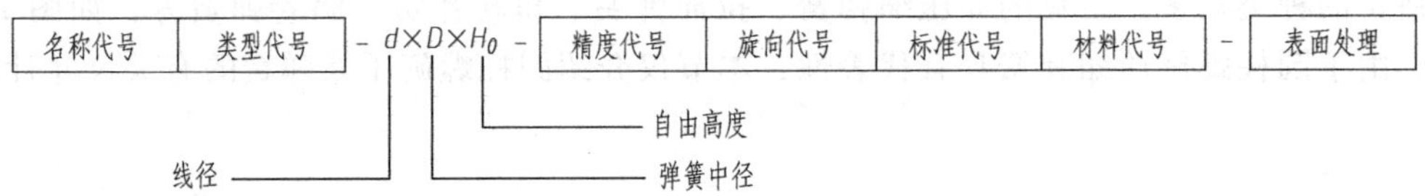

标注时应遵循下列规定：

1）国家标准规定圆柱螺旋压缩弹簧的名称代号为 Y。

2）弹簧的端圈形式分为 A 型和 B 型。A 型：两端圈并紧磨平。B 型：两端圈并紧锻平。

3）制造精度分为 2、3 级，3 级精度的右旋弹簧使用最多，精度代号 3 和右旋代号可省略不注，左旋弹簧的旋向代号需标注“LH”。

4）制造弹簧时，在线径≤10mm 时采用冷卷工艺，一般使用 C 级碳素弹簧钢丝为弹簧材料；在线径>10mm 时采用热卷工艺，一般使用 60Si2MnA 为弹簧材料。使用上述材料时可不标注，弹簧标记中的表面处理一般也不标注。

例如：YB 型弹簧，线径 ϕ3mm，弹簧中径 ϕ15mm，自由高度 30mm，制造精度为 3 级，材料为 B 级碳素弹簧钢，表面氧化处理的右旋弹簧，写出弹簧的标记为：YB　3×15×30　GB/T 2089—2009　B 级

11.6.2　圆柱螺旋压缩弹簧的画法

1. 单个圆柱螺旋压缩弹簧的画法

圆柱螺旋压缩弹簧的真实投影较复杂，为了简化作图，国家标准 GB/T 2089—2009 规定了弹簧的视图、剖视图及示意图的表示法，如图 11-23 所示。

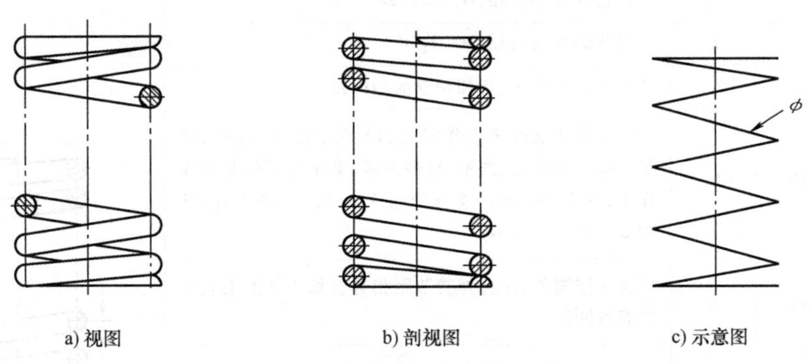

a) 视图　　b) 剖视图　　c) 示意图

图 11-23　圆柱螺旋压缩弹簧的表示法

1）在平行于螺旋弹簧轴线的视图上，其各圈轮廓应画成直线。

2）不论弹簧的支撑圈数是多少，均可按支撑圈为 2.5 圈时的画法绘制，必要时也可按支撑圈的实际结构绘制。

3）有效圈数在四圈以上的螺旋弹簧中间部分可以省略，当中间部分省略后，可适当缩短图形的长度。

4）左旋弹簧和右旋弹簧均可画成右旋，但左旋要注明“LH”。

2. 圆柱螺旋压缩弹簧的画图步骤

1）如图 11-24a 所示，根据 D 和 H_0 画出弹簧的中径线和自由高度两端的线。

2）如图 11-24b 所示，根据 d 画出弹簧支撑圈部分的簧丝断面。

3）如图 11-24c 所示，根据 t 画出有效圈部分的簧丝断面。

4）如图 11-24d 所示，按右旋方向作相应圈的公切线，并画剖面线，整理、加深。

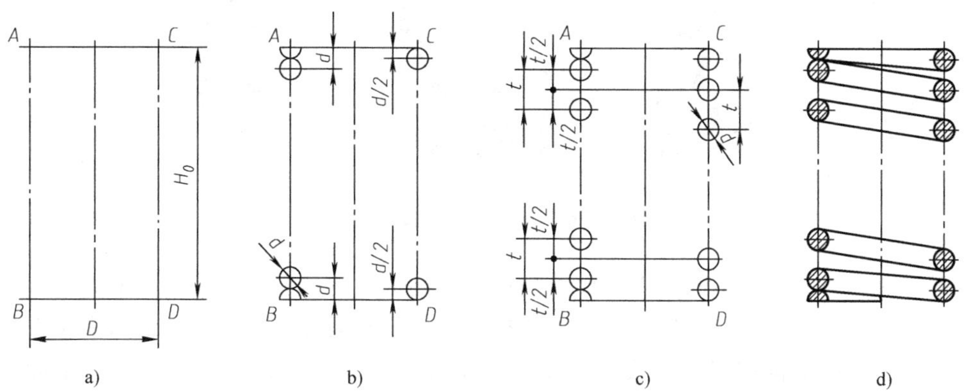

图 11-24　圆柱螺旋压缩弹簧的画图步骤

3. 圆柱螺旋压缩弹簧在装配图上的画法

1）在装配图中，被弹簧挡住的结构一般不画出，可见部分应从弹簧的外轮廓线或从弹簧钢丝剖面的中心线画起，如图 11-25a 所示。

2）当线径在图上≤ϕ2mm 时，钢丝剖面区域可涂黑，如图 11-25b 所示，也可用示意画法表示，如图 11-25c 所示。

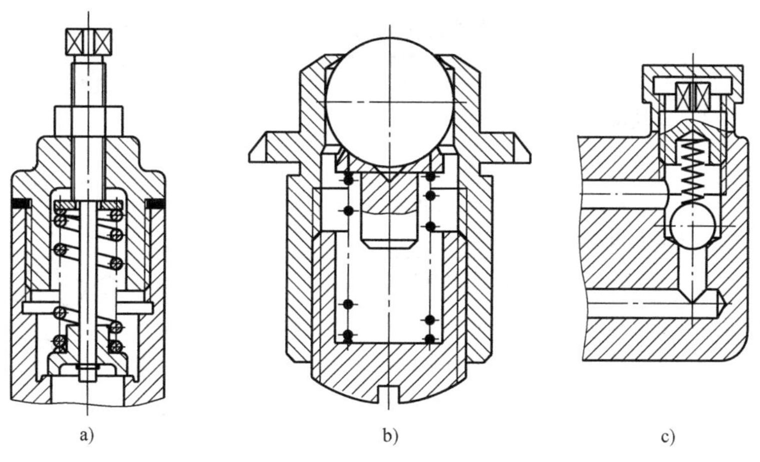

图 11-25　装配图中圆柱螺旋压缩弹簧的画法

11.7　齿轮表示法

齿轮是常用件，在机械传动中常通过它把动力从主动轴传递到被动轴上，以完成传递动力、改变转速和转向的功能。齿轮必须成对使用才能达到使用要求。常见的齿轮传动形式有三种：圆柱齿轮用于两平行轴之间的传动；锥齿轮用于两相交轴之间的传动；蜗轮蜗杆用于两交叉轴之间的传动，如图 11-26 所示。

图 11-26　常见的齿轮传动形式

根据传递动力的方式不同，人们设计制造出不同形式的齿轮，其中主要有圆柱齿轮、锥齿轮、蜗杆、蜗轮、齿条及链轮等。齿轮的核心结构是轮齿部分，其齿廓曲线有渐开线、摆线等曲线。若这些结构按照真实投影画出，则十分麻烦，又没有必要，所以国家标准对齿形、模数等进行了标准化，齿形和模数都符合国家标准要求的齿轮称为标准齿轮。国家标准还制订了齿轮的规定画法，设计中根据使用要求选定齿轮的基本参数，由此计算出齿轮的其他参数，并按规定画法画出齿轮的零件图及齿轮副的啮合图。

1. 圆柱齿轮

齿轮的轮齿符合标准规定的为标准齿轮。常见的圆柱齿轮有直齿、斜齿和人字齿三种，本节仅以标准直齿圆柱齿轮为例介绍其几何要素代号及尺寸关系。

（1）单个直齿圆柱齿轮的几何要素代号及尺寸关系（表 11-10）

表 11-10　直齿圆柱齿轮的几何要素代号及尺寸关系

名称	参数	说　明	图例
齿顶圆	d_a	齿轮齿顶所在的假想圆	
齿根圆	d_f	齿轮齿根所在的假想圆	
分度圆	d	在齿顶圆和齿根圆之间，使齿厚（s）与齿槽宽（e）的弧长相等的圆的直径	
齿顶高	h_a	齿顶圆与分度圆之间的径向距离	
齿根高	h_f	齿根圆与分度圆之间的径向距离	
齿高	h	齿顶圆与齿根圆之间的径向距离，$h=h_a+h_f$	
齿厚	s	轮齿在分度圆上的弧长称为齿厚	
槽宽	e	齿槽在分度圆上的弧长为齿槽宽，简称槽宽	
齿距	p	分度圆上相邻两齿对应点之间的弧长	
齿数	z	一个齿轮轮齿的总数	
模数	m	齿轮的齿数 z、齿距 p 和分度圆 d 之间有如下关系 分度圆的周长 $=\pi d=zp$，所以 $d=(p/\pi)z$，令比值 $p/\pi=m$，则 $d=mz$	
齿形角	α	齿廓曲线与分度圆交点处的径向直线与齿廓在该点处的切线所夹的锐角，我国一般采用 $\alpha=20°$	

模数 m 是反映轮齿大小和强度的一个参数。制造齿轮时，根据模数来选择刀具。为了设计和制造方便，减少齿轮成形刀具的规格，模数已经标准化，我国规定的标准模数值见表 11-11。

表 11-11　圆柱齿轮的标准模数　　（单位：mm）

系列	模数
第一系列	0.1,0.12,0.15,0.2,0.25,0.3,0.4,0.5,0.6,0.8,1,1.25,1.5,2,2.5,3,4,5,6,8,10,12,16,20,25,32,40,50
第二系列	1.75,2.25,2.75,(3.25),3.5,(3.75),4.5,5.5,(6.5),7,9,(11),14,18,22,28,(30),36,45

注：优先选用第一系列，其次选用第二系列，括号内的模数尽可能不选。

设计齿轮时，先确定模数和齿数，其他各部分尺寸均可根据模数和齿数计算求出。标准直齿圆柱齿轮的尺寸关系见表 11-12。

表 11-12　标准直齿圆柱齿轮的尺寸关系

名称	代号	计算公式	备注
齿顶高	h_a	$h_a=m$	m 取标准值 $\alpha=20°$ z 应根据设计需要确定
齿根高	h_f	$h_f=1.25m$	
齿高	h	$h=2.25m$	
分度圆直径	d	$d=mz$	
齿顶圆直径	d_a	$d_a=m(z+2)$	
齿根圆直径	d_f	$d_f=m(z-2.5)$	
齿距	p	$p=\pi m$	

（2）直齿圆柱齿轮啮合的几何要素代号及尺寸关系（图 11-27）

1）节圆。两齿轮啮合时，在中心 O_1、O_2 的连线上，两齿廓的接触点称为节点 P。以 O_1、O_2 为圆心，分别过点 P 所作的两个圆称为节圆，两节圆相切，其直径分别用 d_1、d_2 表示。

2）中心距。标准安装时两齿轮轴线间的距离称为中心距，用 a 表示。其与模数和齿数的关系为 $a=m(z_1+z_2)/2$。

3）传动比。传动比用 i 表示，指主动轮的转速 n_1 与从动轮的转速 n_2 之比。由于转速与齿数 z 成反比，因此，有下列关系式成立：

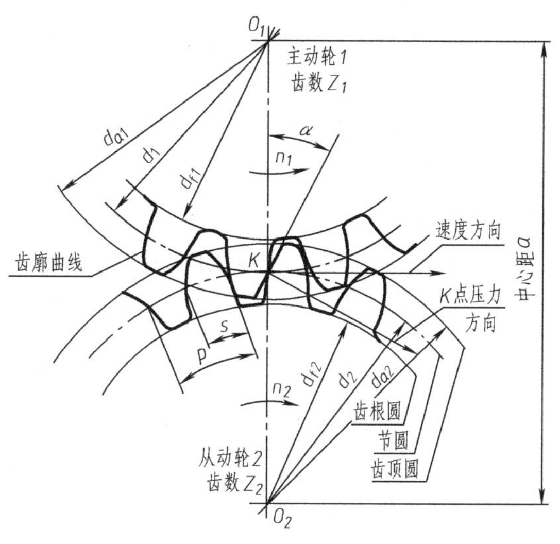

图 11-27　两啮合圆柱齿轮示意图

$$i=\frac{n_1}{n_2}=\frac{z_2}{z_1}$$

2. 圆柱齿轮的规定画法（国家标准 GB/T 4459.2—2003）

（1）单个圆柱齿轮的规定画法

1）视图的选择。一般用两个视图或一个视图加上局部视图表示。取平

行于齿轮轴线方向的视图作为主视图，且采取全剖视或半剖视，如图 11-28 所示。

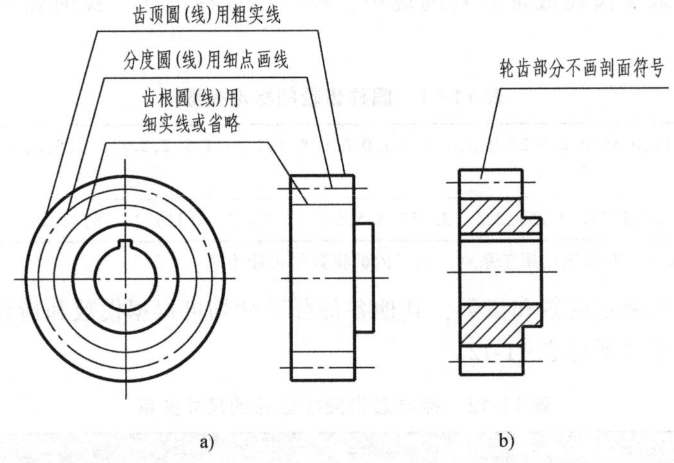

图 11-28　单个圆柱齿轮的规定画法

2）齿轮轮齿部位的表示法

① 齿顶圆和齿顶线用粗实线表示；分度圆和分度线用细点画线表示；齿根圆和齿根线用细实线表示，也可省略不画，如图 11-28a 所示。

② 在剖视图中，当剖切面通过齿轮的轴线时，轮齿一律按不剖处理，齿根线用粗实线绘制，如图 11-28b 所示。

（2）圆柱齿轮啮合的画法

1）单个齿轮的分度圆在啮合时称为节圆，分度线称为节线，在图中用细点画线绘制。

2）投影为非圆的视图一般画为剖视图，剖切平面通过齿轮副的两条轴线确定的平面。在啮合区内，节线重合，用细点画线绘制；齿根线画粗实线；将一个齿轮的齿顶线用粗实线绘制，另一个齿轮的轮齿被遮挡的部分用细虚线绘制，也可省略不画，如图 11-29a 所示。

3）在垂直于圆柱齿轮轴线的投影面的视图中，两齿轮的节圆相切，啮合区内的齿顶圆用粗实线绘制或省略不画，如图 11-29b 所示。

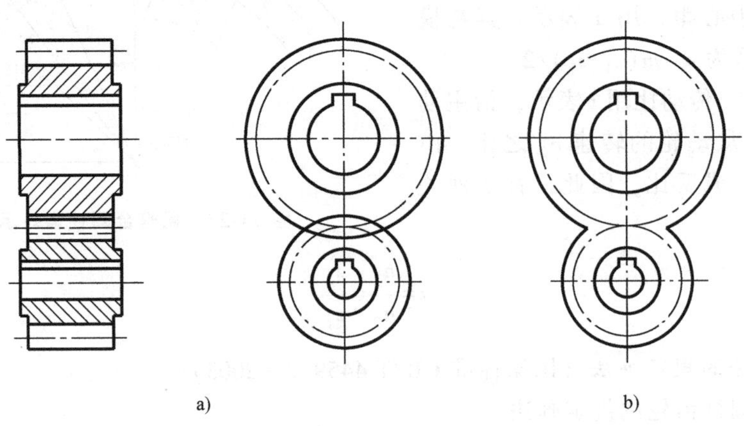

图 11-29　圆柱齿轮的啮合画法

3. 直齿圆柱齿轮的零件图

图 11-30 所示为直齿圆柱齿轮的零件图，在零件图上不仅要给出齿轮的形状、尺寸和技术要求，而且要列出制造齿轮所需要的基本参数。

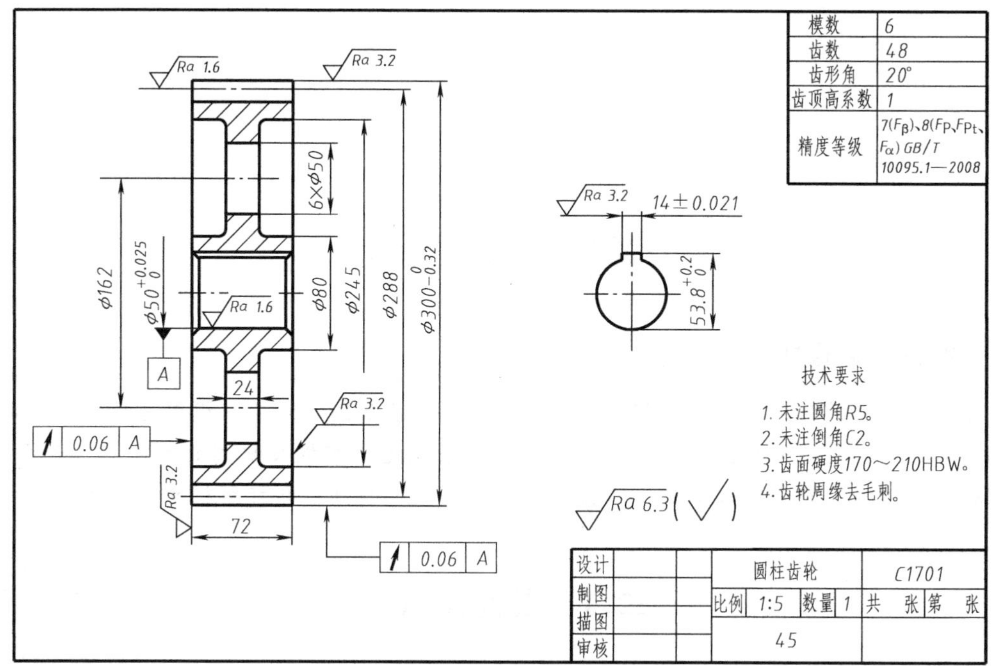

图 11-30 直齿圆柱齿轮的零件图

第12章

装配图

本章学习目标

了解装配图的作用与内容；掌握正确绘制和阅读装配图的方法，视图选择合理，部件结构和装配关系表达正确，图样画法符合国家标准规定。掌握装配图的尺寸标注和要求，做到合理、清晰、符合国家标准。掌握序号、指引线、明细栏和标题栏的正确注写。

12.1 装配图概述

1. 装配图的作用

装配图是表示产品及其组成部分的连接装配关系的图样，主要用来表达部件或机器的工作原理、零件间的相对位置、连接装配关系，主要零件的结构形状，以及装配所需要的尺寸和技术要求，是进行设计、交流、装配、检验、安装、调试和维修时必要的技术文件。

图 12-1 所示为球阀爆炸图和装配结构立体图，图 12-2 所示为球阀装配图。

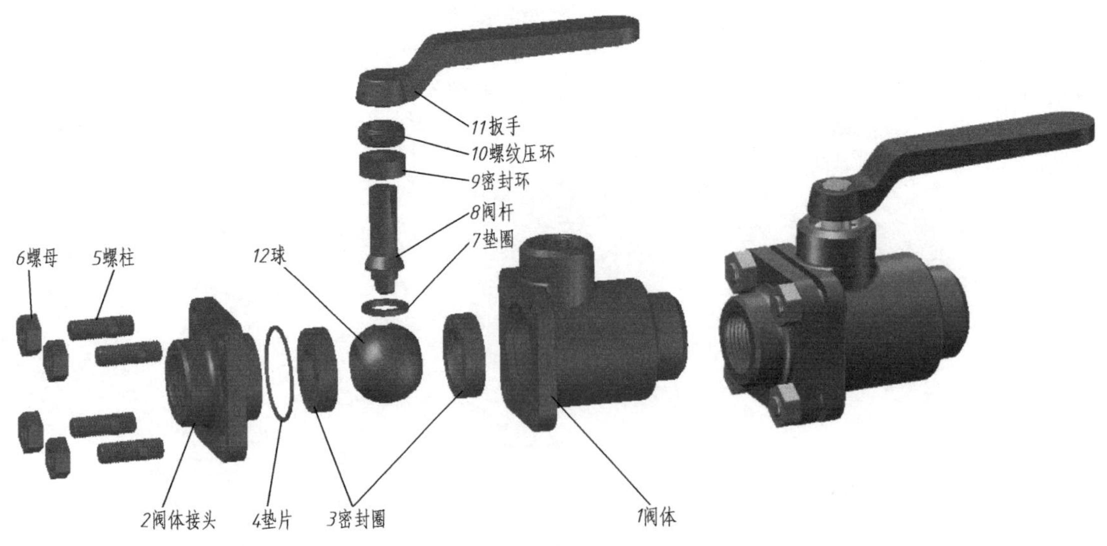

图 12-1　球阀爆炸图和装配结构立体图

2. 装配图的内容

一张完整的装配图应包括下列内容：

（1）一组视图　用于表达机器（或部件）的工作原理，传动路线，各组成零件之间的装配和连接关系及主要零件的结构形状，机器的密封方式等。

（2）必要尺寸　表明机器或部件性能、规格、配合要求、部件和零件间的相对位置等尺寸，以及机器或部件总体大小的尺寸。

（3）技术要求　说明机器和部件在装配、调试、安装、检验以及维修和使用应达到的要求。

（4）零部件的编号、明细栏和标题栏　装配图中所有零件都要进行编号，并按一定的格式排列，且与明细栏中的序号一一对应；明细栏用于填写零件的序号、代号、名称、数量、材料、标准件的规格尺寸、质量、备注等。标题栏一般包括机器或部件名称、设计者姓名以及设计单位、图号、比例、绘图及审核人员的签名等。

12.2　装配图的表达方法

本书以前所述零件图的表达方法和选用原则对装配图同样适用。不同于零件图，装配图需完整表达机器的传动路线、运动情况，润滑、密封、冷却方式等。所以装配图还有一些特有的表达方法。

1. 相邻零件的表达方法

（1）接触面与非接触面画法　相邻两零件的表面接触时，只画一条线，不接触时画两条线。两零件有配合关系的连接，属于接触表面，画成一条线。如图 12-2 中所示，阀体 1 和密封环 9 之间为接触面，画一条线；阀体 1 与阀杆 8 之间为非接触面，画两条线；阀体 1 与阀体接头 2 之间有配合关系，属接触面，画一条线。

（2）剖面符号画法　相邻两金属零件的剖面符号倾斜方向要相反，如倾斜方向一致时，应间隔不等。但同一零件在各视图中剖面符号的倾斜方向、间隔必须保持一致。如图 12-2 所示，相邻两零件阀体 1 与阀体接头 2 的剖面符号倾斜方向相反。若有多个相邻金属零件，允许相邻两个零件的剖面符号方向一致，但剖面符号的间隔不应相等。零件厚度在图形中<2mm 时，允许用涂黑来代替剖面符号。

2. 简化表示法

国家标准 GB/T 16675.1—2012《技术制图 简化表示法 第 1 部分：图样画法》中，给出了装配图中的简化表示法。

1）装配图中若干相同的零件组，如螺栓连接等，可仅详细地画出一组，其余只需用细点画线表示出其位置，并给出零部件总数。如图 12-2 中，四组螺柱在视图中仅画出一组。

2）装配图中零件的某些工艺结构，如倒角、圆角、凸台、凹坑、沟槽、退刀槽、滚花或起模斜度及其他细节等可不画出。

3）紧固件和实心件画法。装配图中对于紧固件（即螺栓、螺柱、螺钉、螺母、垫圈等）及轴、连杆、球、钩、键、销等实心件，若按纵向剖切且剖切平面通过其对称平面或轴线时，则这些零件均按不剖绘制。如图 12-2 中，阀杆 8 和螺母 6，在主视图中按不剖绘制。

4）单个零件的表达。装配图中可单独画出某一零件的视图，但必须在所画视图的上方注出该零件的视图名称，在相应视图附近用箭头指明投射方向，并注上同样的字母，如图 12-2 中“零件 10*A*”表达了螺纹压环的形状。

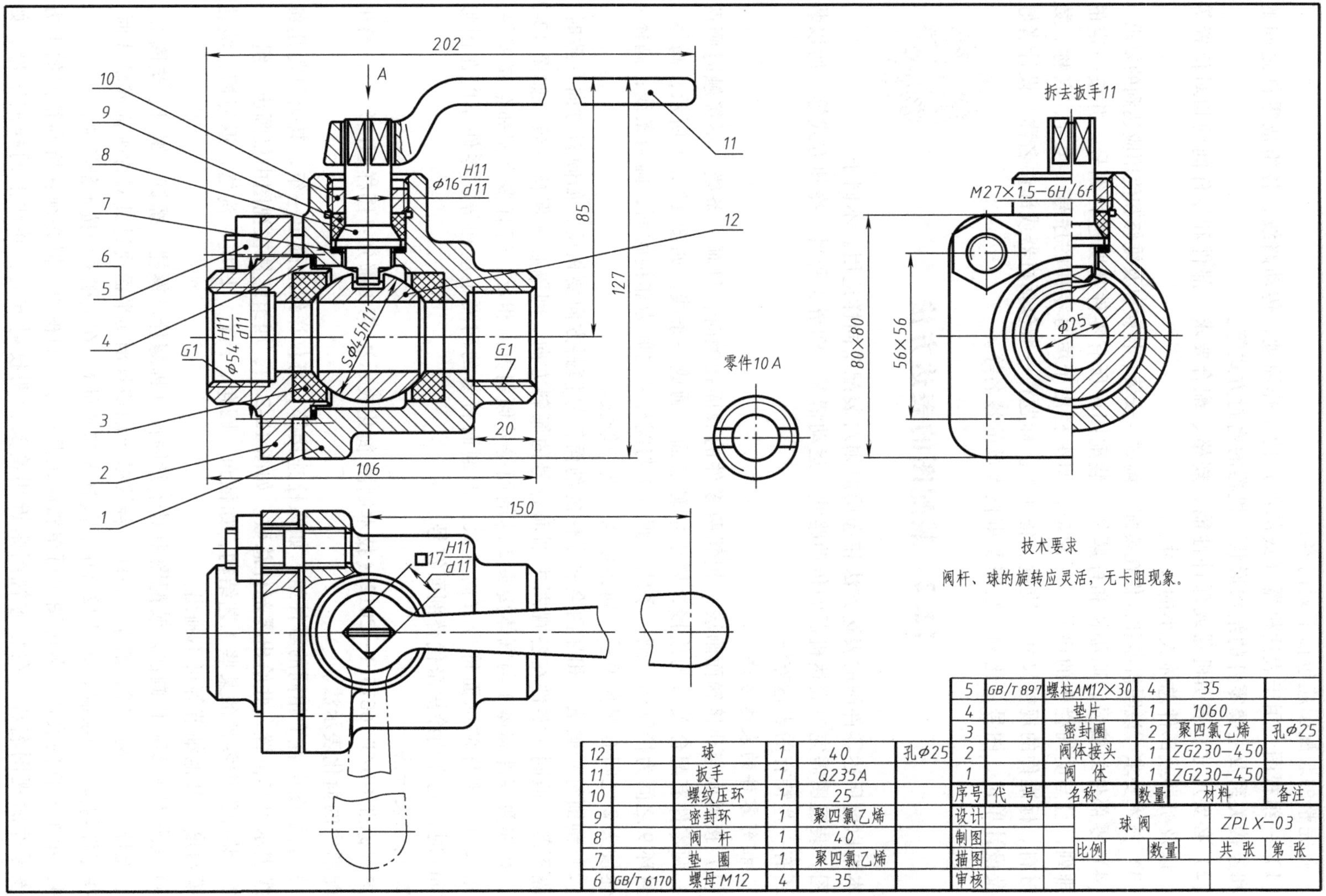

技术要求

阀杆、球的旋转应灵活，无卡阻现象。

序号	代号	名称	数量	材料	备注
12		球	1	40	孔ϕ25
11		扳手	1	Q235A	
10		螺纹压环	1	25	
9		密封环	1	聚四氯乙烯	
8		阀 杆	1	40	
7		垫 圈	1	聚四氯乙烯	
6	GB/T 6170	螺母 M12	4	35	
5	GB/T 897	螺柱 AM12×30	4	35	
4		垫片	1	1060	
3		密封圈	2	聚四氯乙烯	孔ϕ25
2		阀体接头	1	ZG230-450	
1		阀 体	1	ZG230-450	

设计		球 阀		ZPLX-03	
制图		比例	数量	共 张	第 张
描图					
审核					

图 12-2 球阀装配图

3. 特殊画法

（1）夸大画法　对薄片、小间隙和尺寸较小的零件难以按实际尺寸画出时，允许将该部分尺寸适当放大后画出。如图12-2中，垫片4、阀杆8与球12之间的间隙均采用了夸大画法。

（2）假想画法　对机器零部件中可动零件的极限位置，应用细双点画线画出该零件的轮廓。如图12-2中，用细双点画线表示扳手的极限位置。

12.3　装配图中的尺寸

1. 性能尺寸（或规格尺寸）

用于表明机器或部件的性能或规格，是设计和选用机器的主要依据。如图12-2中，左视图标注的“ϕ25”是决定球阀流量的性能尺寸。

2. 装配尺寸

表明装配零件间装配关系的尺寸，是装配的依据和保证部件使用性能的重要尺寸。

（1）配合尺寸　表示轴与孔零件之间的配合要求。如图12-2中的“ϕ54H11/d11”“ϕ16H11/d11”等。

（2）相对位置尺寸　零件之间的相对位置尺寸，如平行轴之间的距离，主要轴线到安装基面之间的距离等。如图12-2中，“85”为阀的中心和扳手之间的距离。

3. 安装尺寸

机器（或部件）工作时需要固定在基础上，或与其他相关机器连接，此时所需要的尺寸为安装尺寸。如图12-2中，球阀两侧管螺纹尺寸“G1”；“56×56”为球阀固定安装在其他机器上所需的尺寸。

4. 外形尺寸

外形尺寸即部件轮廓的总长、总宽、总高尺寸，为部件的包装、运输和安装占据的空间提供数据。如图12-2中的“202”为总长尺寸，“127”为总高尺寸，“80×80”为总宽尺寸。

5. 其他重要尺寸

在机器（或部件）设计中涉及的必须保留且不能改变，而又不属于上述几种的尺寸，以及在机器中表示零件运动范围的极限尺寸等，也需在图中标注。如图12-2中的管螺纹深度尺寸“20”。

12.4　装配图的技术要求

机器（或部件）在设计、加工制造、装配、检验、安装、使用、维修等各环节达到的技术指标等称为技术要求，技术要求不能在图中表达的，可用文字注写在标题栏上方或图样下方的空白处。

1. 性能要求

在设计过程中，对机器（或部件）的性能、工作环境条件需要的具体指标，在装配时需要保证的性能要求等。

2. 装配要求

装配体在装配过程中需注意的事项，装配后应达到的要求，如准确度、装配间隙、润滑要求等。

3. 检验要求

对装配体基本性能的检验、实验及操作时的要求。

4. 安装使用要求

对机器（或部件）安装环境、安装效果、使用、维护保养中需要注意的问题等提出的要求，如安装基面的强度、定期添加或更换润滑剂等。

5. 修饰和包装运输要求

部件装配好后，如有清洗、喷涂涂料（如在某表面喷防锈漆）等要求，应在技术要求中明确写出。在部件包装和运输过程中需注意的事项，也应在技术要求中写明（如不能倒置，或部件放置时倾斜角度的范围等）。

12.5　装配图中零件的序号和明细栏

1. 序号

1）序号由圆点、指引线、水平线（或圆）及数字组成，如图12-3所示。指引线与水平线或圆均为细实线，数字高度比尺寸数字大一号，写在水平线上方或圆内。

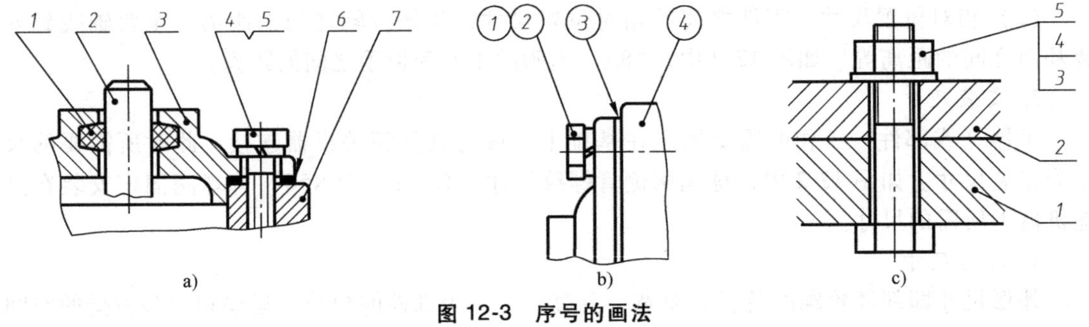

图12-3　序号的画法

2）圆点画在被编号零件图形中。当所指零件很薄或涂黑时，指引线末端画一箭头代替圆点，如图12-3b中序号“3”所示。

3）指引线不能与相邻的图线（如剖面线）平行，与相应图线所成的角度应>15°。

4）每个零件必须编写一个序号，同一装配图中相同的零件不能重复编号。对轴承、油杯、电动机等标准部件作为一个零件编写序号。

5）图样中的序号可按顺时针，也可按逆时针依次排列，但需在水平或铅垂方向排列整齐。

2. 明细栏

明细栏是填写各零件序号、规格、名称、材料和数量等内容的表格。明细栏的格式及尺寸可参见第2章的图2-4，明细栏画在标题栏上方，零件序号自下而上填写，位置不够时可将其余部分画在标题栏左方，如图12-2所示。

3. 标题栏

标题栏用于填写设计、绘图、审核人名单，机器（或部件）的属性名称、代号、材料、比例等。其格式与零件图标题栏基本相同。

12.6　合理的装配结构

在设计和绘制装配图时，为保证部件装配质量，同时便于装、拆，需要了解装配工艺对零件结构的要求。几种常见的装配结构见表12-1。

表12-1　几种常见的装配结构

装配结构	示　例	分析说明
接触面处结构	有切槽　合理；有倒角　合理；无倒角、切槽等　不合理	轴与孔配合时，轴肩与孔的端面互相接触，应在轴肩根部切槽或在孔的端部加工出倒角，以保证两零件的良好接触
	不接触面　A_2　接触面　A_1　$A_1>A_2$　合理；$A_1=A_2$　不合理；ϕB_2　ϕB_1　不接触面　接触面　$\phi B_1<\phi B_2$　合理；$\phi B_1=\phi B_2$　不合理	两零件接触时，同一方向一般只能有一个面接触，以满足两零件间的接触性能
	不接触面　合理；不合理	锥面接触时，要在结构上保证锥面的接触
螺纹连接结构	合理；不合理；合理；不合理	在螺纹连接结构设计时，要充分考虑螺纹连接的紧固性
		为保证螺纹拧紧，且减少加工面，通常在被连接件表面设计出凸台或凹坑
定位结构		为方便装、拆，且不降低两零件的装配精度，通常采用如图所示的销连接结构。为加工和拆装方便，在可能的条件下，尽量将销孔做成通孔，以便拆卸

（续）

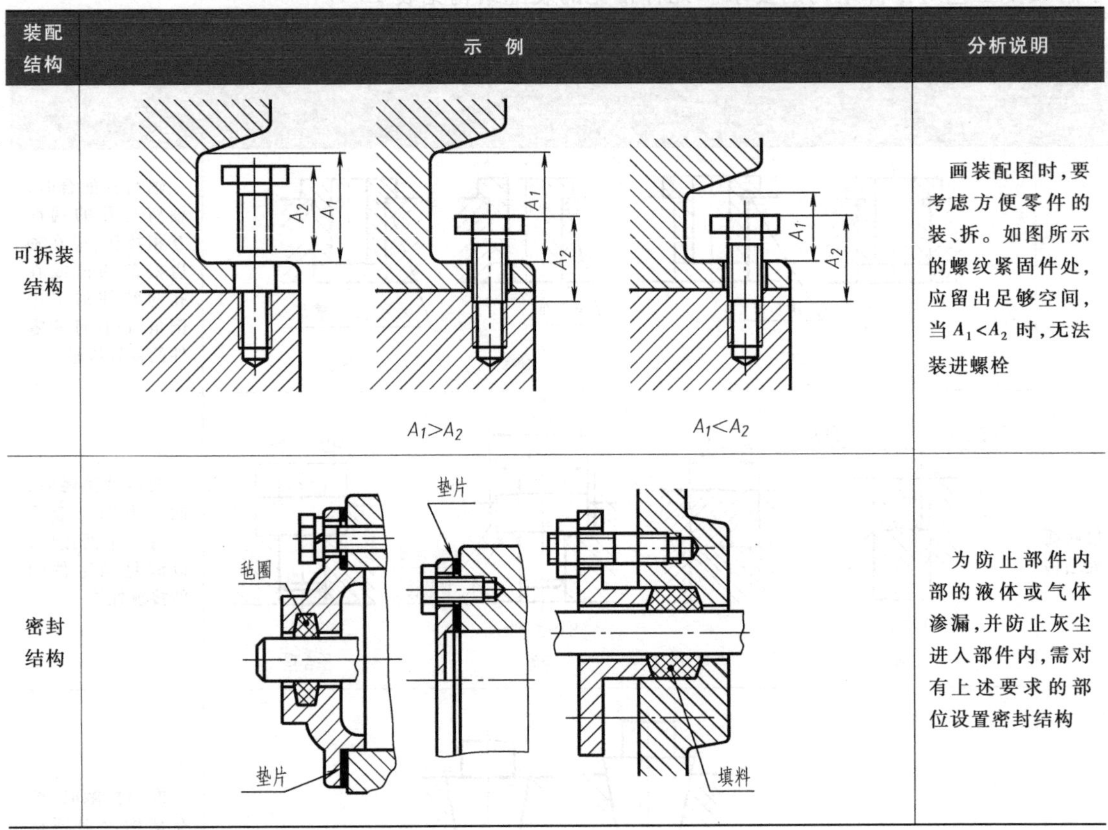

装配结构	示　例	分析说明
可拆装结构		画装配图时，要考虑方便零件的装、拆。如图所示的螺纹紧固件处，应留出足够空间，当 $A_1<A_2$ 时，无法装进螺栓
密封结构		为防止部件内部的液体或气体渗漏，并防止灰尘进入部件内，需对有上述要求的部位设置密封结构

12.7　装配图的画法

1. *确定表达方案*

装配图表达方案包括：选择主视图、确定其他视图和表达方法。

装配图视图选择的步骤和方法：首先要分析机器（或部件）的用途、性能、工作原理；其次分析其结构特征，包括传动路线、装配关系、连接固定关系、相对位置关系。找出主要零件，其他零件围绕该零件形成装配关系，以该主要零件为主干零件，围绕主干零件形成的装配关系作为装配的主要干线，在主要干线上合理运用各种表达方法，表达工作系统、传动系统和操作系统等。

（1）主视图的选择　装配图的主视图应较多地表达主要的装配关系、装配结构和部件的工作原理，尽可能体现主要装配干线，主视图可按下列原则确定：

1）工作位置。机器（或部件）工作时放置的位置称为工作位置。按工作位置绘制主视图可以为设计、装配、安装机器提供方便。

2）部件特征。机器（或部件）的结构特征是指其工作原理、传动关系、装配关系、润滑和密封方式等内容，这些特征应尽量在主视图中表示。如图 12-2 所示的球阀装配图，主视图清楚地表达了球阀的工作原理、主要零件的装配关系及密封和连接方式。

（2）其他视图的确定　主视图中没有表达清楚的装配关系和结构，则选择其他视图进行表达。选择其他视图时，对所选的视图和表达方法要有明确的表达目的，对已表达清楚的结构，不要重复表达，做到清晰简练、读图方便。

2. 画装配图的步骤

根据视图表达方案以及部件大小，选取适当比例和图幅大小，安排各视图的位置。

1）画出各视图的主要轴线、对称中心线及作图基准线，如图 12-4a 所示；留出标题栏、明细栏位置。

2）画出主要零件阀体的轮廓线，几个基本视图要保证三等关系，关联作图，如图 12-4b 所示。

3）按装配顺序逐一画出其他零件的三视图，如图 12-4c 所示。

4）检查校核。画出剖面符号，标注尺寸及公差配合，加深各类图线等，最后给零件编号，填写标题栏、明细栏、技术要求。完成后的全图如图 12-2 所示。

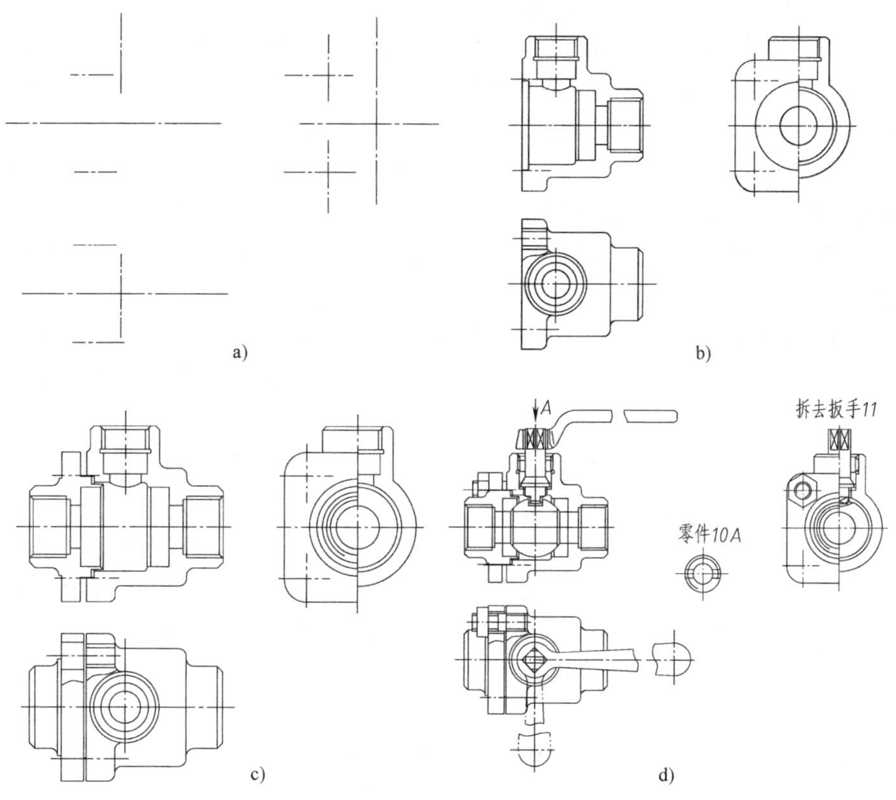

图 12-4　画装配图底稿的步骤

12.8　读装配图及由装配图拆画零件图

在设计、装配、安装、调试以及进行技术交流时，都要读装配图。通过读装配图，可以了解机器或部件的性能、工作原理、各零件的基本结构及其在部件中的作用，以及相互位置和装配关系。本节以图 12-5 所示的微动机构装配图为例，介绍如何读装配图以及由装配图拆画零件图。

1. 读装配图的方法和步骤

(1) 概括了解　从标题栏中了解机器或部件的名称。通过查阅有关技术资料或实际调查研究获取机器或部件的用途和规格。对照装配图中的序号和明细栏，弄清楚机器或部件中标准件、非标准件的数目，了解各零件的名称、数量、材料以及标准件的规格代号等。

如图 12-5 所示，从标题栏和明细栏得知，部件名称为微动机构，整个部件由 12 种零件组装而成，其中标准件六种，一般零件六种。

(2) 分析视图　通过对装配图进行视图的分析，了解部件的工作原理以及主要装配干线上各零件之间的定位、配合和连接关系，了解零件间的运动和动力传递方式，以及部件的润滑、密封方式等。

如图 12-5 所示，装配图表达方案采用了全剖的主视图（在主视图中采用了简化画法）、*B—B* 断面图、*C—C* 断面图和半剖的左视图。

主视图重点表达了部件的工作原理：微动机构是氩弧焊机的微调装置，转动手轮 1 时，螺杆 7 旋转，从而使导杆 10 在导套 9 内作轴向移动，导杆 10 带动氩弧焊机进行微调。键 11 在导套槽内起导向作用，导套下方槽的尺寸限定了焊机的移动距离。

装配关系：支座 8 与导套 9 以 ϕ30H8/k7 的间隙配合安装，并由紧定螺钉 6 连接定位固定。轴套 5 与导杆 10 以螺纹连接，并使用紧定螺钉 4 将轴套 5 与导套 9 连接固定。螺杆 7 和轴套 5 以 ϕ8H8/h7 的间隙配合安装，对螺杆起支撑、定位作用。导杆 10 与导套 9 以 ϕ20H8/f7 的间隙配合安装。

从图 12-5 中还可以看出，采用的 *B—B* 断面图表达了导套 9、导杆 10、键 11 和螺钉 12 之间的连接装配关系。底盘采用简化画法，表达了支座与其他设备的安装位置尺寸；*C—C* 断面图清楚表达了支座的结构形状和壁厚。

左视图采用半剖视图。视图部分表达了微动机构的整体外形结构。剖视部分重点表达了支座与导套之间的螺钉连接结构，以及支座与导套、导杆、螺杆之间的位置关系。

(3) 分析零件　在了解、分析视图的基础上，明确各零件在部件中所起的作用，读懂各零件的结构形状。从主视图着手，按投影关系和剖面符号的方向和间隔，在各视图中找出所选零件对应的结构，从装配图中将其剥离出来，剥离零件后，再根据构形分析确定其形状。

2. 由装配图拆画零件图

(1) 拆图的方法　在部件的设计中，需要根据装配图拆画零件工作图，简称拆图。拆图时，应先将被拆零件在装配图中的功能分析清楚，根据视图间的投影关系确定零件的结构形状，并将其从装配图中分离出来。然后根据零件在装配图中的装配关系，结合零件的加工制造方法，确定其工艺结构。例如，在有配合关系的轴肩处应设计退刀槽或砂轮越程槽；在铸件的非加工表面转角处，设计铸造圆角；在被螺纹紧固件连接的表面上设计凹坑或凸台结构等。最后确定零件的详细结构形状，补齐所缺图线。画零件图时，要根据零件图视图表达方法确定表达方案。

(2) 尺寸标注　标注零件图尺寸时应注意，有配合关系的表面要标注公差带代号或极限偏差数值。如图 12-5 所示的微动机构中，支座与导套的配合尺寸为 ϕ30H8/k7，对于导套，在其零件图上应标注 $\phi30k7$，而对于支座，在其零件图上应标注 $\phi30H8$。

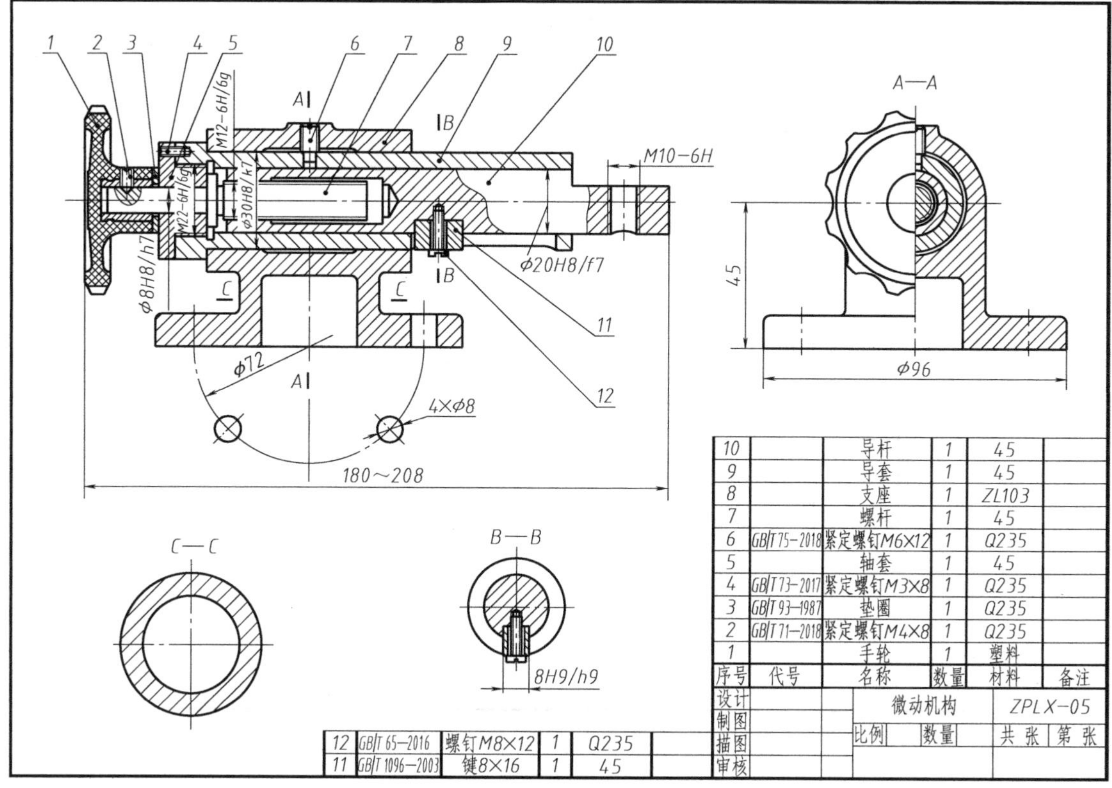

图 12-5 微动机构装配图

（3）技术要求　标注表面结构要求时，应先分析所拆画零件各表面形成的方式。在技术要求中，写出该零件在设计、加工、使用过程中需要的技术方面的要求。

最后详细填写标题栏和明细栏中的内容，完成零件图。

3. 读装配图及由装配图拆画零件图举例

【例 12-1】 以图 12-5 所示的微动机构为例，读懂部件的性能、工作原理、装配关系、各部分结构形状及各零件的结构形状，并拆画轴套零件图。

（1）概括了解　从明细栏中找到轴套的序号，了解到该零件的材料为 45 钢、数量为 1 件。再从装配图中找到该零件的位置，利用各视图的投影关系、同一零件剖面符号的倾斜方向和间隔一致的规定，找出轴套在各视图中对应的投影，确定其轮廓范围及该零件的大致结构形状。

（2）分析视图　根据投影原理及构形理论，确定轴套零件的整体结构形状，补全轮廓图中缺少的图线，并选择合理的表达方案。考虑轴套在装配图中的作用、工作位置、加工要求等，经综合分析并根据零件图表达的要求，确定轴套的主视图为全剖的非圆视图，重点表达其内部结构；用左视图表达其外形结构，以及螺钉孔的位置。

（3）拆画轴套零件图

1）在上述分析的基础上，确定表达方案，将轴套从装配图中分离出来，如图 12-6c 所示。

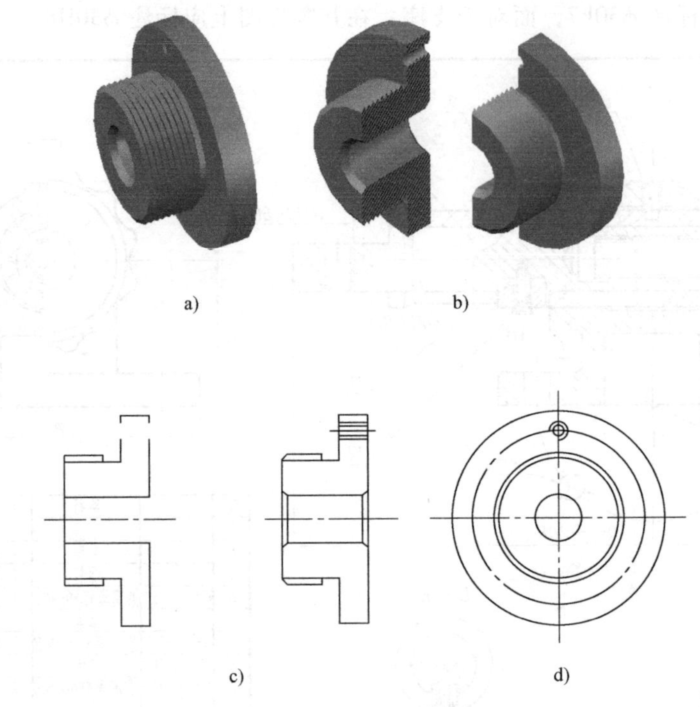

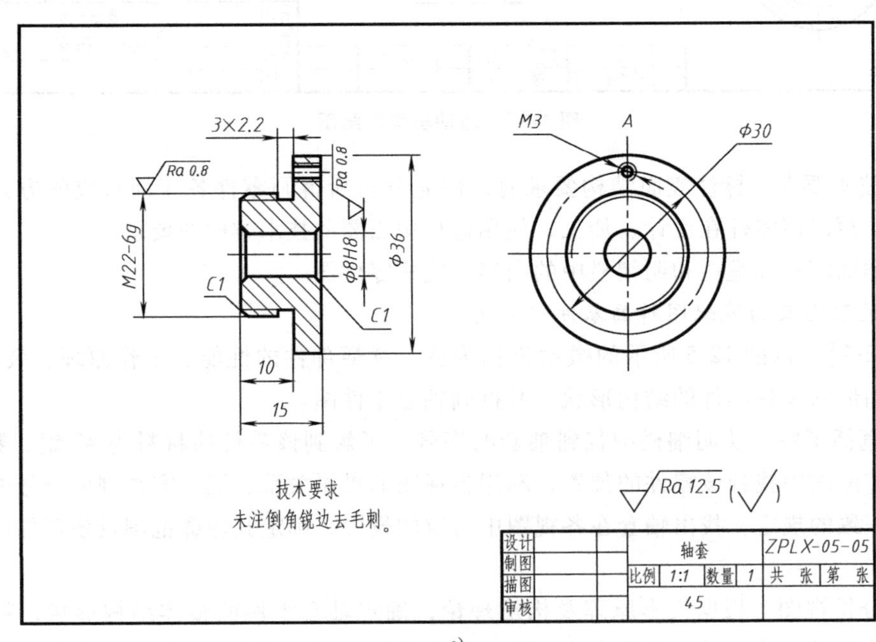

e)

图 12-6　拆画轴套零件图的步骤

2）补全轮廓图中缺少的图线，并根据装配工艺对零件的要求设计零件工艺结构。从明细栏中得知，该零件为机加工零件。为方便装配和操作安全，在轴套的端面、孔口处均设计出倒角。在与导套的螺纹连接处，设计螺纹退刀槽，保证在螺纹末端加工出完整的螺纹，同时也便于退出刀具。与螺钉连接的螺纹孔及其他端面处做锐边处理，在图形中不画出，如图 12-6d 所示。

3）标注轴套零件图的尺寸。对有配合关系的表面要标注公差代号或极限偏差值，如装配图中标注的尺寸 ϕ8H8/h7，在轴套零件中标注 ϕ8H8。装配图中轴套与导套处使用紧定螺钉连接，由明细栏得知，该处使用了 1 个 M3×8 的螺钉，故轴套相应位置的螺纹孔尺寸应为 M3，如为盲孔可根据螺钉公称长度 8 算出并标注该螺纹孔的深度尺寸。按零件结构完整标注所有定形和定位尺寸，最后，再考虑零件的整体尺寸，尺寸标注如图 12-6e 所示。

4）完成技术要求和其他内容。分析零件各表面的形成方法，按要求标注表面结构要求，书写其他技术要求并填写标题栏，完成全图，如图 12-6e 所示。

第 13 章

利用CAD软件绘制工程图

本章学习目标

熟练掌握利用 AutoCAD 软件绘制工程图形的方法，会利用 AutoCAD 软件绘制平面几何图形；能够将国家制图有关标准应用到组合体三视图、剖视图的绘制中，并能正确设置尺寸样式、完成尺寸标注；能利用 AutoCAD 软件进行简单组合形体的构形设计，并能将这些方法应用到工程领域。

掌握和运用计算机绘图工具软件，绘制工程图样、构建三维实体，是工程设计者不可缺少的技能。AutoCAD 通用计算机辅助设计软件包，被广泛地应用于机械、电子、建筑等领域，近年来在地理、气象、航海等特殊图形的绘制领域也得到了广泛应用。AutoCAD 已成为计算机 CAD 系统中应用最为广泛的图形软件之一。本章选用 AutoCAD 2014 版本的绘图软件，介绍计算机辅助绘制二维图形的方法以及利用 CAD 软件进行二维构形和三维造型设计的方法。

13.1 AutoCAD 基本操作

1. AutoCAD 的启动与操作界面介绍

在 Windows 系统下安装 AutoCAD 软件后，桌面上会自动创建一个启动图标。双击该图标即启动 AutoCAD 主界面“草图与注释”工作空间。

在“草图与注释”和“三维建模”工作空间下，其界面主要由标题栏、快速访问工具栏、交互信息工具栏、菜单栏、功能区、绘图区、布局标签、命令行窗口、状态栏等元素组成。图 13-1 所示为 AutoCAD 2014 主界面，界面元素功能见表 13-1。

表 13-1 AutoCAD 2014 界面元素功能介绍

界面元素名称	功 能	说 明
标题栏	显示应用程序图标和当前操作图形的名称及路径	标题栏位于操作界面的最上方一行中间处
快速访问工具栏	“新建”“打开”“保存”“另存为”“打印”“放弃”“重做”“工作空间”设置	草图与注释 位于界面左上方第一行
交互信息工具栏	“搜索”“Autodesk Online 服务”“交换”和“帮助”等工具	键入关键字或短语 登录 位于快速访问工具栏后面

（续）

界面元素名称	功　能	说　明
菜单栏	“文件”“编辑”“视图”“插入”“格式”“工具”“绘图”“标注”“修改”“参数”“窗口”“帮助”	单击工具栏 草图与注释 中的 按钮，从下拉菜单项中选择“显示”（或“隐藏”）调用菜单栏。菜单命令选项后有“▶”的说明还有下一级菜单；选项后有“…”的，运行该命令后会出现对话框
功能区	包括“常用”“插入”“注释”“参数化”“视图”“管理”“输出”“插件”和“联机”选项	在“草图与注释”工作空间中，菜单栏的下方是功能区。也可从菜单栏：“工具”→“选项板”调出或关闭功能区
绘图区	类似手工绘图的图纸，绘图结果都显示在此区域中	在绘图区域内移动鼠标时，十字形光标跟着移动，同时，在绘图区下边的状态栏上显示光标点的坐标
布局标签	默认“模型”空间布局是通常的绘图环境。单击其中选项卡可以在模型空间或纸空间之间切换	位于绘图区的下方 模型 / 布局1 / 布局2
命令行窗口	提示符等待接受 AutoCAD 命令，显示 AutoCAD 提示信息	位于操作界面最下端，倒数第二行。绘图操作时必须随时注意该窗口的显示信息，进行交互操作
状态栏	用来显示 AutoCAD 当前的状态，从左至右图标依次是：光标定位点、“推断约束”“捕捉模式”“栅格显示”“正交模式”“极轴追踪”“对象捕捉”“三维对象捕捉”“对象捕捉追踪”“允许/禁止动态 UCS”“动态输入”“显示/隐藏线宽”“显示/隐藏透明度”“快捷特性”和“选择循环”功能按钮	状态栏位于操作界面的底部 在状态栏单击鼠标右键，去掉快捷菜单中“使用图标”前的“√”，该处显示图标 INFER 捕捉 栅格 正交 极轴 对象捕捉 3DOSNAP 对象追踪 DUCS DYN 线宽 TPY QP SC AM
状态托盘	依次为：“模型和纸空间”“快速查看布局”“快速查看图形”“注释比例”“注释可见性”“自动添加注释”“切换工作空间”“锁定”“硬件加速”“隔离对象”“状态行的下拉按钮”“全屏显示”按钮	位于操作界面右侧的底部 模型
工具栏	显示“标准”“工作空间”“图层”“样式”“对象特性”“绘图”和“修改”等工具栏	在 AutoCAD 经典工作空间模式下，图 13-2 所示为“标准”“工作空间”和“图层”工具栏

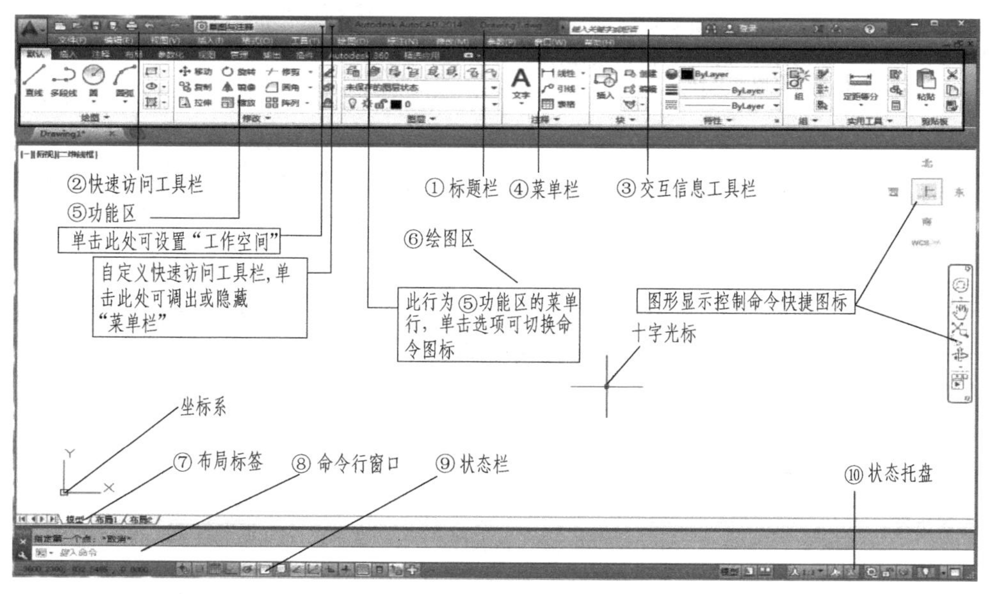

图 13-1　AutoCAD 2014 主界面

AutoCAD 操作界面是显示、绘制和编辑图形的区域。AutoCAD 2014 提供了草图与注释、三维基础、三维建模、AutoCAD 经典四种工作空间模式供用户选择。习惯操作 AutoCAD 2014 以前版本的用户，可以把工作空间设置为“AutoCAD 经典”，如图 13-2 所示。

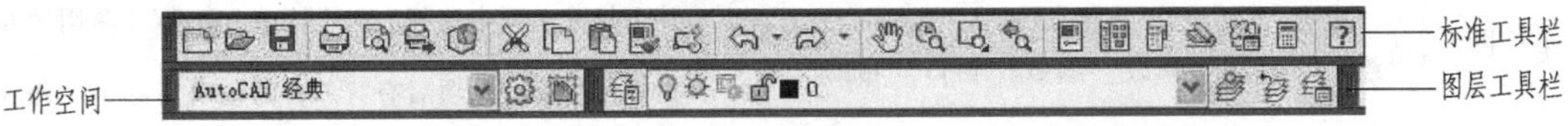

图 13-2　“标准”“工作空间”和“图层”工具栏

2. AutoCAD 命令的启动及绘图初始环境的设置

命令是 AutoCAD 绘制和编辑图形的核心，绘图初始环境的设置是为了保证所绘制的图形符合国家标准规定。AutoCAD 命令的启动及绘图环境设置操作见表 13-2。

表 13-2　AutoCAD 命令的启动及绘图环境设置操作

命令操作方式	功　能	操 作 说 明
用鼠标操作启动命令	**鼠标的左键为拾取键**，用来指定点、选择对象、工具栏按钮和菜单命令等 **鼠标的右键通常为<Enter>键**，用来结束当前使用的命令。如果右击工具栏或绘图窗口，系统会弹出相应的快捷菜单	在绘图窗口移动鼠标，光标为十字线形式；当光标移到菜单项、工具栏或对话框内时，光标会变成箭头。鼠标指针移动到菜单项或工具栏中的命令小按钮上，无论光标是十字线或箭头，单击鼠标左键 AutoCAD 都会执行相应的命令和动作
用键盘输入启动命令	AutoCAD 系统接受用户从键盘输入的命令，但格式必须是英文	大部分的绘图和编辑命令都需要键盘输入，如 Mvsetup 命令、系统变量、文本对象、数值参数、点的坐标或是进行参数选择等
命令的重复	用户重复使用上一次使用的命令	在绘图区域中单击鼠标右键，系统打开操作的快捷菜单；也可以按<Enter>键、<Space>键
命令的撤销	撤销前面所进行的操作	在命令行输入“U”或在工具栏上单击按钮
创建新图形文件	打开一张新图 系统打开“选择样板”对话框。从中选择某一样板文件后，单击“打开”按钮，系统进入绘图环境	命令行输入：NEW 菜单栏：单击 文件(F) → 新建(N) 按钮 工具栏：单击“标准”工具栏中按钮
打开图形文件	打开已有的图形文件 系统打开“选择文件”对话框，用户可以从中打开已有图形文件	命令行：OPEN 菜单栏：单击 文件(F) → 打开(O) 按钮 工具栏：单击“标准”工具栏中按钮
保存图形文件	把绘制好的图形保存起来	命令行：SAVE 菜单栏：单击 文件(F) → 保存(S) 按钮；也可以单击 文件(F) → 另存为(A)... 按钮 工具栏：单击“标准”工具栏中的保存按钮
关闭图形文件	关闭图形文件，退出操作界面	命令行：CLOSE 菜单栏：单击 文件(F) → 关闭(C) 按钮
设置绘图单位	系统打开“图形单位”对话框，在对话框选项中，可定义单位和角度格式，插入时的缩放单位选项设定为毫米	命令行：DDUNITS(或 UNITS) 菜单栏：单击 格式(O) → 0.0 单位(U) 按钮
设置绘图边界	命令行窗口显示： 指定左下角点或 [开(ON)/关(OFF)] <0.0000,0.0000>: 0,0 (按<Enter>键) 指定右上角点 <420.0000,297.0000>: 420,297（输入右上角的坐标后按<Enter>键，设定 A3 幅面图纸）	命令行：LIMITS 菜单栏：单击 格式(O) → 图形界限(I) 按钮

（续）

命令操作方式	功 能	操作说明
显示绘图界限	所绘制的图形均显示在窗口内	菜单栏：单击 视图(V) → 缩放(Z) → 全部(A)

3. 坐标系与数据输入方法

AutoCAD 中，点的坐标有以下四种表示方法：

（1）绝对直角坐标　组成形式为“x，y”或“x，y，z”，是相对于坐标原点（0，0）或（0，0，0）出发的位移。可以用分数、小数或科学记数等形式表示 X、Y、Z 轴的坐标值。如“100，150”表示相对于坐标原点（0，0），X 轴坐标为 100，Y 轴坐标为 150。

（2）绝对极坐标　组成形式为“距离<角度”，也是相对于坐标原点（0，0）或（0，0，0）出发的位移。系统默认设置以 X 轴正向为 0°，Y 轴正向为 90°，逆时针方向角度值为正。如“10<45”，实际输入时不加引号。

（3）相对直角坐标　组成形式为“@ Δx，Δy”或“@ Δx，Δy，Δz”。它是相对于前一点的坐标。例如，“@6，9”，实际输入时不加引号。

（4）相对极坐标　组成形式为“@距离<角度”。它也是相对前一点的坐标值。例如，“@10<60”，实际输入时不加引号。

4. 图形显示控制

对一个较为复杂的图形来说，看整幅图样时就无法看清局部细节，观察局部细节时又看不到其他部分，所以，AutoCAD 提供了缩放、平移等图形显示控制命令，方便用户观察图形和作图。

一般情况下，利用鼠标滚轮可实现显示控制。将光标放到图形中要缩放的部位，滚动鼠标中间的滚轮可以放大或缩小显示图形。当光标处于绘图窗口时，按住滚轮拖动鼠标可以平移图形。无论图形显示如何变化，图形本身在坐标系中的位置和尺寸不会改变。

AutoCAD 显示控制命令的功能与操作见表 13-3。

表 13-3　AutoCAD 显示控制命令的功能与操作

命令与功能	调用命令的方法	选项说明	
ZOOM 缩放图形	菜单栏：单击 视图(V) → 缩放(Z) 按钮。弹出缩放下拉菜单	实时(R)	实时缩放按钮，执行命令后按住鼠标左键，向上或向下拖动光标即可放大或缩小图形
		窗口(W)	窗口缩放按钮，通过确定一个矩形窗口的两个对角点来指定需要放大的区域。通常，窗口的两个对角点由鼠标左键拾取
		放大(I)	缩放的比例因子为 2×，放大一倍
		缩小(O)	缩放的比例因子为 0.5×，缩小一半
		全部(A)	按照设定的绘图范围显示全图

（续）

命令与功能	调用命令的方法	选 项 说 明
PAN 平移图形	菜单栏：单击 视图(V) →平移(P)按钮	在系统弹出的快捷菜单中选择“平移”，按住鼠标左键拖动整个图形，相当于移动图纸，借以观察图纸的不同部分。该命令是透明命令
打开或关闭线宽显示	单击状态栏上的线宽按钮	实现线宽显示的开、关。在模型空间和纸空间绘图时，为了提高显示处理速度，可以关闭线宽显示
重画与重生成图形	菜单栏：单击 视图(V) → 重画(R)	执行“重画”命令，并在显示内存中更新屏幕，消除图面上不需要的标志符号或重新显示因编辑而产生的某些对象被抹掉的部分（实际图形存在）
	菜单栏：单击 视图(V) →重生成(G)	重新计算屏幕上的图形并调整分辨率，再显示在屏幕上。在图形缩放（Zoom）后，圆、椭圆或弧有时会以多边形显示，使用“重生成”命令可以恢复原来形状

13.2　AutoCAD 二维绘图与编辑命令

1. 二维图形绘图命令

二维图形是指在二维平面空间绘制的图形，由基本图形元素如点、线、圆弧、圆、椭圆、矩形多边形等构成。在菜单栏的“命令”下拉菜单中，包含了常用二维图形绘图命令，见表 13-4。

表 13-4　常用二维图形绘图命令

命令与功能	调用命令的方法	操 作 说 明
LINE 画直线	命令行：LINE 菜单栏：单击 绘图(D) → 直线(L)按钮 功能区：单击 默认 → 绘图 工具栏中 按钮	输入直线的起点坐标→下一个直线的端点坐标→…按<Enter>键结束；或输入选项“C”使图形闭合，结束命令
CIRCLE 画圆	命令行：CIRCLE 菜单栏：单击 绘图(D) → 圆(C) 按钮	执行命令操作后，在命令行窗口显示信息，按提示：指定圆心→指定半径的长度
	功能区：单击 默认 → 绘图 工具栏中 按钮	如图 13-3 所示，系统提供了六种绘制圆的方法。图 13-4 所示为利用相切命令绘制圆
POLYGON 画正多边形	命令行：POLYGON 菜单栏：单击 绘图(D) → 多边形(Y) 按钮	按选项提示：输入多边形的边数→指定多边形的中心点→I 内接圆/C 外切圆。如图 13-5 所示的正六边形
PLINE 画多段线	命令行：PLINE 菜单栏：单击 绘图(D) → 多段线(P)按钮	命令行窗口显示信息，按提示：指定一个起点→指定下一点或［圆弧（A）/闭合（C）/半线宽（H）/长度（L）/放弃（U）/线宽（W）］

（续）

命令与功能	调用命令的方法	操作说明
SPLINE 画样条曲线	命令行:SPLINE 菜单栏:单击 绘图(D) → 样条曲线(S) → 拟合点(F) 或 控制点(C) 按钮 功能区:单击 默认 → 绘图 工具栏中 或 按钮	运行命令后,默认指定样条曲线的起点,然后再指定样条曲线上的另一个点,系统显示:"指定下一个点或[闭合(C)/拟合公差(F)]<起点切向>":此时,可通过继续定义样条曲线的控制点来创建样条曲线。连续按<Enter>键结束

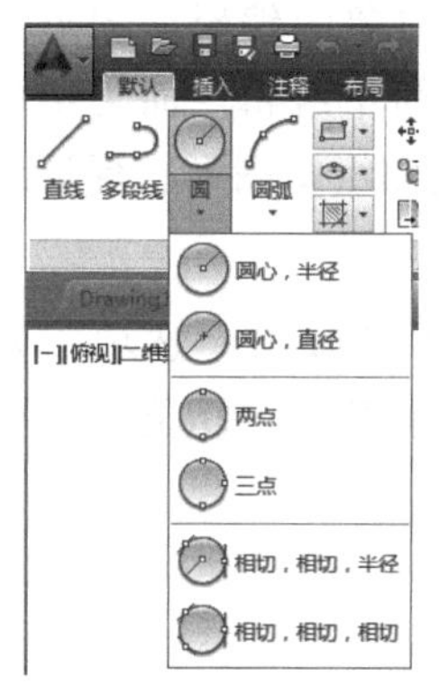

图 13-3 "绘制圆"的工具菜单

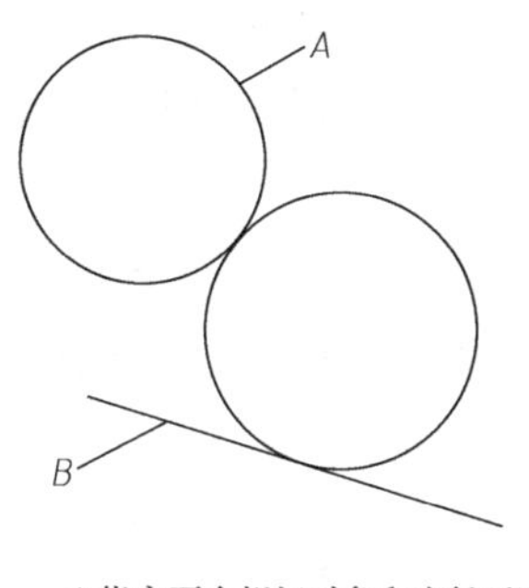

a) 指定两个相切对象和半径画圆

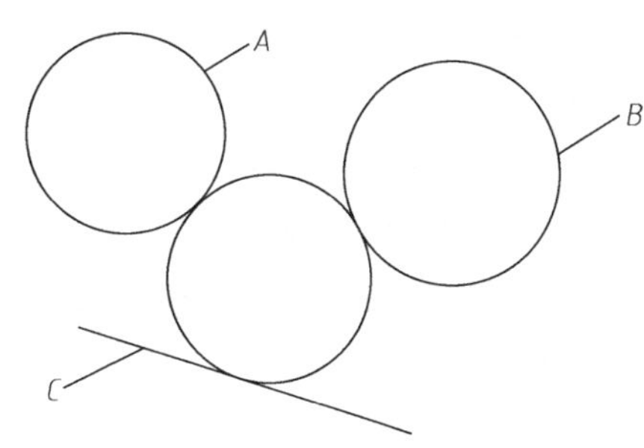

b) 指定三个相切对象画圆

图 13-4 利用相切命令绘制圆

【例 13-1】 用 PLINE 命令绘制如图 13-6 所示的箭头。

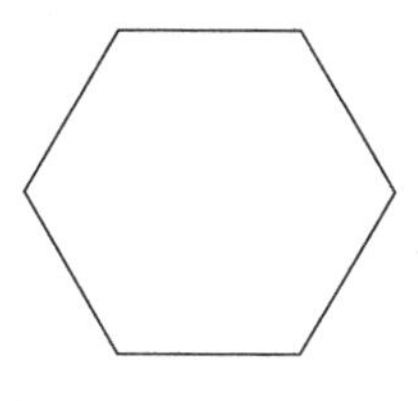

图 13-5 正六边形

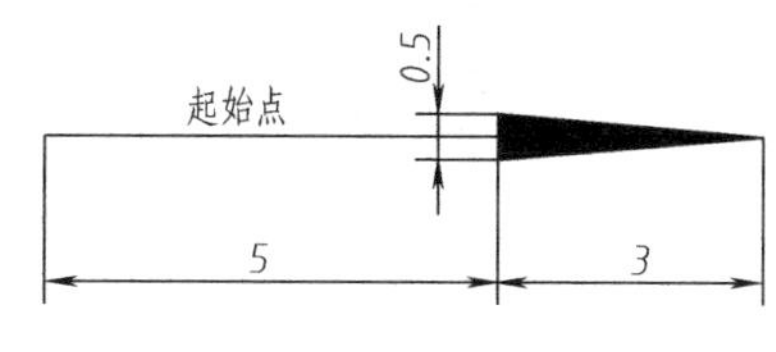

图 13-6 箭头

在菜单栏：单击 绘图(D) → 多段线(P) 按钮。命令行窗口显示信息如下：

PLINE 指定起点：（输入起点坐标）

当前线宽为 0.0000

PLINE 指定下一个点或 [圆弧(A) 半宽(H) 长度(L) 放弃(U) 宽度(W)]：@ 5，0（按<Enter>键，输入下一点的坐标"@5，0"，也可以选择输入长度 L）

PLINE 指定下一点或 [圆弧(A) 闭合(C) 半宽(H) 长度(L) 放弃(U) 宽度(W)]：W（选择指定线宽）

PLINE 指定起点宽度 <0.0000>：0.5（输入线宽"0.5"，按<Enter>键）

PLINE 指定端点宽度 <0.5000>：0（输入终点线宽："0"，按<Enter>键）

PLINE 指定下一点或 [圆弧(A) 闭合(C) 半宽(H) 长度(L) 放弃(U) 宽度(W)]：@ 3，0（输入箭头头部点的相对坐标"@3，0"，也可以选择输入长度 L）

PLINE 指定下一点或 [圆弧(A) 闭合(C) 半宽(H) 长度(L) 放弃(U) 宽度(W)]（按<Enter>键退出命令）

2. 选择与编辑图形

（1）选择编辑对象　选择图形对象是编辑的前提，AutoCAD 提供了选择图形对象的多种方法，如点取法、选择窗口法、对话框等。同时系统还提供了两种编辑图形对象的方法：先执行编辑命令，然后选择要编辑的图形对象；先选择要编辑的图形对象，然后执行编辑命令。两种方法的执行效果是一样的。

利用 AutoCAD“修改”工具栏中的图形编辑命令，可实现对图形对象的编辑。图形对象被选中后，会显示若干个小方框（夹点），利用小方框可对图形进行简单编辑。而复杂的编辑则要利用图形编辑工具来实现。图形编辑命令可帮助用户合理构造和组织图形，保证绘图的准确性，且操作简便。

1）设置对象的选择模式。单击菜单栏 工具(T)→ 选项(N)...。系统弹出“选项”对话框。在“选择集”选项卡中，用户可设置选择集模式、拾取框的大小及夹点功能等，如图 13-7 所示。

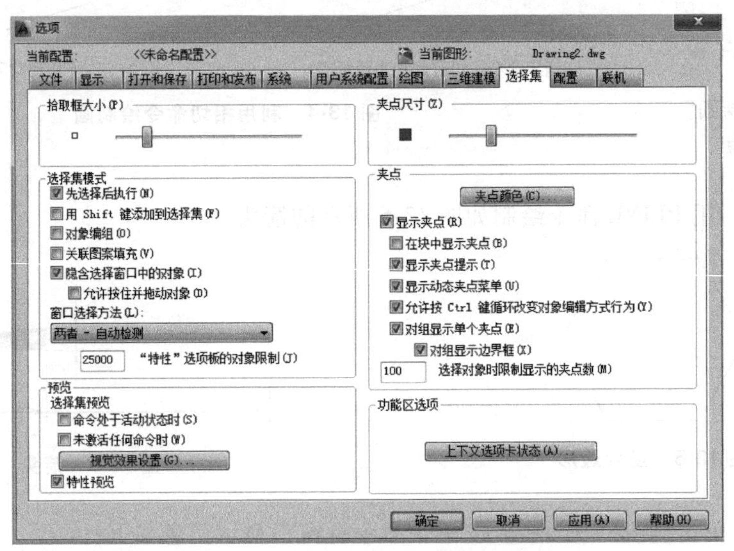

图 13-7　设置对象的“选项”对话框

2）选择对象的方法。选择对象时，用户可以采用多种选择方法。例如：在“选择对象”提示下，用户可以选择一个对象，也可以逐个选择多个对象；可指定对角点来定义矩形区域，进行窗口或交叉窗口选择。

① 默认情况下可直接选择对象。若选取大量对象时可利用“选择对象”命令提示中的选项功能。

②“窗口（W）”选项：在合适的位置单击鼠标左键先确定窗口的左角点，再确定窗口的右角点，绘制一个矩形区域来选择对象。位于矩形窗口内的所有对象即被拾取。

③“窗交（C）”选项：使用交叉窗口，绘制一个矩形区域来选择对象。位于矩形窗口内以及与窗口相交的对象均被拾取。

（2）使用编辑命令编辑图形　常用绘图编辑命令及操作方法见表 13-5。

表 13-5 常用绘图编辑命令及操作方法

命令与功能	调用命令的方法	操作说明
删除命令 ERASE	命令行:ERASE 菜单栏:单击 修改(M) → 删除(E) 功能区:单击 默认 → 修改 ▾ 工具栏中 按钮	执行命令操作后,可删除图形中选中的对象
OOPS 或 U 恢复命令	命令行:OOPS 或 U "快速访问"工具栏:"放弃" 快捷键:<Ctrl+Z>	执行命令后,系统恢复最后一次使用"删除"命令删除的对象。使用 UNDO(取消)命令,即可连续向前恢复被删除的对象
COPY 复制命令	命令行:COPY 菜单栏:单击 修改(M) → 复制(Y) 功能区:单击 默认 → 修改 ▾ 工具栏中 复制 按钮	执行命令操作后,选择要复制的对象,选择对象结束后,按<Enter>键→指定基点或位移→指定第二个点或位移后退出
MIRROR 镜像命令	命令行:MIRROR 菜单栏:单击 修改(M) → 镜像(I) 功能区:单击 默认 → 修改 ▾ 工具栏中 镜像(I) 按钮	执行命令操作后,按提示操作,可以将对象按镜像线对称复制
ARRAY 阵列命令	命令行:ARRAY 菜单栏:单击 修改(M) → 阵列 → 矩形阵列 或 路径阵列 或 环形阵列 功能区:单击 默认 → 修改 ▾ 工具栏中 阵列 ▾ 显示 矩形阵列 路径阵列 环形阵列 按钮	执行命令操作后,按命令行窗口信息提示,用户可以在对话框中设置矩形阵列或环形阵列方式。注意:矩形阵列中,行距、列距和阵列角度的正、负值将影响阵列方向
OFFSET 偏移命令	命令行:OFFSET 菜单栏:单击 修改(M) → 偏移(S) 功能区:单击 默认 → 修改 ▾ 工具栏中 按钮	默认情况下,用户要先设定偏移距离,再选择要偏移的对象,然后指定偏移方向
TRIM 修剪命令	命令行:TRIM 菜单栏:单击 修改(M) → 修剪(T) 功能区:单击 默认 → 修改 ▾ 工具栏中 修剪 ▾ 按钮	选择要修剪的对象,对象选择完成后,按<Enter>键→选择要删除的对象
EXTEND 延伸命令	命令行:EXTEND 在菜单栏:单击 修改(M) → 延伸(D) 功能区:单击 默认 → 修改 ▾ 工具栏中 修剪 ▾ → 按钮	先选择作为边界边的对象,按<Enter>键,再选择要延伸的对象完成延伸
STRETCH 拉伸命令	命令行:STRETCH 菜单栏:单击 修改(M) → 拉伸(H) 功能区:单击 默认 → 修改 ▾ 工具栏中 拉伸 按钮	用"交叉窗口(C)"方式或"交叉多边形(CP)"方式选择对象,按<Enter>键结束选择对象,按提示操作可实现对象的拉伸(或压缩)
BREAK 打断命令	命令行:BREAK 菜单栏:单击 修改(M) → 打断(K) 功能区:单击 默认 → 修改 ▾ 工具栏中 按钮	选择要打断的对象→指定第二个打断点或输入 F 重新输入第一个打断点
CHAMFER 倒角命令	命令行:CHAMFER 菜单栏:单击 修改(M) → 倒角(C) 功能区:单击 默认 → 修改 ▾ 工具栏中 倒角 按钮	输入 D,按<Enter>键→输入第一个倒角边的距离→第二个倒角边的距离可以默认→分别选择图形的边。D=0 时延伸

（续）

命令与功能	调用命令的方法	操作说明
FILLET 倒圆角命令	命令行：FILLET 菜单栏：单击 修改(M) → 圆角(F) 功能区：单击 默认 → 修改 工具栏中 圆角 按钮	输入 R，按<Enter>键→输入倒圆角半径的值→选择要倒圆角的两条相邻直线，可完成倒圆角
MOVE 移动对象	命令行：MOVE 菜单栏：单击 修改(M) → 移动(V) 功能区：单击 默认 → 修改 工具栏中 移动 按钮	执行命令操作后，可以在指定的方向上按指定的距离移动对象，而对象的大小不变
PROPERTIES 或 DDMODIFY 特性选项板命令	命令行：PROPERTIES 或 DDMODIFY 菜单栏：单击 修改(M) → 特性(P) 功能区：单击 视图 → 选项板 工具栏中按钮	执行命令操作后，系统弹出“特性”选项板。拾取图形对象后，“特性”选项板中即列出所拾取对象的全部特性参数，在选项板中修改有关参数，便可修改对象特性
MATCHPROP 特性匹配 命令	命令行：MATCHPROP 菜单栏：单击 修改(M) → 特性匹配(M) 功能区：单击 默认 → 剪贴板 工具栏中按钮	选择目标源对象，源对象选择后，鼠标指针变为 选择目标对象或 形状。用它选择目标对象，对象即与源对象一致
PEDIT 编辑多段 线命令	命令行：PEDIT 菜单栏：单击 修改(M) → 对象(O) → 多段线(P) 功能区：单击 默认 → 修改 工具栏中按钮	执行命令操作后，命令行窗口提示：命令：_pedit 选择多段线或 [多条(M)]：用户如选择一个多段线，命令行出现提示后，鼠标的十字光标下出现一个快捷菜单，与命令提示行选项对应，用户可对多段线完成闭合、合并等操作。如果选择的对象不是多段线，输入 Y 便可将选中的对象转换为多段线

3. 精确绘图工具

（1）对象捕捉　在 AutoCAD 中，用鼠标右键单击状态栏中的按钮，系统弹出如图 13-8a 所示的“对象捕捉”快捷菜单。也可以在按住<Ctrl>键或<Shift>键的同时单击鼠标

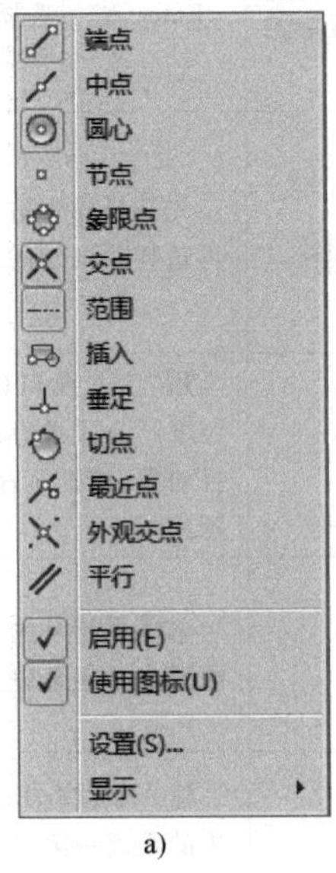

a)

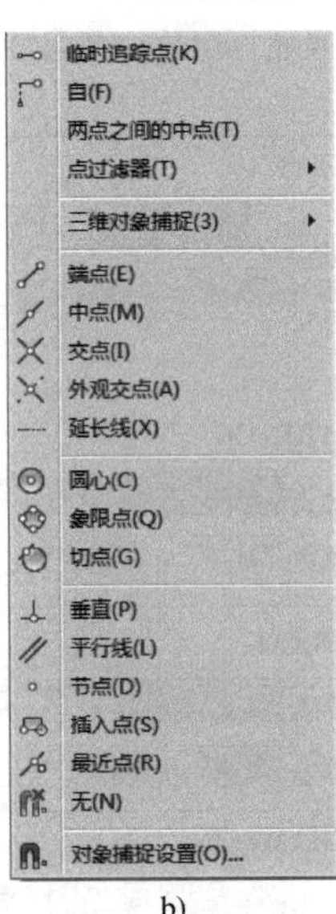

b)

图 13-8　“对象捕捉”快捷菜单

右键，系统弹出如图 13-8b 所示的“对象捕捉”快捷菜单。

(2) 极轴追踪　使用极轴追踪，光标将按指定角度和距离的增量来追踪特征点。使用极轴追踪前先要进行参数设定。

菜单栏中单击 工具(T) → 绘图设置(F)... 按钮，弹出如图 13-9 所示的“草图设置”对话框。单击“极轴追踪”选项卡，在“极轴角设置”选项区域设置极轴角。在“对象捕捉追踪设置”选项区域设置对象捕捉方式。

1) 指定极轴角度（极轴追踪）。可以使极轴追踪沿着 90°、60°、45°、30°、22.5°、18°、15°、10°和 5°的极轴角增量进行追踪，也可以指定其他角度。注意：必须在“极轴”模式打开的情况下使用。要打开和关闭极轴追踪，可以按<F10>键，或单击状态栏上的“极轴”按钮。

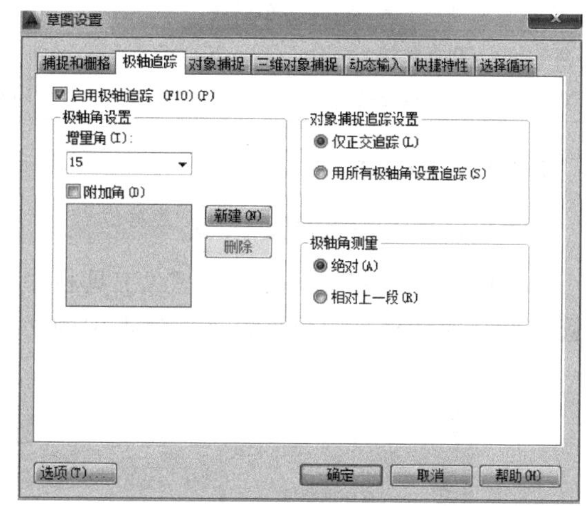

图 13-9 “草图设置”对话框

2) 指定极轴距离（极轴捕捉）。光标将按指定的极轴距离增量进行移动。在“草图设置”对话框的“捕捉和栅格”选项卡中，设置极轴距离，单位为毫米。

在“极轴追踪”和“捕捉”模式（设置为“极轴捕捉”）同时打开的情况下，才能将点输入限制为极轴距离。“正交”模式和极轴追踪不能同时打开，打开极轴追踪将关闭“正交”模式。同样，极轴捕捉和栅格捕捉不能同时打开，打开极轴捕捉将关闭栅格捕捉。

(3) 使用坐标输入　利用几种坐标系输入方法精确绘图，坐标输入详见 13.1 节中的坐标系与数据输入方法的内容。

(4) 使用正交锁定　“正交”模式（快捷键为<F8>）可以将光标限制在水平或垂直方向上移动。

13.3　设置符合国家标准要求的绘图环境

13.3.1　图层操作

按照制图基本知识中介绍的机械制图的图纸幅面和格式、线型及其颜色、线宽、文字样式等要求，用户需要建立自己的样板图。样板图相当于印有图框、标题栏等内容的图纸，其扩展名为“.DWT”。

1. 设置图层

图层是图形中使用的主要组织工具。在工程图样中，图形基本由基准线、轮廓线、虚线、剖面符号、尺寸标注、文字说明等元素构成。使用图层管理，可使得图形变得清晰有序。《机械工程　CAD 制图规则》（GB/T 14665—2012）中规定的图层设置的有关标准见表 13-6。

表 13-6　图层设置标准

层号	描　述	层号	描　述
01	粗实线	08	尺寸线、投影连线、尺寸终端与符号细实线、尺寸和公差
02	细实线、细波浪线、细双折线		
03	粗虚线	09	参考圆，包括引出线和终端（如箭头）
04	细虚线	10	剖面符号
05	细点画线、剖切面的剖切线	11	文本、细实线
06	粗点画线	12	文本、粗实线
07	细双点画线	13、14、15	用户自选

命令行：LAYER

菜单栏：单击 格式(O) → 图层(L)...。

功能区：单击 默认 → 图层 ▼ 工具栏中的按钮，弹出如图 13-10 所示的“图层特性管理器”对话框。用户可根据对话框中的功能提示项进行操作。

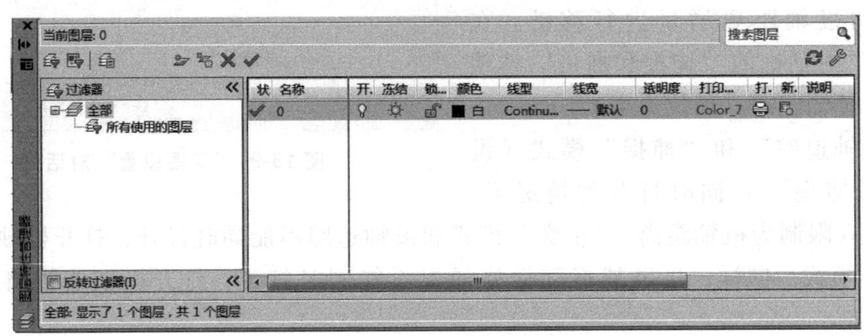

图 13-10　“图层特性管理器”对话框

（1）创建和命名新图层　单击“新建图层”按钮，可设置新图层。图层名用户可以按表 13-6 所列定义。

（2）设置图层线型　在“图层特性管理器”对话框的图层列表中，单击“线型”列的 Continuous，弹出“选择线型”对话框，如图 13-11 所示。在“选择线型”对话框中，单击 加载(L)... 按钮，打开如图 13-12 所示的“加载或重载线型”对话框。在对话框的“文件”

图 13-11　“选择线型”对话框

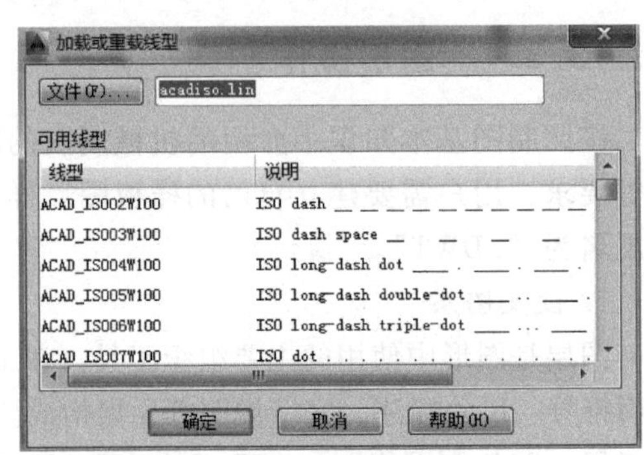

图 13-12　“加载或重载线型”对话框

文本框中选用 acadiso. lin 文件，可从线型列表中选择所需线型，单击 确定 按钮，线型被加载到“选择线型”对话框中。在“已加载的线型”列表中选择要加载的线型，单击“确定”按钮完成线型设定。

（3）设置线宽　给图形对象和某些类型的文字设定宽度值。单击状态栏上的“线宽”按钮 + ，可以显示线宽。

单击菜单栏 格式(O) → 线宽(W)...，打开“线宽设置”对话框，如图 13-13 所示，用户可按提示进行相关操作。也可在“图层特性管理器”对话框的“线宽”列中，单击该图层对应的线宽“—默认”，打开“线宽”对话框，选择需要的线宽。

（4）设置图层颜色　使用颜色可直观地将对象编组。可通过图层指定对象的颜色，也可单独指定对象的颜色及新建图层的颜色。AutoCAD 默认图层的颜色为 7 号色（白色或黑色，由绘图窗口的背景颜色决定）。改变图层颜色的方法：在“图层特性管理器”对话框的“颜色”列中，单击该图层对应的颜色图标，打开“选择颜色”对话框，根据需要进行操作。

上述操作完成后，在“图层特性管理器”对话框中，单击“确定”按钮，系统退出图层设置。

2. 设置线型比例

默认情况下，全局线型和单个线型比例均设置为 1.0。比值越小，每个绘图单位中生成的重复图案就越多。对于太短，甚至不能显示一个虚线小段的线段，可以使用更小的线型比例。

单击菜单栏 格式(O) → 线型(N)...，系统弹出“线型管理器”对话框。在“线型管理器”对话框内，从线型列表中选择某一线型后，单击 显示细节(D) 按钮，在“详细信息”选项区域设置“全局比例因子”为“0.3”，如图 13-14 所示。

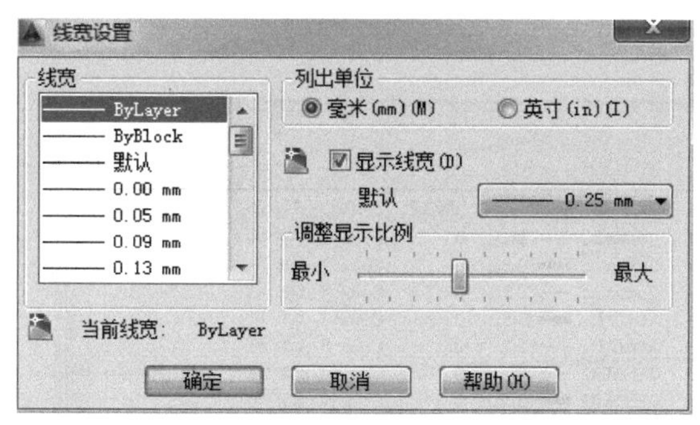

图 13-13 “线宽设置”对话框

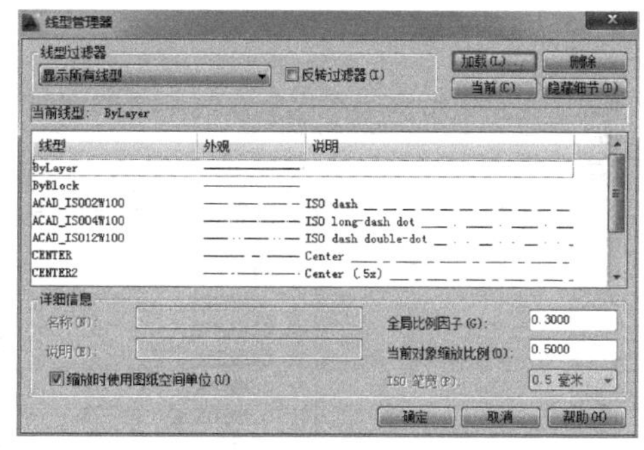

图 13-14 “线型管理器”对话框

3. 管理图层

除了使用“图层特性管理器”对话框创建图层，设置线型、线宽和颜色外，还可对图层进行重命名、删除，设置和管理图层的显示等。

（1）开关状态　在“图层特性管理器”对话框中，选择某一图层，单击“开”列对应的灯泡图标 ，灯泡变暗或变明，表示关闭或打开该图层。关闭某图层后，该图层上的内容不显示。再单击一次该图标即可以解除关闭。

（2）冻结与解冻　单击亮圆图标，该图标变暗或变为雪花形状，表示冻结该图层。此时，该图层上的内容既不显示，又不能打印。再单击一次该图标即可以解除冻结。

（3）锁定与解锁　单击锁状图标，该图标变为闭合状，表示锁定该图层。此时，该图层上的内容不能进行修改。再单击一次该图标即可以解除锁定。

（4）锁定打印与解锁打印　单击打印机图标，该图标添加红色的禁止符号，表示不打印该图层上的对象。再单击一次该图标即可以解除锁定。

（5）删除图层　选中某图层后，单击“删除图层”按钮，便可删除该图层。

（6）设置当前图层　选中某图层后，单击“置为当前”按钮，该图层即被设置为当前图层。也可以在功能区的“图层”工具栏的中，单击按钮，选择要置换的图层。

13.3.2　建立样板图

建立样板图的过程为：创建一张新图；创建并设置图层；绘制图框和标题栏；将图形文件存盘；退出 AutoCAD。

【例 13-2】　建立横放的 A4 样板图，要求绘制图框、标题栏，设置图层等。

（1）创建新图层　在菜单栏中单击 文件(F) → 新建(N)...，或在“快速访问”工具栏中，单击按钮。系统弹出“选择样板”对话框。从中选择文件名为 acadiso 的样板打开。

（2）创建并设置图层　在菜单栏中单击 格式(O) → 图层(L)...，或在功能区单击“图层”工具栏中的按钮，打开图层特性管理器，参考表 13-6 创建新图层并设置图层，如图 13-15 所示。

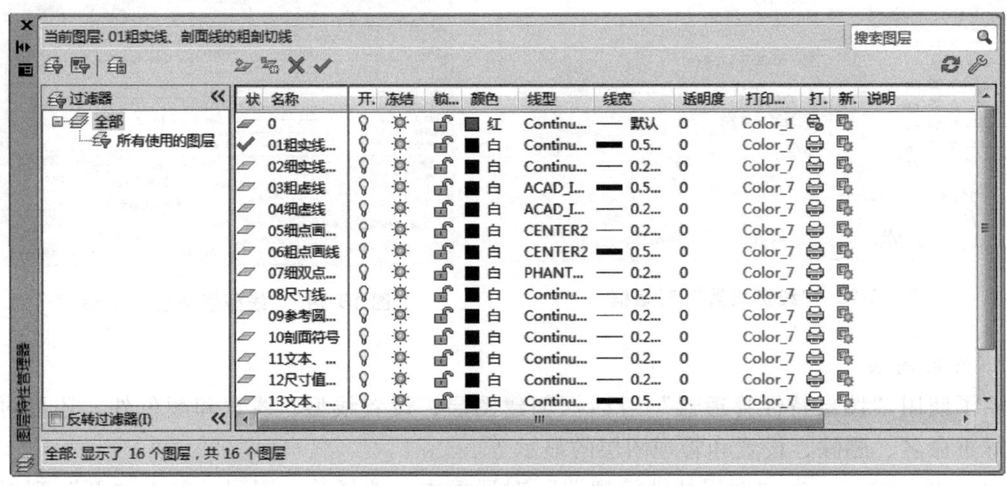

图 13-15　图层、线型及线宽的设置

（3）设置线型比例　详细过程见 13.3.1 节图层操作中的“2. 设置线型比例”。

（4）设置绘图单位和比例，画图幅边框　将 0 层设为当前层。打印时将 0 层设为“不打印”，即不打印图幅边框。

在命令行的“命令:”光标后输入 Mvsetup 命令并按<Enter>键。命令行窗口显示信息如下：

是否启用图纸空间？[否(N) 是(Y)] <是>: n（输入 n，按<Enter>键）

输入单位类型 [科学(S) 小数(D) 工程(E) 建筑(A) 公制(M)]: m（输入 m，按<Enter>键）

输入比例因子: 1（输入比例因子 1，按<Enter>键）

输入图纸宽度: 297（输入图纸宽度 297，按<Enter>键）

输入图纸高度: 210（输入图纸高度 210，按<Enter>键。绘图窗口中出现一个按所设定的图幅自动绘制的图幅边框，如图 13-16 所示）

（5）用偏移命令 Offset 画图框　先将粗实线层设为当前层。在功能区的“图层”工具栏的 0 中，单击按钮，选择“01 粗实线”图层。单击状态栏上的“线宽”按钮，打开“线宽”开关。

在功能区单击“修改“工具栏中按钮，命令行窗口显示信息如下：

OFFSET 指定偏移距离或 [通过(T) 删除(E) 图层(L)] <通过>: l（输入 L，按<Enter>键）

OFFSET 输入偏移对象的图层选项 [当前(C) 源(S)] <源>: c（输入 C，按<Enter>键）

OFFSET 指定偏移距离或 [通过(T) 删除(E) 图层(L)] <通过>: 10（输入偏移的距离 10，按<Enter>键）

OFFSET 选择要偏移的对象，或 [退出(E) 放弃(U)] <退出>:（用光标选中边框）

OFFSET 指定要偏移的那一侧上的点，或 [退出(E) 多个(M) 放弃(U)] <退出>:（移动十字光标到矩形框内单击，如图 13-17 所示。按<Enter>键，完成图框绘制）

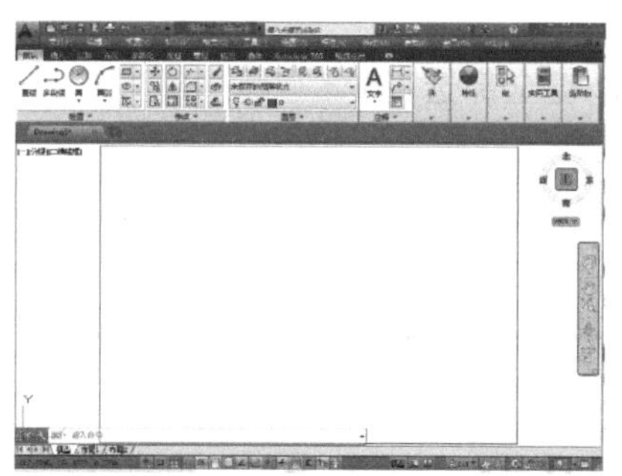

图 13-16　用 Mvsetup 命令绘制图幅边框

图 13-17　用 Offset 命令画图框

（6）画标题栏

1）用 Explode 命令分解内边框。在菜单栏中单击 修改(M) → 分解(X) 按钮，或在功能区中单击 默认 → 修改 工具栏中按钮。命令行窗口显示信息如下：

EXPLODE 选择对象:（光标选中要分解的对象“粗线框”）

选择对象：找到 1 个

EXPLODE 选择对象：（按<Enter>键或单击鼠标右键确认，退出命令，图框被打碎）

2）在菜单栏中单击 修改(M) → 偏移(S)，或在功能区中单击 默认 → 修改 工具栏中 按钮。命令行窗口显示信息如下：

OFFSET 指定偏移距离或 [通过(T) 删除(E) 图层(L)] <10.0000>：120（输入标题栏的长 120，按<Enter>键）

指定偏移距离或 [通过(T)/删除(E)/图层(L)] <10.0000>: 120

OFFSET 选择要偏移的对象，或 [退出(E) 放弃(U)] <退出>：（光标选中要偏移的边框）

OFFSET 指定要偏移的那一侧上的点，或 [退出(E) 多个(M) 放弃(U)] <退出>：（将十字光标移动到图框内单击）

OFFSET 选择要偏移的对象，或 [退出(E) 放弃(U)] <退出>：（按<Enter>键或单击鼠标右键确认，退出命令）

按<Enter>键或鼠标右键重复上一步的 Offset 命令。

OFFSET 指定偏移距离或 [通过(T) 删除(E) 图层(L)] <120.0000>：28（输入标题栏的宽 28，按<Enter>键）

OFFSET 选择要偏移的对象，或 [退出(E) 放弃(U)] <退出>：（光标选中要偏移的边框）

选择要偏移的对象，或 [退出(E)/放弃(U)] <退出>:

OFFSET 指定要偏移的那一侧上的点，或 [退出(E) 多个(M) 放弃(U)] <退出>：（将十字光标移动到图框内单击）

OFFSET 选择要偏移的对象，或 [退出(E) 放弃(U)] <退出>：（按<Enter>键或单击鼠标右键确认，退出命令，如图 13-18a 所示）

3）在菜单栏中单击 修改(M) → 修剪(T)，或在功能区中单击 默认 → 修改 工具栏中 修剪 按钮。命令行窗口显示信息如下：

TRIM 选择对象或 <全部选择>：（按<空格>键全部选择）

选择要修剪的对象，或按住 Shift 键选择要延伸的对象，或

TRIM [栏选(F) 窗交(C) 投影(P) 边(E) 删除(R) 放弃(U)]：（选择要修剪的线，结束后按<Enter>键，如图 13-18b 所示）

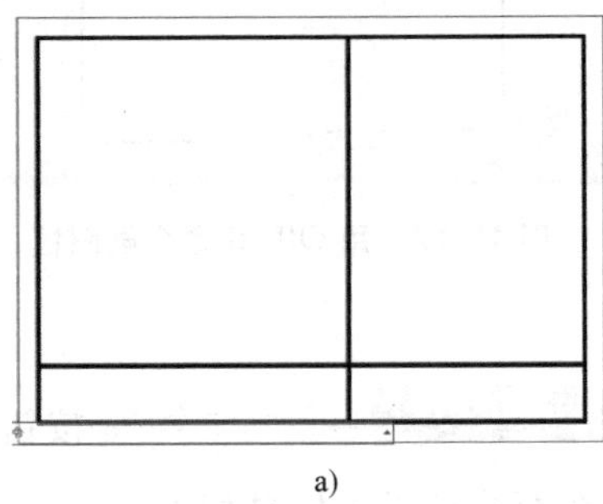
a)

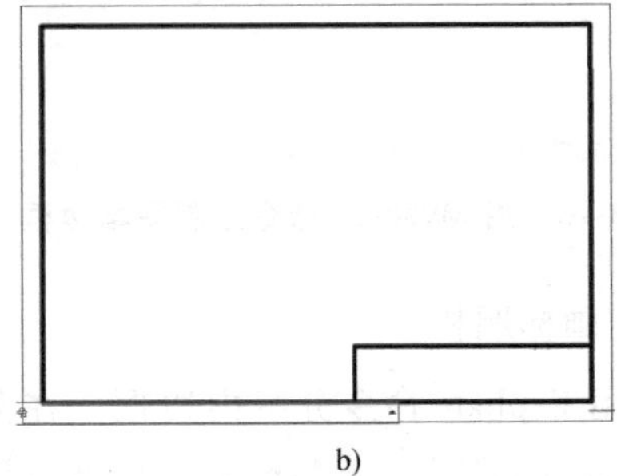
b)

图 13-18　画标题栏边框

标题栏边框画完后，将图层置换到细实线层，继续用 Offset 命令和 Trim 命令，参考第 2 章中图 2-3 所示的尺寸画出标题栏内的分格线，过程从略。

（7）在标题栏中书写文字（方法见 13.3.3 节）。

（8）保存图形文件　完成后的样板图如图 13-19 所示。为了以后使用方便，将其定义为样板图保存起来。操作方法是：

在“快速访问”工具栏中单击按钮。在“文件另存为”对话框中的“文件名”中，输入文件名“GB_a4-H”，在“文件类型”对话框中，选择 *.dwg 文件类型，单击“保存”按钮完成保存。

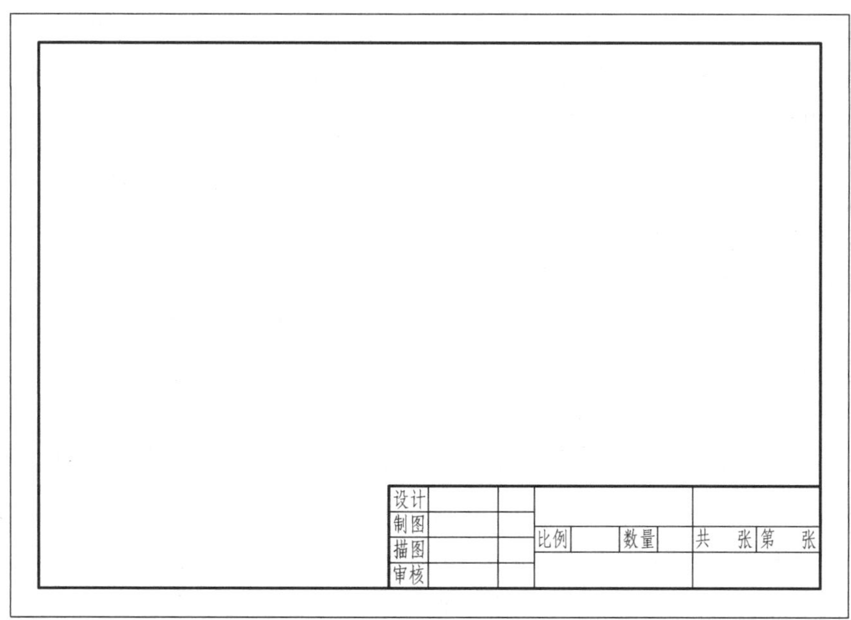

图 13-19　A4 样板图

为便于查找样板图文件，用 GB_ax 开头的文件名保存样板文件，x 为 0~4 的数字，其图幅尺寸分别与 0、1、2、3、4 号图幅相对应。

13.3.3　在样板图中使用文字

文字是工程图样中重要的图形元素，是工程图样不可缺少的组成部分，添加到图形中的文字可以表达各种信息。如技术要求、标题栏信息、标签，甚至是图形的一部分。

1. 设置文字样式

在 AutoCAD 中，所有文字都与文字样式相关联。例如，在进行文字注释和尺寸标注时，通常使用当前的文字样式，文字样式包括“字体”“字型”“高度”等参数。

（1）设置样式名　在“文字样式”对话框中，文字样式默认为 Standard（标准）。为了符合国家标准，应重新设置文字的样式。

在菜单栏中单击 格式(O) → 文字样式(S)...，或在功能区中单击 默认 → 注释 ▾ 工具栏中按钮，系统弹出“文字样式”对话框，单击“文字样式”对话框中的“新建”

按钮，弹出“新建文字样式”对话框，在“样式名：”文本框中输入新名称，如“汉字”，单击“确定”按钮。

（2）设置字体　如图 13-20 所示，在“文字样式”对话框中，从“字体”选项区域的“字体”下拉列表中选择 gbenor. shx，选中“使用大字体”复选框；在“大字体”下拉列表中选择 gbcbig. shx。单击“置为当前”按钮，然后单击“关闭”按钮。

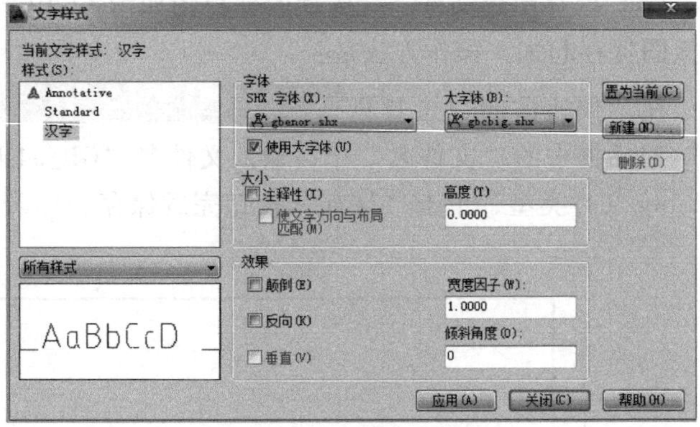

图 13-20　“文字样式”对话框

AutoCAD 提供了符合标注要求的字体形文件，如 gbenor. shx 用于注写直体西文；gbeitc. shx 用于注写斜体西文；gbcbig. shx 用于注写中文。

（3）设置文字大小　在“文字样式”对话框的“大小”选项区域的“高度（T）”文本框内输入文字的高度。

注意：本书中“文字样式”对话框中的“高度”“宽度因子”“倾斜角度”等选项均使用默认参数，不能改变。

2. 书写文字

菜单栏：单击 绘图(D) → 文字(X) 后的 ▸ 按钮，弹出 A 单行文字(S)（书写单行文字）和 A 多行文字(M)...（书写多行文字）选项。

功能区：单击 默认 → 注释 ▾ 工具栏中 A 按钮。弹出十字光标，在绘图窗口中指定一个放多行文字的区域，系统出现“文字编辑器”工具栏和文字输入窗口，在该窗口中完成文字的书写和编辑，如图 13-21 所示。输入文字并对其进行编辑后，在绘图窗口单击，完成文字的输入。

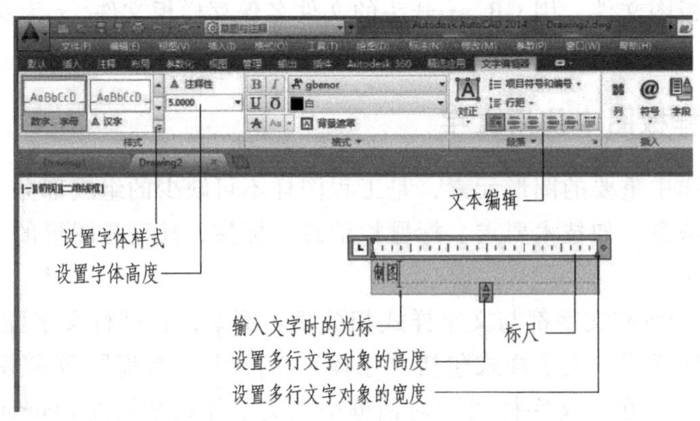

图 13-21　“文字编辑器”工具栏和文字输入窗口

利用书写文字命令填写标题栏中的固定文字，完成标题栏绘制，学生作业用标题栏如图 13-22 所示。绘制标题栏后可将其定义为图块，以便其他图框中使用。

<table>
<tr><td>设计</td><td></td><td></td><td colspan="4" rowspan="2"></td><td colspan="2" rowspan="2"></td></tr>
<tr><td>制图</td><td></td><td></td></tr>
<tr><td>描图</td><td></td><td></td><td>比例</td><td></td><td>数量</td><td></td><td>共　张</td><td>第　张</td></tr>
<tr><td>审核</td><td></td><td></td><td colspan="4"></td><td colspan="2">×××大学</td></tr>
</table>

图 13-22　学生作业用标题栏

3. 文字控制符号

AutoCAD 提供的常用控制符有：%%C 用来标注直径符号（ϕ），%%D 用来标注度符号（°），%%P 用来标注正负公差符号（±），%%O 用来打开或关闭文字上划线，%%U 用来打开或关闭文字下划线。

13.4　用 AutoCAD 绘制五角星平面图形

【例 13-3】　绘制如图 13-23 所示内接于圆的五角星平面图形，圆的直径为 40mm。

1）调用 A4 样板图。单击→“选择样板”对话框→文件类型：图形样板（＊.dwt），选择“GB_ a4-H”打开。

2）在菜单栏中单击 格式(O) → 图层(L)...，或在功能区中单击 默认 → 图层 ▾ 工具栏中 01粗实线、剖面线 ▾ 的 ▾ 按钮，从下拉列表中选 02细实线，将细实线层设为当前层。

图 13-23　五角星平面图

3）在功能区中单击 默认 → 绘图 ▾ 工具栏中的按钮，命令行窗口显示信息如下：

CIRCLE 指定圆的圆心或 [三点(3P) 两点(2P) 切点、切点、半径(T)]：（在屏幕任意处指定圆心，单击）

CIRCLE 指定圆的半径或 [直径(D)] <0.2000>：20（输入半径 20，单击，如图 13-24a 所示）

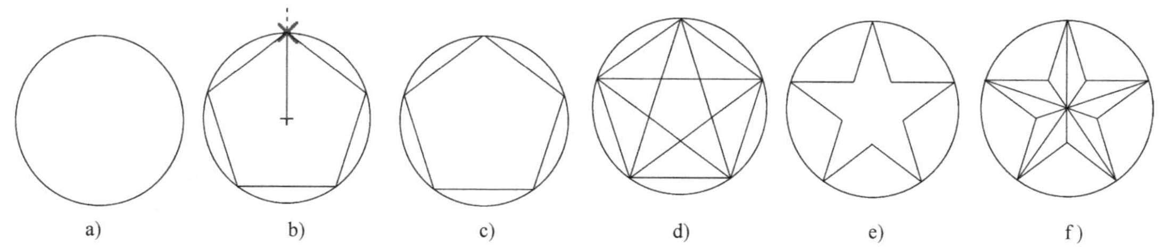

图 13-24　五角星平面图形绘制过程

4）在菜单栏中单击 绘图(D) → 多边形(Y)，命令行窗口显示信息如下：

POLYGON _polygon 输入侧面数 <4>：5（输入五边形边数，按<Enter>键）

POLYGON 指定正多边形的中心点或 [边(E)]：（捕捉圆的圆心，单击）

POLYGON 输入选项 [内接于圆(I) 外切于圆(C)] <I>：i（输入绘制五边形的绘

图形式）

POLYGON 指定圆的半径：20（输入圆的半径20）

此时，移动鼠标，使极轴射线位于竖直方向，如图13-24b所示。单击鼠标左键确定，结果如图13-24c所示。

5）在功能区单击 默认 → 绘图 工具栏中的按钮，连线绘制五角星，如图13-24d所示。

6）擦除正五边形。在功能区中单击 默认 → 修改 工具栏中的按钮。

7）在功能区中单击 默认 → 修改 工具栏中的 修剪 按钮。命令行窗口显示信息如下：

TRIM 选择对象或 <全部选择>：（按<Spacebar>键全部选择）

选择要修剪的对象，或按住 Shift 键选择要延伸的对象，或

TRIM [栏选(F) 窗交(C) 投影(P) 边(E) 删除(R) 放弃(U)]：（选择五角星中要修剪的线，结束后按<Enter>键，如图13-24e所示）

8）在功能区单击 默认 → 绘图 工具栏中的按钮，捕捉圆心，连线绘制五角星，如图13-24f所示。

9）在功能区单击 默认 → 绘图 工具栏中的渐变色按钮，选择“实体”选项，填充颜色，完成后的五角星平面图如图13-25所示。擦除圆，完成题目要求。

图13-25　填充后的五角星平面图

13.5　绘制组合体投影图

本节将介绍设置符合我国技术制图国家标准的尺寸标注样式、绘制组合体视图的方法，并完成组合体尺寸标注。

13.5.1　设置尺寸标注样式

AutoCAD为用户提供了一套完整的尺寸标注模块，方便用户标注、设置、编辑修改尺寸，以适应各个国家的技术标准及各个专业尺寸标注的规定和要求。

1. 设置尺寸标注样式

标注样式主要用于控制标注的格式和外观，如尺寸线、尺寸界线、尺寸文本和尺寸线终端的样式及尺寸精度、尺寸公差等。为符合国家技术标准，在尺寸标注之前先要进行标注样式的设置，操作方法如下。

打开前面设置好的样板图“GB_a4-H”。在菜单栏中单击 格式(O) → 标注样式(D)…，或在功能区中单击 默认 → 注释 工具栏中按钮。弹出“标注样式管理器”对话框，如图13-26所示。对话框中左侧“样式（S）”列表框显示尺寸样式的名称，中间“预览”窗口可以预览选定的尺寸样式。右侧 置为当前(U) 按钮可以将左侧窗口中选中的尺寸样式作为当前样式； 新建(N)... 按钮用来设置新的样式； 修改(M)... 按钮、 替代(O)... 按钮用来修改

尺寸变量，比较(C)... 按钮可比较标注样式的差异。尺寸样式的默认设置为“ISO-25”。注意：默认尺寸样式“ISO-25”不能随意修改。

单击新建(N)... 按钮，弹出“创建新标注样式”对话框，如图 13-27 所示。在“新样式名”文本栏中输入新标注样式的名字，如“GB 全尺寸”。系统将在后面的设置中，以“ISO-25”为基础样式进行设置。单击继续按钮，弹出“新建标注样式：GB 全尺寸”对话框，如图 13-28a 所示。

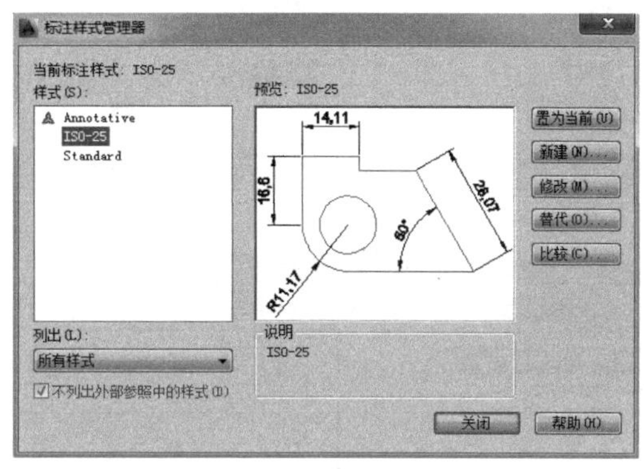

图 13-26 “标注样式管理器”对话框

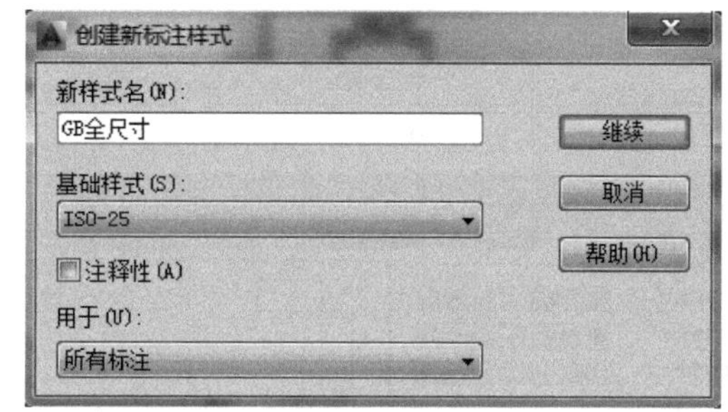

图 13-27 “创建新标注样式”对话框

1）“线”选项卡可设置与尺寸线、尺寸界线等几何特征有关的尺寸变量，如图 13-28a 所示。在“线”选项卡中设置：

①“尺寸线”选项区域中设置有关尺寸线的变量，将“基线间距（A）”下拉列表框中的值设为“7”。

②“尺寸界线”选项区域中可设置有关尺寸界线的变量，将“超出尺寸线（X）”下拉列表框中的值设为“2”，将“起点偏移量（F）”下拉列表框中的值设为“0”。其余参数暂时不变。

2）“符号和箭头”选项卡可设置与圆心标记、箭头等有关的尺寸变量，如图 13-28b 所示。

① 在“箭头”选项区域中，将“箭头大小（I）”下拉列表框中的值设为“3”。

②“半径折弯标注”选项区域中可设置有关半径标注折弯的变量，将“折弯角度（J）”文本框中的值设为“45”。其余参数不变。

3）“文字”选项卡可设置与尺寸文字有关的尺寸变量，如图 13-28c 所示。

①“文字外观”选项区域可用于设置有关文字外观的变量，单击“文字样式（Y）”下拉列表框右边的按钮，在下拉列表中选择“数字、字母”，将“文字高度（T）”设为“3.5”。

②“文字位置”选项区域可设置有关文本位置的变量，“垂直（V）”选择“上”，水平（Z）选择“居中”，把“从尺寸线偏移（O）”设为“1”。

③“文字对齐（A）”选项区域可设置有关文字对齐方式的变量，选择“ISO 标准”。其余参数不变。

4）“调整”选项卡可设置与尺寸文字、箭头、尺寸线位置调整有关的尺寸变量，如图 13-28d 所示。

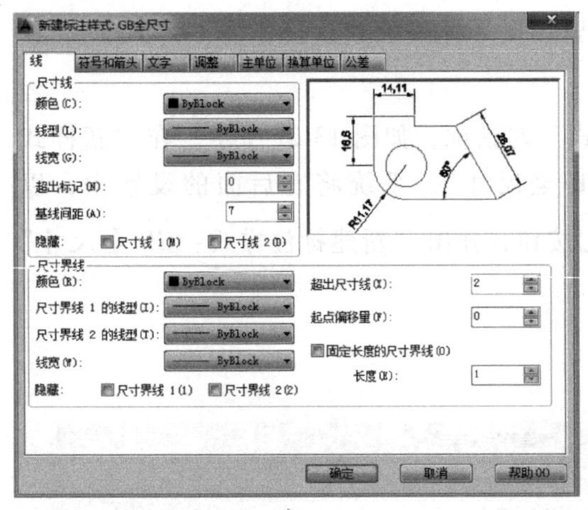

a)

b)

c)

d)

图 13-28　“新建标注样式：GB 全尺寸”对话框

①“调整选项（F）”选项区域可设置当尺寸界线之间没有足够的空间来放置文字和箭头时，首先从尺寸界线中移出的选项，选择“文字”选项，表示首先将尺寸文字移出尺寸界线。

②“优化（T）”选项区域可设置是否手动放置文字及是否总是在尺寸界线之间画尺寸线，把“手动放置文字（P）”和“在尺寸界线之间绘制尺寸线（D）”两项全部选中。其余参数不变。

“新建标注样式：GB 全尺寸”对话框中，其余选项卡中的参数暂时不变。

完成上述操作后，单击“确定”按钮，系统返回“标注样式管理器”对话框，选择“样式（S）”列表中的“GB 全尺寸”，单击置为当前(U)按钮，将“GB 全尺寸”设为当前样式，如图 13-29 所示。

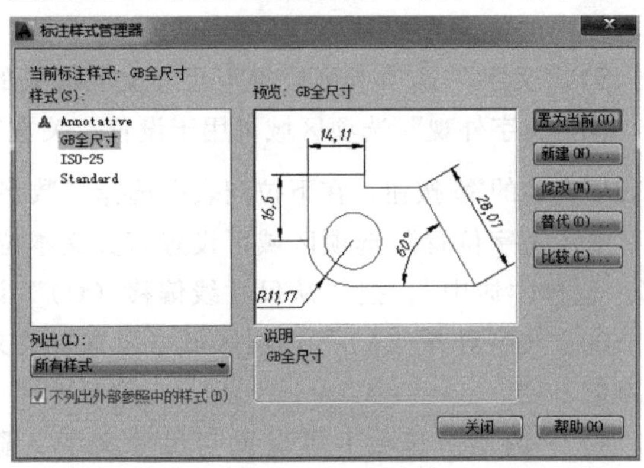

图 13-29　“标注样式管理器”对话框

单击［关闭］按钮完成设置。以“GB_a4-H”为文件名保存样板图文件，文件扩展名为.DWT，方便后面使用。

2. 调用尺寸标注命令

在菜单栏中单击［标注(N)］按钮，弹出“标注”快捷菜单，如图 13-30a 所示。

在功能区中单击［默认］按钮，在［注释］工具栏中单击［线性］后的黑三角，或“引线”［引线］后黑三角按钮，系统弹出“标注尺寸”快捷菜单命令，如图 13-30b、c 所示。

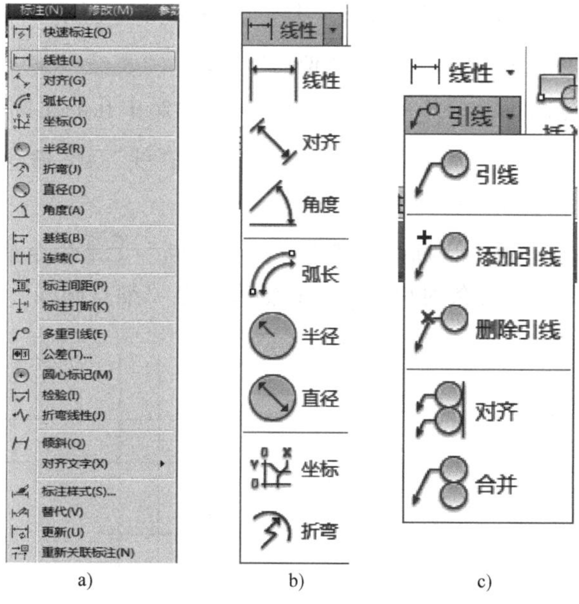

a)　　b)　　c)

图 13-30　“标注尺寸”快捷菜单命令

13.5.2　绘制组合体视图并标注尺寸

【例 13-4】 绘制如图 13-31 所示的组合体三面投影图并标注尺寸。

1）调用 A4 样板图。调用在 13.5.1 节“设置尺寸标注样式”中保存的样板图文件。

2）画基准线（布局）。单击状态栏“正交”按钮，或按<F8>键，进入“正交”模式。将“线宽”关闭；单击“图层”工具栏中的图层列表［01粗实线］，将“01 粗实线”层置为当前层；调用 Line（直线）命令绘制各投影图位置的基准线，如图 13-32a 所示。

用 Offset（偏移）命令绘制出投影中圆的中心线和底板圆孔轴线，如图 13-32b 所示。

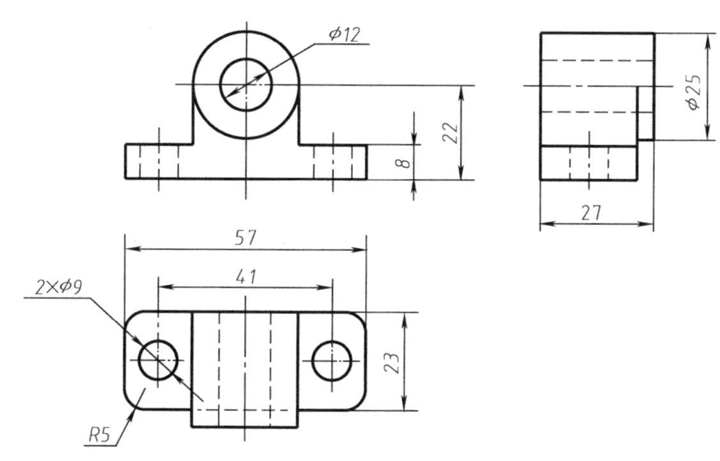

图 13-31　组合体三面投影图

3）绘制组合体底板的三面投影。

① 单击“对象捕捉”按钮，或按<F3>键，打开“目标捕捉”模式。

② 调用“偏移”、“修剪” 修剪 、“倒圆角” 圆角 、“圆”“删除”等命令，构造组合体底板的投影，并用光标选中正面投影和侧面投影中孔的轮廓线，将其转换到“虚线”层，如图 13-32c 所示。

③ 用“圆”、“偏移”、“直线”、“修剪” 修剪 等命令构造圆柱部分的投影，并将水平投影和侧面投影中孔的轮廓线转换到“虚线”层，如图 13-32d 所示。

④ 用“修剪” 修剪 、“直线”命令构造水平投影底板被圆柱遮挡部分的虚线，如图 13-32e 所示。

⑤ 退出目标捕捉状态，用“打断”命令或调整夹点位置的方法整理对称中心线和轴线。将各条对称中心线和轴线换至“细点画线”层，如图 13-32f 所示。

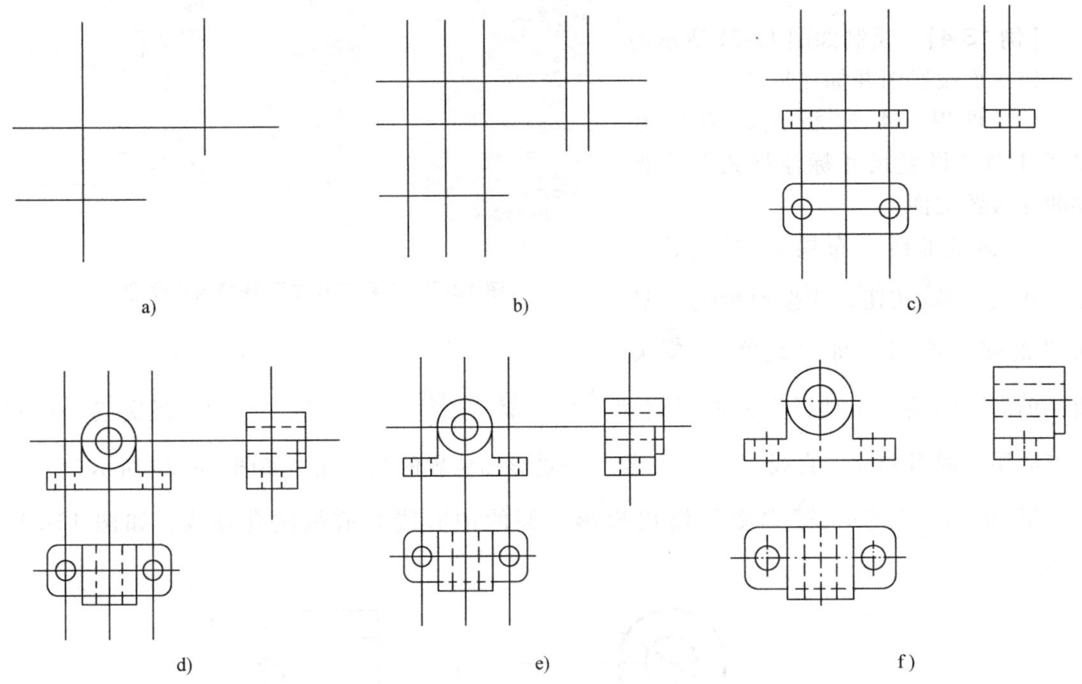

图 13-32　组合体三面投影图的绘图步骤

4）单击“线宽”按钮，进入线宽显示状态，检查图形，调整各投影之间的相对位置。

5）标注尺寸。

① 单击“图层”工具栏中的图层下拉列表 08尺寸线，将“08 尺寸线”层设置为当前层。

② 在功能区中单击“常用”→“注释”工具栏中的 线性 按钮，在俯视图中注出底板的长“57”、宽“23”，在主视图中注出底板的高“8”；单击 线性 后的按钮，

在下拉菜单中单击 半径，在俯视图中注出底板圆角半径“R5”，注出俯视图上圆孔的左右定位尺寸“41”。

标注底板上圆孔的直径“2×ϕ9”时，单击 线性 后的 按钮，在下拉菜单中单击 直径，操作过程如下。

DIMDIAMETER 选择圆弧或圆：（在圆周上拾取任意一点）

选择圆弧或圆：
标注文字 = 9

DIMDIAMETER 指定尺寸线位置或 [多行文字(M) 文字(T) 角度(A)]：t（输入 t，选择重新输入文字，按<Enter>键）

DIMDIAMETER 输入标注文字 <9>：2＊%%c9（输入“2＊%%C9”，按<Enter>键）

DIMDIAMETER 指定尺寸线位置或 [多行文字(M) 文字(T) 角度(A)]：（指定尺寸线的位置）

③ 在“注释”工具栏中单击 命令，标注直径“ϕ12”和“ϕ25”。单击 后的 按钮，在下拉列表中单击 线性，标注圆柱的定位尺寸“22”，圆柱的长度“27”。

6）填写标题栏。将“11 文本、细实线”层设置为当前层。用 Mext 命令及“汉字”样式填写标题栏中的图名等内容。完成后的组合体三面投影图如图 13-33 所示。

7）保存图形。

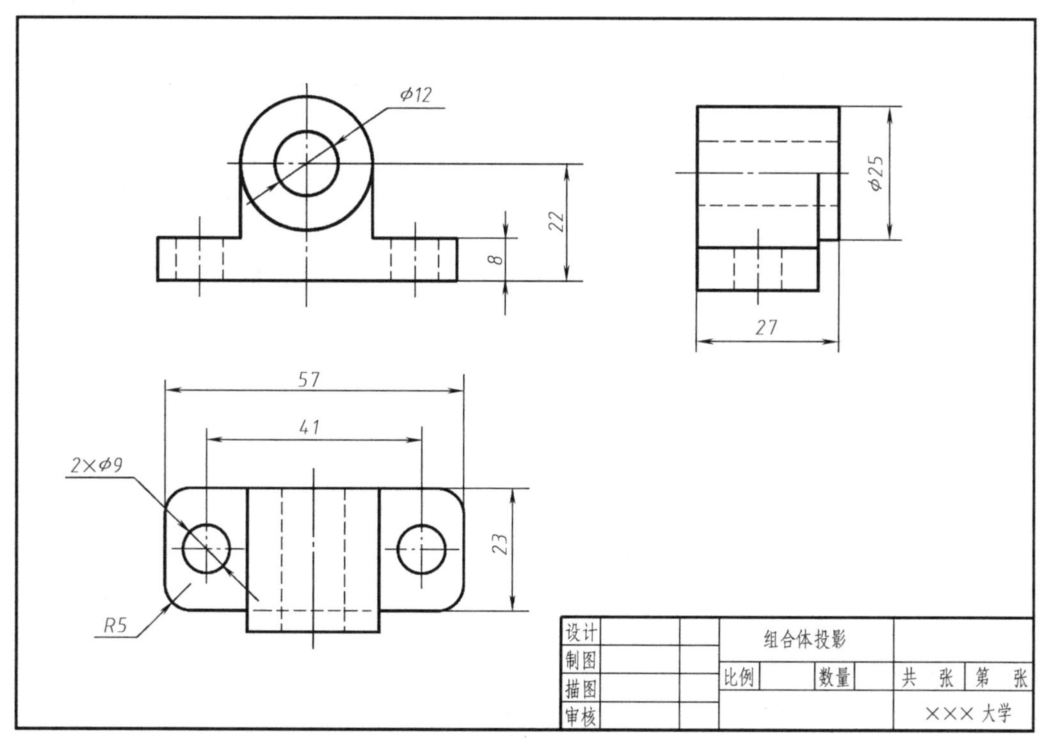

图 13-33　组合体三面投影图

13.6　用 AutoCAD 绘制剖视图

13.6.1　剖视图、断面图的画法

1. 绘制剖面符号

在 AutoCAD 中，可以用图案填充表达一个零件的剖切区域，也可使用不同的图案填充来表达不同零件或材料。绘制剖面符号前，首先把当前图层置换到“10 剖面符号”层，然后进行图案填充设置。

在菜单栏中单击 绘图(D) → 图案填充(H)... ，或在功能区中单击 默认 → 绘图 ▾ 工具栏中的 ▾ 按钮，弹出“图案填充创建”工具栏，如图 13-34 所示。

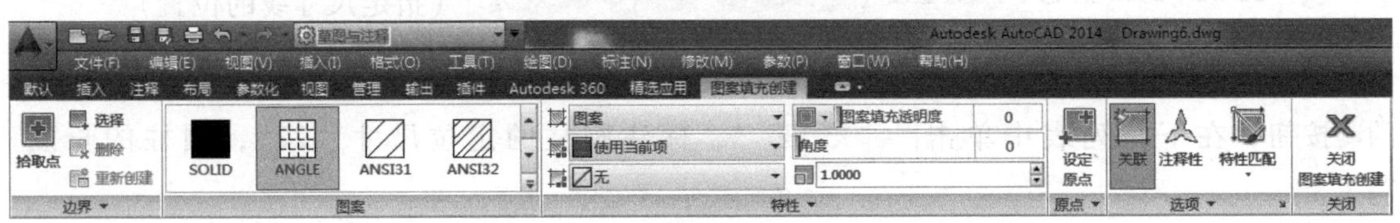

图 13-34　“图案填充创建”工具栏

命令提示行窗口显示信息如下：

HATCH 拾取内部点或 [选择对象(S) 放弃(U) 设置(T)]：T（输入“T”，选择设置，按 <Enter>键）

弹出“图案填充和渐变色”对话框，如图 13-35 所示。通过该对话框中的选项，可以设置剖面图案的定义方式、设置剖面图案的特性、确定绘制剖面图案的范围等。

(1) 设置剖面图案的定义方式　在“图案填充”选项卡中，单击“类型”下拉列表框右侧的 ▾ 按钮，在下拉列表中有三种剖面图案的定义方式：选择“预定义”选项，可以使用 AutoCAD 提供的图案；选择“用户定义”选项，可临时自定义平行线或相互垂直的两组平行线图案；选择“自定义”选项，可使用已定义好的图案。

(2) 设置剖面图案的特性　在“图案填充和渐变色”对话框的“图案填充”选项卡中设置剖面图案特性。推荐选择“用户定义”，设置的参数有“角度”和“间距”。

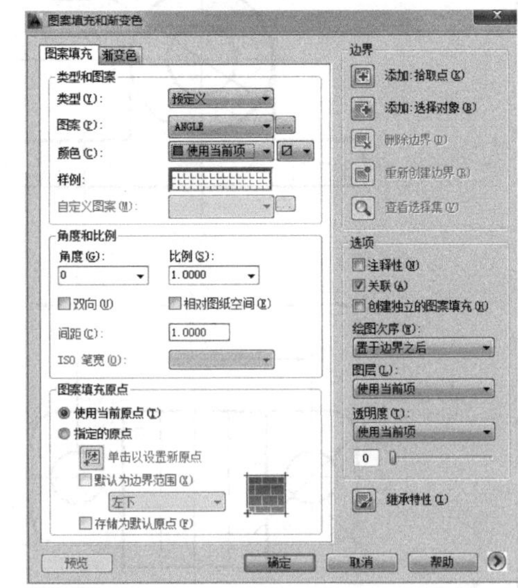

图 13-35　“图案填充和渐变色”对话框

提示：机械制图中大多使用的金属剖面图案是一组间距为 2~4mm 且与 X 轴正向成 45°或 135°的平行线。绘制机械图样时，建议使用用户定义的剖面符号，故一般设定“角度”为“45”或“135”等值，“间距”为“2”~

“4”。在画装配图时，根据需要，剖面符号的间距可以调整。若需要画非金属的剖面符号，还需选中“双向”复选框，使得剖面符号呈网格状。

（3）确定绘制剖面图案的范围　需要拾取范围内的点。在“图案填充和渐变色”对话框中，单击 添加:拾取点(K) 按钮，对话框暂时关闭，同时命令行窗口提示用户：HATCH 拾取内部点或 [选择对象(S) 放弃(U) 设置(T)]:，将光标移到要绘制剖面符号的区域，可进行剖面符号预览。此时，在要绘制剖面符号的范围内单击（注意，必须是封闭范围），所选范围会自动变为封闭的虚线框，按<Enter>键后完成剖面符号的绘制。

（4）选择对象　单击 添加:选择对象(B) 按钮，此时对话框暂时关闭，并提示用户选择绘制剖面图案的一个或多个范围对象。单击选择后，所选对象自动变为虚线，按<Enter>键后完成剖面图案的绘制。

2. 绘图举例

【例 13-5】　绘制图 13-36a 所示的剖视图。

1）调用样板图 GB_ a4-H，置换图层，用“直线”、“圆”、“偏移”、“修剪” 修剪、“删除”等命令绘制图 13-36b 所示的视图。

2）选中图 13-36b 中的虚线，单击“图层”工具栏中的图层列表 01粗实线，将它们置换成粗实线。

3）置换图层到“10 剖面符号”层。单击“图层”工具栏中的图层列表，将“10 剖面符号”层置为当前层。

4）在菜单栏中单击 绘图(D) → 图案填充(H)...，在命令行窗口提示后输入字母“T”，按<Enter>键，弹出“图案填充和渐变色”对话框，选择“用户定义”选项，设置“角度”为“45”，“间距”为“3”。

5）单击 添加:拾取点(K) 按钮后按照提示操作：

HATCH 拾取内部点或 [选择对象(S) 放弃(U) 设置(T)]:（分别在左、右“L”形框中拾取点）

HATCH 拾取内部点或 [选择对象(S) 放弃(U) 设置(T)]:（按<Enter>键，结束选择，绘制剖面线如图 13-36c 所示）

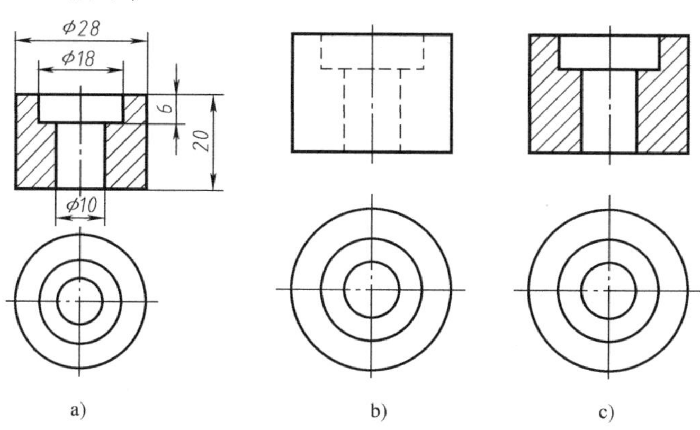

图 13-36　绘制剖视图

13.6.2　剖视图对称尺寸样式设置

在半剖视图和局部剖视图中，表示内部结构的虚线一般省略不画，在标注内部对称方向的尺寸时，尺寸线应该超过对称线，并且只画单边箭头和尺寸界线。尺寸样式的设置只需在“GB 全尺寸”样式的基础上稍加改动即可。

在菜单栏中单击 格式(O) → 标注样式(D)…，或在功能区中单击 默认 → 注释 → 按钮。

屏幕弹出“标注样式管理器”对话框，在对话框的“样式”窗口中选择“GB 全尺寸”，单击 新建(N)... 按钮，打开“创建新标注样式”对话框。在“新样式名”文本框中输入“GB 对称尺寸”，单击 继续 按钮，进入“新标注样式：GB 对称尺寸标注”对话框，如图 13-37 所示。在“线”选项卡中，选取“尺寸线”选项区域中“隐藏”的“尺寸线 1（M）”或“尺寸线 2（D）”，及“尺寸界线”选项区域中“隐藏”的“尺寸界线 1（1）”或“尺寸界线 2（2）”。

注意：这两个选项要一致，如图 13-37 所示，都选第二条。单击 确定 按钮，返回“标注样式管理器”对话框，单击 关闭 按钮退出。

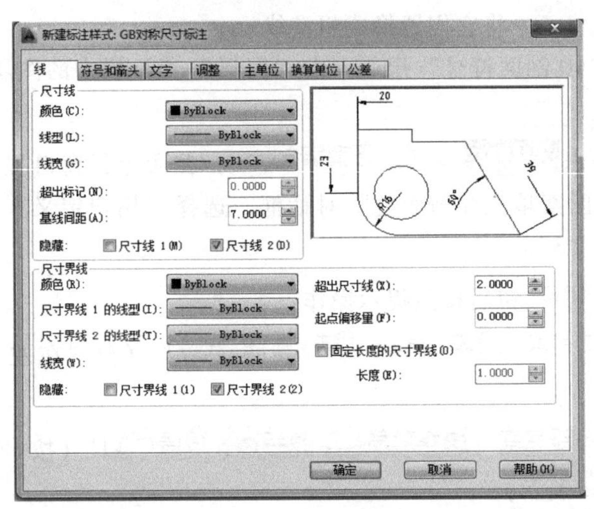

图 13-37　“新建标注样式：GB 对称尺寸标注”的“线”选项卡

13.7　实体三维建模设计

13.7.1　基本实体三维建模

进入 AutoCAD 2014，在 草图与注释 工具栏中选择“三维建模”工作空间；单击 按钮，从下拉列表中选择“显示菜单栏”，如图 13-38 所示。单击 实体 → 图元 工具栏中的命令，可绘制如多段体、长方体、楔体、圆锥体、球体、圆柱体、圆环体等三维

图 13-38 “三维建模”菜单和工具栏

基本实体，过程略。

13.7.2 通过二维图形完成实体三维建模

1. 用“拉伸”命令构建实体

用“拉伸”命令构建三维实体，首先要选择需拉伸的二维图形对象，再选择绘制好的拉伸路径或给出拉伸高度及拉伸倾斜角度。倾斜角度为 0°，构建柱体；倾斜角度不为 0°，构建锥体。注意：可拉伸的二维图形必须是闭合的面域，如多段线、多边形、矩形、圆、椭圆等。

用直线或圆弧创建的二维图形，需用“边界”命令创建面域或多段线，也可用 Pedit 命令将它们转换为单个多段线对象，再使用“拉伸”命令。

【例 13-6】 构建以图 13-39a 所示作为底面、高度为 12mm 的平板，如图 13-39b 所示。

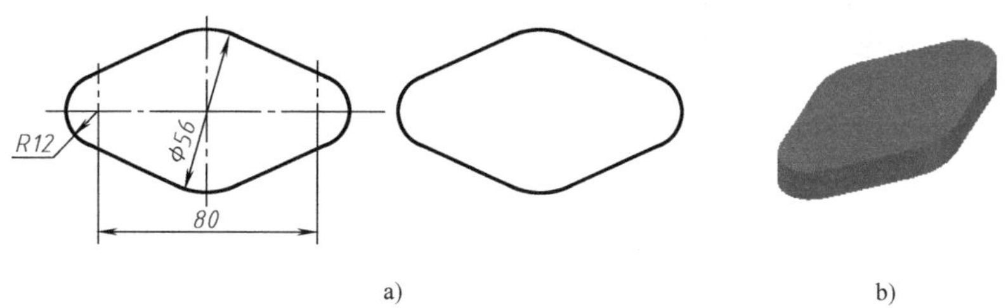

图 13-39 利用拉伸创建平板

1）用“圆”“直线”“修剪”等命令绘制平板底面图形，擦除点画线，只留轮廓线，步骤略。

2）用“边界”命令构建面域或多段线。单击 默认 → 绘图 ▾ 工具栏中的按钮，弹出“边界创建”对话框，单击对话框中的“拾取点”按钮，命令行窗口显示信息如下：

正在分析内部孤岛...

BOUNDARY 拾取内部点：（在图形内部单击）

已指定此区域。

BOUNDARY 拾取内部点：（按<Enter>键，结束命令）

3）拉伸。在功能区单击 常用 → 建模 ▾ 工具栏中的按钮。命令行窗口显示信息如下：

EXTRUDE 选择要拉伸的对象或 [模式(MO)]：（拾取绘制好的图形）

EXTRUDE 选择要拉伸的对象或 [模式(MO)]：（按<Enter>键退出选择）

EXTRUDE 指定拉伸的高度或 [方向(D) 路径(P) 倾斜角(T) 表达式(E)]：12（输入拉伸高度"12"，按<Enter>键结束命令）

4）单击功能区 视图 → 视图 工具栏中的按钮，选择 西南等轴测；单击 视图 → 视觉样式 工具栏中的 二维线框 后的按钮，从下拉列表中拾取真实选项，完成实体的着色。

2. 用"旋转"命令构建实体

用"旋转"命令构建三维实体，首先选择需要旋转的二维对象，并选择当前用户坐标系 UCS 的 X 轴或 Y 轴作为旋转轴，也可用事先绘制好的直线作为旋转轴，最后给出旋转角度。同"拉伸"命令一样，旋转的二维图形必须是闭合对象，如多段线、多边形、矩形、圆、椭圆等。

【例 13-7】 以图 13-40a 所示多段线作为母线，绕给定旋转轴旋转形成回转体，创建如图 13-40b 所示的三维实体。

1）用"直线""偏移""修剪""倒角"等命令绘制母线二维图形，步骤略。

2）用"边界"命令将母线图形转换为多段线，步骤略。

3）旋转。在功能区单击 常用 → 建模 工具栏中的 拉伸 按钮下的"黑三角"，从下拉菜单中拾取旋转命令。命令行窗口显示信息如下：

REVOLVE 选择要旋转的对象或 [模式(MO)]：（拾取已经编辑为多段线的母线）

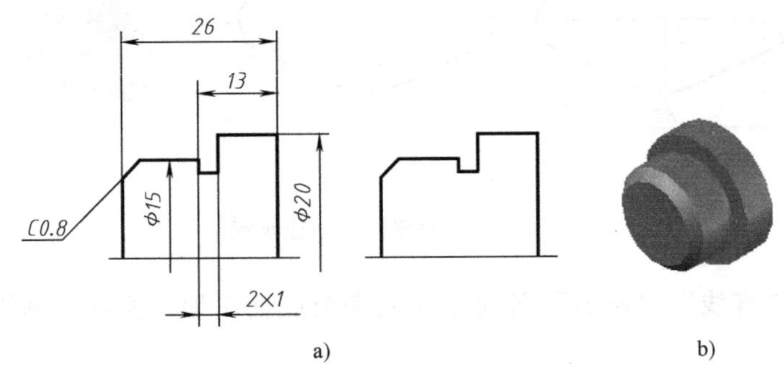

图 13-40　利用旋转创建回转体

选择要旋转的对象或 [模式(MO)]：找到 1 个
REVOLVE 选择要旋转的对象或 [模式(MO)]：（按<Enter>键）

选择要旋转的对象或 [模式(MO)]：
REVOLVE 指定轴起点或根据以下选项之一定义轴 [对象(O) X Y Z] <对象>：（捕捉拾取轴线的一个端点）

REVOLVE 指定轴端点：（捕捉拾取轴线的另一个端点）

REVOLVE 指定旋转角度或 [起点角度(ST) 反转(R) 表达式(EX)] <360>：（按<Enter>键，默认旋转 360°）

4）单击功能区 视图 → 视图 工具栏中的按钮，选择 西南等轴测；单击 视图 → 视觉样式 工具栏中的 二维线框 后的按钮，从下拉列表中拾取真实选项，完成实体的着色。

13.7.3 利用编辑命令构建实体模型

在功能区单击 常用 → 实体编辑 ▾ 工具栏中的 ▾ 按钮，可以调用命令构建三维实体。

1. 利用“剖切”命令创建实体

用“剖切”命令对实体进行剖切，可以保留剖切实体的一部分或全部，也可移去指定部分生成新的实体。剖切必须沿剖切平面进行，确定剖切平面的常用方法有：选择三个点确定一个剖切平面；选择三维坐标系的 *XY*、*YZ* 或 *ZX* 的平行面确定剖切平面。

【例 13-8】 构建如图 13-41i 所示的开槽半球，其中球的直径为 100mm，槽宽 40mm，槽底面距球心 24mm。

1）构建直径为 100mm 的球体后，单击功能区 视图 → 视图 工具栏中的 ▾ 按钮，选择 西南等轴测 ，显示正等轴测图。

2）单击按钮，然后捕捉拾取球心，将坐标原点移到球心处，如图 13-41a 所示。

3）用 *XY* 平面切开球体。单击 实体 → 实体编辑 工具栏中的 剖切 剖切按钮，命令行窗口提示信息如下：

SLICE 选择要剖切的对象：（拾取球体上的任意一点）

选择要剖切的对象：找到 1 个

SLICE 选择要剖切的对象：（按<Enter>键退出选择）

SLICE 指定 切面 的起点或 [平面对象(O) 曲面(S) Z 轴(Z) 视图(V) XY(XY) YZ(YZ) ZX(ZX) 三点(3)] <三点>: xy（输入“xy”，选择 *XY* 平面，按<Enter>键）

SLICE 指定 XY 平面上的点 <0,0,0>: [按<Enter>键默认，默认值为（0，0，0）]

SLICE 在所需的侧面上指定点或 [保留两个侧面(B)] <保留两个侧面>: b（输入“b”，选择“保留两个侧面”，按<Enter>键结束。此时球体分为两部分，如图 13-41b 所示）

4）选择“删除”命令，拾取下半球体上的任意一点，按<Enter>键，下半球体被删掉，如图 13-41c 所示。

5）在球心上方 24mm 处，用 *XY* 平行面切开半球。单击 实体 → 实体编辑 工具栏中的 剖切 剖切按钮，命令行窗口提示信息如下：

SLICE 选择要剖切的对象：（在球冠上拾取一点）

选择要剖切的对象：找到 1 个

SLICE 选择要剖切的对象：（按<Enter>键退出选择）

SLICE 指定 切面 的起点或 [平面对象(O) 曲面(S) Z 轴(Z) 视图(V) XY(XY) YZ(YZ) ZX(ZX) 三点(3)] <三点>: xy（输入“xy”，指定 *XY* 面为剖切平面，按<Enter>键）

SLICE 指定 XY 平面上的点 <0,0,0>: 0，0，24（输入“0，0，24”，指定 *YZ* 平面上的点，按<Enter>键）

SLICE 在所需的侧面上指定点或 [保留两个侧面(B)] <保留两个侧面>: b（输入“b”，选

择“保留两个侧面”，按<Enter>键结束。上半球又被分为两部分，如图 13-41d 所示）

6）在球心右方 20mm 处，用 *YZ* 平行面切开半球的上部。单击 实体 → 实体编辑 工具栏中的 剖切 剖切按钮，命令行窗口提示信息如下：

SLICE 选择要剖切的对象：（拾取球冠上的任意一点）

选择要剖切的对象：找到 1 个

SLICE 选择要剖切的对象：（按<Enter>键退出选择）

SLICE 指定 切面 的起点或 [平面对象(O) 曲面(S) Z 轴(Z) 视图(V) XY(XY) YZ(YZ) ZX(ZX) 三点(3)]

<三点>：yz （输入“yz”，指定 *YZ* 面为剖切平面，按<Enter>键）

SLICE 指定 YZ 平面上的点 <0,0,0>：20,0,0 （输入 *YZ* 平面上的点“20，0，0”，按<Enter>键）

SLICE 在所需的侧面上指定点或 [保留两个侧面(B)] <保留两个侧面>：b （输入“b”，选择“保留两个侧面”，按<Enter>键，球冠右侧部分被分为两部分，如图 13-41e 所示）

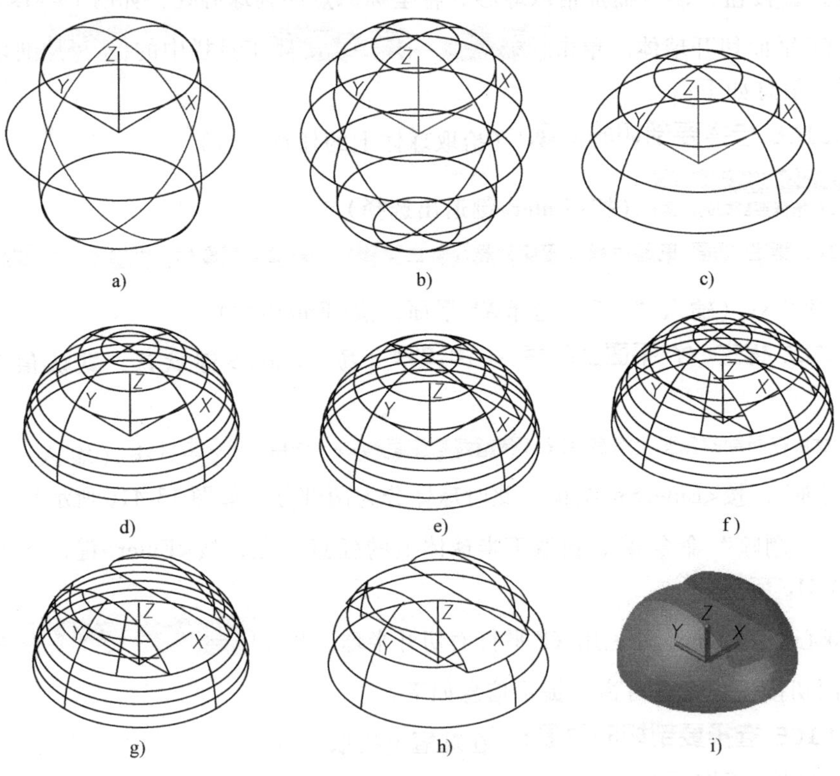

图 13-41　半圆球开槽

7）同样，单击 实体 → 实体编辑 工具栏中的 剖切 剖切按钮，在球心左方（*x* 坐标为负值）20mm 处，用 *YZ* 平行面切开球冠的左侧部分。球冠左侧也被分为两部分，如图 13-41f 所示。

8）擦除球冠的中间部分，如图 13-41g 所示。

9）用“并集”命令将剩余的三部分合为一体，如图 13-41h 所示。

10）着色，结果如图 13-41i 所示，过程略。

2. 利用布尔运算创建实体

单击功能区 实体 → 布尔值 工具栏中的 并集 差集 交集 按钮，利用布尔运算可以构建复合实体。

（1）用并集构建复合体　执行“并集”命令，可以合并两个或多个实体，构成一个复合实体。

【例 13-9】 在【例 13-6】创建的平板下表面圆心处生成一个直径为 36mm、高为 60mm 的铅垂圆柱，然后将两者合并为如图 13-42c 所示的组合体。

1）参照【例 13-6】创建平板的方法，在平板下表面圆心处创建圆柱，如图 13-42a 所示（注意捕捉平板下表面圆心），过程略。

2）单击功能区 视图 → 视图 工具栏中的 按钮，选择 西南等轴测。

3）用“并集”命令将两者复合为一体，如图 13-42b 所示。

单击功能区 实体 → 布尔值 工具栏中的 按钮，命令行窗口提示信息如下：

UNION 选择对象：（拾取平板）

选择对象：找到 1 个
UNION 选择对象：（拾取圆柱）

选择对象：找到 1 个，总计 2 个
UNION 选择对象：（按<Enter>键，退出选择）

4）单击 视图 → 视觉样式 工具栏中的 二维线框 后的 按钮，从下拉列表中拾取 选项，完成实体的着色，如图 13-42c 所示。

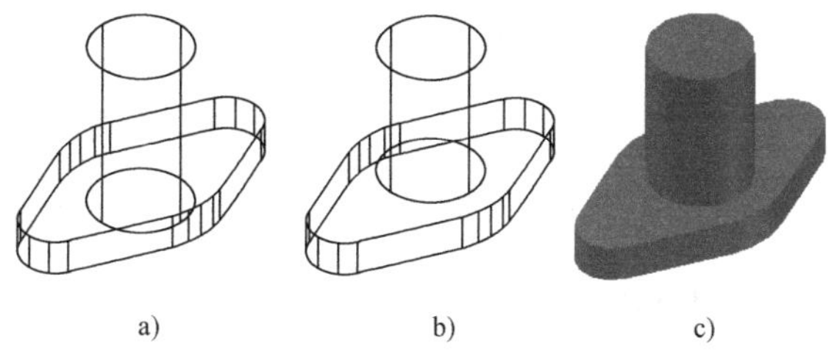

图 13-42　使用“并集”命令将独立的两个实体复合为一体

（2）用差集构建复合体　执行“差集”命令，删除两实体间的公共部分。例如，在对象上减去一个圆柱，即在机械零件上增加孔。

【例 13-10】 在【例 13-9】的基础上，在圆柱部分生成一个直径为 26mm 的通孔，如图 13-43c 所示。

1）参照【例 13-9】在平板下表面圆心处创建直径为 26mm、高为 70mm 的圆柱，如图 13-43a 所示（注意捕捉圆柱底面圆心），过程略。

2）单击功能区 视图 → 视图 工具栏中的 按钮，选择 西南等轴测。

3）用“差集”命令从组合体上减去新建的圆柱体，形成圆孔，如图 13-43b 所示。

单击功能区 实体 → 布尔值 工具栏中的 按钮，命令行窗口提示信息如下：

SUBTRACT 选择对象：（拾取组合体）

选择对象：找到 1 个
SUBTRACT 选择对象：（按<Enter>键）

选择要减去的实体、曲面和面域...
SUBTRACT 选择对象：（拾取新建的圆柱）

选择对象：找到 1 个

SUBTRACT 选择对象：（按<Enter>键，退出选择）

4）单击 视图 → 视觉样式 工具栏中的 二维线框 后的 按钮，从下拉列表中拾取 选项，完成实体的着色，如图 13-43c 所示。

（3）用交集构建复合体　执行“交集” 命令，可以用两个或多个重叠实体的公共部分创建复合实体。

3. 三维实体倒角、圆角

在菜单栏选择“实体”→“实体编辑”工具栏中的“倒角边” 和“圆角边” 命令，按命令行提示操作，可对三维实体倒角、圆角。

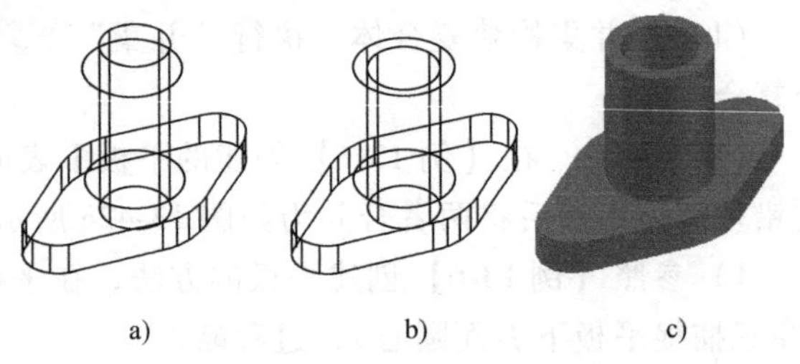

a)　b)　c)

图 13-43　使用“差集”命令在实体上增加孔

【例 13-11】 创建长 60mm、宽 50mm、高 30mm 的长方体，并在前部上边生成距离为 20mm 的倒角，如图 13-44 所示。

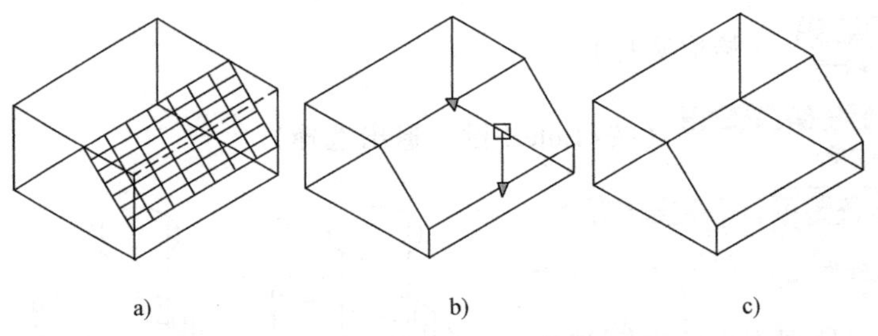

a)　b)　c)

图 13-44　长方体倒角

1）创建长方体，过程略。

2）单击功能区 视图 → 视图 工具栏中的 按钮，选择 西南等轴测 。

3）在功能区单击“实体”→“实体编辑”工具栏中的“倒角边” 按钮，命令行窗口提示信息如下：

CHAMFEREDGE 选择一条边或 [环(L) 距离(D)]：D（输入字母 D，按<Enter>键）

选择一条边或 [环(L)/距离(D)]：d

CHAMFEREDGE 指定距离 1 或 [表达式(E)] <1.0000>：20（输入第一条边倒角距离“20”，按<Enter>键）

CHAMFEREDGE 指定距离 2 或 [表达式(E)] <1.0000>：20（输入第二条边倒角距离“20”，按<Enter>键）

CHAMFEREDGE 选择一条边或 [环(L) 距离(D)]：（拾取长方体前上棱边，如图 13-44a 所示）

CHAMFEREDGE 选择同一个面上的其他边或 [环(L) 距离(D)]：（按<Enter>键，如图 13-44b 所示）

CHAMFEREDGE 按 Enter 键接受倒角或 [距离(D)]：（按<Enter>键，接受倒角，退出选择）

结果如图 13-44c 所示。

13.7.4 综合举例

【例 13-12】 创建如图 13-45 所示的组合体。

1）构建底板、圆柱体。在“视图”俯视状态下绘制底板和圆柱体。底板用“拉伸”命令构建。绘制圆柱体时注意捕捉拾取底板底面右侧的圆心。单击西南等轴测按钮，结果如图 13-46 所示。

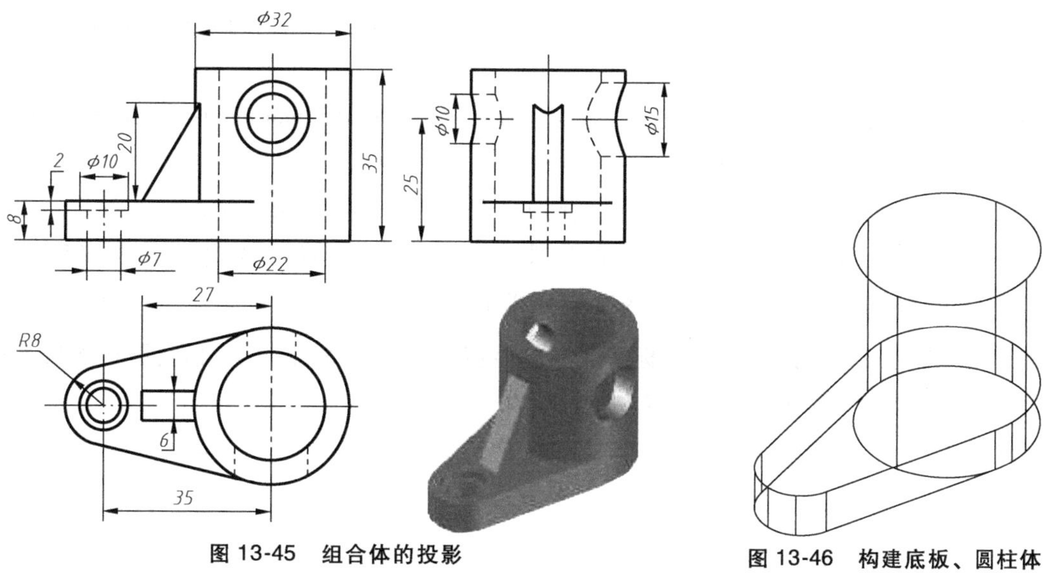

图 13-45 组合体的投影

图 13-46 构建底板、圆柱体

2）构建肋板。在工具栏选择前视，执行“多段线”命令，用相对坐标输入点的坐标，绘制如图 13-47 所示的肋板平面图，用“拉伸”命令拉伸创建肋板，厚度为 6mm，如图 13-48 所示。

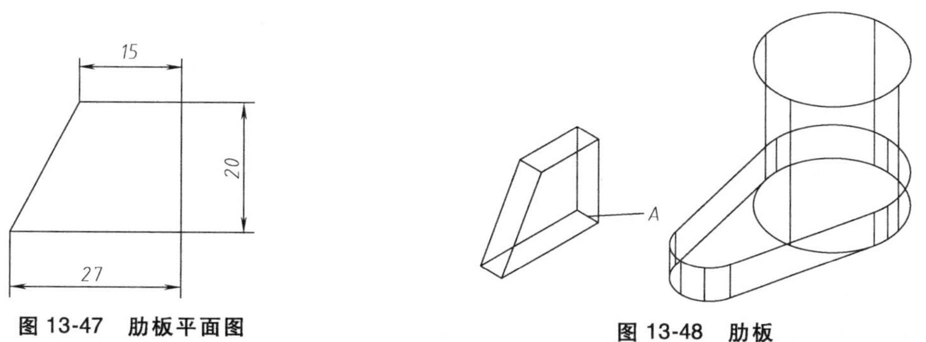

图 13-47 肋板平面图

图 13-48 肋板

用“移动”命令将肋板移到如图 13-49 所示的位置。肋板的移动基点 *A* 用“中点捕捉”拾取，移动的目标点为底板上表面右侧的圆心，捕捉拾取。

3）用“并集”命令，将底板、圆柱体、肋板结合为一体，如图 13-50 所示。

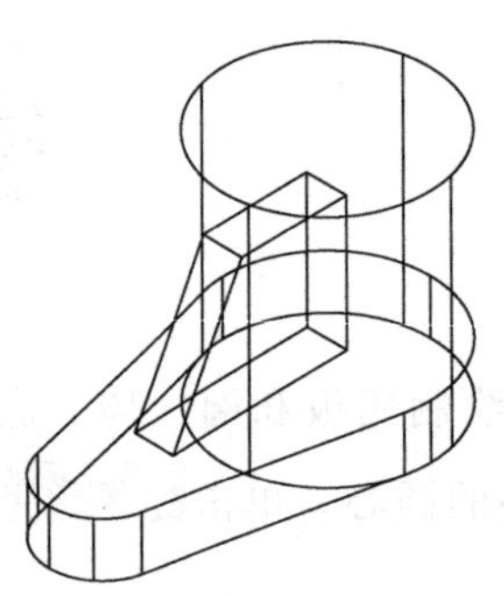

图 13-49　移动肋板到指定位置

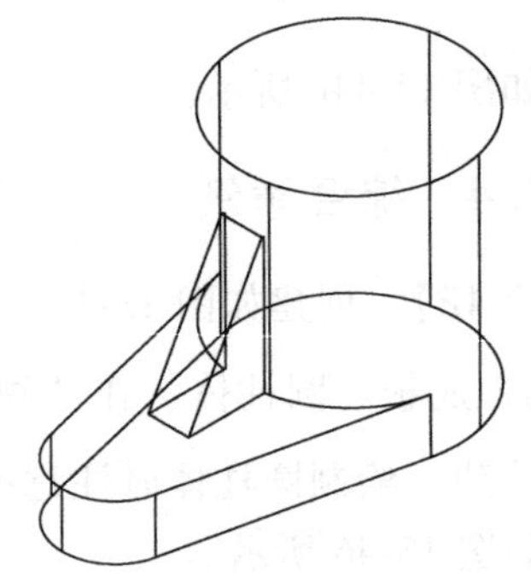

图 13-50　用并集命令结合为一体

4）在工具栏选择俯视，用“差集”命令构建 ϕ22mm 的通孔，如图 13-51 所示，注意捕捉底面圆心，过程略。

5）用“差集”命令 差集(S) 构建底板上的小孔，如图 13-52 所示。

6）构建圆柱上的两个正垂孔。在功能区“视图”下的“视图”工具栏中选择 三维视图(D)→前视，再在“视图”工具栏中选择 三维视图(D)→西南等轴测。捕捉工具只设定圆心捕捉，在“坐标”工具栏选择“原点”命令，捕捉圆柱的底面圆心，将坐标原点移到此处，如图 13-53 所示。

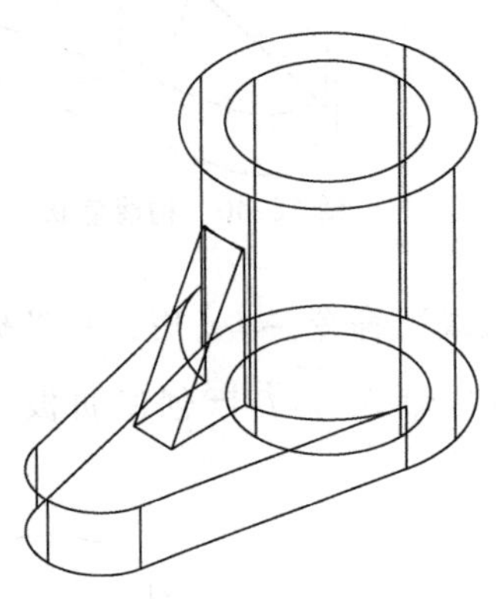

图 13-51　生成通孔

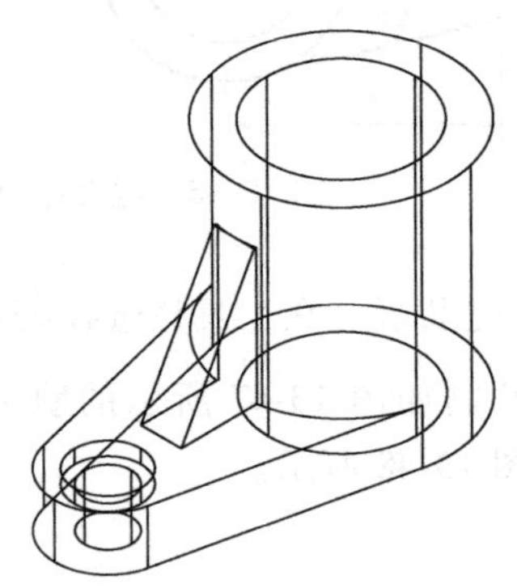

图 13-52　生成底板上的小孔

7）选择“原点”命令，命令行窗口提示信息如下：

正在恢复执行 UCS 命令。

UCS 指定新原点 <0,0,0>：0，25，0（输入新的原点坐标“0，25，0”，按<Enter>键，确定圆柱上的两个正垂孔的位置，结果如图 13-54 所示）

8）创建 ϕ15mm 和 ϕ10mm 的圆柱，如图 13-55 所示。注意：在功能区中单击 实体→图元 工具栏中的 圆柱体 按钮，调用绘制圆柱命令后，命令行提示输入圆柱底面中心点时，用键盘输入坐标（0，0，0）；圆柱的长为 30mm。

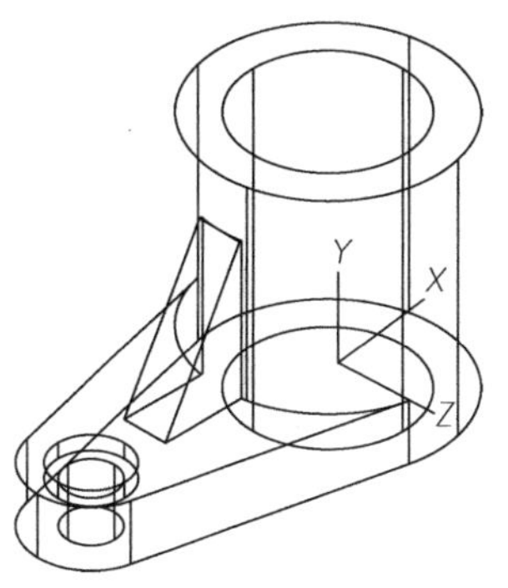

图 13-53 设置坐标原点

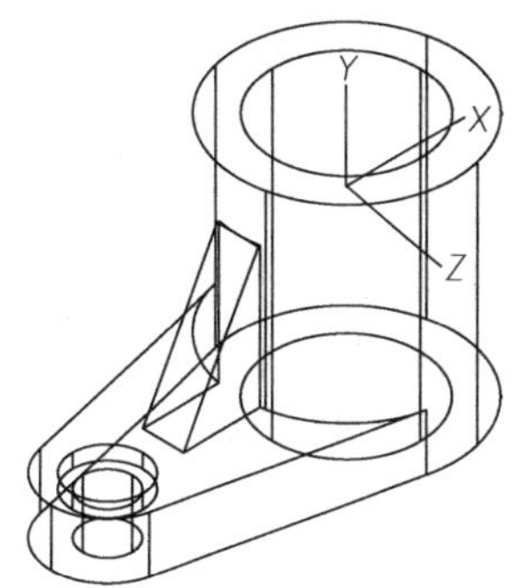

图 13-54 两个正垂圆柱的原点坐标

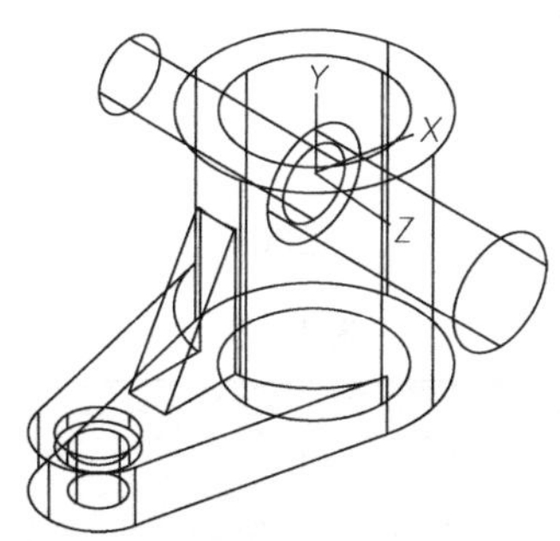

图 13-55 生成两个正垂圆柱

9）用“差集”命令形成圆筒上的孔，如图 13-56 所示。

10）整理，完成着色，如图 13-57 所示。

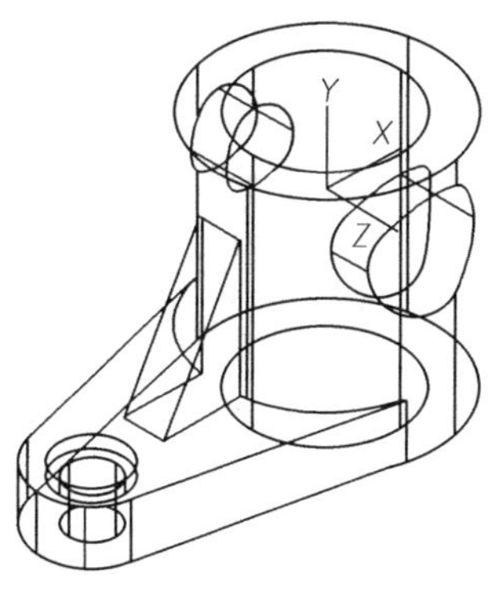

图 13-56 生成两个正垂孔

图 13-57 着色

附 录

一、螺纹

1. 普通螺纹的直径与螺距（GB/T 193—2003）

附表 1　　（单位：mm）

公称直径 d、D			螺距											
第 1 系列	第 2 系列	第 3 系列	粗牙	细牙										
				4	3	2	1.5	1.25	1	0.75	0.5	0.35	0.25	0.2
3			0.5									0.35		
	3.5		0.6									0.35		
4			0.7								0.5			
	4.5		0.75								0.5			
5			0.8								0.5			
		5.5									0.5			
6			1							0.75				
	7		1							0.75				
8			1.25						1	0.75				
		9	1.25						1	0.75				
10			1.5					1.25	1	0.75				
		11	1.5				1.5		1	0.75				
12			1.75					1.25	1					
	14		2				1.5	1.25	1					
		15					1.5		1					
16			2				1.5		1					
		17					1.5		1					
	18		2.5			2	1.5		1					
20			2.5			2	1.5		1					
	22		2.5			2	1.5		1					
24			3			2	1.5		1					
		25				2	1.5		1					
		26					1.5							
	27		3			2	1.5		1					

（续）

公称直径 *d*、*D*			螺距											
第 1 系列	第 2 系列	第 3 系列	粗牙	细牙										
				4	3	2	1.5	1.25	1	0.75	0.5	0.35	0.25	0.2
		28				2	1.5		1					
30			3.5		(3)	2	1.5		1					
		32				2	1.5							
	33		3.5		(3)	2	1.5							
		35					1.5							
36			4		3	2	1.5							
		38					1.5							
	39		4		3	2	1.5							
		40			3	2	1.5							
42			4.5	4	3	2	1.5							
	45		4.5	4	3	2	1.5							
48			5	4	3	2	1.5							
		50			3	2	1.5							
	52		5	4	3	2	1.5							
		55		4	3	2	1.5							
56			5.5	4	3	2	1.5							
		58		4	3	2	1.5							
	60		5.5	4	3	2	1.5							
		62		4	3	2	1.5							
64			6	4	3	2	1.5							

注：1. 优先选用第 1 系列，其次选择第 2 系列，第 3 系列尽可能不用。
2. 括号内的尺寸尽可能不用。
3. M14×1.25 仅用于火花塞，M35×1.5 仅用于滚动轴承锁紧螺母。

2. 普通螺纹的公称尺寸（GB/T 196—2003）

代号的含义：

D——内螺纹的基本大径（公称直径）；

d——外螺纹的基本大径（公称直径）；

D_2——内螺纹的基本中径；

d_2——外螺纹的基本中径；

D_1——内螺纹的基本小径；

d_1——外螺纹的基本小径；

H——原始三角形高度；

P——螺距。

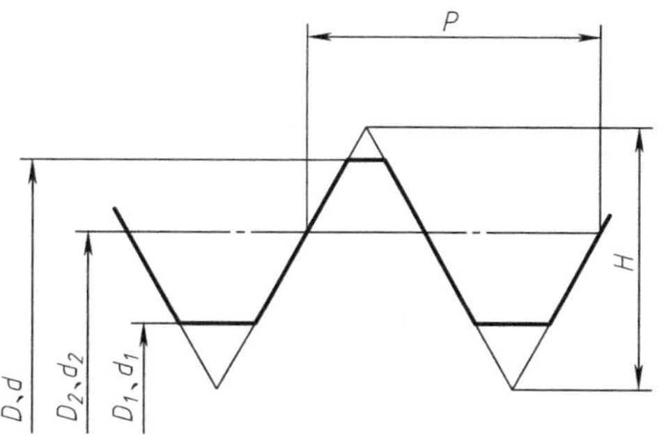

标记示例

M16：粗牙普通内螺纹，大径 16mm，螺距 2mm，右旋，中径和顶径的公差带代号均为 6H，中等旋合长度。

M16×1.5-5g6g：细牙普通外螺纹，大径 16mm，螺距 1.5mm，右旋，中径公差带代号为 5g，顶径公差带代号为 6g，中等旋合长度。

附表　2　　　　　　　　　　　　　（单位：mm）

公称直径（大径）D、d	螺距 P	中径 D_2、d_2	小径 D_1、d_1	公称直径（大径）D、d	螺距 P	中径 D_2、d_2	小径 D_1、d_1	公称直径（大径）D、d	螺距 P	中径 D_2、d_2	小径 D_1、d_1
3	0.5	2.675	2.459	14	2	12.701	11.835	27	2	25.701	24.835
	0.35	2.773	2.621		1.5	13.026	12.376		1.5	26.026	25.376
3.5	0.6	3.110	2.85		1.25	13.188	12.647		1	26.35	25.917
	0.35	3.273	3.121		1	13.35	12.917	28	2	26.701	25.835
4	0.7	3.545	3.242	15	1.5	14.026	13.376		1.5	27.026	26.376
	0.5	3.675	3.459		1	14.35	13.917		1	27.35	26.917
4.5	0.75	4.013	3.688	16	2	14.701	13.835	30	3.5	27.727	26.211
	0.5	4.175	3.959		1.5	15.026	14.376		3	28.051	26.752
5	0.8	4.480	4.134		1	15.35	14.917		2	28.701	27.835
	0.5	4.675	4.459	17	1.5	16.026	15.376		1.5	29.026	28.376
5.5	0.5	5.175	4.959		1	16.35	15.917		1	29.35	28.917
6	1	5.350	4.917	18	2.5	16.376	15.294	32	2	30.701	29.835
	0.75	5.513	5.188		2	16.701	15.835		1.5	31.026	30.376
7	1	6.350	5.917		1.5	17.026	16.376	33	3.5	30.727	29.211
	0.75	6.513	6.188		1	17.35	16.917		3	31.051	29.752
8	1.25	7.188	6.647	20	2.5	18.376	17.294		2	31.701	30.835
	1	7.35	6.917		2	18.701	17.835		1.5	32.026	31.376
	0.75	7.513	7.188		1.5	19.026	18.376	35	1.5	34.026	33.376
9	1.25	8.188	7.647		1	19.35	18.917	36	4	33.402	31.67
	1	8.35	7.917	22	2.5	20.376	19.294		3	34.051	32.752
	0.75	8.513	8.188		2	20.701	19.835		2	34.701	33.835
10	1.5	9.026	8.376		1.5	21.026	20.376		1.5	35.026	34.376
	1.25	9.188	8.647		1	21.35	20.917	38	1.5	37.026	36.376
	1	9.35	8.917	24	3	22.051	20.752	39	4	36.402	34.67
	0.75	9.513	9.188		2	22.701	21.835		3	37.051	35.752
11	1.5	10.026	9.376		1.5	23.026	22.376		2	37.701	36.835
	1	10.35	9.917		1	23.35	22.917		1.5	38.026	37.376
	0.75	10.513	10.188	25	2	23.701	22.835	40	3	38.051	36.752
12	1.75	10.863	10.106		1.5	24.026	23.376		2	38.701	37.835
	1.5	11.026	10.316		1	24.35	23.917		1.5	39.026	38.376
	1.25	11.188	10.647	26	1.5	25.026	24.376				
	1	11.35	10.917	27	3	25.051	23.752				

3. 梯形螺纹的基本尺寸（GB/T 5796.3—2005）

代号的含义：

a_c——牙顶间隙；

D_4——设计牙型上的内螺纹大径；

D_2——设计牙型上的内螺纹中径；

D_1——设计牙型上的内螺纹小径；

d——设计牙型上的外螺纹大径（公称直径）；

d_2——设计牙型上的外螺纹中径；

d_3——设计牙型上外螺纹小径；

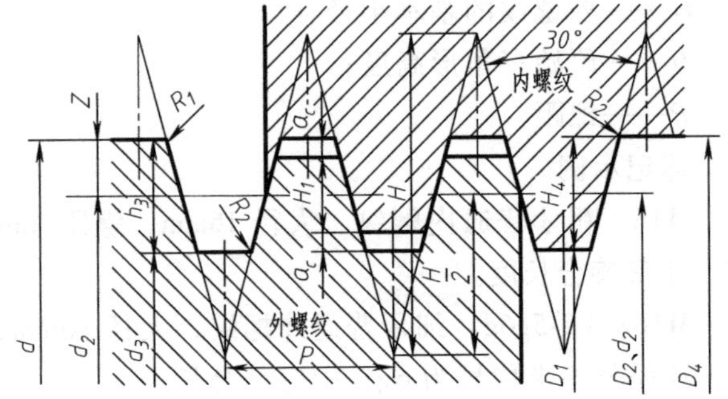

H_1——基本牙型牙高；

H_4——设计牙型上的内螺纹牙高；

h_3——设计牙型上的外螺纹牙高；

P——螺距。

标记示例

Tr40×3-7H：梯形内螺纹，公称直径 40mm，螺距 3mm，单线右旋，中径公差带代号为 7H，旋合长度为正常组。

Tr40×6（P3）LH-7e-L：梯形外螺纹，公称直径 40mm，导程 6mm，螺距 3mm，双线左旋，中径公差带代号为 7e，旋合长度为加长组。

附表 3

（单位：mm）

公称直径 d		螺距 P	中径 $D_2=d_2$	大径 D_4	小径	
第 1 系列	第 2 系列				d_3	D_1
8		1.5	7.25	8.30	6.20	6.50
	9	1.5	8.25	9.30	7.20	7.50
		2	8.00	9.50	6.50	7.00
10		1.5	9.25	10.30	8.20	8.50
		2	9.00	10.50	7.50	8.00
	11	2	10.00	11.50	8.50	9.00
		3	9.50	11.50	7.50	8.00
12		2	11.00	12.50	9.50	10.00
		3	10.50	12.50	8.50	9.00
	14	2	13.00	14.50	11.50	12.00
		3	12.50	14.50	10.50	11.00
16		2	15.00	16.50	13.50	14.00
		4	14.00	16.50	11.50	12.00
	18	2	17.00	18.50	15.50	16.00
		4	16.00	18.50	13.50	14.00
20		2	19.00	20.50	17.50	18.00
		4	18.00	20.50	15.50	16.00
	22	3	20.50	22.50	18.50	19.00
		5	19.50	22.50	16.50	17.00
		8	18.00	23.00	13.00	14.00
24		3	22.50	24.50	20.50	21.00
		5	21.50	24.50	18.50	19.00
		8	20.00	25.00	15.00	16.00

公称直径 d		螺距 P	中径 $D_2=d_2$	大径 D_4	小径	
第 1 系列	第 2 系列				d_3	D_1
	26	3	24.50	26.50	22.50	23.00
		5	23.50	26.50	20.50	21.00
		8	22.00	27.00	17.00	18.00
28		3	26.50	28.50	24.50	25.00
		5	25.50	28.50	22.50	23.00
		8	24.00	29.00	19.00	20.00
	30	3	28.50	30.50	26.50	27.00
		6	27.00	31.00	23.00	24.00
		10	25.00	31.00	19.00	20.00
32		3	30.50	32.50	28.50	29.00
		6	29.00	33.00	25.00	26.00
		10	27.00	33.00	21.00	22.00
	34	3	32.50	34.50	30.50	31.00
		6	31.00	35.00	27.00	28.00
		10	29.00	35.00	23.00	24.00
36		3	34.50	36.50	32.50	33.00
		6	33.00	37.00	29.00	30.00
		10	31.00	37.00	25.00	26.00
	38	3	36.50	38.50	34.50	35.00
		7	34.50	39.00	30.00	31.00
		10	33.00	39.00	27.00	28.00
40		3	38.50	40.50	36.50	37.00
		7	36.50	41.00	32.00	33.00
		10	35.00	41.00	29.00	30.00

4. 55°非密封管螺纹（GB/T 7307—2001）

代号的含义：

D——内螺纹大径；

d——外螺纹大径；
D_2——内螺纹中径；
d_2——外螺纹中径；
D_1——内螺纹小径；
d_1——外螺纹小径；
P——螺距；
r——螺纹牙顶和牙底的圆弧半径。

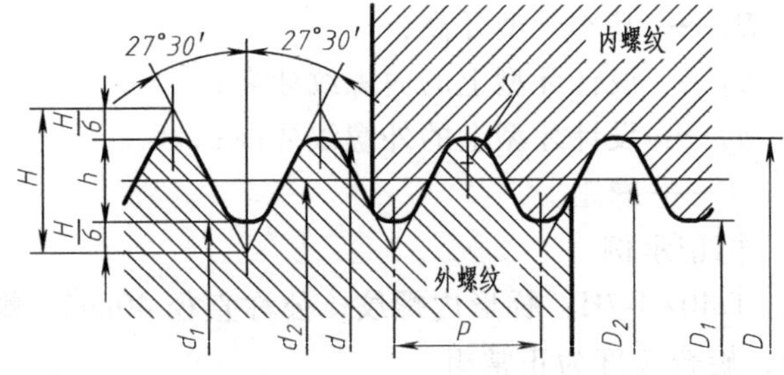

标记示例

G3/4：尺寸代号为 3/4 的非密封管螺纹，右旋圆柱内螺纹。

G3/4-LH：尺寸代号为 3/4 的非密封管螺纹，左旋圆柱内螺纹。

G3/4A：尺寸代号为 3/4 的非密封管螺纹，公差等级为 A 级的右旋圆柱外螺纹。

G3/4B-LH：尺寸代号为 3/4 的非密封管螺纹，公差等级为 B 级的左旋圆柱外螺纹。

附表 4 （单位：mm）

尺寸代号	每 25.4mm 内的牙数 n	螺距 P	大径 d、D	中径 d_2、D_2	小径 d_1、D_1	牙高 h
1/4	19	1.337	13.157	12.301	11.445	0.856
3/8	19	1.337	16.662	15.806	14.950	0.856
1/2	14	1.814	20.955	19.793	18.631	1.162
3/4	14	1.814	26.441	25.279	24.117	1.162
1	11	2.309	33.249	31.770	30.291	1.479
1¼	11	2.309	41.910	40.431	38.952	1.479
1½	11	2.309	47.803	46.324	44.845	1.479
2	11	2.309	59.614	58.135	56.656	1.479
2½	11	2.309	75.184	73.705	72.226	1.479
3	11	2.309	87.884	86.405	84.926	1.479

二、螺纹紧固件

1. 六角头螺栓—C 级（GB/T 5780—2016）、六角头螺栓—A、B 级（GB/T 5782—2016）

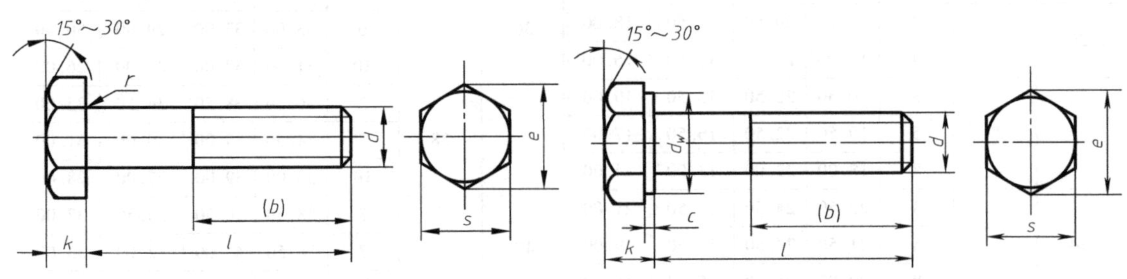

六角头螺栓—C 级（GB/T 5780—2016） 六角头螺栓—A、B 级（GB/T 5782—2016）

标记示例

螺栓 GB/T 5782 M12×80：螺纹规格 d=M12，公称长度 l=80mm，性能等级为 8.8 级，表面氧化，产品等级为 A 级的六角头螺栓。

附表 5 （单位：mm）

螺纹规格 d			M3	M4	M5	M6	M8	M10	M12	M16	M20	M24	M30
b 参考	$l \leqslant 125$		12	14	16	18	22	26	30	38	46	54	66
	$125 < l \leqslant 200$		18	20	22	24	28	32	36	44	52	60	72
	$l > 200$		31	33	35	37	41	45	49	57	65	73	85
c(max)			0.4	0.4	0.5	0.5	0.6	0.6	0.6	0.8	0.8	0.8	0.8
d_w (min)	产品等级	A	4.57	5.88	6.88	8.88	11.63	14.63	16.63	22.49	28.19	33.61	—
		B	4.45	5.74	6.74	8.74	11.47	14.47	16.47	22	27.7	33.25	42.75
e	产品等级	A	6.01	7.66	8.79	11.05	14.38	17.77	20.03	26.75	33.53	39.98	—
		B	5.88	7.50	8.63	10.89	14.20	17.59	19.85	26.17	32.95	39.55	50.85
k 公称			2	2.8	3.5	4	5.3	6.4	7.5	10	12.5	15	18.7
r			0.1	0.2	0.2	0.25	0.4	0.4	0.6	0.6	0.8	0.8	1
s 公称			5.5	7	8	10	13	16	18	24	30	36	46
l(商品规格范围)			20~30	25~40	25~50	30~60	40~80	45~100	50~120	65~160	80~200	90~240	110~300
l 系列			20,25,30,35,40,45,50,55,60,65,70,80,90,100,110,120,130,140,150,160,180,200,220,240,260,280,300										

注：1. A 级用于 $d \leqslant 24$mm 和 $l \leqslant 10d$ 或 $l \leqslant 150$mm（按较小值）的螺栓；B 级用于 $d > 24$mm 或 $l > 10d$ 或 $l > 150$mm（按较小值）的螺栓。

2. 螺纹规格 d 的范围：GB/T 5780—2016 中为 M5~M64；GB/T 5782—2016 中为 M1.6~M64。

3. 公称长度 l 的范围：GB/T 5780—2016 中为 25~500mm；GB/T 5782—2016 中为 12~500mm。

2. 双头螺柱

$b_m = 1d$（GB/T 897—1988） $b_m = 1.25d$（GB/T 898—1988）

$b_m = 1.5d$（GB/T 899—1988） $b_m = 2d$（GB/T 900—1988）

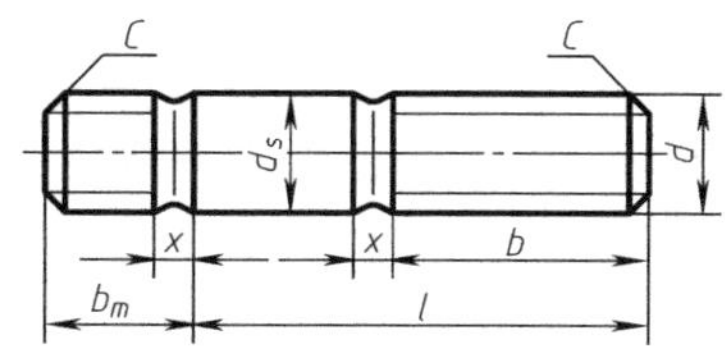

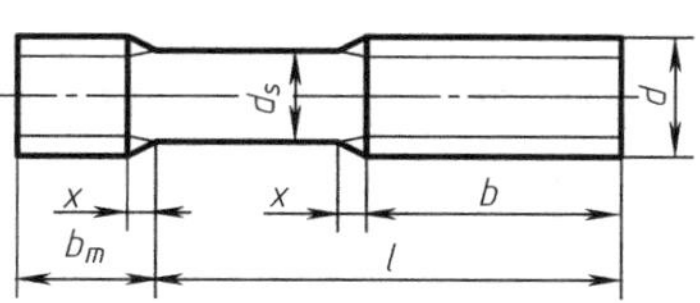

标记示例

螺柱 GB/T 897M10×50：两端均为粗牙螺纹，d=M10，公称长度 l=50mm，性能等级为 4.8 级，不经表面处理，B 型，$b_m = 1d$ 的双头螺柱。

附表 6 （单位：mm）

<table>
<tr><th>螺纹规格 d</th><th>M5</th><th>M6</th><th>M8</th><th>M10</th><th>M12</th><th>M16</th><th>M20</th><th>M24</th><th>M30</th><th>M36</th><th>M42</th><th>M48</th></tr>
<tr><td>$b_m = 1d$</td><td>5</td><td>6</td><td>8</td><td>10</td><td>12</td><td>16</td><td>20</td><td>24</td><td>30</td><td>36</td><td>42</td><td>48</td></tr>
<tr><td>$b_m = 1.25d$</td><td>6</td><td>8</td><td>10</td><td>12</td><td>15</td><td>20</td><td>25</td><td>30</td><td>38</td><td>45</td><td>52</td><td>60</td></tr>
<tr><td>$b_m = 1.5d$</td><td>8</td><td>10</td><td>12</td><td>15</td><td>18</td><td>24</td><td>30</td><td>36</td><td>45</td><td>54</td><td>63</td><td>72</td></tr>
<tr><td>$b_m = 2d$</td><td>10</td><td>12</td><td>16</td><td>20</td><td>24</td><td>32</td><td>40</td><td>48</td><td>60</td><td>72</td><td>84</td><td>96</td></tr>
<tr><td>l</td><td colspan="12">b</td></tr>
<tr><td>16</td><td rowspan="4">10</td><td rowspan="2"></td><td rowspan="2"></td><td rowspan="4"></td><td rowspan="4"></td><td rowspan="6"></td><td rowspan="8"></td><td rowspan="8"></td><td rowspan="8"></td><td rowspan="8"></td><td rowspan="8"></td><td rowspan="8"></td></tr>
<tr><td>(18)</td></tr>
<tr><td>20</td><td rowspan="2">10</td><td rowspan="2">12</td></tr>
<tr><td>(22)</td></tr>
<tr><td>25</td><td rowspan="4">16</td><td rowspan="3">14</td><td rowspan="3">16</td><td rowspan="2">14</td><td rowspan="3">16</td></tr>
<tr><td>(28)</td></tr>
<tr><td>30</td><td rowspan="2">16</td><td rowspan="2">20</td></tr>
<tr><td>(32)</td><td>18</td><td>22</td><td>20</td></tr>
</table>

（续）

<table>
<tr><th>螺纹规格 d</th><th>M5</th><th>M6</th><th>M8</th><th>M10</th><th>M12</th><th>M16</th><th>M20</th><th>M24</th><th>M30</th><th>M36</th><th>M42</th><th>M48</th></tr>
<tr><td>35</td><td rowspan="5">16</td><td rowspan="10">18</td><td rowspan="13">22</td><td rowspan="2">16</td><td rowspan="3">20</td><td rowspan="2">20</td><td rowspan="3">25</td><td rowspan="3"></td><td rowspan="6"></td><td rowspan="7"></td><td rowspan="8"></td><td rowspan="10"></td></tr>
<tr><td>(38)</td></tr>
<tr><td>40</td><td rowspan="12">26</td><td rowspan="4">30</td></tr>
<tr><td>45</td><td rowspan="12">30</td><td rowspan="5">35</td><td rowspan="2">30</td></tr>
<tr><td>50</td></tr>
<tr><td>(55)</td><td rowspan="5"></td><td rowspan="5">45</td></tr>
<tr><td>60</td><td rowspan="9">38</td><td rowspan="2">40</td></tr>
<tr><td>(65)</td><td rowspan="3">45</td></tr>
<tr><td>70</td><td rowspan="7">46</td><td rowspan="5">50</td><td rowspan="3">50</td></tr>
<tr><td>(75)</td></tr>
<tr><td>80</td><td rowspan="5"></td><td rowspan="5"></td><td rowspan="5">54</td><td rowspan="5">60</td><td rowspan="3">60</td></tr>
<tr><td>(85)</td><td rowspan="4">70</td></tr>
<tr><td>90</td></tr>
<tr><td>(95)</td><td rowspan="2"></td><td rowspan="2"></td><td rowspan="2">66</td><td rowspan="2">80</td></tr>
<tr><td>100</td></tr>
</table>

3. 螺钉

开槽圆柱头螺钉（GB/T 65—2016）　　开槽盘头螺钉（GB/T 67—2016）　　开槽沉头螺钉（GB/T 68—2016）

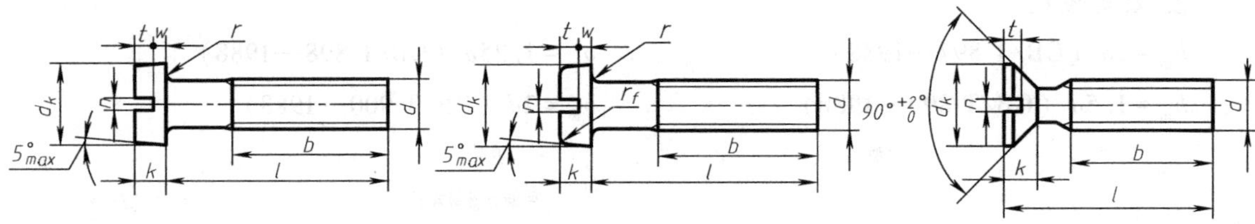

标记示例

螺钉 GB/T 65 M5×20：螺纹规格 M5，公称长度 l=20mm，性能等级为 4.8 级，不经表面处理的 A 级开槽圆柱头螺钉。

附表　7　　（单位：mm）

<table>
<tr><th colspan="2">螺纹规格 d</th><th>M1.6</th><th>M2</th><th>M2.5</th><th>M3</th><th>M4</th><th>M5</th><th>M6</th><th>M8</th><th>M10</th></tr>
<tr><td rowspan="6">GB/T 65—2016</td><td>d_{kmax}</td><td>3</td><td>3.8</td><td>4.5</td><td>5.5</td><td>7</td><td>8.5</td><td>10</td><td>13</td><td>16</td></tr>
<tr><td>k_{max}</td><td>1.1</td><td>1.4</td><td>1.8</td><td>2</td><td>2.6</td><td>3.3</td><td>3.9</td><td>5</td><td>6</td></tr>
<tr><td>t_{min}</td><td>0.45</td><td>0.6</td><td>0.7</td><td>0.85</td><td>1.1</td><td>1.3</td><td>1.6</td><td>2</td><td>2.4</td></tr>
<tr><td>r_{min}</td><td>0.1</td><td>0.1</td><td>0.1</td><td>0.1</td><td>0.2</td><td>0.2</td><td>0.25</td><td>0.4</td><td>0.4</td></tr>
<tr><td>l</td><td>2~16</td><td>3~20</td><td>3~25</td><td>4~30</td><td>5~40</td><td>6~50</td><td>8~60</td><td>10~80</td><td>12~80</td></tr>
<tr><td>全螺纹时最大长度</td><td colspan="4">30</td><td colspan="5">40</td></tr>
<tr><td rowspan="6">GB/T 67—2016</td><td>d_{kmax}</td><td>3.2</td><td>4</td><td>5</td><td>5.6</td><td>8</td><td>9.5</td><td>12</td><td>16</td><td>20</td></tr>
<tr><td>k_{max}</td><td>1</td><td>1.3</td><td>1.5</td><td>1.8</td><td>2.4</td><td>3</td><td>3.6</td><td>4.8</td><td>6</td></tr>
<tr><td>t_{min}</td><td>0.35</td><td>0.5</td><td>0.6</td><td>0.7</td><td>1</td><td>1.2</td><td>1.4</td><td>1.9</td><td>2.4</td></tr>
<tr><td>r_{min}</td><td>0.1</td><td>0.1</td><td>0.1</td><td>0.1</td><td>0.2</td><td>0.2</td><td>0.25</td><td>0.4</td><td>0.4</td></tr>
<tr><td>l</td><td>2~16</td><td>2.5~20</td><td>3~25</td><td>4~30</td><td>5~40</td><td>6~50</td><td>8~60</td><td>10~80</td><td>12~80</td></tr>
<tr><td>全螺纹时最大长度</td><td colspan="4">30</td><td colspan="5">40</td></tr>
<tr><td rowspan="6">GB/T 68—2016</td><td>d_{kmax}</td><td>3</td><td>3.8</td><td>4.7</td><td>5.5</td><td>8.4</td><td>9.3</td><td>11.3</td><td>15.8</td><td>18.3</td></tr>
<tr><td>k_{max}</td><td>1</td><td>1.2</td><td>1.5</td><td>1.65</td><td>2.7</td><td>2.7</td><td>3.3</td><td>4.65</td><td>5</td></tr>
<tr><td>t_{min}</td><td>0.32</td><td>0.4</td><td>0.5</td><td>0.6</td><td>1</td><td>1.1</td><td>1.2</td><td>1.8</td><td>2</td></tr>
<tr><td>r_{max}</td><td>0.4</td><td>0.5</td><td>0.6</td><td>0.8</td><td>1</td><td>1.3</td><td>1.5</td><td>2</td><td>2.5</td></tr>
<tr><td>l</td><td>2.5~16</td><td>3~20</td><td>4~25</td><td>5~30</td><td>6~40</td><td>8~50</td><td>8~60</td><td>10~80</td><td>12~80</td></tr>
<tr><td>全螺纹时最大长度</td><td colspan="4">30</td><td colspan="5">45</td></tr>
</table>

（续）

$n_{公称}$	0.4	0.5	0.6	0.8	1.2	1.2	1.6	2	2.5
b_{min}	25				38				
l 系列	2、3、4、5、6、8、10、12、(14)、16、20、25、30、35、40、45、50、(55)、60、(65)、70、(75)、80								

注：括号内的数据尽量不用。

4. 1 型六角螺母—A 级和 B 级（GB/T 6170—2015）

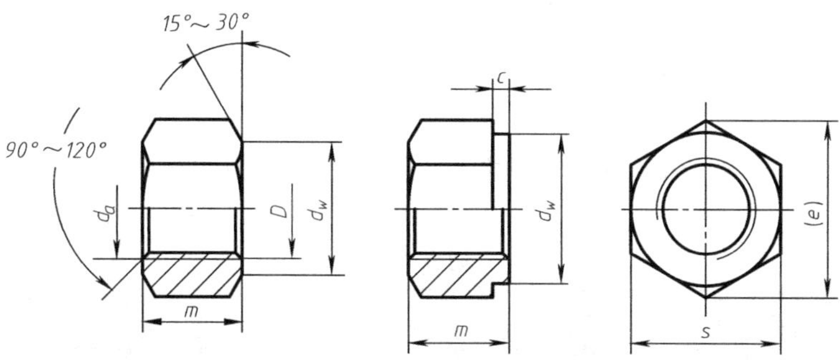

标记示例

螺母 GB/T 6170 M12：螺纹规格 M12，性能等级为 8 级，不经表面处理，产品等级 A 级的 1 型六角螺母。

附表 8

（单位：mm）

	螺纹规格 D	$s_{公称}$	e_{min}	m_{max}	d_{wmin}	c_{max}
优选的螺纹规格	M1.6	3.2	3.41	1.3	2.4	0.2
	M2	4	4.32	1.6	3.1	0.2
	M2.5	5	5.45	2	4.1	0.3
	M3	5.5	6.01	2.4	4.6	0.4
	M4	7	7.66	3.2	5.9	0.4
	M5	8	8.79	4.7	6.9	0.5
	M6	10	11.05	5.2	8.9	0.5
	M8	13	14.38	6.8	11.6	0.6
	M10	16	17.77	8.4	14.6	0.6
	M12	18	20.03	10.8	16.6	0.6
	M16	24	26.75	14.8	22.5	0.8
	M20	30	32.95	18	27.7	0.8
	M24	36	39.55	21.5	33.3	0.8
	M30	46	50.85	25.6	42.8	0.8
	M36	55	60.79	31	51.1	0.8
	M42	65	71.3	34	60	1
	M48	75	82.6	38	69.5	1
	M56	85	93.56	45	78.7	1
	M64	95	104.86	51	88.2	1
非优选的螺纹规格	M3.5	6	6.58	2.8	5	0.4
	M14	21	23.36	12.8	19.6	0.6
	M18	27	29.56	15.8	24.9	0.8
	M22	34	37.29	19.4	31.4	0.8
	M27	41	45.2	23.8	38	0.8
	M33	50	55.37	28.7	46.6	0.8
	M39	60	66.44	33.4	55.9	1
	M45	70	76.95	36	64.7	1
	M52	80	88.25	42	74.2	1
	M60	90	99.21	48	83.4	1

注：A 级产品用于 $D\leqslant16$mm，B 级产品用于 $D>16$mm 的螺母。

5. 垫圈

平垫圈—A 级（GB/T 97.1—2002）　　　　　　小垫圈—A 级（GB/T 848—2002）

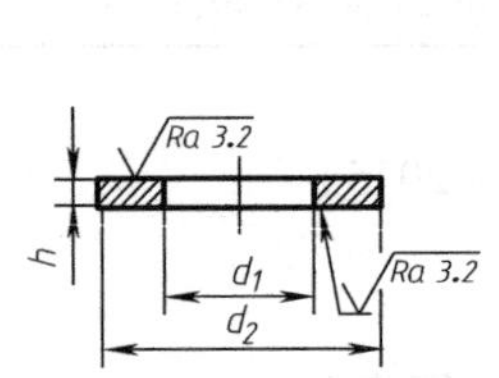

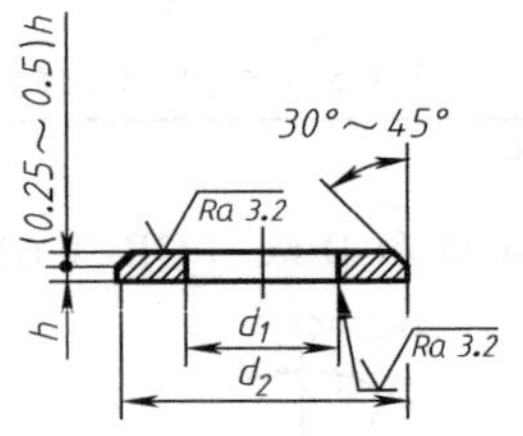

标记示例

垫圈 GB/T 97.1　8：标准系列、规格 8mm，性能等级为 200HV 级，不经表面处理的 A 级平垫圈。

附表　9　　　　　　　　（单位：mm）

公称规格（螺纹大径 d）		优选尺寸												非优选尺寸				
		3	4	5	6	8	10	12	16	20	24	30	36	14	18	22	27	33
平垫圈	d_1	3.2	4.3	5.3	6.4	8.4	10.5	13	17	21	25	31	37	15	19	23	28	34
	d_2	7	9	10	12	16	20	24	30	37	44	56	66	28	34	39	50	60
	h	0.5	0.8	1	1.6	1.6	2	2.5	3	3	4	4	5	2.5	3	3	4	5
小垫圈	d_1	3.2	4.3	5.3	6.4	8.4	10.5	13	17	21	25	31	37	15	19	23	28	34
	d_2	6	8	9	11	15	18	20	28	34	39	50	60	24	30	37	44	56
	h	0.5	0.5	1	1.6	1.6	1.6	2	2.5	3	4	4	5	2.5	3	3	4	5

注：平垫圈适用于六角头螺栓、螺钉和六角螺母，小垫圈适用于圆柱头螺钉；硬度等级均为 200HV 和 300HV 级。

标准型弹簧垫圈（GB 93—1987）

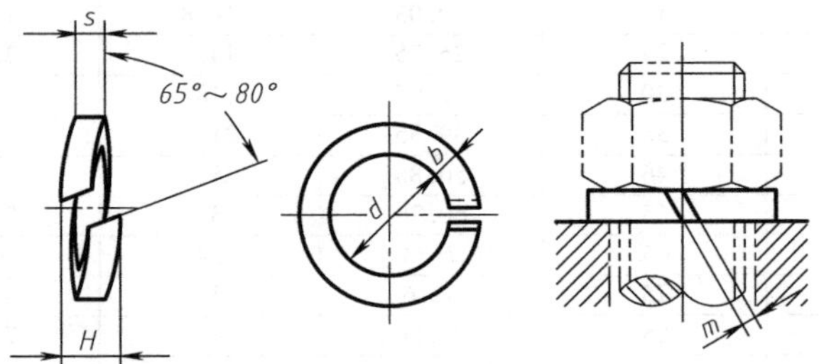

垫圈 GB/T 93　16：公称直径为 16mm，材料为 65Mn，表面氧化的标准型弹簧垫圈。

附表　10　　　　　　　　（单位：mm）

公称尺寸	4	5	6	8	10	12	(14)	16	(18)	20	(22)	24	(27)	30	36	42	48
d_{min}	4.1	5.1	6.1	8.1	10.2	12.2	14.2	16.2	18.2	20.2	22.5	24.5	27.5	30.5	36.5	42.5	48.5
$s(b)$	1.1	1.3	1.6	2.1	2.6	3.1	3.6	4.1	4.5	5	5.5	6	6.8	7.5	9	10.5	12
$m\leqslant$	0.55	0.65	0.8	1.05	1.3	1.55	1.8	2.05	2.25	2.5	2.75	3	3.4	3.75	4.5	5.25	6
H_{min}	2.2	2.6	3.2	4.2	5.2	6.2	7.2	8.2	9	10	11	12	13.6	15	18	21	24

注：括号内尺寸尽量不用。

三、螺纹连接结构

1. 普通螺纹收尾、肩距、退刀槽和倒角（GB/T 3—1997）

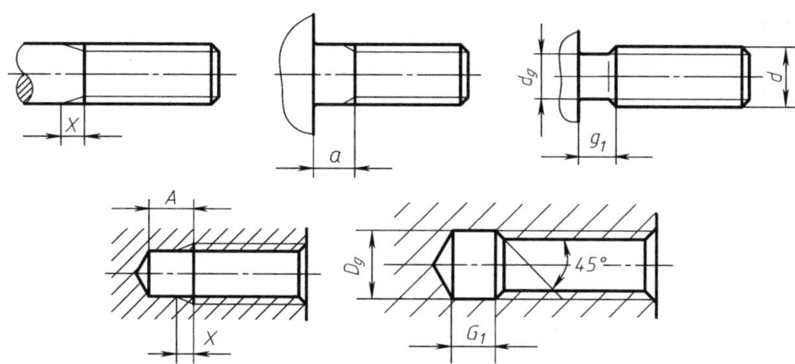

附表 11

（单位：mm）

螺距	收尾		肩距		退刀槽			
P	x_{max}	X_{max}	a_{max}	A	g_{1min}	d_g	G_1	D_g
0.5	1.25	2	1.5	3	0.8	d-0.8	2	D+0.3
0.6	1.5	2.4	1.8	3.2	0.9	d-1	2.4	
0.7	1.75	2.8	2.1	3.5	1.1	d-1.1	2.8	
0.75	1.9	3	2.25	3.8	1.2	d-1.2	3	
0.8	2	3.2	2.4	4	1.3	d-1.3	3.2	
1	2.5	4	3	5	1.6	d-1.6	4	
1.25	3.2	5	4	6	2	d-2	5	D+0.5
1.5	3.8	6	4.5	7	2.5	d-2.3	6	
1.75	4.3	7	5.3	9	0.3	d-2.6	7	
2	5	8	6	10	3.4	d-3	8	
2.5	6.3	10	7.5	12	4.4	d-3.6	10	
3	7.5	12	9	14	5.2	d-4.4	12	
3.5	9	14	10.5	16	6.2	d-5	14	
4	10	16	12	18	7	d-5.7	16	
4.5	11	18	13.5	21	8	d-6.4	18	
5	12.5	20	15	23	9	d-7	20	
5.5	14	22	16.5	25	11	d-7.7	22	
6	15	24	18	28	11	d-8.3	24	
参考值	≈2.5P	=4P	≈3P	≈6~5P	—	—	=4P	—

注：1. D 和 d 分别为内、外螺纹的公称直径代号。

2. 收尾和肩距为优先选用值。

3. 外螺纹始端端面的倒角一般为 45°，也可取 60°或 30°；倒角深度应大于等于螺纹牙型高度。内螺纹入口端面的倒角一般为 120°，也可取 90°，端面倒角直径为（1.05~1）D。

2. 通孔与沉孔

螺栓和螺钉用通孔（GB/T 5277—1985）　沉头螺钉用沉孔（GB/T 152.2—2014）

圆柱头螺钉用沉孔（GB/T 152.3—1988）　六角头螺栓和六角螺母用沉孔（GB/T 152.4—1988）

附表　12　　（单位：mm）

螺纹规格			M4	M5	M6	M8	M10	M12	M16	M20	M24	M30	M36
螺栓和螺钉用通孔	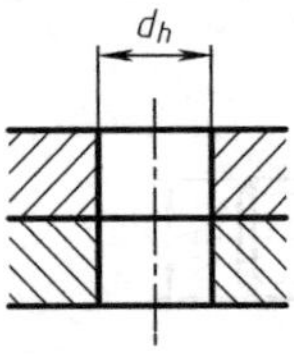 d_h	精装配	4.3	5.3	6.4	8.4	10.5	13	17	21	25	31	37
		中等装配	4.5	5.5	6.6	9	11	13.5	17.5	22	26	33	39
		粗装配	4.8	5.8	7	10	12	14.5	18.5	24	28	35	42
沉头螺钉用沉孔	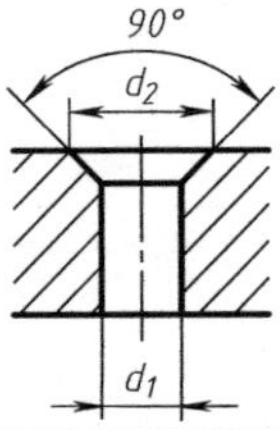 d_2		9.6	10.6	12.8	17.6	20.3	24.4	32.4	40.4	—	—	—
圆柱头螺钉用沉孔	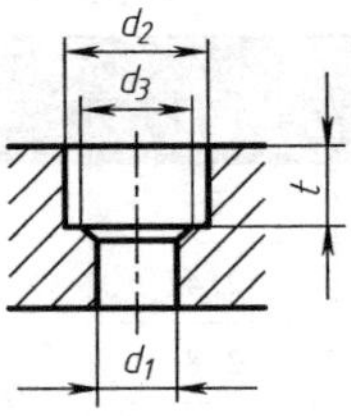 d_2		8	10	11	15	18	20	26	33	40	48	57
	d_3		—	—	—	—	—	16	20	24	28	36	42
	t	①	4.6	5.7	6.8	9	11	13	17.5	21.5	25.5	32	38
		②	3.2	4	4.7	6	7	8	10.5	—	—	—	—
六角头螺栓和六角螺母用沉孔	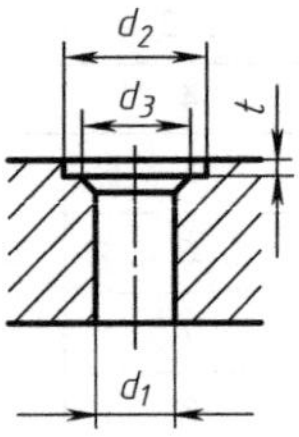 d_2		10	11	13	18	22	26	33	40	48	61	71
	d_3		—	—	—	—	—	16	20	24	28	36	42

注：1. t 值①用于内六角圆柱头螺钉；t 值②用于开槽圆柱头螺钉。

2. 图中 d_1 的尺寸均按中等装配的通孔确定。

3. 对于六角头螺栓和六角螺母用沉孔中尺寸 t，只要能制出与通孔轴线垂直的圆平面即可。

3. 光孔、螺纹孔、沉孔的尺寸注法（GB/T 4458.4—2003、GB/T 16675.2—2012）

附表　13

类型	简化注法		普通注法
光孔	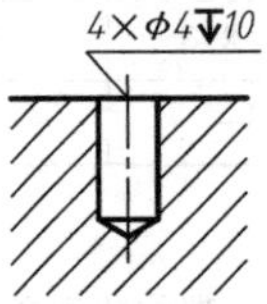 4×Φ4↧10	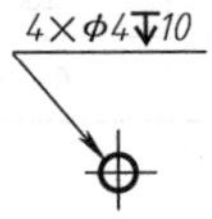 4×Φ4↧10	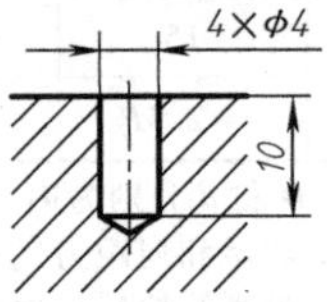 4×Φ4　10
	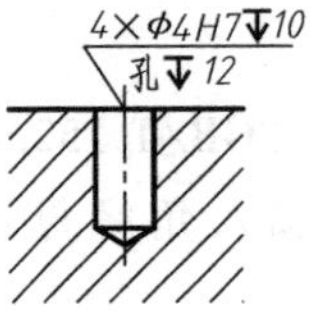 4×Φ4H7↧10 孔↧12	 4×Φ4H7↧10 孔↧12	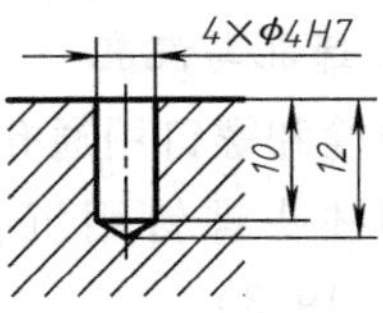 4×Φ4H7　10　12

（续）

类型	简化注法		普通注法
光孔	3×锥销孔Φ4 配作	3×锥销孔Φ4 配作	
螺纹孔	3×M6−7H↧10	3×M6−7H↧10	3×M6−7H 10
	3×M6−7H↧10 孔↧12	3×M6−7H↧10 孔↧12	3×M6−7H 10 12
沉孔	6×Φ7 ⌵Φ13×90°	6×Φ7 ⌵Φ13×90°	90° Φ13 6×Φ7
	4×Φ6.4 ⌴Φ12↧45°	4×Φ6.4 ⌴Φ12↧45°	Φ12 4.5 4×Φ6.4
	4×Φ9 ⌴Φ20	4×Φ9 ⌴Φ20	Φ20锪平 4×Φ9

四、键与销

1．平键　键槽的剖面尺寸、普通平键的型式尺寸（GB/T 1095—2003、GB/T 1096—2003）

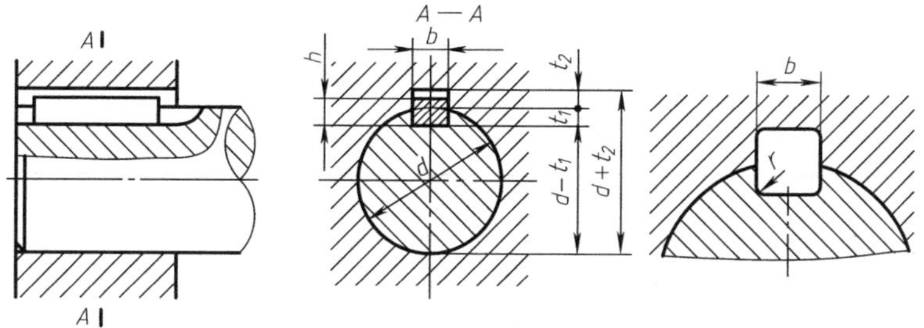

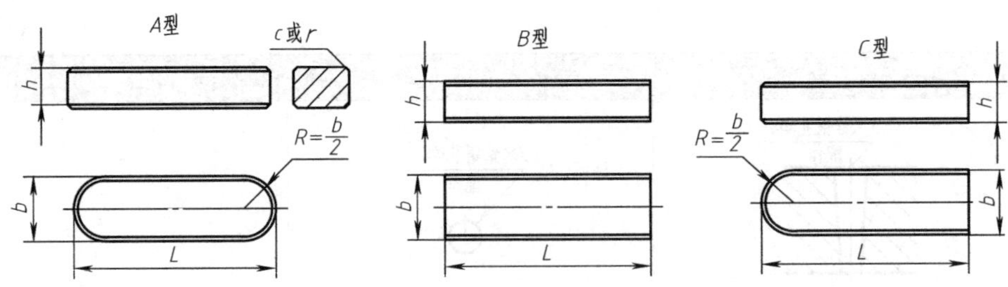

标记示例

GB/T 1096　键 16×10×100：宽度 b=16mm、高度 h=10mm、L=100mm 普通 A 型平键。

GB/T 1096　键 B16×10×100：宽度 b = 16mm、高度 h = 10mm、L = 100mm 普通 B 型平键。

GB/T 1096　键 C16×10×100：宽度 b = 16mm、高度 h = 10mm、L = 100mm 普通 C 型平键。

附表　14　（单位：mm）

键尺寸 $b \times h$	键槽											
	宽度 b						深度				半径 r	
	基本尺寸	极限偏差					轴 t_1		毂 t_2			
		正常连接		紧密连接	松连接		基本尺寸	极限偏差	基本尺寸	极限偏差		
		轴 N9	毂 JS9	轴和毂 P9	轴 H9	毂 D10					min	max
2×2	2	-0.004 -0.029	±0.0125	-0.006 -0.031	+0.025 0	+0.060 +0.020	1.2	+0.1 0	1.0	+0.1 0	0.08	0.16
3×3	3						1.8		1.4			
4×4	4	0 -0.030	±0.015	-0.012 -0.042	+0.030 0	+0.078 +0.030	2.5		1.8			
5×5	5						3.0		2.3		0.16	0.25
6×6	6						3.5		2.8			
8×7	8	0 -0.036	±0.018	-0.015 -0.051	+0.036 0	+0.098 +0.040	4.0	+0.2 0	3.3	+0.2 0		
10×8	10						5.0		3.3		0.25	0.40
12×8	12	0 -0.043	±0.0215	-0.018 -0.061	+0.043 0	+0.120 +0.050	5.0		3.3			
14×9	14						5.5		3.8			
16×10	16						6.0		4.3			
18×11	18						7.0		4.4			
20×12	20	0 -0.052	±0.026	-0.022 -0.074	+0.052 0	+0.149 +0.065	7.5		4.9		0.40	0.60
22×14	22						9.0		5.4			
25×14	25						9.0		5.4			
28×16	28						10.0		6.4			
32×18	32	0 -0.062	±0.031	-0.026 -0.088	+0.062 0	+0.180 +0.080	11.0		7.4			
36×20	36						12.0	+0.3 0	8.4	+0.3 0	0.70	1.00
40×22	40						13.0		9.4			
45×25	45						15.0		10.4			
50×28	50						17.0		11.4			

注：1. L 的系列为 6、8、10、12、14、18、20、22、25、28、32、36、40、45、50、56、63、70、80、90、100、110、125、140、160、180、200、250、280、320、360、400、450、500。

2. 在工作图中，轴槽深用 t_1 或（$d-t_1$）标注，轮毂槽深用（$d+t_2$）标注。

3. （$d-t_1$）和（$d+t_2$）两组组合尺寸的偏差按相应的 t_1 和 t_2 的偏差选取，但（$d-t_1$）偏差值应取负号（-）。

2. 半圆键　键槽的剖面尺寸、普通型半圆键的尺寸（GB/T 1098—2003、GB/T 1099. 1—2003）

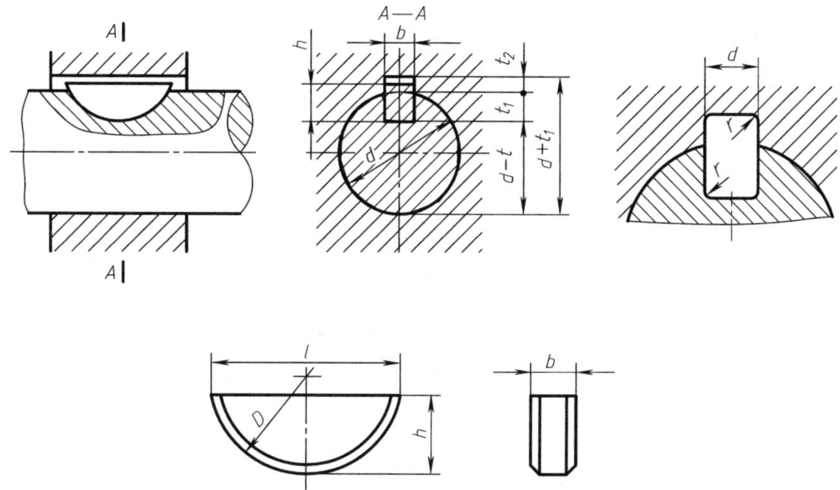

标记示例

GB/T 1099. 1　键 6×10×25：宽度 b = 6mm、高度 h = 10mm、直径 D = 25mm 普通型半圆键。

附表　15　　（单位：mm）

键尺寸 $b×h×D$	键宽 b 公称尺寸	键宽 b 极限偏差	高度 h (h12) 公称尺寸	直径 D (h12) 公称尺寸	键槽深度 轴 t_1 公称尺寸	键槽深度 轴 t_1 极限偏差	键槽深度 毂 t_2 公称尺寸	键槽深度 毂 t_2 极限偏差
1×1.4×4	1	0 −0.025	1.4	4	1.0	+0.1 0	0.6	+0.1 0
1.5×2.6×7	1.5		2.6	7	2.0		0.8	
2×2.6×7	2		2.6	7	1.8		1.0	
2×3.7×10	2		3.7	10	2.9		1.0	
2.5×3.7×10	2.5		3.7	10	2.7		1.2	
3×5×13	3		5	13	3.8	+0.2 0	1.4	
3×6.5×16	3		6.5	16	5.3		1.4	
4×6.5×16	4		6.5	16	5.0		1.8	
4×7.5×19	4		7.5	19	6.0		1.8	
5×6.5×16	5		6.5	16	4.5		2.3	
5×7.5×19	5		7.5	19	5.5		2.3	
5×9×22	5		9	22	7.0	+0.3 0	2.3	
6×9×22	6		9	22	6.5		2.8	
6×10×25	6		10	25	7.5		2.8	+0.2 0
8×11×28	8		11	28	8.0		3.3	
10×13×32	10		13	32	10		3.3	

五、销

1. 圆柱销　不淬硬钢和奥氏体不锈钢、淬硬钢和奥氏体不锈钢（GB/T 119. 1—2000、GB/T 119. 2—2000）

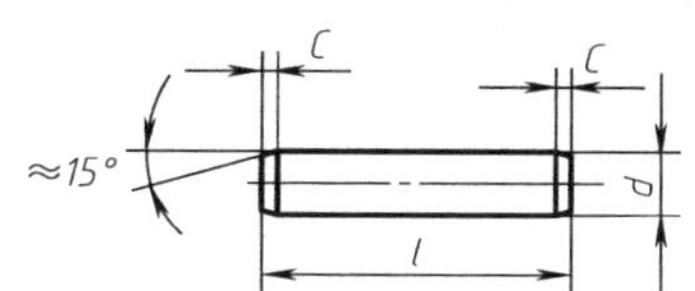

标记示例

销 GB/T 119.1　6 m6×30：公称直径 d=6mm，公差为 m6，公称长度 l=30mm，材料为钢，不经淬火、不经表面处理的圆柱销。

销 GB/T 119.2　6 m6×30：公称直径 d=6mm，公差为 m6，公称长度 l=30mm，材料为钢，普通淬火（A 型）、表面氧化处理的圆柱销。

附表　16　　（单位：mm）

d		1	1.5	2	2.5	3	4	5	6	8	10	12	16	20
$e\approx$		0.2	0.3	0.35	0.4	0.5	0.63	0.8	1.2	1.6	2	2.5	3	3.5
l	1)	4~10	4~16	6~20	6~24	8~30	8~40	10~50	12~60	14~80	18~95	22~140	26~180	35~200
	2)	3~10	4~16	5~20	6~24	8~30	10~40	12~50	14~60	18~80	22~100	26~100	40~100	50~100

注：1. 长度系列为 3、4、5、6、8、10、12、14、16、18、20、22、24、26、28、30、32、35、40、45、50、55、60、65、70、75、80、85、90、95、100，公称长度大于 100mm，按 20mm 递增。

2. 1）由 GB/T 119.1 规定，2）由 GB/T 119.2 规定。

3. GB/T 119.1 规定的圆柱销，公差为 m6 和 h8；GB/T 119.2 规定的圆柱销，公差为 m6；其他公差由供需双方协议。

2. 圆锥销（GB/T 117—2000）

A 型（磨削）：锥面表面粗糙度 Ra=0.8μm

B 型（切削或冷镦）：锥面表面粗糙度 Ra=3.2μm

$$r_2 \approx a/2+d+(0.02l)^2/(8a)$$

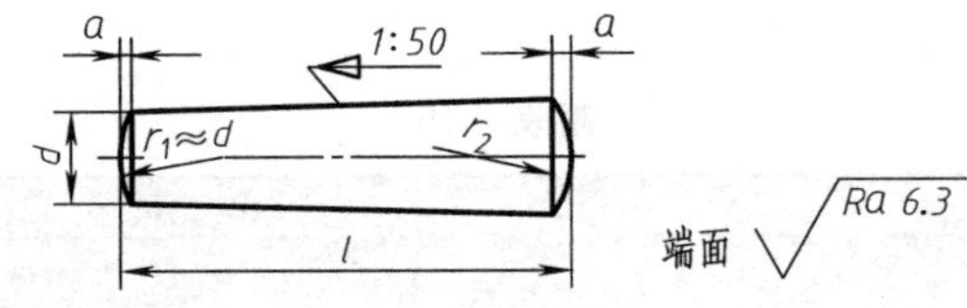

标记示例

销 GB/T 117　6×30：公称直径 d=6mm，公称长度 l=30mm，材料为 35 钢，热处理硬度 28~38HRC，表面氧化处理的 A 型圆柱销。

附表　17　　（单位：mm）

d h10	1	1.5	2	2.5	3	4	5	6	8	10	12	16	20
$a\approx$	0.12	0.2	0.25	0.3	0.4	0.5	0.63	0.8	1	1.2	1.6	2	2.5
l	6~16	8~24	10~35	10~35	12~45	14~55	18~60	22~90	22~120	26~160	32~180	40~200	45~200

注：1. 长度系列为 6、8、10、12、14、16、18、20、22、24、26、28、30、32、35、40、45、50、55、60、65、70、75、80、85、90、95、100、120、140、160、180、200，公称长度大于 200mm，按 20mm 递增。

2. 其他公差，如 a11、c11 和 f8，由供需双方协议。

六、一般标准

1. 砂轮越程槽（GB/T 6403.5—2008）

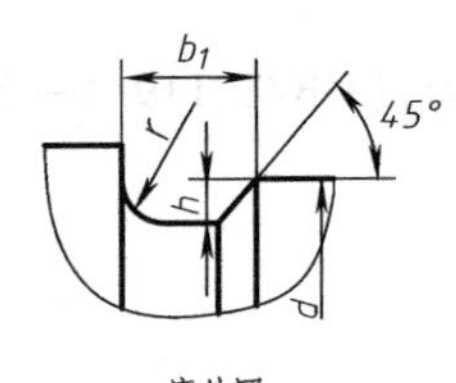

磨外圆

磨内圆

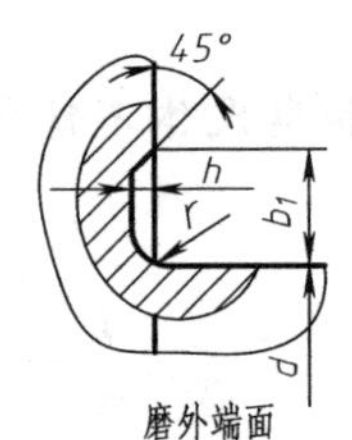

磨外端面

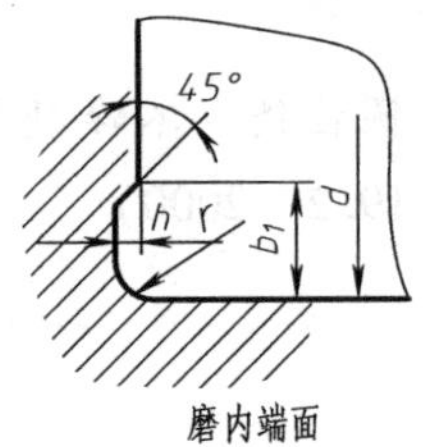

磨内端面

附表 18 （单位：mm）

b_1	0.6	1.0	1.6	2.0	3.0	4.0	5.0	8.0	10
b_2	2.0	3.0		4.0		5.0		8.0	10
h	0.1	0.2		0.3	0.4		0.6	0.8	1.2
r	0.2	0.5		0.8	1.0		1.6	2.0	3.0
d	~10			>10~50		>50~100		>100	

2. 零件倒角与倒圆（GB/T 6403.4—2008）

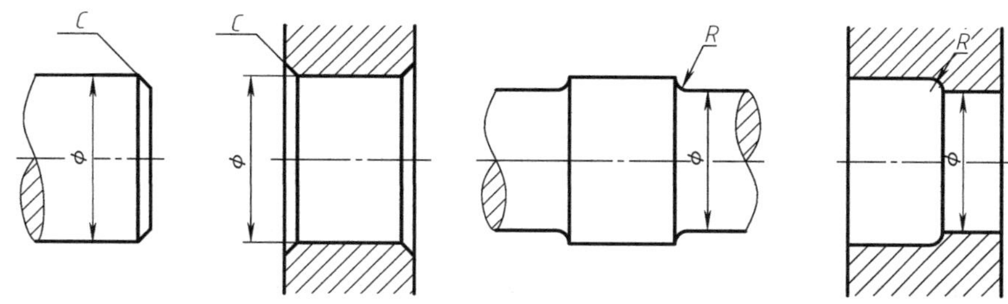

附表 19 （单位：mm）

ϕ	~3	>3~6	>6~10	>10~18	>18~30	>30~50	>50~80	>80~120	>120~180
C 或 R	0.2	0.4	0.6	0.8	1.0	1.6	2.0	2.5	3.0

七、极限与配合

1. 标准公差数值（GB/T 1800.1—2020）

附表 20

公称尺寸/mm		标准公差等级																			
		IT01	IT0	IT1	IT2	IT3	IT4	IT5	IT6	IT7	IT8	IT9	IT10	IT11	IT12	IT13	IT14	IT15	IT16	IT17	IT18
大于	至	标准公差值																			
		/μm													/mm						
—	3	0.3	0.5	0.8	1.2	2	3	4	6	10	14	25	40	60	0.1	0.14	0.25	0.4	0.6	1	1.4
3	6	0.4	0.6	1	1.5	2.5	4	5	8	12	18	30	48	75	0.12	0.18	0.3	0.48	0.75	1.2	1.8
6	10	0.4	0.6	1	1.5	2.5	4	6	9	15	22	36	58	90	0.15	0.22	0.36	0.58	0.9	1.5	2.2
10	18	0.5	0.8	1.2	2	3	5	8	11	18	27	43	70	110	0.18	0.27	0.43	0.7	1.1	1.8	2.7
18	30	0.6	1	1.5	2.5	4	6	9	13	21	33	52	84	130	0.21	0.33	0.52	0.84	1.3	2.1	3.3
30	50	0.6	1	1.5	2.5	4	7	11	16	25	39	62	100	160	0.25	0.39	0.62	1	1.6	2.5	3.9
50	80	0.8	1.2	2	3	5	8	13	19	30	46	74	120	190	0.3	0.46	0.74	1.2	1.9	3	4.6
80	120	1	1.5	2.5	4	6	10	15	22	35	54	87	140	220	0.35	0.54	0.87	1.4	2.2	3.5	5.4
120	180	1.2	2	3.5	5	8	12	18	25	40	63	100	160	250	0.4	0.63	1	1.6	2.5	4	6.3
180	250	2	3	4.5	7	10	14	20	29	46	72	115	185	290	0.46	0.72	1.15	1.85	2.9	4.6	7.2
250	315	2.5	4	6	8	12	16	23	32	52	81	130	210	320	0.52	0.81	1.3	2.1	3.2	5.2	8.1
315	400	3	5	7	9	13	18	25	36	57	89	140	230	360	0.57	0.89	1.4	2.3	3.6	5.7	8.9
400	500	4	6	8	10	15	20	27	40	63	97	155	250	400	0.63	0.97	1.55	2.5	4	6.3	9.7
500	630			9	11	16	22	32	44	70	110	175	280	440	0.7	1.1	1.75	2.8	4.4	7	11
630	800			10	13	18	25	36	50	80	125	200	320	500	0.8	1.25	2	3.2	5	8	12.5
800	1000			11	15	21	28	40	56	90	140	230	360	560	0.9	1.4	2.3	3.6	5.6	9	14
1000	1250			13	18	24	33	47	66	105	165	260	420	660	1.05	1.65	2.6	4.2	6.6	10.5	16.5
1250	1600			15	21	29	39	55	78	125	195	310	500	780	1.25	1.95	3.1	5	7.8	12.5	19.5
1600	2000			18	25	35	46	65	92	150	230	370	600	920	1.5	2.3	3.7	6	9.2	15	23
2000	2500			22	30	41	55	78	110	175	280	440	700	1100	1.75	2.8	4.4	7	11	17.5	28
2500	3150			26	36	50	68	96	135	210	330	540	860	1350	2.1	3.3	5.4	8.6	13.5	21	33

2. 公称尺寸小于 500mm 孔的基本偏差（GB/T 1800. 1—2020）

附表

公称尺寸/mm		基本偏																				
		下极限偏差 *EI*																				
		所有标准公差等级												IT6	IT7	IT8	≤IT8	>IT8	≤IT8	>IT8	≤IT8	>IT8
大于	至	A	B	C	CD	D	E	EF	F	FG	G	H	JS	J			K		M		N	
—	3	+270	+140	+60	+34	+20	+14	+10	+6	+4	+2	0	偏差=±ITn/2，式中 n 是标准公差等级数	+2	+4	+6	0	0	−2	−2	−4	−4
3	6	+270	+140	+70	+46	+30	+20	+14	+10	+6	+4	0		+5	+6	+10	−1+Δ		−4+Δ	−4	−8+Δ	0
6	10	+280	+150	+80	+56	+40	+25	+18	+13	+8	+5	0		+5	+8	+12	−1+Δ		−6+Δ	−6	−10+Δ	0
10	14	+290	+150	+95	+70	+50	+32	+23	+16	+10	+6	0		+6	+10	+15	−1+Δ		−7+Δ	−7	−12+Δ	0
14	18																					
18	24	+300	+160	+110	+85	+65	+40	+28	+20	+12	+7	0		+8	+12	+20	−2+Δ		−8+Δ	−8	−15+Δ	0
24	30																					
30	40	+310	+170	+120	+100	+80	+50	+35	+25	+15	+9	0		+10	+14	+24	−2+Δ		−9+Δ	−9	−17+Δ	0
40	50	+320	+180	+130																		
50	65	+340	+190	+140		+100	+60		+30		+10	0		+13	+18	+28	−2+Δ		−11+Δ	−11	−20+Δ	0
65	80	+360	+200	+150																		
80	100	+380	+220	+170		+120	+72		+36		+12	0		+16	+22	+34	−3+Δ		−13+Δ	−13	−23+Δ	0
100	120	+410	+240	+180																		
120	140	+460	+260	+200		+145	+85		+43		+14	0		+18	+26	+41	−3+Δ		−15+Δ	−15	−27+Δ	0
140	160	+520	+280	+210																		
160	180	+580	+310	+230																		
180	200	+660	+340	+240		+170	+100		+50		+15	0		+22	+30	+47	−4+Δ		−17+Δ	−17	−31+Δ	0
200	225	+740	+380	+260																		
225	250	+820	+420	+280																		
250	280	+920	+480	+300		+190	+110		+56		+17	0		+25	+36	+55	−4+Δ		−20+Δ	−20	−34+Δ	0
280	315	+1050	+540	+330																		
315	355	+1200	+600	+360		+210	+125		+62		+18	0		+29	+39	+60	−4+Δ		−21+Δ	−21	−37+Δ	0
355	400	+1350	+680	+400																		
400	450	+1500	+760	+440		+230	+135		+68		+20	0		+33	+43	+66	−5+Δ		−23+Δ	−23	−40+Δ	0
450	500	+1650	+840	+480																		

注：1. 公称尺寸≤1mm 时，基本偏差 A、B 及大于 IT8 的 N 均不采用。

2. Δ 值从表内右侧选取。例如，公称尺寸为 18~30mm 的 K7：Δ=8μmm，所以 *ES*=（−2+8）μm=+6μm；公称

3. 特殊情况：公称尺寸为 250~315mm 的 M6，*ES*=−9μm（代替−11μm）。

21 （单位：μm）

差数值 上极限偏差 *ES*												Δ 值					
≤IT7	>IT7 的标准公差等级											标准公差等级					
P 至 ZC	P	R	S	T	U	V	X	Y	Z	ZA	ZB	ZC	IT3	IT4	IT5	IT6	IT7	IT8
在>IT7的标准公差等级的基本偏差数值上增加一个 Δ 值	−6	−10	−14		−18		−20		−26	−32	−40	−60	0	0	0	0	0	0
	−12	−15	−19		−23		−28		−35	−42	−50	−80	1	1.5	1	3	4	7
	−15	−19	−23		−28		−34		−42	−52	−67	−97	1	1.5	2	3	6	7
	−18	−23	−28		−33		−40		−50	−64	−90	−130	1	2	3	3	7	9
						−39	−45		−60	−77	−108	−150						
	−22	−28	−35		−41	−47	−54	−63	−73	−98	−136	−188	1.5	2	3	4	8	12
				−41	−48	−55	−64	−75	−88	−118	−160	−218						
	−26	−34	−43	−48	−60	−68	−80	−94	−112	−148	−200	−274	1.5	3	4	5	9	14
				−54	−70	−81	−97	−114	−136	−180	−242	−325						
	−32	−41	−53	−66	−87	−102	−122	−144	−172	−226	−300	−405	2	3	5	6	11	16
		−43	−59	−75	−102	−120	−146	−174	−210	−274	−360	−480						
	−37	−51	−71	−91	−124	−146	−178	−214	−258	−335	−445	−585	2	4	5	7	13	19
		−54	−79	−104	−144	−172	−210	−254	−310	−400	−525	−690						
	−43	−63	−92	−122	−170	−202	−248	−300	−365	−470	−620	−800	3	4	6	7	15	23
		−65	−100	−134	−190	−228	−280	−340	−415	−535	−700	−900						
		−68	−108	−146	−210	−252	−310	−380	−465	−600	−780	−1000						
	−50	−77	−122	−166	−236	−284	−350	−425	−520	−670	−880	−1150	3	4	6	9	17	26
		−80	−130	−180	−258	−310	−385	−470	−575	−740	−960	−1250						
		−84	−140	−196	−284	−340	−425	−520	−640	−820	−1050	−1350						
	−56	−94	−158	−218	−315	−385	−475	−580	−710	−920	−1200	−1550	4	4	7	9	20	29
		−98	−170	−240	−350	−425	−525	−650	−790	−1000	−1300	−1700						
	−62	−108	−190	−268	−390	−475	−590	−730	−900	−1150	−1500	−1900	4	5	7	11	21	32
		−114	−208	−294	−435	−530	−660	−820	−1000	−1300	−1650	−2100						
	−68	−126	−232	−330	−490	−595	−740	−920	−1100	−1450	−1850	−2400	5	5	7	13	23	34
		−132	−252	−360	−540	−660	−820	−1000	−1250	−1600	−2100	−2600						

尺寸为 18~30mm 的 S6：$\Delta=4\mu m$，所以 $ES=(-35+4)\mu m=-31\mu m$。

3. 公称尺寸小于 500mm 轴的基本偏差（GB/T 1800. 1—2020）

附表

公称尺寸/mm		基本偏															
		上极限偏差 es															
		所有标准公差等级												IT5 和 IT6	IT7	IT8	IT4 至 IT7
大于	至	a	b	c	cd	d	e	ef	f	fg	g	h	js	j			
—	3	-270	-140	-60	-34	-20	-14	-10	-6	-4	-2	0	偏差=±ITn/2，式中，n 是标准公差等级数	-2	-4	-6	0
3	6	-270	-140	-70	-46	-30	-20	-14	-10	-6	-4	0		-2	-4		+1
6	10	-280	-150	-80	-56	-40	-25	-18	-13	-10	-5	0		-2	-5		+1
10	14	-290	-150	-95	-70	-50	-32	-23	-16	-10	-6	0		-3	-6		+1
14	18																
18	24	-300	-160	-110	-85	-65	-40	-25	-20	-12	-7	0		-4	-8		+2
24	30																
30	40	-310	-170	-120	-100	-80	-50	-35	-25	-15	-9	0		-5	-10		+2
40	50	-320	-180	-130													
50	65	-340	-190	-140		-100	-60		-30		-10	0		-7	-12		+2
65	80	-360	-200	-150													
80	100	-380	-220	-170		-120	-72		-36		-12	0		-9	-15		+3
100	120	-410	-240	-180													
120	140	-460	-260	-200		-145	-85		-43		-14	0		-11	-18		+3
140	160	-520	-280	-210													
160	180	-580	-310	-230													
180	200	-660	-340	-240		-170	-100		-50		-15	0		-13	-21		+4
200	225	-740	-380	-260													
225	250	-820	-420	-280													
250	280	-920	-480	-300		-190	-110		-56		-17	0		-16	-26		+4
280	315	-1050	-540	-330													
315	355	-1200	-600	-360		-210	-125		-62		-18	0		-18	-28		+4
355	400	-1350	-680	-400													
400	450	-1500	-760	-440		-230	-135		-68		-20	0		-20	-32		+5
450	500	-1650	-840	-480													

注：公称尺寸≤1mm 时，基本偏差 a 和 b 均不采用。

22　　（单位：μm）

差数值														
							下极限偏差 *ei*							
≤IT3，>IT7	所有标准公差等级													
k	m	n	p	r	s	t	u	v	x	y	z	za	zb	zc
0	+2	+4	+6	+10	+14		+18		+20		+26	+32	+40	+60
0	+4	+8	+12	+15	+19		+23		+28		+35	+42	+50	+80
0	+6	+10	+15	+19	+23		+28		+34		+42	+52	+67	+97
0	+7	+12	+18	+23	+28		+33		+40		+50	+64	+90	+130
								+39	+45		+60	+77	+108	+150
0	+8	+15	+22	+28	+35		+41	+47	+54	+63	+73	+98	+136	+188
						+41	+48	+55	+64	+75	+88	+118	+160	+218
0	+9	+17	+26	+34	+43	+48	+60	+68	+80	+94	+112	+148	+200	+274
						+54	+70	+81	+97	+114	+136	+180	+242	+325
0	+11	+20	+32	+41	+53	+66	+87	+102	+122	+144	+172	+226	+300	+405
				+43	+59	+75	+102	+120	+146	+174	+210	+274	+360	+480
0	+13	+23	+37	+51	+71	+91	+124	+146	+178	+214	+258	+335	+445	+585
				+54	+79	+104	+144	+172	+210	+254	+310	+400	+525	+690
0	+15	+27	+43	+63	+92	+122	+170	+202	+248	+300	+365	+470	+620	+800
				+65	+100	+134	+190	+228	+280	+340	+415	+535	+700	+900
				+68	+108	+146	+210	+252	+310	+380	+465	+600	+780	+1000
0	+17	+31	+50	+77	+122	+166	+236	+284	+350	+425	+520	+670	+880	+1150
				+80	+130	+180	+258	+310	+385	+470	+575	+740	+960	+1250
				+84	+140	+196	+284	+340	+425	+520	+640	+820	+1050	+1350
0	+20	+34	+56	+94	+158	+218	+315	+385	+475	+580	+710	+920	+1200	+1550
				+98	+170	+240	+350	+425	+525	+650	+790	+1000	+1300	+1700
0	+21	+37	+62	+108	+190	+268	+390	+475	+590	+730	+900	+1150	+1500	+1900
				+114	+208	+294	+435	+530	+660	+820	+1000	+1300	+1650	+2100
0	+23	+40	+68	+126	+232	+330	+490	+595	+740	+920	+1100	+1450	+1850	+2400
				+132	+252	+360	+540	+660	+820	+1000	+1250	+1600	+2100	+2600

4. 常用优先配合

基孔制优先常用配合（GB/T 1801—2009）

附表 23

基准孔	轴																				
	a	b	c	d	e	f	g	h	js	k	m	n	p	r	s	t	u	v	x	y	z
	间隙配合								过渡配合				过盈配合								
H6						H6/f5	H6/g5	H6/h5	H6/js5	H6/k5	H6/m5	H6/n5	H6/p5	H6/r5	H6/s5	H6/t5					
H7						H7/f6	▶H7/g6	▶H7/h6	H7/js6	▶H7/k6	H7/m6	▶H7/n6	▶H7/p6	H7/r6	▶H7/s6	H7/t6	▶H7/u6	H7/v6	H7/x6	H7/y6	H7/z6
H8					H8/e7	▶H8/f7	H8/g7	▶H8/h7	H8/js7	H8/k7	H8/m7	H8/n7	H8/p7	H8/r7	H8/s7	H8/t7	H8/u7				
				H8/d8	H8/e8	H8/f8		H8/h8													
H9			H9/c9	▶H9/d9	H9/e9	H9/f9		▶H9/h9													
H10			H10/c10	H10/d10				H10/h10													
H11	H11/a11	H11/b11	▶H11/c11	H11/d11				▶H11/h11													
H12		H12/b12						H12/h12													

注：1. $\frac{H6}{n5}$、$\frac{H7}{p6}$在公称尺寸小于或等于 3mm 和$\frac{H8}{r7}$小于或等于 100mm 时，为过渡配合。

2. 标注▶的配合为优先配合。

基轴制优先常用配合（GB/T 1801—2009）

附表 24

基准轴	孔																				
	A	B	C	D	E	F	G	H	JS	K	M	N	P	R	S	T	U	V	X	Y	Z
	间隙配合								过渡配合				过盈配合								
h5						F6/h5	G6/h5	H6/h5	JS6/h5	K6/h5	M6/h5	N6/h5	P6/h5	R6/h5	S6/h5	T6/h5					
h6						F7/h6	▶G7/h6	▶H7/h6	JS7/h6	▶K7/h6	M7/h6	▶N7/h6	▶P7/h6	R7/h6	▶S7/h6	T7/h6	▶U7/h6				
h7					E8/h7	▶F8/h7		▶H8/h7	JS8/h7	K8/h7	M8/h7	N8/h7									
h8				D8/h8	E8/h8	F8/h8		H8/h8													
h9				▶D9/h9	E9/h9	F9/h9		▶H9/h9													
h10				D10/h10				H10/h10													
h11	A11/h11	B11/h11	▶C11/h11	D11/h11				▶H11/h11													
h12		B12/h12						H12/h12													

注：标注▶的配合为优先配合。

参 考 文 献

［1］ 董培蓓. 工程图学简明教程［M］. 北京：机械工业出版社，2015.

［2］ 孙根正，王永平. 工程制图基础［M］. 3版. 北京：高等教育出版社，2010.

［3］ 刘衍聪. 工程图学教程［M］. 北京：高等教育出版社，2011.

［4］ 李丽，陈雪菱. 现代工程制图［M］. 3版. 北京：高等教育出版社，2017.

［5］ 王晓琴，宋玲. 工程制图与图学思维方法［M］. 2版. 武汉：华中科技大学出版社，2009.